K. Werner Barthel, Solnhofen

K. Werner Barthel

Solnhofen

Ein Blick in die Erdgeschichte

Ott Verlag Thun

1. Auflage, 1.–5. Tausend, 1978

ISBN 3-7225-6253-8
Gedruckt in der Schweiz
Schutzumschlag: Jean Masset, Graphiker, Basel
Gesamtherstellung: Ott Verlag AG

Für Mack und Claudia

Inhalt

Vorwort

Von verschiedenen Seiten angeregt, lege ich ein Buch über die Solnhofener Plattenkalke und ihrer Fossilien vor.

Ich habe versucht, möglichst wenige wissenschaftliche Ausdrücke zu verwenden. Unvermeidlich ist ihr Gebrauch bei allen Versteinerungen. Sie tragen lateinische oder griechische Namen, die sich auf Eigenschaften der Fossilien oder teilweise auf Gestalten der Mythologie beziehen. Auch die Namen bekannter Persönlichkeiten können bei der Benennung Pate gestanden haben. Zum besseren Verständnis habe ich wenigstens die Gattungsnamen ins Deutsche übertragen.

Zeichnungen sollen das Erfassen des Textes erleichtern. Alle sind neu für dieses Buch nach Unterlagen oder eigenen Entwürfen angefertigt worden. Bis auf wenige Ausnahmen habe ich auch die Photographien für die Tafeln selbst aufgenommen. Die Objekte sind wissenschaftlich wichtige und interessante Funde, die staatlichen und privaten Sammlungen gehören. Ich bin daher vielen Personen für die Mithilfe zu Dank verpflichtet:

An der Bayerischen Staatssammlung für Paläontologie und historische Geologie in München sind dies die Herrn Prof. Dr. R. Dehm, Dr. R. Förster, Prof. Dr. W. Jung, sowie besonders Dr. G. Schairer und Dr. P. Wellnhofer;

an den Naturwissenschaftlichen Sammlungen Eichstätt Herrn Dr. G. Viohl;

an der Paläontologischen Abteilung des Naturkundemuseums der Humboldt Universität Berlin Herrn Priv. Doz. Dr. H. Jaeger;

Herrn Dr. Th. Kress, Direktor des Solenhofer-Aktien-Vereins und Betreuer dessen Sammlung am Maxberg bei Solnhofen;

Herrn F. Bergér dem Mitbesitzer und Initiator des Museums am Harthof bei Eichstätt;

Herrn Kapitän G. Brassel, Privatsammler in Flensburg-Mürwik.

Wichtige Informationen und Unterlagen lieferten liebenswürdigerweise die Herren Dr. R. Birenheide (Frankfurt/M.), Dr. F.-R. Herrmann (Darmstadt), Dr. H. Hess (Basel), Prof. Dr. J. H. Ostrom (New Haven, U.S.A.), Th. Schlüter, Dr. J. Seiffert (Berlin), W. Suter (Basel) und Dr. Ch. Theuerkauff (Berlin).

Photographische Arbeiten erledigten mit großem Geschick Herr M. Dressler (München) und vor allem Herr B. Kleeberg (Berlin). Fräulein B. Dunker fertigte nach meinen Vorlagen die technischen Zeichnungen und Tabellen an.

Dem Ott Verlag gebührt mein Dank für das bereitwillige Eingehen auf meine Wünsche. Mein Freund Dr. Helmuth Bögel vermittelte zwischen dem Verlag und mir. Seiner Kritik verdankt das Buch wesentliche Verbesserungen.

Berlin, Dezember 1977 K. Werner Barthel

1. Teil

Die erdwissenschaftlichen Grundlagen

Ich möchte nicht nach der Methode vorgehen, nach der man ein Kind ins Wasser wirft, um es schwimmen zu lehren – also nicht sofort mit der Erd- und Lebensgeschichte Solnhofens beginnen. Vielmehr habe ich mich bemüht, in einem ersten Teil des Buches die Grundlagen der Erd- oder Geowissenschaften zusammenzutragen, soweit mir das zum Verständnis des Themas nötig erschien.

Was man über die Paläontologie wissen sollte

Gesteine enthalten oft Überreste von ehemaligen Lebewesen. Diese Reste nennen wir Versteinerungen oder Fossilien. Der Begriff *Fossil* ist vom lateinischen «fodere», ausgraben, abgeleitet. Mit den Fossilien beschäftigt sich die Wissenschaft der **Paläontologie,** die Lehre von den alten Lebewesen. Sie und die Biologie haben enge Beziehungen zueinander, weil die versteinerten Reste mit lebenden Tieren und Pflanzen verglichen werden. Leider ist die Paläontologie sehr benachteiligt, denn es bleiben kaum Weichteile, wie Muskeln oder Eingeweide, erhalten. Natürlich gibt es auch Ausnahmen. So fand man im Eis eingeschlossene Mammute, deren Fleisch noch «genießbar» war. Ein anderer Fall guter Erhaltung sind Moorleichen, bei denen die Weichteile durch eine Art Gerbung konserviert wurden. Ansonsten ist die Paläontologie auf Hartteile, wie Schalen, Knochen oder Hölzer, angewiesen. Aber aus diesen spärlichen Funden gelingt es doch, die Entwicklung des Lebens während der Erdgeschichte zu rekonstruieren.
Die Fossilien belegen, daß hoch entwickelte Organismen immer aus einfacher gebauten Organismen entstanden sind. Findet man beispielsweise in der Gesteinsschicht A ein primitiv gebautes Fossil und in Schicht B ein fortschrittlicheres der gleichen Art, so kann man daraus schließen, daß Schicht A älter ist. Die Fossilien, mit deren Hilfe wir das *relative Alter* von Schichten bestimmen, bezeichnen wir als *Leitfossilien* (Textabb. 1a, b). Relativ deshalb, weil das Alter der Schichten im Verhältnis zueinander angegeben wird und nicht in einer absoluten Anzahl von Jahren. Als Leitfossilien eignen sich am besten Tier- und Pflanzenarten, deren Lebensdauer sich nur über geologisch kurze Zeiten erstreckte, etwa eine oder wenige Millionen Jahre.
Kurze Zeit? Ist das ein Irrtum oder ein Druckfehler? Keineswegs. Im Vergleich zu den Milliarden Jahren, die seit der Entstehung der Erde verstrichen sind, ist die Lebenszeit einer Leitfossilart wirklich nur eine kurze Spanne (das Milliardenalter der Erde wird mit physikalischen Methoden ermittelt).

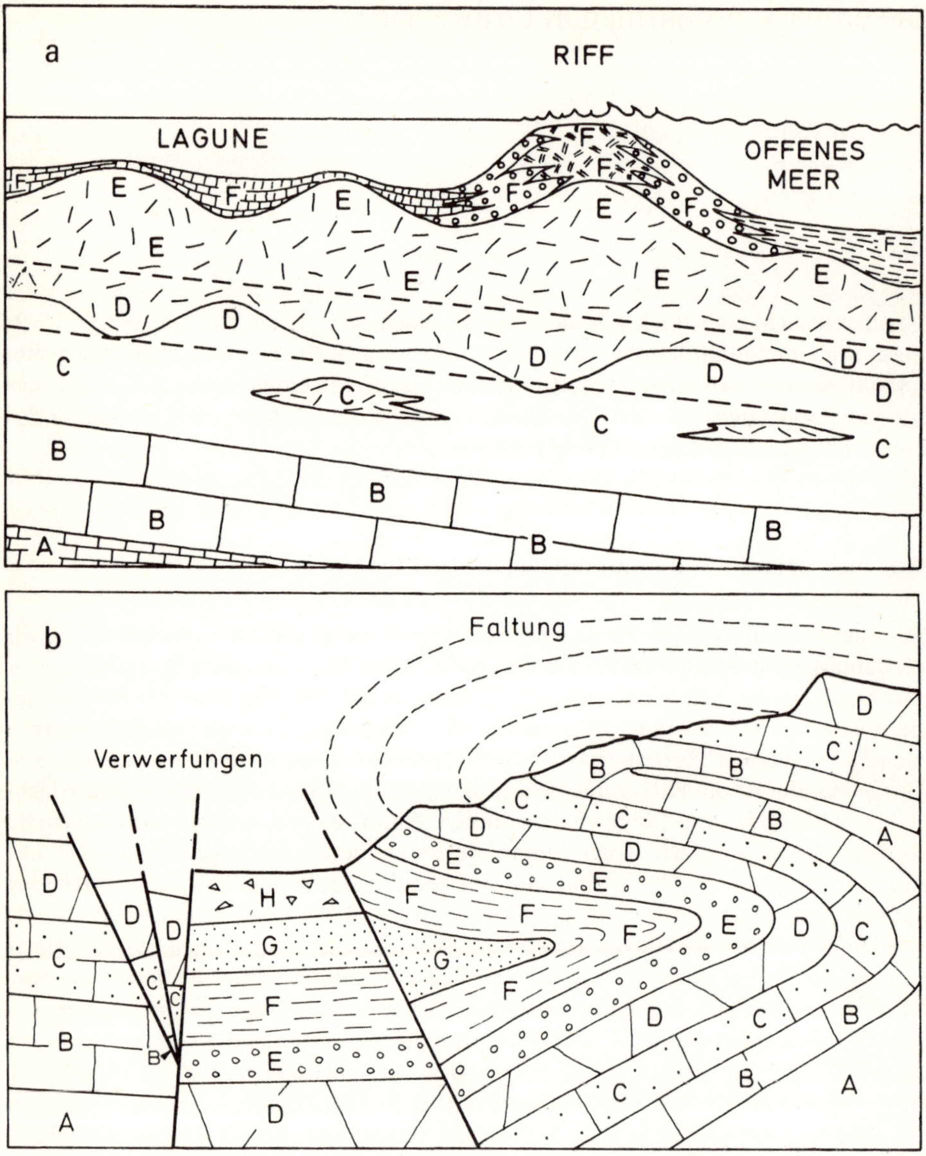

Textabb. 1 *Leitfossilien als Hilfe zur Feststellung des Alters und der Lage von Gesteinsschichten.*

1a Die Signaturen zeigen verschiedene Gesteinstypen (‹Fazies›) an. Leitfossilien sind durch Buchstaben symbolisiert. Gleiche Buchstaben bedeuten also gleiches Alter. Manche Leitfossilien, z. B. ‹D› und ‹C› sind nicht an die Fazies gebunden.

1b Schichten, die durch Kräfte des Erdinneren verformt und zerbrochen wurden, geben durch Leitfossilien Hinweise auf die Lageveränderung. Dies ist besonders wichtig, wenn ähnliche Gesteine unterschiedlichen Alters betroffen sind.

Neben der **Biostratigraphie,** die mit Leitfossilien das Alter von Schichten bestimmt, hat die Paläontologie noch folgende Teilgebiete:
Die **vergleichende Anatomie:** Fossile Reste werden mit heutigen Tieren oder Pflanzen verglichen. Zoologie und Botanik helfen also bei der Ergänzung und Deutung ausgestorbener Arten. Ein Beispiel: Die Fischsaurier (Ichthyosaurier) hatten eine ähnliche Körperform wie unsere Delphine, Thunfische und Haie. Da diese Tiere gewandte Hochseeschwimmer sind, dürfen wir das auch für die ausgestorbenen Fischsaurier annehmen.
Die **Palökologie** erforscht mit Hilfe der heutigen **Ökologie** die Beziehungen fossiler Tiere und Pflanzen zueinander und die gegenseitige Beeinflussung von Organismen und Umwelt. Zur Umwelt gehört auch der Boden, auf dem die Tiere und Pflanzen leben und das Material, in das ihre Reste später eingebettet werden: die Sedimente und die daraus entstehenden Absatzgesteine.
Die **Paläogeographie** schließt anhand der Verteilung verschiedenartiger Gesteine und ihrer Fossilien auf die Geographie vergangener Zeiten.
Die **Stammesgeschichte** (Phylogenie, s. S. 20) bemüht sich, die verwandtschaftlichen Beziehungen lebender und ausgestorbener Tiere und Pflanzen miteinander zu erfassen und in Stammbäume zu ordnen und die Entwicklung von einfachen Lebewesen zu fortschrittlichen zu erforschen.
Das **Ordnen** (Systematik) und **Benennen** (Nomenklatur) der Tier- und Pflanzenwelt der Vorzeit: Hier werden wie in der Biologie Tiere wie Pflanzen mit gemeinsamen Merkmalen zusammengefaßt.
An zwei Beispielen wollen wir das Prinzip der systematischen Ordnung kennenlernen.

	Beispiel 1: **Haushund**	Beispiel 2: **Urvogel**
Reich	Tierreich (Animalia)	Tierreich (Animalia)
Stamm	Rückenscheidentiere (Chordata)	Rückenscheidentiere (Chordata)
Unterstamm	Wirbeltiere (Vertebrata)	Wirbeltiere (Vertebrata)
Klasse	Säugetiere (Mammalia)	Vögel (Aves)
Ordnung	Fleischfresser (Carnivora)	Urvogelartige (Archaeopterygidaeformes)
Familie	Hunde (Canidae)	Urvögel (Archaeopterygidae)
Gattung	Hund *(Canis)*	Urvogel *(Archaeopteryx)*
Art	Haushund *(Canis familiaris)*	Lithographischer Urvogel *(Archaeopteryx lithographica)*

Gattungs- und Artnamen sind im allgemeinen aus dem Lateinischen oder Griechischen entnommen. Um bei unserem Beispiel 2 zu bleiben: «*Archaeopteryx lithographica* H. v. Meyer» ist das System-Kürzel für den Urvogel. H. v. Meyer war der Wissen-

schaftler, dem wir die Benennung und Erstbeschreibung der Urvogelart *lithographica* verdanken. Damit Gattung und Artnamen nicht zu verwechseln sind, wird der erste groß, der zweite klein geschrieben.
Es kann nun passieren, daß das gleiche Tier von zwei Wissenschaftlern verschiedene Namen erhält. Um dies zu verhindern führte man die Prioritäts-Regel ein, nach der nur der älteste Name gilt. Dazu nochmals ein Beispiel aus den Plattenkalken: Die Fischgattung *Gyronchus* (Taf. 24) hatte außerdem den Namen *Mesodon* bekommen. Der Name *Gyronchus* war aber eher vergeben worden, daher ist er allein gültig.

Kuhn-Schnyder, E. (1967): Paläontologie als stammesgeschichtliche Urkundenforschung. In: G. Heberer (Herausg.): Die Evolution der Organismen. Bd. I, S. 238–419, Stuttgart (G. Fischer Verl.).
Lehmann, U. (1964): Paläontologisches Wörterbuch. 335 S., Stuttgart (Enke Verl.).
Müller, A. H. (1963): Lehrbuch der Paläontologie. Bd. I, Allgemeine Grundlagen. 378 S., Jena (G. Fischer Verl.).
Simpson, G. G. (1972): Leben der Vorzeit. Einführung in die Paläontologie. 177 S., Stuttgart (Enke Verl.).
Thenius, E. (1970): Die Geschichte unserer Tier- und Pflanzenwelt. Kosmos Studienbücher. 143 S., Stuttgart (Franckh'sche Verlagshandlung).
Ziegler, B. (1972): Allgemeine Paläontologie. 245 S., Stuttgart (Schweizerbart Verl.).

Vom Entwicklungsgeschehen und von der Stammesgeschichte

Evolution und Phylogenie sind ineinander übergehende Begriffe. Die Evolution (evolvere, lat. = entwickeln) fragt nach dem *Wie* der Höherentwicklung in Tier- und Pflanzenreich. Sie will zum Beispiel ergründen, welche Vorgänge und Bedingungen notwendig waren, um aus Fischen Lurche hervorgehen zu lassen. – Biologie und Paläontologie sind gemeinsam an der Lösung von Fragen der Evolution beteiligt. Man könnte Evolution mit *Entwicklungsgeschehen* übersetzen.
Die *Stammesgeschichte* oder Phylogenie (phylon, griech. = Stamm; genān, griech. = entstehen) sucht den Ablauf der Entwicklung in kleineren und größeren systematischen Einheiten während der Erdgeschichte zu erkennen. Ihre Fragestellung lautet: *Was kommt von Wem?* Sie bemüht sich anhand von Fossilien die Übergänge von Arten in ihre Nachfolge-Arten zu belegen, Ahnenreihen zu konstruieren und Zusammenhänge in Stammbäumen klarzulegen. Die Last der Beweisführung liegt fast nur bei der Paläontologie.
Was ereignet sich nun bei der Evolution? Wir werden einer Antwort näher kommen, wenn wir von der Fortpflanzung ausgehen. Die Fortpflanzung dient der Erhaltung der Arten.
Die Eizelle trägt das Erbgut der Mutter, die Samenzelle das Erbgut des Vaters in sich. Wenn ein neues Lebewesen entstehen soll, müssen Samen und Eizelle sich vereinigen, eine Befruchtung findet statt. Durch die Vereinigung wird das Erbgut beider Eltern im künftigen Individuum vermischt, es entstehen neue Merkmale. Neue Merkmale spielen in der Evolution eine bedeutende Rolle.
Das Erbgut der Eltern kann aber schon bevor es zur Befruchtung kommt durch chemische oder physikalische Vorgänge verändert oder gar zerstört werden. Solche zufälligen Änderungen des Erbgutes nennen wir *Mutationen.* Zumeist wirken sie sich un-

günstig auf die Tochtergenerationen aus. Weil aber die Lebewesen mit negativen Merkmalen geringe Überlebenschancen haben, werden sie von der Natur ausgeschaltet, vernichtet. Damit wird negative Weiterentwicklung verhindert. Hat beispielsweise eine Amsel durch Mutationen verkümmerte Flügel ‹geerbt›, wird sie rasch das Opfer einer Katze. Diese Auswahl der Natur, nach der nur Lebewesen mit positiven Eigenschaften überleben, heißt *Selektion* (selegere, lat. = auslesen). Die Grundlagen der Selektion hat Charles Darwin (1809–1882) beschrieben und sie vereinfachend als das «Überleben des Geeignetsten» dargestellt.

Positive Mutationen beseitigt die Natur selbstverständlich nicht. Es müssen sich aber viele, viele günstige Mutationen anhäufen, damit ein Entwicklungsfortschritt sichtbar wird. Dieser Vorgang kann sehr lange dauern, manchmal sogar Millionen Jahre. Eine Rückentwicklung auf den früheren Zustand ist dann nicht mehr möglich. Die Evolution verläuft also nur in einer Richtung. Am Beispiel des Wals wird dies deutlich. Er stammt von Landtieren ab. Als sich die Wal-Vorfahren auf das Leben im Wasser spezialisierten, gestalteten sich die Arme allmählich in Flossen um. Aus den Flossen können jedoch nicht wieder brauchbare Arme gebildet werden. Die Erkenntnis solcher Tatsachen führte den Belgier Louis Dollo (1857–1931) dazu, das Gesetz der Nichtumkehrbarkeit (Irreversibilität) des Evolutionsgeschehens zu formulieren.

Nach allem was wir wissen, dürfen wir sagen, daß die Grundlage des Evolutionsgeschehens auf dem Zusammenwirken von Mutation und Selektion beruht. Beide konnten ihre Wirkung über sehr lange Zeiträume entfalten.

Die Natur experimentiert am Erbgut von Pflanzen und Tieren mithilfe von Mutation und Selektion. Die Stammesgeschichte liefert uns dazu ein Beispiel. Am Ende der Trias-Zeit (S. 51) hatte sich ein Ast des Stammbaums der Reptilien in mehrere Zweige gespalten. Alle Zweige entwickelten sich in Richtung auf die Säugetiere. Im Test der Selektion zeigte sich aber nur ein einziger Zweig voll tauglich und aus ihm gingen schließlich die Säuger hervor (vgl. Textabb. 19b–d). Von den untauglichen Zweigen überlebte keiner lange.

Bei der Evolution wird das Beste durch Testen ermittelt. Es erweist sich, daß damit auch eine Rationalisierung und allgemeine Verbesserung (Optimierung) des gesamten Entwicklungsgeschehens verbunden ist. Das Leitmotiv der Optimierung ist die ständige Verbesserung des Schutzes für die Nachkommenschaft.

W. Zimmermann hat ein Modell aus zehn Stadien der Verbesserung der Fortpflanzung im Lauf der Pflanzen-Evolution entworfen, an dem die zunehmende Sicherung der Nachkommenschaft gut zu studieren ist. Die Stadien sind anhand von Beispielen fossiler und lebender Pflanzen dargestellt. Einige Stadien sind hypothetisch, also nicht durch Funde belegt.

Das Zimmermann'sche Schema wird hier vereinfacht und auf vier Stadien gerafft (Textabb. 2), um in Kürze das Leitmotiv der Pflanzenevolution vorzustellen. Diese vier Stadien sind durch heutige Pflanzen präsentiert.

Stadium I (Textabb. 2). Die einzelligen Blaugrünen Algen und Bakterien pflanzen sich durch schnelle und oftmalige Teilung fort. Ihr Erbgut ist nicht in einem Zellkern eingeschlossen und die Erbanlagen der Eltern gehen unverändert auf die Tochtergeneration über. Es gibt keine geschlechtliche Fortpflanzung. Um das Überleben der Art zu sichern, ist die Massenproduktion von Nachkommen die einzige Möglichkeit.

Stadium II (Textabb. 2.). Das Erbgut fortschrittlicher Algen (und aller höheren Pflanzen) ist in einem Zellkern zusammengefaßt. Die höheren Algen pflanzen sich durch Zellteilung (s. oben) und auch durch geschlechtliche Vermehrung fort. Bei der geschlechtlichen Fortpflanzung mischt sich das Erbgut zweier Individuen (s. S. 20). Viele dieser höheren Algen tragen Geißeln zur Fortbewegung. Zahlreiche Nachkommenschaft ist noch immer notwendig.

Stadium III (Textabb. 2). Zwischen den Stadien II und III liegen noch einige Entwicklungsschritte. Bis jetzt war die Fortpflanzung völlig vom Wasser abhängig. Stadium II zeigt die Fortpflanzung einfacher Landpflanzen, die nur noch für die Befruchtung etwas Wasser brauchen. Auch hier gibt es geschlechtliche und ungeschlechtliche Vermehrung, die sich regelmäßig abwechseln (Generationswechsel). Die Sporenpflanzen (Sporophyten) repräsentieren die ungeschlechtliche Generation. Sie sind hochgewachsen, damit der Wind die auf ihnen reifenden Sporen leicht aufnehmen und forttragen kann. Die winzigen Sporen haben nur die Hälfte des Erbguts ihrer Mutterpflanze. Aus den Sporen entstehen kleine Geschlechtspflanzen (Gametophyten), auf denen sich weibliche und männliche Geschlechtszellen (Gameten) bilden. Zur Befruchtung müssen die männlichen Geschlechtszellen (Samenzellen) zu den weiblichen Eizellen mithilfe von etwas Wasser schwimmen. Bei der Kleinheit der Geschlechtspflanzen genügen dazu ein paar Tautropfen oder ein dünner Feuchtigkeits-Film, wie er nach jedem Regen am Boden besteht. Erst durch die Befruchtung wird der Satz des Erbgutes wieder vollständig und eine neue Sporenpflanze geht aus dem befruchteten

---

Textabb. 2 *Vier Stadien des Evolutions-Fortschritts bei den Pflanzen, Leitmotiv ist der verbesserte Schutz der Nachkommenschaft.* Vereinfacht und verändert nach W. Zimmermann.

I. Einfache Zellteilung in schneller Folge wie bei Blaugrünen Algen und Bakterien.

II. Neben einfacher Teilung (oben) ist die Vereinigung zweier Individuen zum Austausch von Erbgut möglich. Sie verschmelzen und kapseln sich ab. In der Kapsel entstehen vier neue Zellen. Der Lebenszyklus der höheren Algen folgt diesem Schema.

III. Zellen haben sich zu Geweben mit verschiedenen Aufgaben zusammengeschlossen, zu richtigen Pflanzen mit Blättern, Sproß und Wurzeln. Der Zyklus beginnt mit dem Reifen der Sporen an der Sporenpflanze (Sporophyt). Weibliche (♀) und männliche (♂) Sporen keimen zu Geschlechtspflänzchen (Gametophyt), in denen die Geschlechtszellen heranwachsen. Die beweglichen männlichen Geschlechtszellen (Gameten) wandern zum weiblichen Gametophyten und befruchten den dort festsitzenden größeren weiblichen Gameten. Aus den vereinigten Gameten geht eine neue Sporenpflanze hervor. Farne sind typisch für diese Art des Generationswechsels.

IV. In diesem Stadium verläßt die weibliche Spore den Sporphyten nicht mehr. Sie wird zur Großspore (Megaspore), aus der sich die weibliche Geschlechtszelle entwickelt, und ist durch Hüllen geschützt. Die Hüllen sind teils noch geöffnet, so daß aus dem Pollen austretende, begeißelte männliche Gameten zum weiblichen Ei gelangen können (IV a). Fortschrittlichere Pflanzen schließen die Megaspore ab (IV b, c). Aus dem Pollen keimt ein Schlauch, der durch die Hüllen dringt. In ihm gelangt das männliche Erbgut zur Megaspore. Beispiele: Cycadeen (IV a), Nadelhölzer (IV b), Blütenpflanzen (IV c).

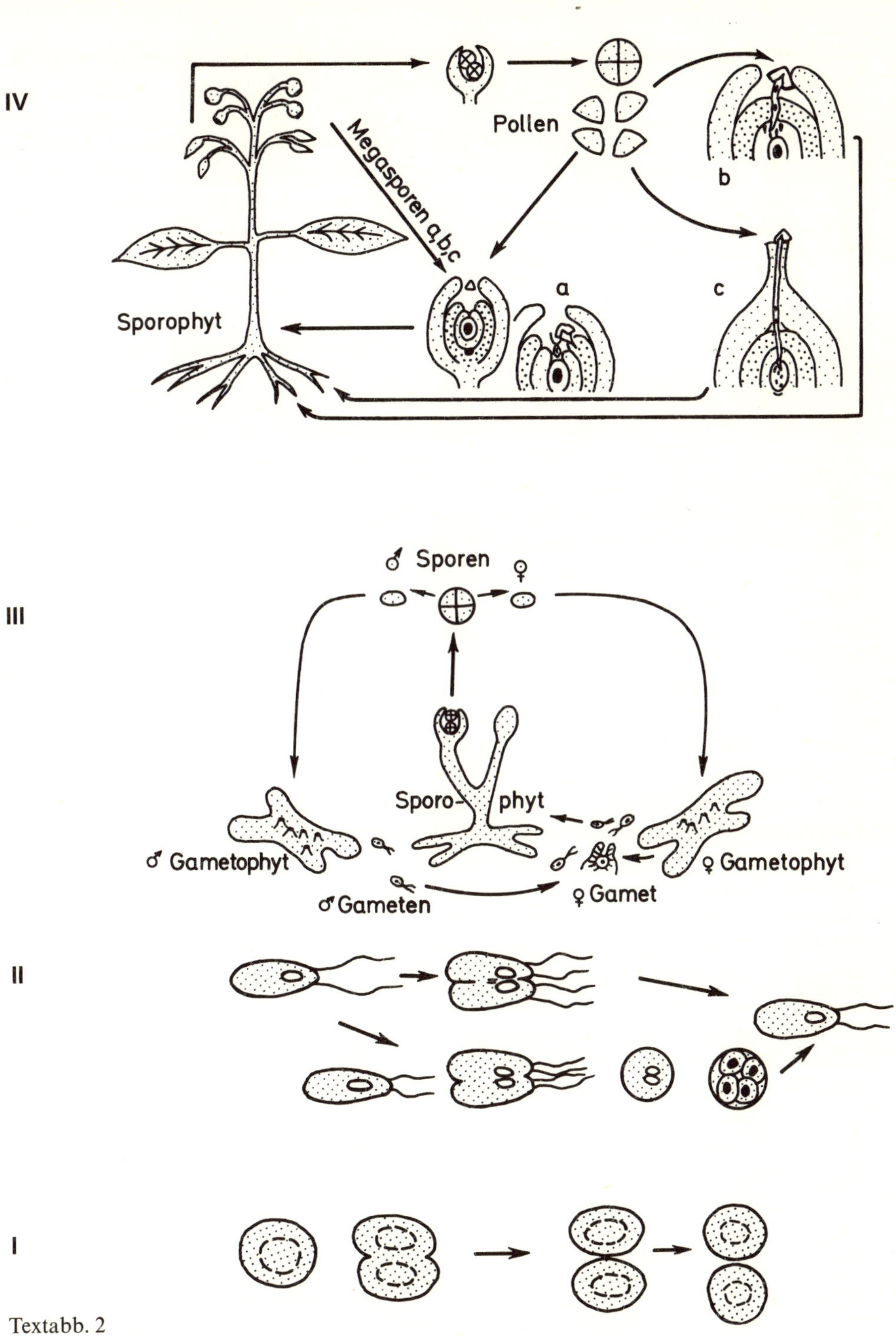
IV
Pollen
Megasporen a,b,c
b
a
c
Sporophyt
III
♂ Sporen
♀
Sporo-
phyt
♂ Gametophyt
♀ Gametophyt
♂ Gameten
♀ Gamet
II
I

Textabb. 2

Ei hervor. Farne vermehren sich noch heute nach diesem Schema. Massenproduktion von Nachkommen ist wegen der langen Lebensdauer der Sporenpflanze beträchtlich eingeschränkt.
Stadium IV (Textabb. 2) charakterisiert die gänzliche Unabhängigkeit des Befruchtungsvorganges vom Wasser. Die große weibliche Spore (Megaspore) bleibt jetzt an der Sporenpflanze sitzen. Das bedeutet die Unterdrückung der auf Feuchtigkeit angewiesenen Geschlechtsgeneration bis auf einige Zellen, die dem Ei Hilfestellung leisten. Das Ei und die begleitenden Restzellen der Geschlechtsgeneration werden von Hüllen umschlossen. Die Befruchtung erfolgt durch den vom Wind oder von Insekten transportierten Pollen (Blütenstaub). Ein einzelnes Pollenkorn enthält die Samenzelle und ein paar weitere Zellen, die auch hier die unterdrückte Geschlechtsgeneration darstellen.
Einfache Pflanzen dieses Stadiums (IV a) haben eine Öffnung in der Hülle der Großspore. Dort setzt das Pollenkorn die begeißelte Samenzelle frei, damit sie zum Ei vordringen kann. Bei höheren Entwicklungsstufen des vierten Stadiums ist die Hülle der Großspore gänzlich geschlossen und bietet dem Ei ausgezeichneten Schutz. Damit die Befruchtung ermöglicht wird, keimt aus dem Pollenkorn ein Schlauch, der die Schutzhüllen des Eis durchdringt und das männliche Erbgut zu ihm befördert (IV b). Die Sicherung der Großspore wird aber noch weiter getrieben, indem um sie und ihre Hülle Fruchtblätter herumwachsen und so einen Fruchtknoten entstehen lassen. Zur Befruchtung durchdringt der Pollenschlauch auch den Fruchtknoten (IV c). Stadium IV a finden wir in den Cycadeen (S. 37), IV b in den Nacktsamern (S. 37) und IV c bei den Bedecktsamern (S. 37) verwirklicht.
Die Aufgabe der wasserabhängigen Geschlechtsgeneration beseitigt Gefahrenquellen. Neue und verbesserte Organe vergrößern die Überlebenschancen des Nachwuchses erheblich.
Auch in der Tierwelt folgt die Evolution diesem Leitmotiv. Für die Eroberung des Landes mußten innerhalb der verschiedenen Tierstämme neue Organ-Systeme entwickelt werden, um die Unabhängigkeit vom Wasser zu garantieren.
Ein Gegenstück zu dem geschilderten Modell der Pflanzenevolution bilden die drei Stadien der verbesserten Nachwuchs-Sicherung bei den Wirbeltieren.
Stadium I (Textabb. 3). Fische und Lurche legen ihre Eier im Wasser ab. Damit sich die Keime entwickeln können, müssen die Eier im Wasser bleiben. Der Bau der Eier ist einfach. Der Keim, der nach der Befruchtung entsteht, liegt auf dem Eidotter. Der Dotter ernährt den Keim. Dotter und Keim sind von einer gelatineartigen Schutzhülle umgeben, der Gallertehülle. Da die Eier zumeist ohne weiteren Schutz und weitere Fürsorge im Wasser bleiben, dienen sie oft anderen Tieren als Futter. Auch die heranwachsenden Jungtiere sind eine leichte Beute. Deshalb müssen zur Erhaltung der Art große Mengen von Eiern produziert werden.
Stadium II (Textabb. 3). Kriechtiere und Vögel legen ihre Eier auf dem Land. Sie müssen deshalb gegen Austrocknung geschützt sein. Der Keim ist Teil einer Keimscheibe, die auf dem Dotter liegt. Zum Schutz hat sich der Rand der Keimscheibe nach oben gefaltet, um den heranwachsenden Embryo herum (II a). Ein anderer Teil wächst in entgegengesetzter Richtung, nach unten, um den Dotter herum. Embryo, Dotter und die embryonale Abfallblase sind schließlich alle von einer Hülle umgeben (II b).

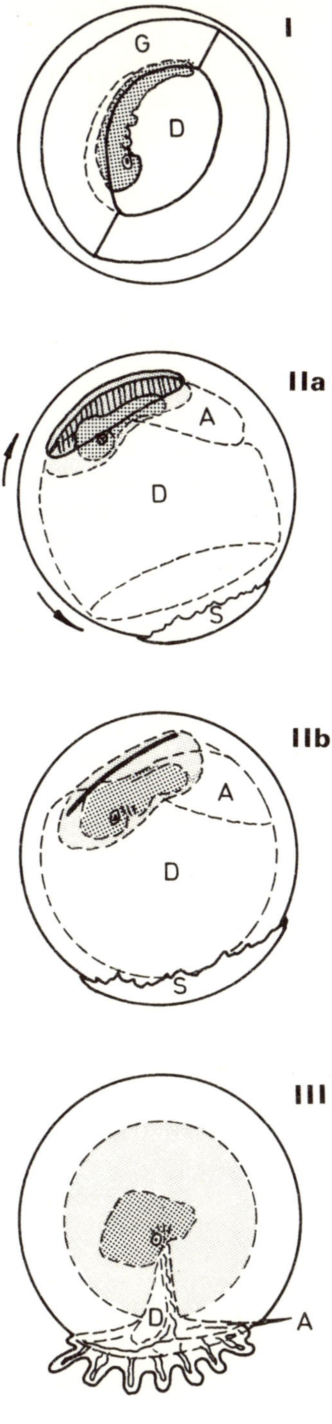

Textabb. 3 *Drei Stadien des Evolutions-Fortschritts bei den Wirbeltieren.*

Das Leitmotiv ist das gleiche wie bei den Pflanzen: verbesserte Sicherung der Nachkommenschaft. (Embryo punktiert, umhüllende Blase fein punktiert)

I. Die Brut ist vom Wasser abhängig. Hier ein Fischembryo auf seinem Dottersack (D), geschützt lediglich durch eine Gallerte-Hülle (G).

II. Mit «Erfindung» des hartschaligen Eis bei Reptilien und Vögeln (S = Schale) ist die Brut vom Wasser unabhängig geworden. II a. Die Eihaut beginnt um den Embryo herumzuwachsen. A = Blase für Abfallstoffe und Sauerstoffaustausch. II b. Die Eihaut hat sich um den Embryo geschlossen. Der Embryo schwimmt in einer Wasserblase.

III. Im Körper der Mutter eingebetteter Embryo der Säugetiere. Die harte Schale wurde unnötig. Auswüchse der Eihaut stellen die Verbindung mit den mütterlichen Geweben her. Über sie regeln sich Ernährung und Abfallhaushalt. Der Dottersack spielt deshalb nur noch eine untergeordnete Rolle.

Der Hohlraum um den Embryo füllt sich mit Flüssigkeit, so daß dieser ‹schwimmt›. Eine dicke Eiweißlage um Dotter und Keim ergänzt die Nahrungsreserve des Dotters. Nach außen ist das Ei durch eine zähe Haut gegen Austrocknung und durch die poröse Kalkschale abgeschlossen. Der Schutz des Eies ist sehr sicher geworden und die Elterntiere beginnen sich mehr und mehr um ihre Brut zu kümmern. Zur Erhaltung der Art müssen daher nicht mehr so viele Eier gelegt werden.
Stadium III (Textabb. 3) erreichten lediglich die fortschrittlichen Säugetiere. Ihr Keim schwimmt in einer Fruchtblase, die im Leib der Mutter geborgen ist. Die Ernährung und die Beseitigung von Abfallstoffen ist durch eine Verbindung zur Mutter gesichert. Die Verbindung wird über Zotten der Eihaut, die sich mit mütterlichem Gewebe verfilzen, hergestellt. Dottersack und Abfallblase sind unnötig geworden und erhielten andere Aufgaben. Die Versorgung eines Eigeleges entfällt.
Diese höchste Stufe bringt so viele Vorteile für die Versorgung des Nachwuchses, daß bereits wenige aber hochentwickelte Nachkommen zum Überleben der Art genügen. Die sorgfältige Brutpflege wirkt sich natürlich zudem positiv aus.
Die drei Evolutionsstadien sind als fertiges Produkt an lebenden Tieren überprüfbar. Haben wir aber auch eine Möglichkeit, etwas von den Übergängen zwischen den Stadien zu erfahren? Leider kann uns da die Stammesgeschichte wenig helfen, denn Fossilfunde sind gerade an den kritischen Stellen der Evolution sehr spärlich. Das liegt, neben anderen Ursachen, daran, daß während der Übergänge besonders Weichteile umgestaltet wurden. Nur wo Hartteile in die neue Konstruktion einbezogen worden sind, können wir erahnen, was sich abspielte. Dazu wieder ein Beispiel, mit dem wir uns bereits einmal beschäftigten: den Übergang von den Reptilien zu den Säugetieren. Wir dürfen annehmen, daß es für einige Zweige hochentwickelter Reptilien vorteilhaft war, ein kleines Eigelege in einer Hautfalte unter dem Becken mit sich zu tragen. Später wurde aus dieser Hautfalte ein Beutel, den zwei Knochen stützten; wir sehen das heute noch beim Känguruh und anderen Beuteltieren. Offenbar war es dann in der Folge günstig, die Eier länger im Mutterleib zu behalten und auf die harte Schale wieder zu verzichten; im Leib waren sie ja bestens geschützt. Bei der Geburt kamen die halbfertigen Jungen in den Beutel und konnten dort aus Hautdrüsen Nahrung aufnehmen, sie wurden gesäugt. Als schließlich die Geburt noch weiter hinausgezögert worden war, kamen die Jungen so voll entwickelt zur Welt, daß der Beutel überflüssig wurde. Von diesem Geschehen geben uns allein fossile Beutelknochen Kunde, die wir bereits bei einem der Reptilienzweige aus der jüngeren Trias-Zeit kennen.
Wann sich die fortschrittlichen Säuger von den primitiveren Beuteltieren trennten, ist wieder nur auf Umwegen zu erschließen: Nahrungsgewohnheiten gestalten die Zähne, besonders das Kronenmuster. In der jüngeren Unterkreide-Zeit müssen solche Änderungen der Nahrungsgewohnheiten vor sich gegangen sein, die wohl auch Umgestaltungen bei den Eingeweiden zur Folge hatten. Seit der Unterkreide-Zeit kennen wir nämlich die typischen Kronenmuster von Beuteltieren und fortschrittlichen Säugetieren nebeneinander. Die Stammesgeschichte kann uns also von diesen komplexen Evolutionsvorgängen nur über indirekte Schlüsse grobe Konturen liefern.

Beer, G. de (1966): Bildatlas der Evolution. 201 S., München (Bayer. Landwirtsch. Verl.).
Remane, A., Storch, V. & Welsch, U. (1973): Evolution, dtv Wissensch. Reihe, 241 S., München (Dtsch. Taschenb. Verl.).

Simpson, G.G. (1951): Zeitmaße und Ablaufformen der Evolution. 331 S., Göttingen (‹Musterschmidt›, Wiss. Verl.).
Vogel, G. & Angermann, H. (1976): dtv-Atlas zur Biologie. 2 Bd., 9. Aufl., 570 S., München (Dtsch. Taschenb. Verl.).
Zimmermann, W. (1969): Geschichte der Pflanzen. 2. Aufl., 177 S., Stuttgart, (G. Thieme und F. Enke Verl.).

Eine Übersicht des Tierreichs

Das Tierreich der Gegenwart vereinigt mehr als eine Million Arten. Seine Untergliederung erfolgt nach Verwandtschaftsgrad und Organisationshöhe. Am anschaulichsten lassen sich die Beziehungen in einem baumartigen Schema (Textabb. 4) darstellen. Ein solches Schema berücksichtigt zugleich die Stammesgeschichte.
Um verwandtschaftliche Beziehungen zu erkennen, bemühen sich Paläontologie, Zoologie und Molekularbiologie. Wo Fossilien und Vergleich von Gestalt und Funktion nicht mehr weiterhelfen, hat die Molekularbiologie oft noch durch Untersuchungen an Eiweißen Erfolg. Naheverwandte Tiere besitzen nämlich mehr gemeinsame Eiweißtypen als fernerstehende.
Der folgende Überblick zeigt nur die größten Einheiten des Tierreichs, die Stämme. Mehrere Stämme sind zu einer *Stammreihe* zusammengefaßt. Wenige, nahe verwandte Stämme kann man zu einer *Stammgruppe* vereinigen. Nur in Ausnahmefällen werden *Klassen* ausgeschieden.

Unterreich *Einzeller* (Protista)

Stamm *Urtiere* (Protozoa)

Einzellige Lebewesen mit einem oder mehreren Zellkernen. Vielfach werden Hüll- und Stützskelette aus kohlensaurem Kalk oder Kieselsäure ausgeschieden. Foraminiferen, Radiolarien (Textabb. 14 e, f).

Aus den Urtieren entwickeln sich die übrigen Tierstämme. Vermutlich haben sich zunächst Einzeller zu Kolonien zusammengetan. Als diese dann zu groß wurden, mußten sich die Zellen für unterschiedliche Aufgaben spezialisieren, um die nunmehr entstandenen Vielzeller am Leben zu erhalten.

Unterreich *Vielzeller* (Metazoa)

Stamm *Schwämme* (Porifera)

Es gibt nur zwei Typen von Zellen, die noch kein echtes Gewebe bilden. Ein meist gitterartiges Stützskelett ist aus hornigen, kieseligen oder kalkigen Nadeln aufgebaut (Textabb. 5 h, Skizze zu Taf. 56).

Stamm *Hohltiere* (Coelenterata)

Viele Zelltypen bauen ein echtes Gewebe auf. Nahrungsaufnahme und Verdauung finden in einem gemeinsamen Hohlraum (Name!) statt. Nesselzellen dienen zur Verteidigung und zum Lähmen der Beute. Häufig ist Kolonienbildung und Ausscheidung von hornigen oder kalkigen Skeletten. Quallen, Seefächer, Korallen (Textabb. 5 i; Taf. 5, Fig. 2; Taf. 55, Fig. 1).

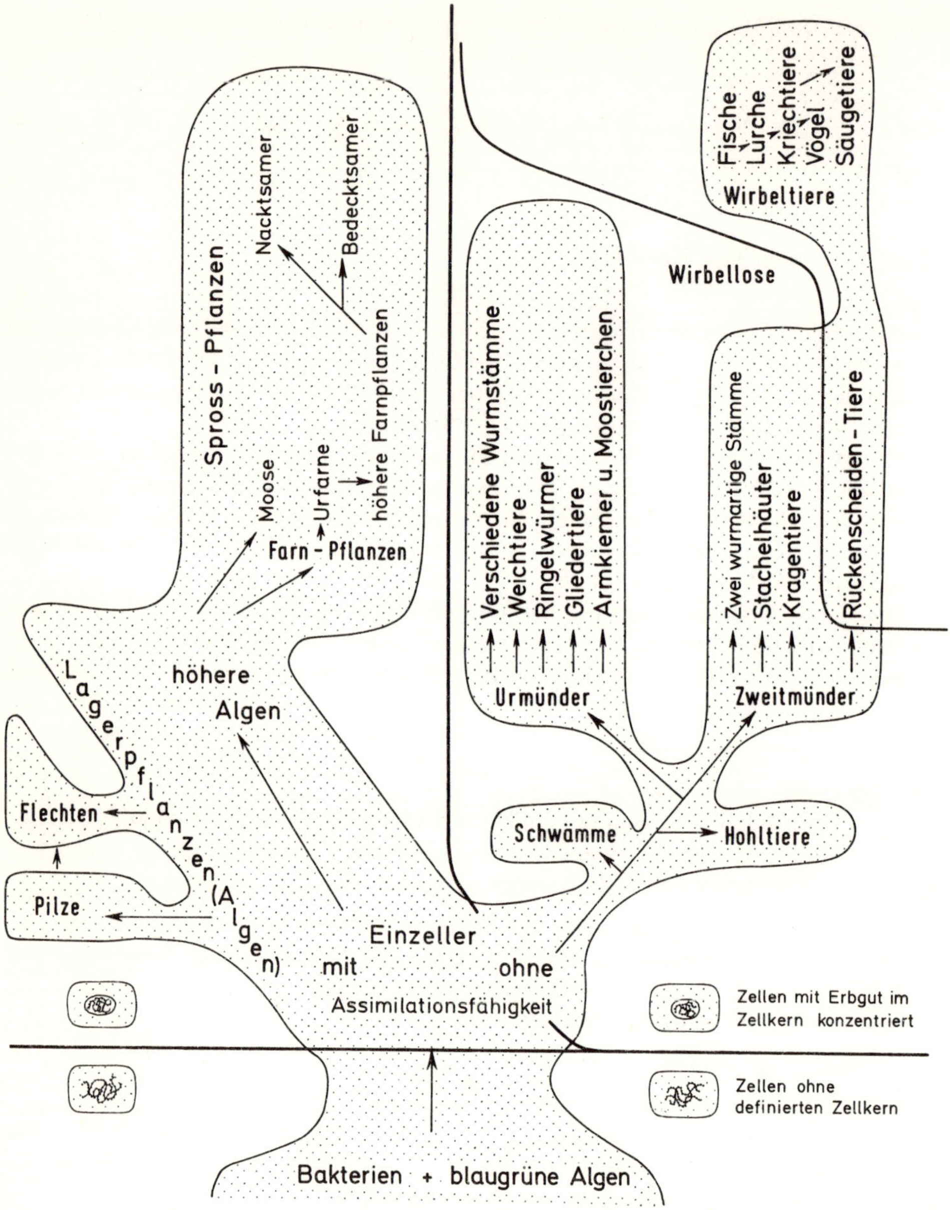

Textabb. 4 *Vereinfachter Stammbaum des Tier- und Pflanzenreichs.*

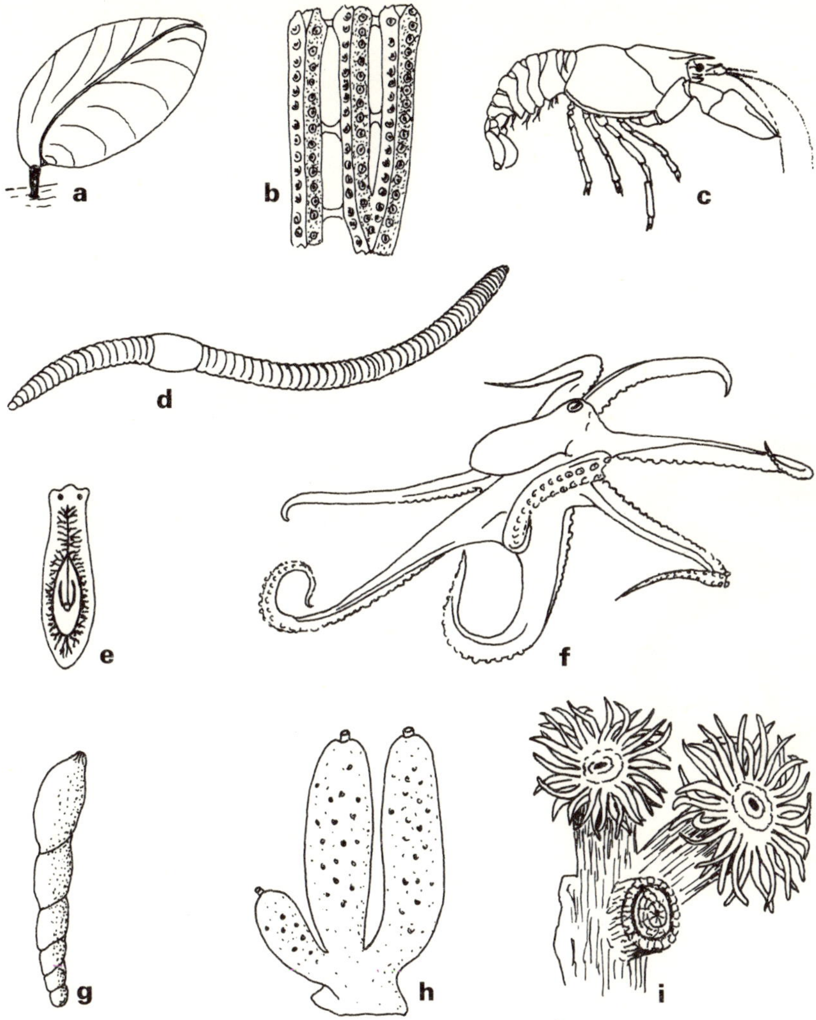

Textabb. 5 *Vertreter der Tierstämme. I. Ur-Münder.* Nach Vorlagen aus verschiedenen Lehrbüchern.

a Armfüßler (Brachiopode) (× 0,9).
b Teil einer Kolonie von Moostierchen (Bryozooen); (× 9).
c Flußkrebs (Gliedertiere) (× 0,25).
d Regenwurm (Ringelwürmer) (× 0,9).
e Plattwurm (× 0,9).
f Achtarmiger Tintenfisch (Weichtiere) (× 0,25).
g Kalkschalige Foraminifere (Urtierchen) (× 45).
h Schwamm (× 0,25).
i Koralle (Hohltiere) (× 1,5).

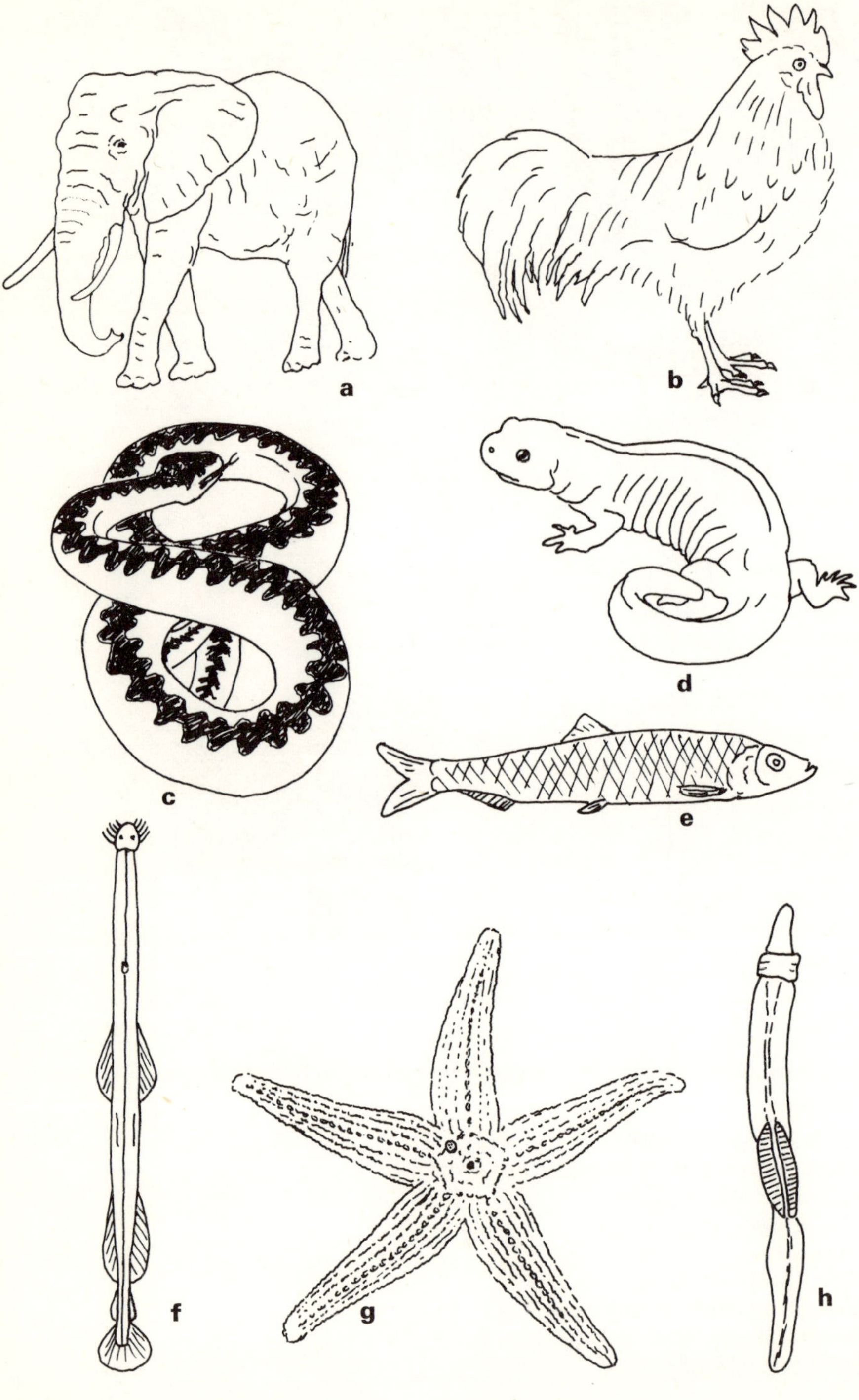

Textabb. 6

Man glaubt, daß sich aus Tieren, die den Larven einfacher Hohltiere ähnlich sahen, die Vorfahren der Stammreihen Urmünder und Zweitmünder entwickelten. Der Zeitpunkt ihres Ursprungs hat im späten Präkambrium (Textabb. 8) gelegen.

Stammreihe *Erstmünder* (Protostomia)

Die ursprüngliche Mundöffnung der Larve bleibt zeitlebens Mund. Der After wird neu gebildet. Der Nervenstrang liegt auf der Bauchseite. Das Skelett ist, wenn vorhanden, äußerlich. Weichtiere, Ringelwürmer, Gliederfüßler, Fangarmtiere und eine Anzahl hier unberücksichtigter Wurmstämme (Textabb. 5e).

Stamm *Weichtiere* (Mollusca)

Weichtiere sind meist durch Schalen aus kohlensaurem Kalk geschützt und normalerweise in Kopf, Eingeweidesack und muskulösen Fuß gegliedert. Muscheln, Schnecken, Tintenfische (Textabb. 5 f).

Stammgruppe *Gliedertiere* (Articulata)

Körper in zahlreiche mehr oder minder ähnliche Abschnitte gegliedert. Ringelwürmer und Gliederfüßler.

Stamm *Ringelwürmer* (Annelida)

Zahlreiche gleichartige Körperabschnitte. Regenwurm (Textabb. 5 d).

Stamm *Gliederfüßler* (Arthropoda)

Gegliederter Körper mit äußerlichem Skelett aus Chitin (stickstoffhaltiger Zucker). 800 000 bekannte Arten machen ¾ des Tierreichs aus! Sie stammen vermutlich von Ringelwürmern ab. Spinnen, Krebse, Tausendfüßler, Insekten (Textabb. 5c).

Stamm *Fangarmtiere* (Tentaculata)

Zahlreiche feine, fangarmartige Fortsätze dienen der Nahrungsaufnahme und Atmung. Hartteile sind aus Horn, phosphorsaurem und kohlensaurem Kalk. Die Larven weisen Beziehungen zu den Zweitmündern auf. Armfüßler, Moostierchen.

Klasse *Armfüßler* (Brachiopoda)

Fangarmapparat (‹Armfüße›) und Eingeweide von zwei gegeneinander beweglichen Schalen aus phosphorsaurem oder kohlensaurem Kalk geschützt. Meist mit elastischem Stiel festgeheftet. Nur im Meer. (Textabb. 5 a).

Textabb. 6 *Vertreter der Tierstämme. II. Zweitmünder.* Nach Vorlagen aus verschiedenen Lehrbüchern.

a Elephant (Wirbeltiere, Säugetiere).
b Hahn (Wirbeltiere, Vögel).
c Kreuzotter (Wirbeltiere, Kriechtiere).
d Salamander (Wirbeltiere, Lurche).
e Hering (Wirbeltiere, Fische).
f Pfeilwurm (Borstenkiefer).
g Seestern (Stachelhäuter).
h Eichelwurm (Kragentiere).

Klasse *Moostierchen* (Bryozoa)

Die kleinen, kolonienbildenden Tiere tragen schützende und stützende Teile aus hornartiger Substanz oder kohlensaurem Kalk (Textabb. 5 b). Der Fangarmkranz ist in die Skelett-Pore zurückziehbar.

Stammreihe *Zweitmünder* (Deuterostomia)

Der Erst- oder Urmund der Larve wird zum After und der Mund (‹Zweitmund›) entsteht neu. Der Nervenstrang liegt auf der Rückenseite. Sofern ein Skelett vorhanden ist, wird es innen angelegt. Von den fünf Stämmen der Zweitmünder werden zwei wurmartige (vgl. Textabb. 6f) nicht berücksichtigt.

Stamm *Stachelhäuter* (Echinodermata)

Das Skelett besteht aus porösen, meist beweglichen Elementen von kohlensaurem Kalk. Bewegung und Atmung erfolgt durch ein kompliziertes Wassergefäß-System. Die festsitzenden oder freibeweglichen Seelilien, Seesterne (Textabb. 6g), Seeigel und Seegurken leben nur im Meer.

Stamm *Kragentiere* (Branchiotremata = Lochkiemer)

Dies sind teils wurmartige Tiere mit drei Körperabschnitten, die in und am Meeresboden leben, teils winzige, kolonienbildende Tiere, die chitinartige Hüllen besitzen. Zu letzteren gehören die Graptolithen (‹Schriftsteine›; Textabb. 13 b) des Paläozoikums.

Stamm *Rückenscheidentiere* (Chordata)

Die Chorda ist ein Stab aus elastischem Gewebe zur Versteifung des Körpers. Angehörige, die ausgewachsen seßhaft werden, behalten die Chorda nur während ihres freibeweglichen Larvenstadiums. Höhere Chordatiere legen um die Chorda die Wirbelsäule an. Das Skelett besteht aus phosphorsaurem Kalk (Knochen). Von drei Unterstämmen sind hier nur die Wirbeltiere interessant.

Unterstamm *Wirbeltiere* (Vertebrata)

Die Wirbelsäule besteht aus Knochensegmenten (Wirbel). Fünf Klassen: Fische (Pisces), Lurche (Amphibia), Kriechtiere (Reptilia), Vögel (Aves), Säugetiere (Mammalia): Textabb. 6 a–e).

Kaestner, A. (1963): Lehrbuch der Speziellen Zoologie. Bd. 1, Teile 1–4, 2660 S., Stuttgart (G. Fischer Verl.).

Remane, A. (1967): Die Geschichte der Tiere. In: G. Heberer (Herausg.) Die Evolution der Organismen. Bd. I, S. 551–588, Stuttgart (G. Fischer Verl.).

Readers Digest (1971): Bildatlas der Tierwelt, 380 S., Stuttgart (Verl. Das Beste).

Vogel, G. & Angermann, H. (1976): dtv-Atlas zu Biologie, 2 Bde., 9. Aufl., 570 S., München (Dtsch. Taschenbuch Verl.).

Eine Übersicht des Pflanzenreichs

Zum Pflanzenreich der Gegenwart gehören über 300 000 Pflanzenarten, deren Ordnung nach einem ähnlichen Prinzip wie im Tierreich erfolgt. An ihrem Ursprung gehen beide Reiche ineinander über (Textabb. 4). – Wir geben, als Grundlage für den anschließenden Text, eine Übersicht der wichtigsten Gruppen des Pflanzenreichs.

Unterreich *Zellkernlose* (Anucleobionta)
Erbgut nicht in einem Zellkern zusammengefaßt, Einzeller.

Abteilung *Spaltpflanzen* (Schizophyta)
Nur ungeschlechtliche Fortpflanzung durch Teilung.
Klasse *Bakterien* (Bacteria)
Klasse *Blaugrüne Algen* (Cyanophyceae)

Unterreich *Zellkernträger* (Nucleobionta) – dazu auch alle Tiere!
Erbgut in einem Zellkern konzentriert, geschlechtliche Fortpflanzung möglich.

Abteilung *Lagerpflanzen* (Thallophyta)
Ohne echte Wurzeln und Sproß, Fortpflanzung durch Teilung oder Sporen.
Klasse *Geißelalgen* (Phytoflagellata)
Klasse *Kieselalgen* (Diatomea)
Klasse *Grünalgen* (Chlorophyta)
Klasse *Jochalgen* (Coniugatae)
Klasse *Armleuchteralgen* (Charophyta)
Klasse *Braunalgen* (Phaeophyta)
Klasse *Rotalgen* (Rhodophyta)

Abteilung *Pilze* (Fungi)
Ohne Chlorophyll, Zellwände aus Chitin.

Abteilung *Moose* (Bryophyta)

Abteilung *Farnpflanzen* (Pteridophyta)
Klasse *Urfarne* (Psilophyta)
Klasse *Bärlappgewächse* (Lycopodiophyta)
Klasse *Schachtelhalmgewächse* (Equisetophyta)
Klasse *Farne* (Filices)

Abteilung *Nacktsamer* (Gymnospermae)
Fortpflanzungstyp siehe Textabb. 2, IV a und b
Klasse *Samenfarne* (Pteridispermae)
Klasse *Palmfarnartige* (Cycadopsida)
mit Cycadeen, Bennettiteen und Caytonien
Klasse *Cordaiten* (Cordaditinae)
Klasse *Ginkgogewächse* (Ginkgopsida)
Klasse *Nadelholzgewächse* (Coniferopsida)
(Klasse Gnetumgewächse, Gnetales)

Abteilung *Bedecktsamer* (Angiospermae, Blütenpflanzen)
Fortpflanzungstyp siehe Textabb. 2, IV c
Klasse *Zweikeimblättrige* (Dicotyledones)
Klasse *Einkeimblättrige* (Monocotyledones)

Die Pflanzen waren die Wegbereiter der Tierwelt. Sie erschienen unerwartet früh in der Erdgeschichte (Textabb. 8 u. S. 39). Es ist überraschend, daß schon die ersten bekannten Pflanzen die Photosynthese beherrschten. Durch Photosynthese, mithilfe des Blattgrüns (Chlorophyll), können Pflanzen aus dem Kohlendioxid-Gas der Luft, aus Wasser und Mineralstoffen organische Substanz aufzubauen. Die Energie für diesen Prozeß liefert das Sonnenlicht. Diese Selbsternährung (Autotrophie) unterscheidet die Pflanze vom Tier grundsätzlich. Ohne Pflanzen als Nahrungsgrundlage hätte sich kein tierisches Leben auf der Erde entfalten können.

Wie die ersten Pflanzen entstanden sind, können wir nur vermuten (vgl. S. 39). Sie erscheinen als kernlose Einzeller, Spaltpflanzen, wie unsere Bakterien (Textabb. 7 l) und die Blaugrünen Algen (Textabb. 7 k). Die Blaugrünen Algen bilden oft Algenteppiche am Meeresboden, die mit dünnen Schlammlagen abwechseln. Dadurch können polsterartige Gebilde heranwachsen. Solche Polster sind häufig fossil erhalten. Man nennt sie *Lagensteine* oder *Stromatolithe.* Stromatolithe findet man besonders in vorkambrischen und paläozoischen Schichten. Aber auch später spielen sie beim Aufbau mancher Gesteine noch eine erhebliche Rolle. Im Jura sind sie an der Bildung der Schwammstotzen, die die Unterlage der Solnhofener Plattenkalke ausmachen, ganz erheblich beteiligt (S. 92).

Der nächste Schritt in der stammesgeschichtlichen Entwicklung der Pflanzen bestand in der Konzentrierung des Erbgutes in einen Zellkern. Algen und Tange sind die einfachsten Pflanzen (Lagerpflanzen) mit diesen Eigenschaften. Viele davon sind Einzeller und tragen winzige Geißeln zur Fortbewegung. Aus den Reihen der Geißelalgen (Phytoflagellatae) gingen wohl einst die ersten Urtierchen (S. 27) hervor. Gewissen Geißelalgen (Textabb. 7 i) kann man experimentell das Blattgrün entziehen und sie zu Geißeltierchen (Flagellata) «umfunktionieren».

Geißelalgen sind auch die *Coccolithophoriden* (‹Kornsteinträger›; S. 122; Textabb. 7h; Taf. 6, Fig. 1). In ihren Zellen scheiden sie kleinste kalkige Scheibchen aus. Nach dem Tod der Coccolithophoriden gelangen die Scheibchen auf den Meeresgrund. Wenn sie in Massen auftreten, werden sie zu Gesteinsbildnern (Schreibkreide!).

Textabb. 7 *Wichtigste Vertreter der Pflanzen.* Nach Vorlagen aus verschiedenen Lehrbüchern.

a Enzian (Blütenpflanzen oder Bedecktsamer); (× 1).
b Lärche (Nacktsamer); (× 1).
c Fiederblätter eines Farns (Farnpflanzen, Farne); (× 1).
d *Rhynia*-Urfarn (Farnpflanzen, Nacktpflanzen; Rekonstruktion, × 0,25) aus dem Unterdevon.
e Moos (Moospflanzen); (× 1).
f Kalkabscheidende Grünalge *Halimeda* (Lagerpflanzen); (× 1).
g Fruchtkörper eines Pilzes (Fungi); (× 0,5).
h Coccosphaere, Einzeller mit Kalkplättchen und Geißeln (Haftpflanzen); (× 1000).
i Pflanzlicher Einzeller *Euglena* mit Körnern von Blattgrün und Geißel (Geißelpflanzen); (× 430).
k Blaugrüne Alge; Kette aus Einzelzellen (Spaltpflanzen); (× 650).
l Begeißelte Bakterie (Spaltpflanzen); (× 7000).

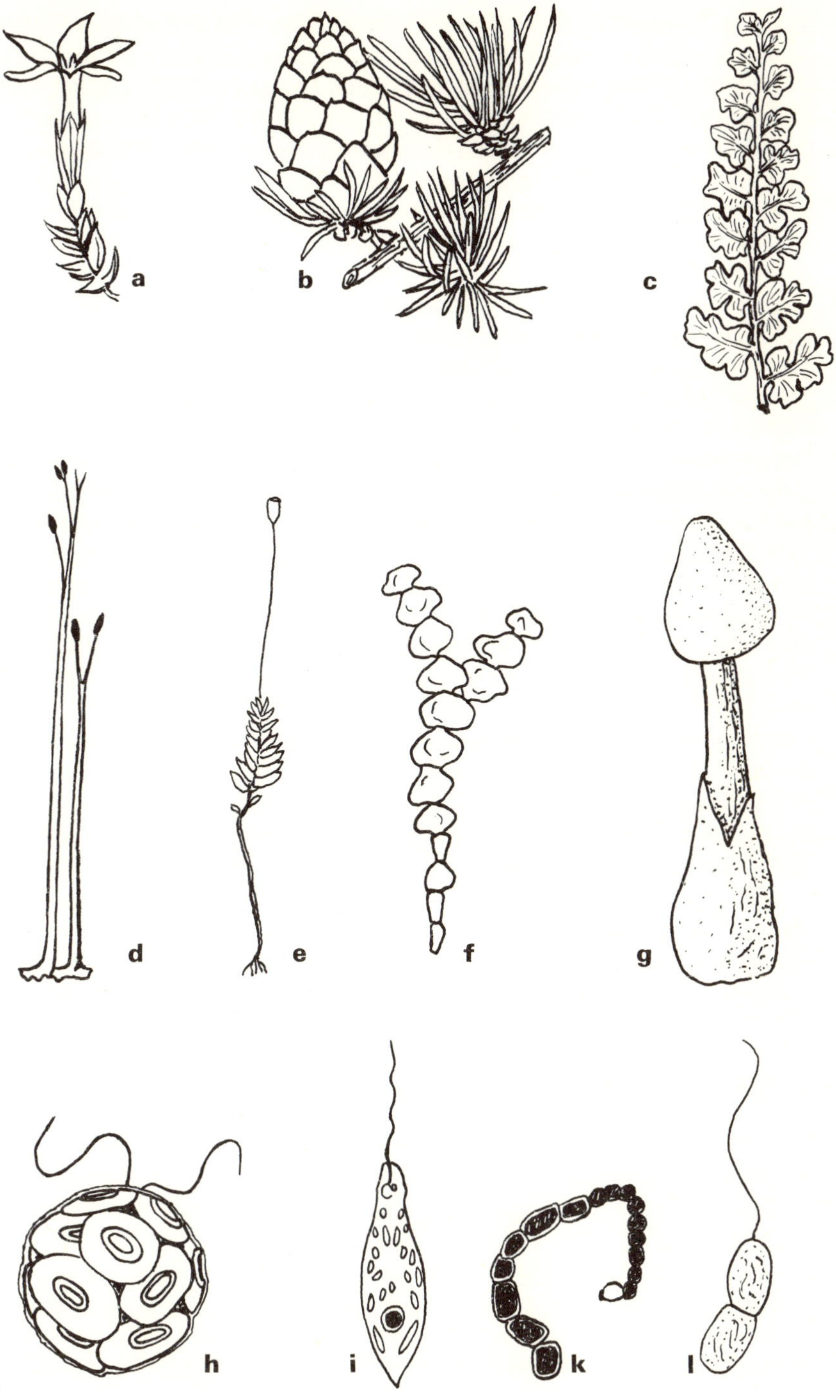

Textabb. 7

Auch die herrlichen, schachtelartigen Schälchen der *Kieselalgen* (Textabb. 9 c) sammeln sich manchmal in solchen Mengen an, daß ganze Schichten aus ihnen bestehen. Überhaupt sind die einzelligen Algen in den Meeren von allergrößter Bedeutung als Lieferanten von Nahrung und Sauerstoff, der bei der Photosynthese frei wird.

Zu den fortschrittlicheren Algen zählen wir die fossil häufigen *Wirtelalgen* (Dasycladaceae; Textabb. 9 a). Sie vermögen Kalk an ihre Stammzelle anzulagern und diese Kalkhülle bleibt uns erhalten. In der Nähe von vorzeitlichen Riffen lebten Wirtelalgen nicht selten so zahlreich, daß ihre Reste heute das Gestein aufbauen. Wirtelalgen gehören zu den Grünalgen.

Seit der Kreide-Zeit sind kalkkrustenbildende *Rotalgen* (Textabb. 9 b) am Aufbau von Riffen beteiligt. Andere Rotalgen haben lappig-tangartige Gestalt. Echte Tange werden wegen ihres Gehalts an braunem Farbstoff zu den Braunalgen gerechnet; die größten Vertreter erreichen 70 m Länge und leben meist im Flachmeer. Fossile Tange sind seltene Funde (Textabb. 9 d; Taf. 57, Fig. 1).

Die *Armleuchteralgen* des Süßwassers bauen Kalk in die Stengel und die schraubig gedrehten ‹Eibehälter› (Textabb. 9 e) ein und werden deshalb leicht fossil.

Manche Wissenschaftler trennen die *Pilze* als eigenes Reich von den Pflanzen ab. Die fadenförmigen Pilzgeflechte enthalten nämlich kein Chlorophyll und die Zellwände bestehen aus Chitin, das man eigentlich nur aus dem Tierreich kennt (Krebspanzer!). Die Lebensenergie gewinnen die Pilze aus verfaulenden Stoffen durch Gärung. Vertraut sind uns die Pilze des Waldes (Textabb. 7 g), die nur die Fortpflanzungsorgane des unterirdischen Pilzgeflechts sind. Es gibt Pilze, die sogar tief ins Gestein bohren können.

Pilze und Algen bilden auch Lebensgemeinschaften, die wir als *Flechten* (Lichenes) kennen.

Die Eroberung des Landes verlangte von den Pflanzen viele Neuerungen. Denn ohne das tragende Wasser mußte eine Stützkonstruktion geschaffen werden. Das gelang durch Verhärtung der Zellwände mit Zellulose und Holzsubstanz (Lignin). Wozu war dieser Aufwand notwendig? Zur Verbreitung der Art an Land war das Wasser untauglich. Seine Rolle übernahm der Wind. Der Wind kann jedoch die Sporen (S. 22) einer Pflanze umso besser erfassen, je höher sie ist. Das Höhenwachstum erforderte aber noch weitere Konstruktions-Änderungen. Der hohe Sproß mußte unten durch Wurzeln verankert und die oberen Teile mit Wasser aus dem Boden versorgt werden. Ein Gefäßsystem übernahm den Wassertransport in der Pflanze. Um den Wasserhaushalt zu regeln, entstanden Spaltöffnungen, die Feuchtigkeit abgeben oder zurückhalten können.

Eine Vorstufe sproßbildender Pflanzen sind die *Moose* (Textabb. 7 e). Moose haben eine Sproßachse, Blätter und auch wurzelartige Gebilde. Es fehlt ihnen jedoch ein Gefäßsystem. Aus diesem Grund bleiben die Moose klein. Als Vorfahren kommen Algen in Frage.

Die ersten primitiven Gefäßpflanzen erscheinen an der Wende von Silur- zur Devonzeit. Sie hatten nur wurzelartige Gebilde, Sproß und Sporenträger (Textabb. 7 d). Blätter entstanden erst später. Noch im frühen Devon zweigten von diesen *Urfarnen* echte *Farne* (Textabb. 11 b), *Bärlappgewächse* (Textabb. 10 a,b) und *Schachtelhalmgewächse* (Textabb. 10 c) ab.

Schon am Ende des Devons hatten sich die *Samenfarne* (Textabb. 11 a; S. 33) aus den Farnen entwickelt. Die Samenfarne waren die einfachste Stufe der Nacktsamer und zugleich die Vorfahren vieler höherer Pflanzen. Auch die Palmfarnartigen gehen auf sie zurück, die als «Experimente» der Natur in Richtung auf die Bedecktsamer zu werten sind (Cycadeen, Bennettiteen, Caytonien; Textabb. 11 c–f).
Nicht ganz sicher ist die Abstammung der *Ginkgogewächse* (Textabb. 12 f) und der *Nadelholzgewächse* (Textabb. 7 b; 12 c, d). Man führt sie auf frühe Bärlappgewächse oder Samenfarne zurück.
Die *Nacktsamer* sind keine Einheit im stammesgeschichtlichen Sinn, sondern sie stellen einen Entwicklungsstand dar, der von verschiedenen Formen erreicht wurde. Nach der Anlaufzeit im Karbon beherrschten Nacktsamer die Pflanzengemeinschaften bis zum Erscheinen der Bedecktsamer in der Unterkreide.
Die *Bedecktsamer* treten in der Unterkreide schlagartig und in großer Fülle auf. Wann der Übergang aus den Nacktsamer-Vorfahren erfolgte, wissen wir nicht genau. Weil männliche und weibliche Fortpflanzungsorgane sehr oft in gemeinsamen Blüten angeordnet sind, nennt man die Bedecktsamer auch Blütenpflanzen (Textabb. 7 a, 12 f.).
Die zwei Bedecktsamerklassen erscheinen gleichzeitig. Überwiegend parallelnervige Blätter kennzeichnen die Einkeimblätterigen, unter denen wir Lilien, Gräser, Palmen und Orchideen finden. Zu den netznervigen Zweikeimblätterigen rechnen wir unsere zahlreichen Blumengewächse, Laubbäume und Büsche. Durch ihre enorme Anpassungsfähigkeit haben die Bedecktsamer schnell die Vormacht im Pflanzenreich gewonnen. Von den über 300 000 Pflanzenarten, die uns bekannt sind, gehören 170 000 zu den Bedecktsamern!

Gothan, W. & Weyland, H. (1973): Lehrbuch der Paläobotanik. 3. Aufl., 677 S., München (Bayer. Landwirtsch. Verlagsges.).
Mägdefrau, K. (1967): Die Geschichte der Pflanzen. In: G. Heberer (Herausg.): Die Evolution der Organismen. Bd. I, S. 551–558, Stuttgart (G. Fischer Verl.).
(1968): Paläobiologie der Pflanzen. 4. Aufl., 549 S., Stuttgart (G. Fischer Verl.).
Schaarschmidt, F. (1968): Paläobotanik I, II, 107 u. 80 S., Hochschultaschenbücher, *357/357a* u. *359/359a*, Mannheim (Bibliograph. Inst.).
Strasburger, E., Noll, F., Schenck, H. & Schimper, A.F. (1971): Lehrbuch der Botanik. Neubearb. v. D. v. Denffer, F. Ehrendorfer, K. Mägdefrau & W. Schumacher, 30. Aufl., 842 S., Stuttgart (G. Fischer Verl.).
Vogel, G. & Angermann, H. (1976): dtv-Atlas zur Biologie, 2 Bde., 9. Aufl. 570 S., München (Dtsch. Taschenb. Verl.).
Zimmermann, W. (1969): Geschichte der Pflanzen. 2. Aufl., 177 S., Stuttgart (G. Thieme u. F. Enke Verl.).

Ein Gang durch die Lebensgeschichte

Bei der Darstellung der menschlichen Vergangenheit unterscheidet man die beiden Abschnitte Vorgeschichte und Geschichte. Die Vorgeschichte ist einzig auf stumme Funde angewiesen, während der Geschichte auch das geschriebene Wort, der zeitgenössische Bericht zur Verfügung steht. Geschichte beginnt für uns mit der schriftlichen Überlieferung.

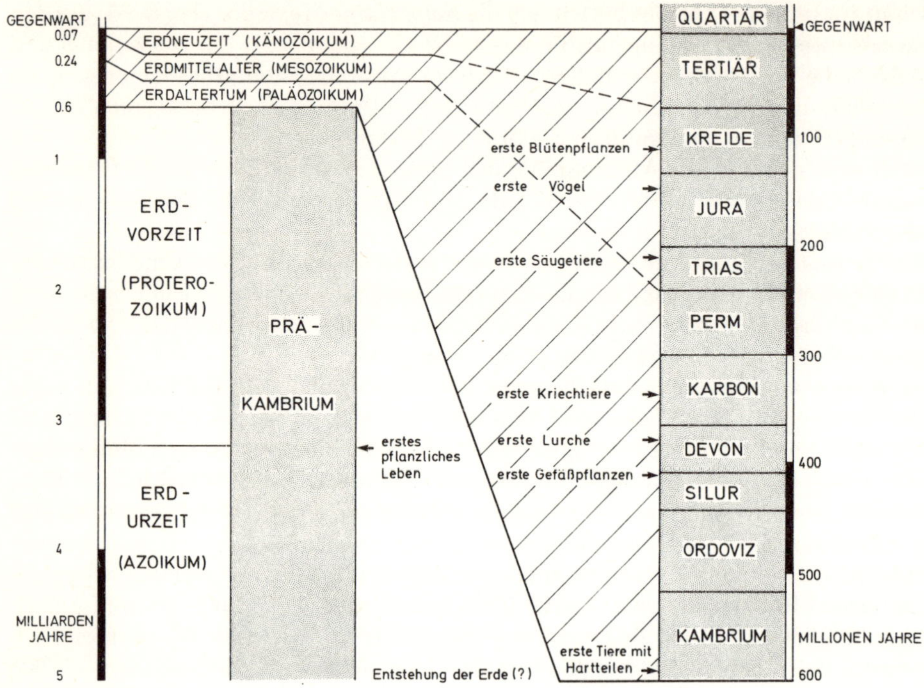

Textabb. 8 *Zeittafel.*

Der linke Maßstab umfaßt die Zeit von der vermutlichen Entstehung der Erde bis zur Gegenwart. Von den 5 Milliarden Jahren entfallen nur 0,6 Milliarden auf den Zeitraum reichen Lebens. Da gerade die letzten 600 Millionen Jahre der Erdgeschichte besonders interessant sind, ist diese Zeit rechts in vergrößertem Maßstab dargestellt. Am Maßstab ist auch die ungefähre Dauer der stratigraphischen Systeme und der Erdzeitalter abzulesen.

Diese Zweiteilung ist auf die Lebensgeschichte übertragbar. Eine lange Zeitspanne ohne Fossilien oder mit nur spärlichen Resten liegt vor dem Stadium reichen Lebens oder **Phanerozoikum,** der Zeit deutlich «sichtbaren Lebens» (Textabb. 8). Das plötzliche Erscheinen zahlreicher Fossilien ist gleichzusetzen mit dem Auftauchen der Schrift und die Reste ausgestorbener Tiere sind die Buchstaben, aus denen wir die phanerozoische Lebensgeschichte lesen. Die interessanteste Phase der Lebensgeschichte, mit schier unerschöpflichem Reichtum an organischer Gestaltung soll hier betrachtet werden. Die Welt von Solnhofen wird uns dann besser verständlich, weil wir den ganzen lebensgeschichtlichen ‹Film› kennen, von dem Solnhofen nicht mehr als ein einziges Bild ausmacht.

Alles Lebende auf der Erde ist aus Unbelebtem entstanden. Das weiß man heute mit ziemlicher Sicherheit. Werden nämlich Gase wie Ammoniak, Methan, Kohlendioxid und Wasserdampf zusammen in einem Experimentierkolben Druck, elektrischen Entladungen und Hitze ausgesetzt, so entstehen dabei einfache Aminosäuren. Aminosäuren sind die Bausteine des Lebens; sie bestehen aus Kohlenstoff und einigen anderen Elementen. Die experimentellen Bedingungen zur Entstehung von Aminosäuren entsprechen vereinfacht dem Zustand an der Erdoberfläche vor ungefähr vier Milliarden Jahren.

Aber es war noch ein langer Weg bis zum ersten Lebewesen. Aminosäuren mußten sich zu Eiweißen oder Proteinen zusammenschließen. Die Errungenschaft der identischen Selbstvermehrung, kontrolliert durch Erbgutträger (Chromosomen) bedeutete weiteren Fortschritt. Mit Hilfe des Blattgrüns wurde die Photosynthese möglich (S. 34), ohne die der Energie-Haushalt alles Lebendigen undenkbar wäre. Abbau-Produkte des Blattgrüns konnte man bereits in Gesteinen Südafrikas nachweisen, deren Alter mit 3,2 Milliarden Jahren bestimmt wurde. Diese Gesteine enthielten auch Reste einzelliger Pflanzen. Nur wenig später, vor 2,7 Milliarden Jahren, tauchen die ersten Stromatolithe auf (S. 34). Kurz darauf erschienen auch die ersten Pilze.

Während niedere Pflanzen die Urmeere mehr und mehr besiedelten, reicherte sich der von ihnen bei der Photosynthese freigegebene Sauerstoff zusehends in der Atmosphäre an. In der frühen Erdatmosphäre hatte es noch keinen freien Sauerstoff gegeben.

Wir dürfen annehmen, daß die Pflanzen vor etwa 1,5 Milliarden Jahren die Grundlage für einfaches tierisches Leben geschaffen hatten, tierisches Leben, das sich um jene Zeit aus pflanzlichem entwickelte. Aber es sollte noch lange dauern, bis die Abdrücke höher organisierter, noch skelettloser Tiere in den Gesteinen erscheinen. Ihre Erhaltung verdanken wir besonderen Bedingungen und ihr Alter liegt bei 700 Millionen Jahren. Es handelte sich um urtümliche Formen, die den Stämmen der Hohltiere, Ringelwürmer und Stachelhäuter (Textabb. 13 l) zugeordnet werden. Ein vielgenannter Fundort liegt bei Ediacara in Australien. Danach könnte man von einem Ediacara-Stadium in der Entwicklung der Tierwelt sprechen.

Die 600-Millionen-Jahrmarke signalisiert eine entscheidende Wende. Die Erd-Vorzeit (Präkambrium = Azoikum + Proterozoikum) endet und das Phanerozoikum beginnt mit dem Erdaltertum (Paläozoikum).

Das **Kambrium** bildet den ältesten Abschnitt des **Paläozoikums** (Erdaltertum). Schlagartig treten die ersten Tiere mit stützenden und schützenden Hartteilen auf, überwiegend Formen mit äußerlichen Skeletten. Innerliche Hartteile besaßen nur die damals recht seltenen Stachelhäuter.

Die Außenskelette dienten vermutlich in erster Linie als Schutz gegen die noch tief in das Meer eindringenden ultravioletten Strahlen. Deren schädliche Wirkung wird uns heutzutage durch jeden Sonnenbrand bewußt, obwohl die sauerstoffreiche Atmosphäre der Gegenwart einen Strahlen-Schild abgibt. Im Kambrium waren Sauerstoffatmosphäre und damit auch der Strahlenschutz an der Erdoberfläche recht dürftig. Zur Eroberung des küstennahen Flachwassers mit reichem Algenwachstum war daher die Entwicklung von Panzern aus organischen und anorganischen Substanzen ein Vorteil, der neue Lebensbereiche erschloß. Die Invasion dieser Bereiche erfolgte sehr rasch, so rasch, daß sie nach geologischen Zeitmaßen gemessen spontan erscheint.

Natürlich war die Anlage von äußerlichen Skeletten noch in anderer Hinsicht günstig. Sie bot mehr Sicherheit vor Verfolgern. Äußerliche Hartteile zeigen also bereits auf Anhieb zwei Eigenschaften, die von der natürlichen Auslese (S. 21) positiv bewertet und deshalb beibehalten wurden.

Aus dem Kambrium sind uns nur Bewohner des Meeres bekannt. Die Tierwelt war für unsere Begriffe recht fremdartig. Es existierten zwar schon fast alle Stämme des Tierreichs, doch in Form von Vorläufern und Vertretern erfolgloser, ausgestorbener Seitenzweige des Stammbaumes. Zu den häufigsten Fossilien gehören die kellerasselartigen Dreilapper-Krebse (Trilobiten; Textabb. 13 a). Außer diesen Gliedertieren waren Armkiemer nicht selten. Weniger zahlreich finden wir die Reste von Weichtieren wie Napfschnecken, primitiven Muscheln und die ersten schalentragenden Tintenfische. Die Stachelhäuter treten gleich mit mehreren Klassen in Erscheinung, von denen einige schon vor Ende des Kambriums wieder erloschen.
Die Pflanzen waren vornehmlich durch Stromatolithe (S. 21) vertreten. Das Festland hatten sie wahrscheinlich noch nicht besiedelt.
Dem Kambrium folgt das **Ordovizium.** Weiterhin bildeten die Trilobiten ein bedeutendes Element. Die kalkschaligen Brachiopoden zeichnen sich durch wachsenden Artenreichtum aus. Unter den Echinodermen gewannen die Seelilien und andere gestielte Formen an Boden. Erste Seesterne und Seeigel erschienen.
Kolonien von Moostierchen (Textabb. 5 b) bedeckten oft ganze Schichten. Die stabförmigen, gekammerten Schalen der Verwandten des heutigen Perlbootes *(Nautilus)* liefern zahlreiche Funde. Diese ‹Geradhörner› (Orthoceren; Textabb. 13 d) erreichten Gehäuselängen bis zu 10 m! Muscheln und Schnecken waren noch nicht sehr formenreich.
Stock- und Einzelkorallen bedeuten eine Bereicherung des Faunenbildes. Schon im Mittelordoviz wuchsen kleine Korallenriffe.
Als Leitfossilien werden die vorwiegend in dunklen Schiefern gefundenen Graptolithen (Textabb. 13 b; S. 48) benutzt. Fast ebenso interessant als Leitfossilien sind die Conodonten (Textabb. 13 c). Die systematische Zugehörigkeit der winzigen, zähnchenartigen Gebilde ist noch mysteriös, weil man bisher keinerlei deutbare Weichteile des zarten Conodonten-Tieres entdeckt hat.

Textabb. 9 *Wichtige Pflanzen der Erdgeschichte.* Nach Vorlagen aus verschiedenen Lehrbüchern.

a *Oligoporella,* kalkabscheidende Alge aus der Trias-Zeit. Oben Stammrohr mit Ästchen – Wirteln ohne Kalkanlagerung, unten mit Kalkhülle (× 17).

b Kalkabscheidende Rotalgen der Gattung *Lithothamnium* haben eine Schneckenschale umkrustet (×0,85). Rechts darüber Schnitt durch die Algenkruste mit Sporenbehältern (vergr.).

c Kieselige Schutzhülle der Diatomee *Rhaphoneis* (×660).

d Teil des Tanges *Prototaxites* aus dem Devon (× 0,17).

e Sporenbehälter (‹Oogonium›) einer Armleuchteralge (Characee), die um die Jura/Kreide-Wende gedieh (×30).

f, g *Protolepidodendron,* Vorläufer der Schuppenbäume aus dem Devon. f Wuchsbild (× 0,22). g Teil eines Zweigs mit Blattpolstern (× 1,7).

h Blattnarben eines Siegelbaum-Stammes, *Sigillaria* (×0,85).

i Blattnarben des Stammes vom Schuppenbaum *Lepidodendron* (×0,85).

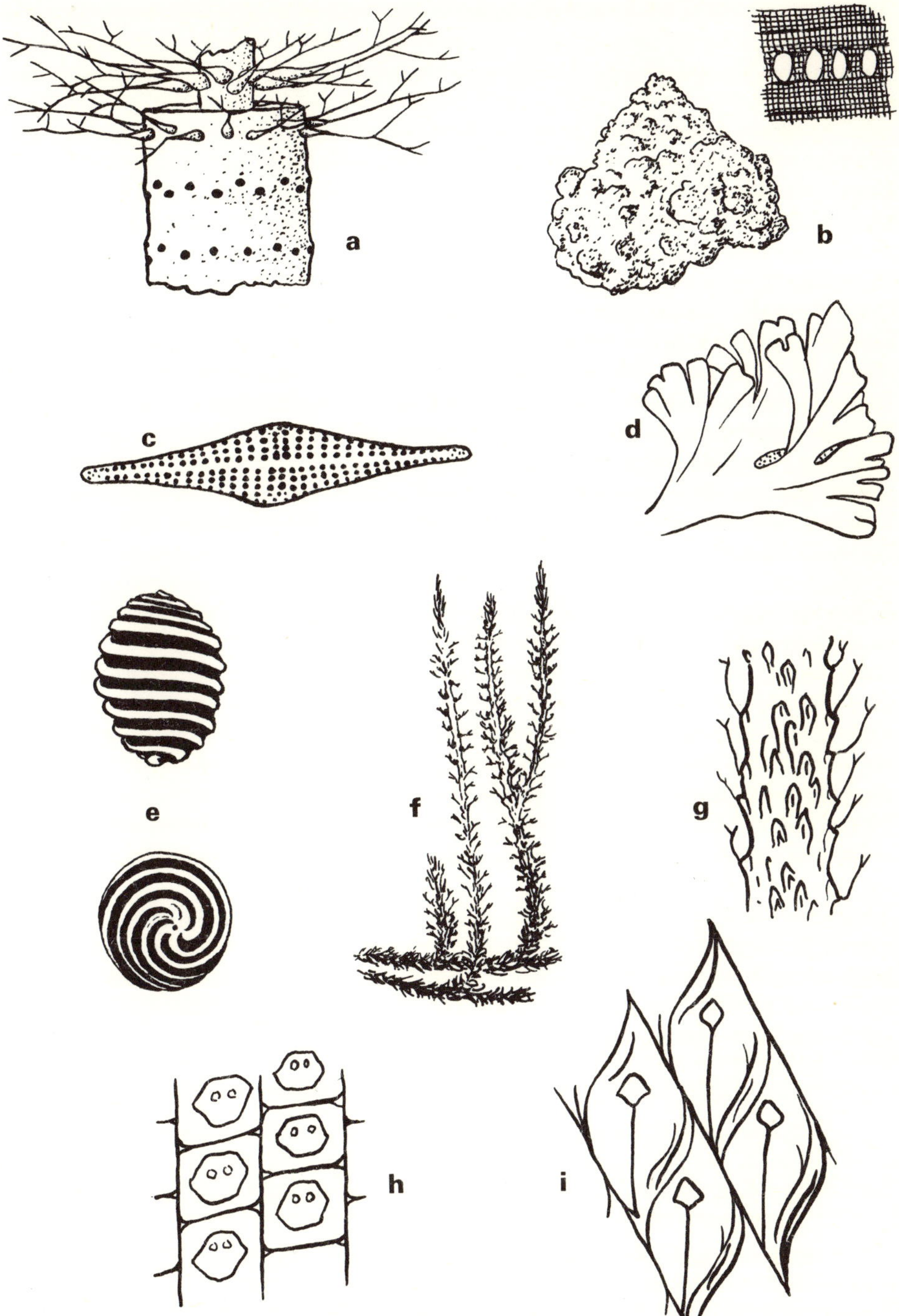

Textabb. 9

Die Panzer der frühesten Fische (Heterostracen) aus dem Mittelordoviz bezeugen das Erscheinen der Wirbeltiere. Es waren Fische ohne Kiefer, die einen kräftigen Schutz aus Hautknochen trugen (Textabb. 15 a), während ihr innerliches Skelett aus Knorpel bestand.

Pflanzen des Festlandes sind auch aus dem Ordoviz noch nicht belegt. An Meerespflanzen hinterließen fast nur kalkabscheidende Grünalgen und Stromatolithe ihre Reste.

Ohne bedeutenden Schnitt in der Entwicklung folgte dem Ordoviz das **Silur.** Immer noch waren Trilobiten, Brachiopoden und Bryozoen auffällige Elemente der Tierwelt. Unter den Mollusken herrschten die nautilusartigen Kopffüßler vor und bescherten uns ihre geraden, gebogenen oder zusammengerollten Schalen.

Die Korallen erlebten als Einzelindividuen und riffbauende Kolonien einen Höhepunkt. Mit den Korallen zusammen gediehen die Stromatoporen (Textabb. 13 i), Tiere, die Kalkgerüste abschieden. Sie ähneln darin den Korallen. Die Dichte und der Bau des Stromatoporen-Skelettes führen jedoch zur Vermutung, daß es sich um nahe Verwandte ungewöhnlicher Schwämme (Sclerospongia) handelt. Stromatoporen übernehmen die Zementierung des Riffschuttes durch die von ihnen abgeschiedenen Krusten und haben so entscheidenden Anteil am Bau der silurischen Riffe.

Einen Größenrekord schafften die Gliedertiere mit den skorpionartigen Eurypteriden (Textabb. 13 e). Sie waren im Meer und später auch im Süßwasser heimisch. Einige erreichten Längen von 3 m. Auch die ersten echten, noch im Wasser lebenden Skorpione finden wir in silurischen Schichten.

Conodonten, sowie Graptolithen mit einzeiligen Kolonien (Textabb. 13 b), geben das ganze Silur hindurch gute Leitfossilien ab.

Außer den kieferlosen Panzerfischen, die ihre Nahrung mit dem Atemwasser einsaugten, erschien ein neuer Fisch-Typ mit Kiefern. Es waren leicht bewegliche, schuppentragende Tiere, deren Flossen vorne durch solide Stacheln abgestützt wurden. Obwohl die Acanthodier (Textabb. 15 c, akanthos, griech. = Dorn) den Panzerfischen überlegen waren, besaßen sie nicht die ausgereifte Konstruktion der modernen Fische und starben schon im Perm wieder aus.

Aus dem Silurmeer kennen wir verschiedene Lagerpflanzen: Braunalgen und kalkabscheidende Grünalgen. Das bedeutendste Ereignis war das Erscheinen erster Gefäßpflanzen an der Wende Silur/Devon (Textabb. 7 d) als Pioniere der Besiedlung des Festlandes. Diese Psilophyten (S. 36) waren noch recht abhängig von Feuchtigkeit und lebten am Saum von Gewässern.

Während dem **Devon** waren Stromatoporen, Korallen, Bryozoen, Brachiopoden, nau-

---

Textabb. 10 *Großgewächse des Sumpfwaldes aus dem Karbon.* Nach Vorlagen aus verschiedenen Lehrbüchern.

a Der Siegelbaum *Sigillaria* (etwa 8,5 m hoch).
b *Lepidodendron,* der Schuppenbaum (etwa 17 m hoch).
c *Calamites,* Verwandter der Schachtelhalme (etwa 10 m hoch).
d *Cordaites,* ein urtümliches Nadelholzgewächs (etwa 25 m hoch).

Textabb. 10

tilusartige Kopffüßler und Trilobiten anfangs sehr zahlreich vertreten. Gegen Ende des Devon verloren sie jedoch zusehends an Einfluß. Die leitenden unter den Graptolithen überlebten das Unterdevon nicht. Seelilien und Seesterne hatten hohen Anteil unter den devonischen Echinodermen.

Die Kopffüßler warteten mit einem neuen Zweig auf, der in den Nautilusartigen wurzelte. Von den Nautilusartigen unterscheiden sich die ersten Ammoniten (Skizze zu Taf. 52) unter anderem durch die Kammerwände ihrer Schalen (Textabb. 13 f). Die Kurzlebigkeit vieler Ammoniten-Arten war die Voraussetzung dafür, daß die Ammoniten vom Unterdevon an bis zu ihrem Erlöschen in der Oberkreide als Leitfossilien verwertbar wurden.

Mit Spinnen, Skorpionen und Insekten begannen die Gliedertiere die Eroberung des Landes.

Die Wirbeltiere durchliefen im Devon eine entscheidende Phase. Es starben die gepanzerten Kieferlosen aus. Fortschrittliche Formen, gepanzerte Kiefer-Fische (Placodermen; Textabb. 15 b), die Acanthodier und, ab Unterdevon, die wichtigsten Knochenfisch-Gruppen, ersetzten sie. Ein Knochenfisch-Zweig, die Quastenflosser (Crossopterygii; Textabb. 15 h, i), leitete zu den Lurchen (Amphibien) über. Im Oberdevon waren aus den starken Flossen der Quastenflosser Arme und Beine entstanden. Die Bewegung auf dem Land war möglich geworden. Als Ahnenerbe besaß das erste Amphib *Ichthyostega* (Textabb. 16 a) einen von knöchernen Flossenstrahlen gesäumten Schwanz. Zugleich mit den Quastenflossern setzten die nahe verwandten Lungenfische (Dipnoi; Textabb. 16 g) ein.

Als grüner ‹Teppich› für die Tierwelt breiteten sich die Pflanzen im Devon auf dem Land mächtig aus. Die Vorläufer der späteren Steinkohlenwald-Flora sind im Devon bereits nachgewiesen (Textabb. 9 f, g).

Neu unter den Pflanzen erschienen die Armleuchter-Algen (S. 36, Textabb. 9 e). Die devonische Meeresflora wies kaum Besonderheiten auf.

Das Jungpaläozoikum wird durch das **Karbon** oder die Steinkohlen-Zeit eingeleitet. Von den bekannten Tierstämmen erlebten einige einen deutlichen Rückgang: die Stromatoporen, die Korallen, die Trilobiten. Die Graptolithen starben aus. Andere Stämme vermochten sich mehr oder weniger gut zu behaupten. Wichtig blieben die Brachiopoden, besonders die stachelbewehrten Productiden (Textabb. 13 k). Aufschwung nahmen die Fusuliniden (Textabb. 13 g, h), große kalkschalige Einzeller, die viele Leitfossilien liefern. Gewisse Bedeutung erlangten Schwämme mit kalkigen Stützskeletten.

Textabb. 11 *Farne und Nacktsamer.* Nach Vorlagen aus verschiedenen Lehrbüchern.

a *Emplectopteris,* Samenfarn aus dem Perm. Teil einer Wedel-Unterseite, um die großen Samen zu zeigen. Die Blattäderung wurde weggelassen (×0,2).

b *Asterotheca,* Blattfiedern von unten. Ein Fiederchen zeigt die Sporenbehälter. Auch bei diesem echten Farn wurde Blattäderung nicht gezeichnet. Oberkarbon. (×4).

c–e Teile von Cytonien. c Männlicher Blütenstand *Caytonanthus* (×3). d *Caytonia*-Fruchtstand (×1). e Blatt von *Sagenopteris* (×0,5). Alle aus dem frühen Jura.

f Rekonstruktion der Bennettitee *Williamsonia* aus dem Jura (stark verkl.).

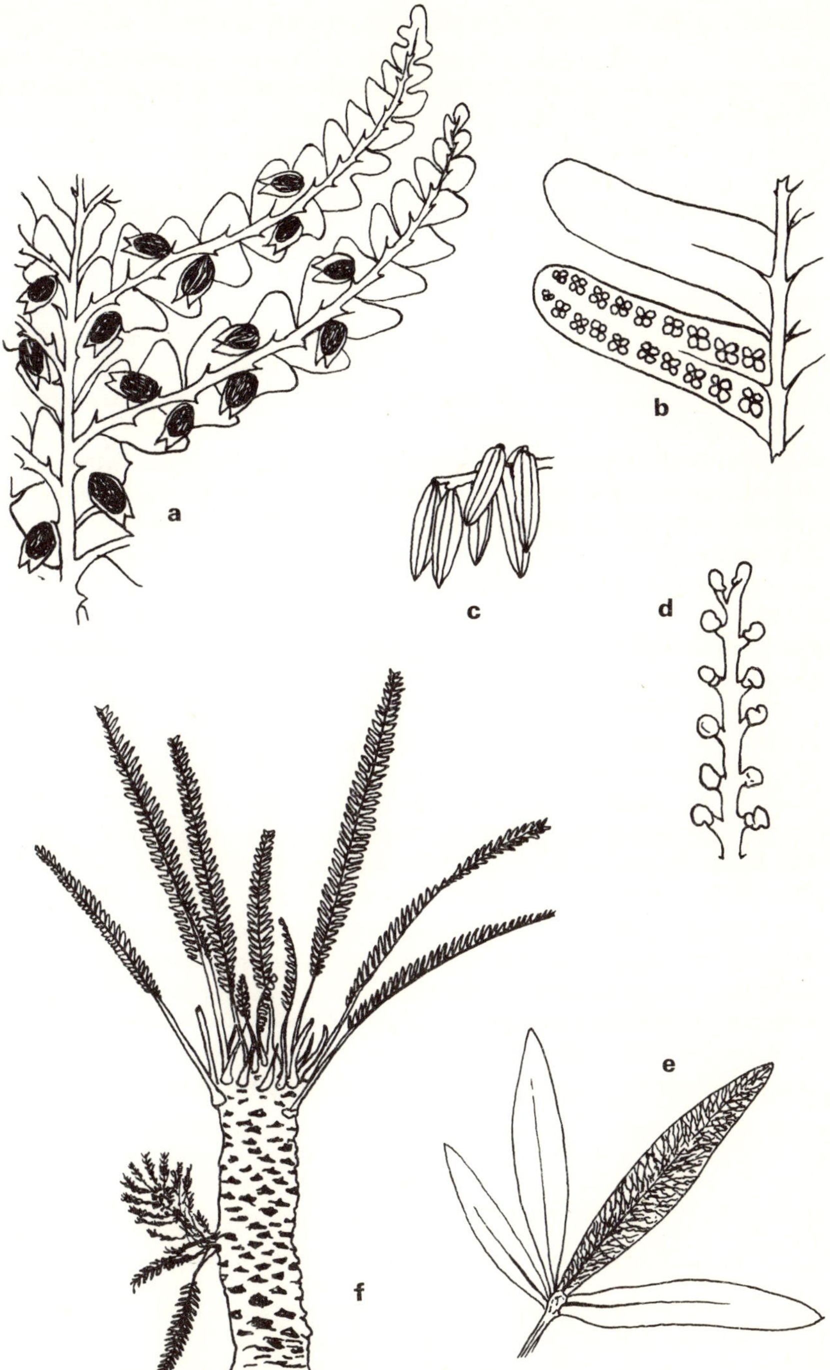

Textabb. 11

Die Schnecken brachten zahlreiche Arten hervor und den Lungenschnecken gelang der Weg aufs Land. Die Ammoniten behielten ihre Bedeutung als Leitfossilien, wogegen die Nautilus-Verwandtschaft die Vormacht einbüßte. Durch Umwachsen der Außenschale haben sich neuartige Kopffüßler herausgebildet. Es sind die Belemniten mit ihren fingerförmigen Hartteilen und auch echte Tintenfische, die in wenigen Exemplaren aus dem Karbon erstmals vorliegen. An Land und in der See wuchs die Zahl der Gliedertiere. Schwertschwänze, Spinnen, Skorpione, Tausendfüßler und Insekten sind zu nennen. Einen ausgezeichneten Lebensraum fanden die Insekten in den Steinkohlensümpfen. Libellenartige Ur-Netzflügler (Palaeodictyopteren) erreichten fast ¾ m Spannweite!

Ungemein formenreich erwiesen sich im Karbon die gestielten Stachelhäuter, voran die Seelilien. Seeigel und Seesterne blieben unbedeutend.

Ältere Fischtypen starben aus oder hielten gerade noch der Konkurrenz fortschrittlicher Fische stand. Knorpelfische (Haie; Textabb. 15 d), Seekatzen, dickschuppige Knochenfische (‹Ganoidfische›; Textabb. 15 e; Taf. 25) dominierten im Meer.

Der Steinkohlenwald bot ideale Möglichkeiten für die Entwicklung der Amphibien, die schnell verschiedene Richtungen nahm. Eine dieser Linien leitete um die Mitte des Karbon zu den Kriechtieren (Reptilien) über. Die frühen Reptilien sind sehr schwer von ihren Lurch-Ahnen zu unterscheiden (Textabb. 16 c).

Aber schon im Oberkarbon zeigten sich deutlich zwei Trends bei den Reptilien. Einer der Zweige sollte später zu den Sauriern und den uns heute noch geläufigen Kriechtieren führen. Der andere wurde zum Ausgangspunkt der säugetierähnlichen Reptilien und bringt schließlich in der Triaszeit die Säugetiere hervor.

Im Karbon haben die Pflanzen vom Festland voll Besitz ergriffen. Die Steinkohlenreviere liefern uns ein ausgezeichnetes Bild der Flora. Und nicht umsonst heißt das Karbon ‹Steinkohlen-Zeit›. Ungeheure Pflanzenmassen, in feuchtwarmem Klima herangewachsen, bildeten die Grundlagen unserer gegenwärtigen Kohlelagerstätten. Eindrucksvolle Zeugnisse haben die baumgroßen Bärlappgewächse, wie Lepidodendron (Schuppen-Bäume; Textabb. 9 i; 10 b), Sigillarien (Siegel-Bäume; Textabb. 9 h; 10 c) hinterlassen. An Höhe standen ihnen die Riesenschachtelhalme (Calamiten, Textabb. 10 d) nur wenig nach. Als Unterholz wucherten die echten Farne. Ihnen sehr ähnlich in der Tracht waren die Samenfarne, doch sie besaßen schon primitive Samenanlagen (Textabb. 11 a), während sich die Farne durch Sporen vermehren. Die Nadelholzgewächse waren durch die Cordaiten (Textabb. 10 d) vertreten, Pflanzen mit halbmeterlangen schmalen Blättern, die man bis in die Perm-Zeit nachgewiesen hat. Neu

---

Textabb. 12 *Nacktsamer und Bedecktsamer.* Nach Vorlagen aus verschiedenen Lehrbüchern.

a, b *Glossopteris,* Samenfarn aus dem Perm der Südkontinente. a Blatt (×0,27). b Zweig (×0,09).

c *Voltzia,* Nadelholzgewächs aus Perm und Trias (×0,9).

d *Pinus,* Kiefer, Pollenkorn eines Nacktsamers (× 450).

f *Ginkgo,* Blätter und Blütenstand (× 0,45).

e *Tilia,* Linde, Pollenkorn eines Bedecktsamers (× 720).

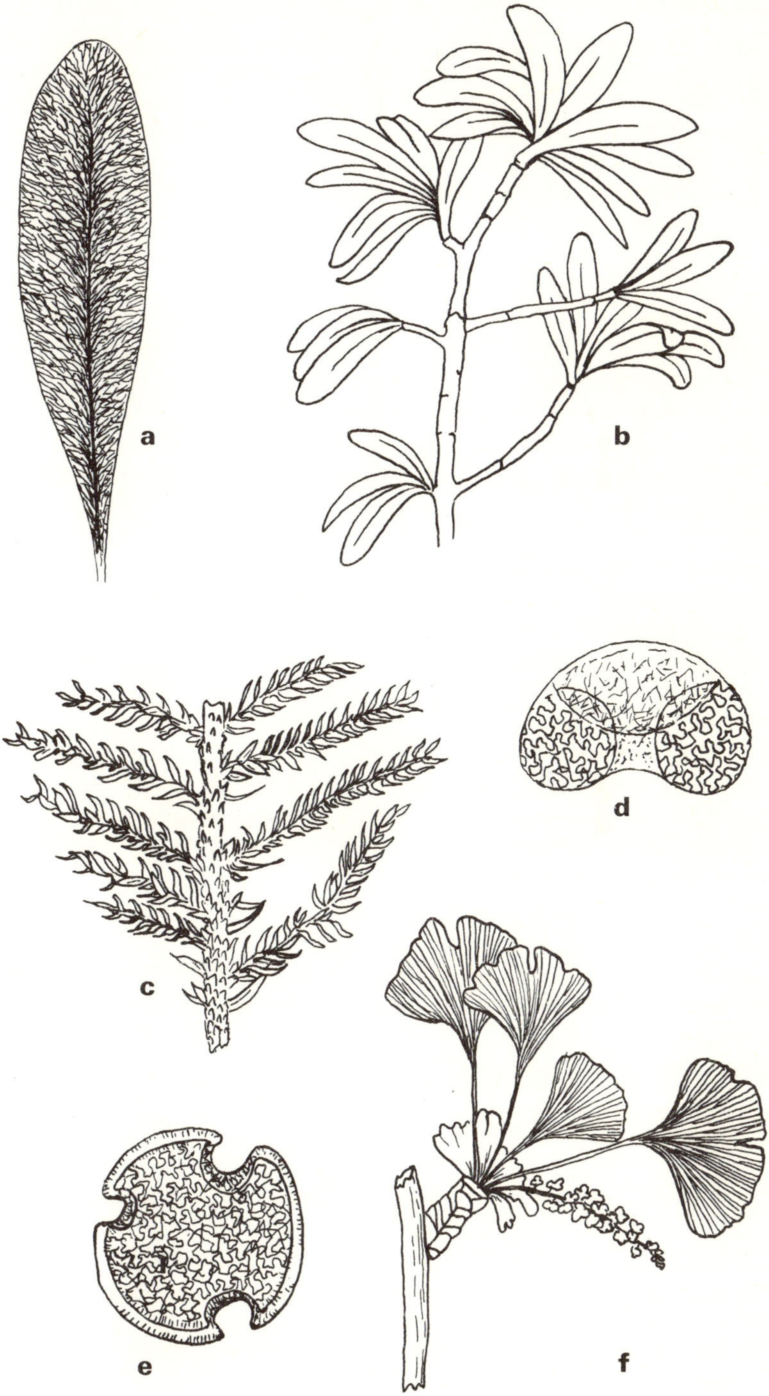

Textabb. 12

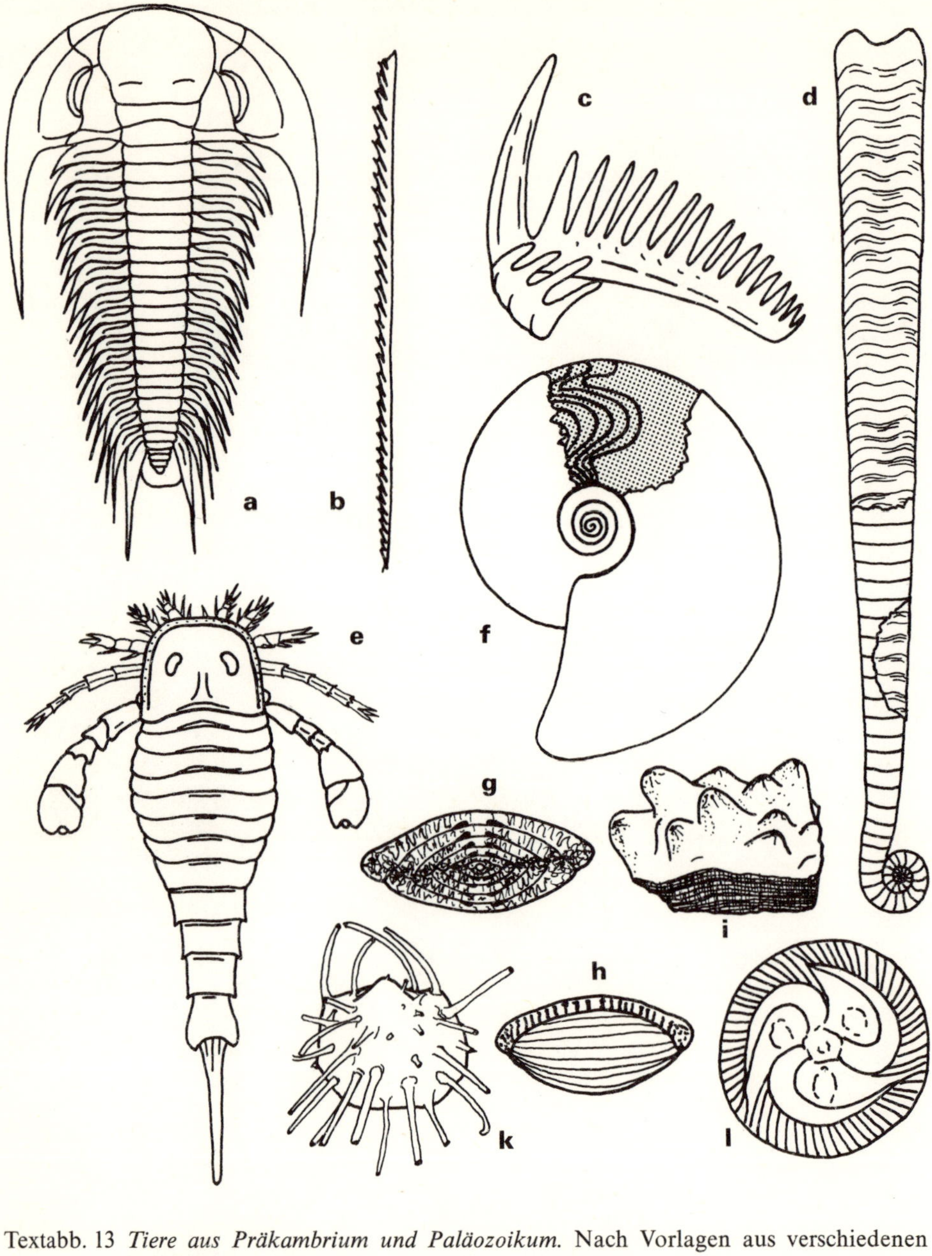

Textabb. 13 *Tiere aus Präkambrium und Paläozoikum.* Nach Vorlagen aus verschiedenen Lehrbüchern.

a *Paradoxides,* ein Trilobit des Mittleren Kambriums (× 0,35).
b *Pristiograptus,* Graptolithen-Kolonie aus dem Silur. Jeder ‹Sägezahn› beherbergte ein Individuum (× 1,4).
c *Ligonodina,* Conodont aus dem Devon. Die Zugehörigkeit dieser Reste zu einem der bekannten Tierstämme ist immer noch unklar (× 17).

waren auch Coniferen von zimmertannenartigem Gepräge und die lappenblätterigen Ginkgos (Textabb. 12 f). Eine eigene Gruppe bildeten die Cycadeen (ähnlich Textabb. 11 f), zumeist durch gefiederte, palmenähnliche Blätter kenntlich.

Der letzte paläozoische Abschnitt war das **Perm,** eine Wende in der Entwicklung des Lebens. Es sterben viele ehemals blühende Tiergruppen aus. Nach der Mitte des Perms gibt es keine Trilobiten mehr und die einzelligen Fusulinen sind nach einem letzten Höhepunkt noch vor Beginn des Erdmittelalters erloschen. Erheblich reduziert sind die Stromatoporen, und die urtümlichen Korallen gehen zugrunde. Vermutlich führt ein noch unbekannter Zweig dieser ‹Tetra›-Korallen weiter zu den modernen.

Auch die Bryozoen sind rückläufig, obwohl sie örtlich recht reichlich auftreten. Schwere Einbußen erlitten die Brachiopoden, nachdem die Productiden den Perm/Trias-Schnitt nicht überwinden konnten. Ähnliches widerfährt den ältesten Ammoniten, den Goniatiten (Textabb. 13 f), die aber doch zwei dünne Zweige in die Trias hinüberretteten, von denen der eine sehr gewichtig wird. Von ihrer Fülle verloren haben auch die rätselhaften Conodonten.

Die gestielten Stachelhäuter bringen es lokal zu einiger Bedeutung. Alle anderen Wirbellosen verzeichnen entweder keine Zunahme oder konnten zumindest ihren Anteil in der Fauna erhalten.

Die letzten Panzerfische erlebten das Ende des Perm nicht mehr und Lungenfische wie Quastenflosser waren unbedeutend geworden. Jene Linie der Quastenflosser, die einst die Amphibien hervorbrachte, erlosch. Haie dagegen waren zahlreich und vielfältig. Enormen Aufschwung erhielten die strahlenflossigen Knochenfische. Sie zeichneten sich durch dicke Schuppenpanzer aus (‹Ganoid-Fische›). Die Amphibien hatten ihre höchste Entfaltung (Textabb. 16 b). Auch beide heute noch existierende Linien,

---

d *Lituites.* Schale eines gekammerten Kopffüßlers des Ordoviz. Die Kammerwände sind dort, wo die Schale weggebrochen ist, als schwach gebogene Linien sichtbar. Verwandte von *Lituites* zeigen keine Einrollung des Gehäuses. Nach ihnen nennt man die ganze Gruppe Orthoceraten oder Geradhörner (×0,35).

e *Eurypterus.* Dieses silurische Gliedertier gehört zur Verwandtschaft des heutigen Pfeilschwanz-Krebses *Limulus.* Riesenformen erreichten 3 m Länge (×0,35).

f *Manticoceras,* primitiver Ammonit (Goniatit). Die verhältnismäßig einfachen Schwünge der Kammerwände sind sichtbar, wo die Schale entfernt ist (× 0,7).

g, h Fusulinen, in Karbon und Perm häufige, kalkschalige Urtiere. g Die ziemlich großen, spindelförmigen Gehäuse besitzen zahlreiche Öffnungen (× 2). h Schnitt durch ein Gehäuse, um den komplizierten Innenbau zu zeigen (×2,8).

i *Stromatopora.* Stromatoporen sind wahrscheinlich mit den Sclerospongien (Hartschwämmen) heutiger Riffe verwandt. Bruchstück eines krustenbildenden Stocks aus dem Mitteldevon. Die Kolonie besteht aus vielen winzigen Einzeltieren (×2).

k *Echinauris,* ein permischer Brachiopode aus der Gruppe der Productiden. Productiden waren am Ende des Paläozoikums sehr häufig. Sie trugen oft lange Hohlstacheln, um sich abzustützen oder zu befestigen (×0,7).

l *Tribrachidium.* Abdruck eines Fossils ohne Hartteile aus dem jüngsten Präkambrium von Ediacara, Australien. Das Tier stand vermutlich bestimmten Stachelhäutern nahe (×0,7).

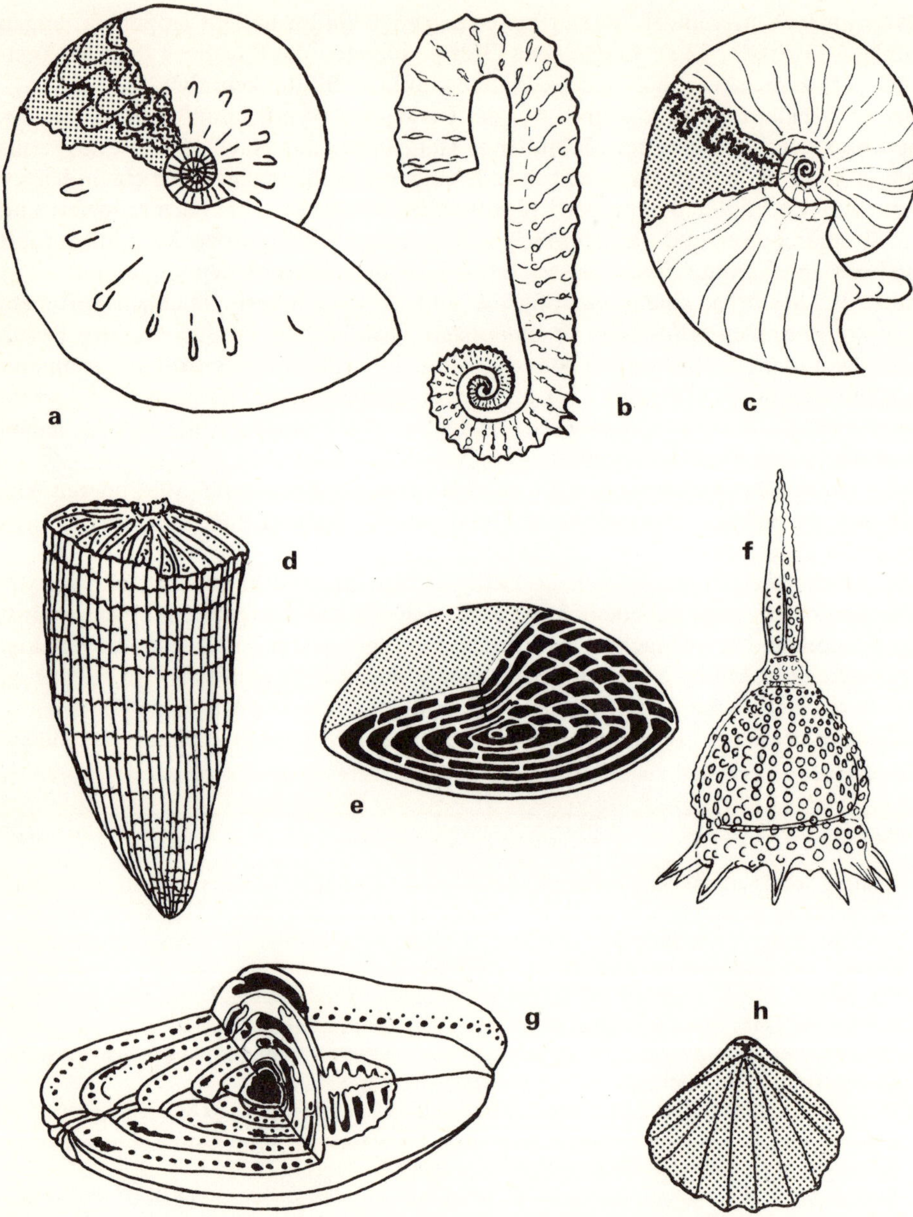

Textabb. 14 *Tiere aus dem Mesozoikum und Känozoikum.* Nach Vorlagen aus verschiedenen Lehrbüchern.

a *Discoceratites,* ein fortschrittlicher Ammonit (Ceratit) der Mittleren Trias. Die Kammerscheidewände dieses Kopffüßlers zeigen teilweise eine feine Zerschlitzung (× 0,20).

Frösche und Salamander, sind in ihren Anfängen schon zu erkennen. Nicht minder fruchtbar waren die zwei Ur-Kriechtier-Wurzeln. Besonders die säugetierartigen Reptilien brachten zahlreiche Varianten hervor. Klar setzte sich schon in einem Seitenast der Trend zum Säugetier ab (Textabb. 19 b). Natürlich war auch die andere Reptil-Hauptlinie höchst produktiv; aus ihr stammen die vielen Saurier des Mesozoikums und daneben auch Spezial-Entwicklungen, die über das Perm nicht hinauskamen.

Die Pflanzen-Vergesellschaftung des Steinkohlenwaldes blieb noch weitgehend bestehen. Es fehlten aber schon die Lepidodendron-Gewächse. Ab Mittelperm haben auch die Calamiten und Cordaiten das Feld geräumt. Zugleich werden die Nadelhölzer viel häufiger, die im Typ den Zimmertannen gleichen, sowie Cycadeen und Ginkgos.

Während des Übergangs vom Karbon zum Perm herrschte auf dem riesigen Gondwana-Südkontinent (Afrika, Südamerika, Antarktis, Australien, Südindien) eine Eiszeit. Dementsprechend besiedelte eine andere Flora die dem Eis benachbarten Gebiete. Der zungenblätterige Samenfarn *Glossopteris* (Textabb. 12 a, b) ist darunter sehr auffällig und nach ihm nennt man die ganze Pflanzengemeinschaft *Glossopteris*-Flora.

Über die Pflanzen des Meeres besitzen wir geringe Kunde, außer von den reichlich präsenten Kalkalgen.

Die Verarmung der Faunen am Ende des Perms bot sich günstig zur Abgrenzung zweier erdgeschichtlicher Großabschnitte an: Das Erdaltertum schließt mit dem Perm ab und das **Mesozoikum** (Erdmittelalter) nimmt seinen Anfang mit der **Trias.**

Die Foraminiferen spielten nach ihrer starken permischen Verbreitung in der Trias nur eine mäßige Rolle. Mehr positiv war die Entwicklung der Schwämme, besonders der Kalkschwämme. Wohl aus permischen Vorläufern heraus hatten die Korallen einen neuen Bautyp geboren. Ihrem Skelett wurden nicht wie früher im Vierer-, sondern im Sechser-Zyklus neue Elemente eingeschaltet. In der jüngeren Trias waren diese Korallen bereits sehr verbreitet. Es sind die Korallen, deren Nachfahren noch heute die Riffe aufbauen.

Nur noch wenige altertümliche Brachiopoden fristeten ihr Dasein und es dominierten die glattschaligen Terebrateln (Textabb. 5 a), sowie die berippten Rhynchonellen

---

b *Ancyloceras,* aus der Spirale entrollter, moderner Ammonit der Mittleren Kreide (× 0,25).

c *Leioceras.* Die Kammerscheidewände dieses modernen Ammoniten aus dem Mittleren Jura sind kompliziert gebaut (× 0,8).

d *Hippurites.* Beide Schalen dieser Muschel sind zu einer Art ‹Topf und Deckel› umgestaltet. Das Tier lebte in der Oberen Kreide und war zeitlebens festsitzend (× 0,4).

e *Nummulites,* kalkschaliger Einzeller der älteren Tertiärzeit. Die Anschnitte lassen den Innenbau erkennen. Etwas schematisiert (× 1,6).

f *Anthocorys* gehört zu den Radiolarien, Urtierchen mit einem Skelett aus Kieselsäure (× 240).

g *Fasciculites* aus der Gruppe der Alveolinen. Diese kalkschaligen Urtierchen sind in der älteren Tertiär-Zeit gut als Leitfossilien zu verwenden. Der Innenbau ist im Anschnitt erkennbar (× 8).

h *Lacunosella,* ein Brachiopode mit berippten Schalen. *Lacunosella* ist häufig in den Schwamm-Stotzen der Oxford- und Kimmeridge-Stufe des Jura zu finden. Dieser Typ von Armkiemern ist als ‹*Rhynchonella*› bekannt (× 0,8).

(Textabb. 14 h). Die Bryozoen hatten einen Tiefpunkt erreicht. Schnecken und Muscheln wurden jetzt ein bedeutendes Element der Fauna, so daß der Mittel-Abschnitt der Trias wegen ihrer Häufigkeit heute auch als ‹Muschelkalk› bezeichnet wird. Während der ganzen Trias waren die ceratitischen Ammoniten (Textabb. 14 a) als Abkömmlinge der paläozoischen Goniatiten ungemein entfaltet. Nautilusartige nahmen zusehends ab, Tintenfische neueren Typs mit innerer Schale fielen kaum ins Gewicht. Die Gliedertiere waren allgemein weniger vielfältig als im Erdaltertum; höhere Krebse traten jedoch erstmals deutlicher hervor. Von den gestielten Stachelhäutern hatten sich nur die Seelilien ins Erdmittelalter hinübergerettet. Seeigel und Seesterne gab es schon in ziemlich moderner Form. Sie blieben aber in bescheidenem Rahmen. In den Ablagerungen der Trias-Meere fand man auch die letzten Conodonten.

Die Haie zeigten gegenüber dem Perm nur geringen Rückgang. Erheblich nachgelassen hatten die Lungenfische und Quastenflosser. Dagegen übernahmen die primitiveren Strahlenflosser die Herrschaft unter den Fischen. Durch Abbau von Schmelz-Substanz auf den Schuppen und Umkonstruktionen am Schädel entstanden mit auslaufender Trias die höheren Knochenfische (Teleostier; Textabb. 15 f).

Stetig an Bedeutung verloren haben die Amphibien. Sie brachten dennoch in der jüngeren Trias bis 4 m lange gepanzerte Riesenlurche hervor. Die ersten unmittelbaren Frosch-Vorläufer fand man in Schichten der frühen Trias.

Um so kräftiger schritt die Entwicklung in den Hauptlinien der Reptilien vorwärts. Mehrere Gruppen des Echsen-Zweiges hatten bereits das Meer wiedererobert: Fischsaurier (Ichthyosaurier; Farbtaf. 8), Zwittersaurier (Nothosaurier; Textabb. 16 e) und Pflasterzähner (Placodontier; Textabb. 16 d). Auch die Schildkröten waren bereits auf dem Plan. Daneben kennt man Großechsen, die zumindest zeitweilig, und andere, die immer auf den Hinterbeinen liefen, sodann krokodilgestaltige Tiere und primitive echte Krokodile. Die Wurzeln der Dinosaurier-Ordnungen sind bereits auszumachen;

Textabb. 15 *Fische in der Erdgeschichte.*

a *Pteraspis.* Kieferloser Panzerfisch des Unterdevon (etwa 12 cm).

b *Pterichthyodes.* Panzerfisch mit stelzenartigen ‹Brustflossen›; Mitteldevon (etwa 15 cm).

c *Climatius* kann man bereits zu den Knochenfischen zählen. Er und seine Verwandten nehmen allerdings eine Sonderstellung ein, weil sie sich auf den ersten Blick durch die starken Flossendornen auszeichnen. Danach wird die Gruppe ‹Acanthodier› oder Flossenstachler genannt (etwa nat. Gr.).

d *Hybodus.* Dieser primitive Hai machte die mesozoischen Meere unsicher (bis über 2 m).

e *Lepidotes* besaß einen Panzer aus dicken, schmelzüberzogenen Schuppen (Taf. 25). Die Riesen der mesozoischen Gattung erreichten über 2 m Länge.

f *Gadus,* der Dorsch, ist ein moderner Knochenfisch, den man seit dem Alttertiär kennt (etwa 0,5 m).

g *Neoceratodus* ist ein Lungenfisch aus den Flüssen Ostaustraliens (etwa 2 m).

h *Latimeria,* lebendes Fossil und einzige Gattung der meerbewohnenden Quastenflosser (um 1,5 m).

i *Gyroptychius.* Devonischer Quastenflosser, aus dessen Verwandtschaftskreis die ersten Lurche hervorgingen (etwa 30 cm).

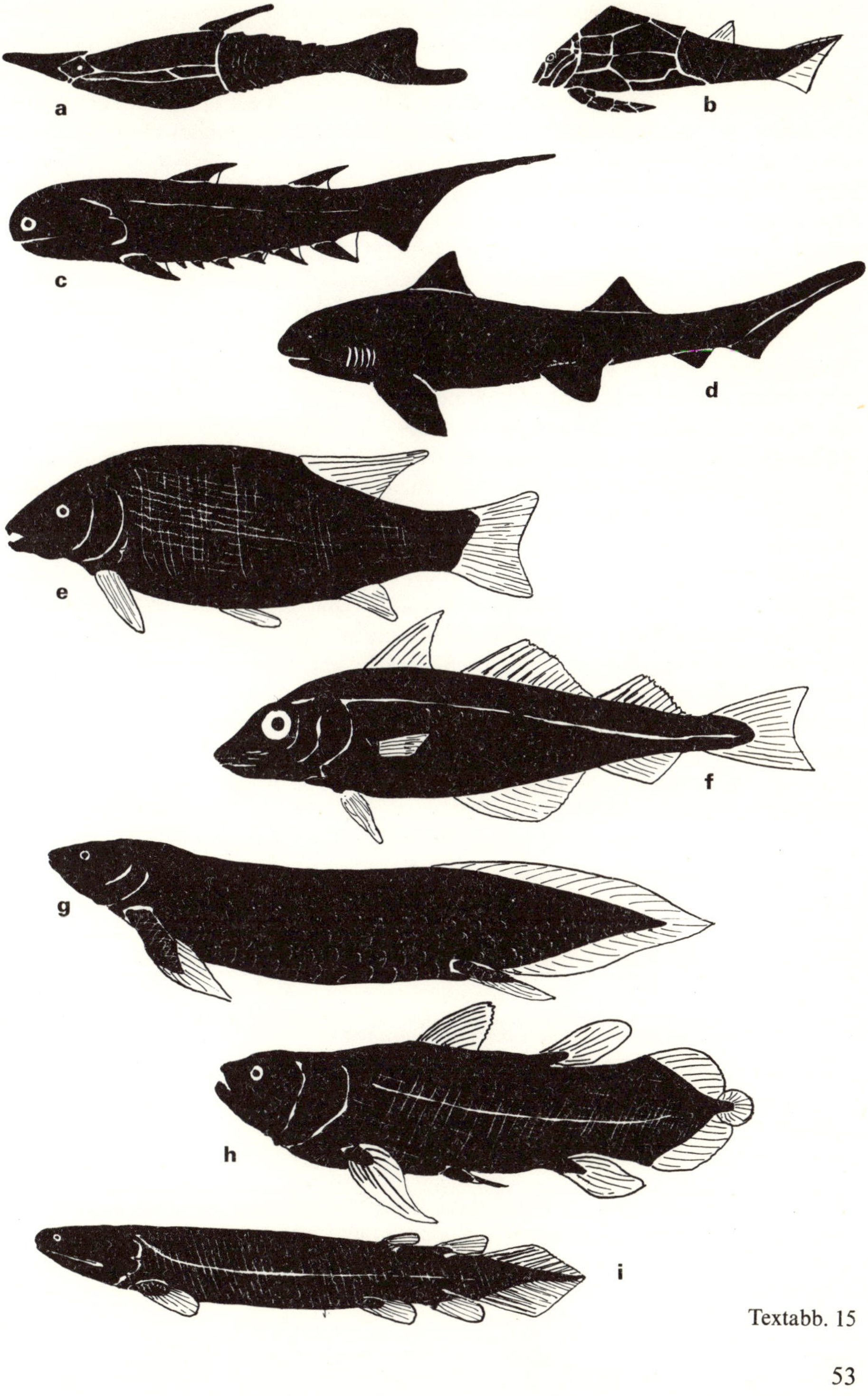

Textabb. 15

schon vor Ablauf der Trias erreichten deren Angehörige erhebliche Größe. Überraschend ist das Auftauchen der ersten, bereits fertigentwickelten Flugsaurier (Pterosaurier) in der späten Trias.

Den säugerartigen Reptilien gelang der Sprung zum Säuger noch während der Trias (Textabb. 19 c, d). Doch damit war die Lebenskraft dieses Zweiges erschöpft. Nur wenige Arten konnten sich bis in die ältere Jurazeit halten.

Seit dem ausgehenden Perm, bis zur späten Unterkreide, hatten die Nacktsamer die Herrschaft unter den Landpflanzen übernommen: Nadelbäume, Ginkgos, Cycadeen und Bennettiteen (Textabb. 11 f, 12 c, f). In den verbreiteten sumpfigen Tiefebenen der Trias und entlang von Gewässern wuchsen üppige Schachtelhalm-Dickichte und Farne. Die Schachtelhalme waren riesenwüchsig.

Im marinen Bereich sind wie bisher die Kalkalgen anzuführen, die reichlich Reste hinterlassen haben. Von ihnen sind bestimmte Grünalgen sehr stark an der Bildung von triassischen Gesteinen der Alpen beteiligt.

Der Trias schließt sich der **Jura** an. «Jura» bedeutet Waldgebirge und gerade im waldreichen Schweizer Jura sind Gesteine dieser Erdperiode besonders reichlich anzutreffen – dieses Gebirge hat daher bei der Namengebung Pate gestanden. In den Jura fällt die Entstehung der **Solnhofener Plattenkalke.**

Nach merklichem Rückgang in der Trias gewannen die Foraminiferen (Textabb. 5 g) erneut an Formen-Reichtum. Auch ihre Verwandten, die Strahltierchen (Radiolarien; Textabb. 14 f) traten in verschiedenen Regionen massenhaft auf. Anders als die kalkschaligen Foraminiferen bauen die Radiolarien ein Stütz-Gerüst aus Kieselsäure, sind alle sehr klein und gehören zu den im Meer schwebenden (planktonischen) Tieren.

Die Kieselschwämme wurden zahlreich (Taf. 56). Wo sie massenhaft auftraten, wirkten sie als Schlammfänger und bildeten so Stotzen (eine Art Riffe), die über den Meeresboden emporragten (S. 92). In gleicher Fülle erschienen die Korallen und viele von ihnen geschaffene Riffe. Von diesen Lebensräumen profitierten die begleitenden Brachiopoden- und Weichtier-Faunen.

Vorrang unter den Mollusken kommt weiterhin den Cephalopoden zu. Die ceratitischen Ammoniten verschwanden in der jüngsten Trias bis auf die Linie, die in den echten Ammoniten (Textabb. 14 c; Taf. 50–53) gipfelte. Zu Beginn des Jura waren sie

---

Textabb. 16 *Lurche und Kriechtiere der Vergangenheit.*

a *Ichthyostega.* Der Schwanzflossen-Saum dieses Ur-Lurchs aus dem Oberdevon ist noch mit Flossenstrahlen abgestützt. Kein späteres Amphib besitzt dieses Fischerbe mehr (etwa 0,9 m).

b *Eryops.* Großlurch aus der Permzeit (etwa 1,5 m).

c *Hylonomus* ist eines der ältesten Kriechtiere. Frühes Mittelkarbon (etwa 1 m).

d *Placodus.* Die schwimmende Pflasterzahn-Echse der Mittleren Trias. Mit den Pflasterzähnen zermahlte sie Muscheln und Brachiopoden (etwa 2,2 m).

e *Nothosaurus* war ein anderer kleiner Schwimm-Saurier der Mitteltrias. Nach Art der Robben konnte er sich noch recht gut an Land bewegen (1–2 m).

f *Plesiosaurus* stellte im Jurameer den Fischen nach (etwa 3 m).

Textabb. 16

mit den drei Hauptlinien bereits voll entwickelt. Bis zu ihrem Aussterben in der späten Kreide gaben sie hervorragende Leitfossilien ab. Ausser den Ammoniten kamen die Tintenfische mit innerlichen Schalen stark auf: Die Belemniten (Taf. 49) mit fingerartigen Hartteilen, populär als ‹Teufelsfinger› oder ‹Donnerkeile› bezeichnet, sodann die Vorgänger der modernen Sepien, Kalmare und Kraken (Taf. 50, Fig. 1, 2). Nautiliden hatten auch weiterhin nur wenig Teil am Spektrum der Cephalopoden-Fauna.
Seit dem Jura sind Ringelwürmer, die kalkige Wohnröhren bauen (Serpuliden), augenfällige Fossilien.
Der Stamm der Gliedertiere ist durch Solnhofener Funde ausgezeichnet repräsentiert: Der Schwertschwanzkrebs *Limulus* (Taf. 47), höhere und niedere Krebse und viele Insekten sind berühmte Fundstücke.
Erheblich nachgelassen hat die Zahl der Seelilien, während Seeigel (Taf. 30, Fig. 1; Taf. 31, Fig. 1), Seesterne (Farbtaf. 13) und Seegurken sich ausbreiten konnten.
Mit geringen Einschränkungen behaupteten sich die Knorpelfische. Ältere Knochenfische, Lungenfische und Quastenflosser waren spärlich geworden und blieben dies bis in die Gegenwart. Auch die Schar der primitiveren Strahlenflosser lichtete sich und die freiwerdenden Lebensräume wurden schnell von den modernen Fischen eingenommen. Vielleicht durch Fundlücken bedingt ist der ausgeprägte Tiefpunkt der Amphibien. Dennoch dürfen wir das Auftauchen der Frösche und Salamander registrieren. Übermächtig blieben die Reptilien. Die Schildkröten (Farbtaf. 9) waren ins nasse Element vorgedrungen. Einige der triassischen Schwimmsaurier sind wieder verschwunden und andere (Nothosaurier) brachten die Plesiosaurier (Textabb. 16f und 43) hervor, ausgezeichnet durch dicke Körper und lange Ruder-Paddel. Schulen von Ichthyosauriern durchpflügten die See. Krokodile (Farbtaf. 7) und Eidechsen (Farbtaf. 7) gewannen an Terrain. Zwei Saurier-Ordnungen bildeten zusammen die sogenannten Dinosaurier. Eine davon besaß ein vogelähnliches Becken (Ornithischier; Textabb. 18 a). Sie entfaltete sich erst in der Kreide voll. Im Jura präsentierte sie aber bereits in *Stegosaurus* (Textabb. 18b) ein bizarres Monstrum, das am Rücken enorme abstehende Knochenplatten trug. Die andere Ordnung hatte ein echsenartiges Becken (Saurischier; Textabb. 17 a) und umfaßte sowohl vierbeinige wie zweibeinig schreitende Typen. Aufgerichtet zweibeinig liefen bis 5 m hohe Raubsaurier (ähnlich Textabb. 17 b), aber auch hühnergroße Zwerge (Farbtaf. 5). Vierbeinig bewegten sich bis zu 27 m lange, maximal 12 m hohe, pflanzenfressende Giganten (Textabb. 17 c, d). Hirn war allerdings die Stärke dieser Saurier nicht: im Extremfall hatten sie nur 500 g davon, bei über 50 Tonnen Körpergewicht! Kein Wunder, daß sich im Rückenmark «gehirnartige» Erweiterungen fanden, die die Kontrolle der Gliedmaßen übernahmen.
Es wird vermutet, daß aus der Verwandtschaft der Raubsaurier im älteren Jura, vielleicht schon in der Trias, die Vögel ihren Ursprung nahmen. Mit *Archaeopteryx* (Farbtaf. 4) gaben sie dann im späten Jura ihr Debüt. Den Flugsauriern boten sie allerdings nur schwache Konkurrenz (Taf. 10, 1).
Säugetiere spielten während des Jura nur eine untergeordnete Rolle. Es waren durchwegs kleine Tiere von Maus- bis Katzengröße.
In der Zusammensetzung der Landflora hatten sich seit der Trias kaum Änderungen zugetragen. Nach wie vor waren Nadelhölzer, Ginkgos, Cycadeen und Bennettiteen verbreitet. Hinzu kommen noch die Caytonien (S. 37, Textabb. 11 c, e).

Textabb. 17 *Die Echsenbecken-Dinosaurier.*

a Echsenbecken des *Camarasaurus* mit dreistrahlig angeordneten Knochen (ohne Maßstab).
b *Tyrannosaurus,* Raubsaurier der jüngeren Kreide-Zeit (6 m hoch).
c *Brachiosaurus,* größter bekannter Saurier. Oberjura (12 m hoch).
d *Diplodocus* schlug mit 25 m den Längenrekord unter den Sauriern. Oberjura.

Wie in den meisten vorhergehenden Zeitabschnitten ist auch die Kenntnis der jurassischen Meerespflanzen dürftig. Ausgenommen sind natürlich die vielen Reste von Kalkalgen. Auch die winzigen Kalkplättchen der Coccolithophoriden (Taf. 6, Fig. 1) tauchten nun in den Sedimenten massenhaft auf. Die Coccolithophoriden-Algen leben auch heute noch im offenen Ozean. Sie gewannen seit dem Devon zunehmend an Bedeutung.

Das Mesozoikum schließt mit der **Kreide,** der Zeit, die nach den Kreidefelsen von Rügen so benannt wurde.

Die Zahl neuer Foraminiferen-Gattungen wuchs in der Kreide rapide an. Viele dieser kalkschaligen Einzeller dienen neben den Ammoniten als wichtige Leitfossilien. Kiesel- und Kalkschwämme hielten die im Jura gewonnene Domäne, Riff- und Einzelkorallen gewannen beträchtlich an Boden. Starkes Anwachsen der Bryozoen ist zu vermerken, während die Brachiopoden an Vielfalt einbüßten.

Schnecken und Muscheln waren in stetiger Erweiterung ihrer Formen-Mannigfaltigkeit begriffen. Festsitzende Muscheln, die Hippuriten (Textabb. 14 d) der späten Kreide sind zusätzlich Leitfossilien geworden.

Die Ammoniten hatten ihr letztes großes Entwicklungs-Maximum. Unter ihnen waren viele Gattungen, die ausgerollte und auffällig verzierte Schalen hatten (Textabb. 14 b). Zusammen mit den zahlreichen Belemniten sind sie heute wichtige Leitfossilien. Alle starben aber zu Ende der Kreidezeit aus. Von den Kopffüßlern schafften allein wenige Nautilus-Arten und die modernen Tintenfische den Sprung ins Tertiär.

Die Gliedertiere zeigten besonders bei den Krebsen großen Artenreichtum. Unsere Kenntnis der Insekten wächst, weil viele im fossilen Harz, dem Bernstein, konserviert wurden.

Viele Überreste haben Seesterne und Seegurken hinterlassen. Die einzige überlebende Ordnung der Seelilien wartete mit wachsender Formenfülle auf. Am häufigsten waren die Seeigel.

Knorpelfische und höhere Knochenfische (Teleostier) waren das bestimmende Element der Fisch-Fauna. Sie gewannen den Wettbewerb mit den älteren Fischen und verdrängten sie bis auf einige wenige Gattungen.

Die Amphibien aus den Gruppen der Salamander und Frösche waren immer noch selten.

In der älteren Kreidezeit behielten die Reptilien ihre Übermacht bei. Meeresschild-

---

Textabb. 18 *Die Vogelbecken-Dinosaurier.*

a Vierstrahliges «Vogel»-Becken des Stegosauriers *Kentrosaurus.* Einer der drei Beckenknochen entwickelte zusätzlich einen Fortsatz (ohne Maßstab).

b *Stegosaurus* trug zum Schutz und zum Wärmeaustausch große Knochenplatten am Rücken. Oberjura (um 6 m lang).

c *Anatosaurus,* ein ‹Entenschnabel›-Saurier der Oberjura-Zeit (etwa 4 m hoch).

d *Triceratops,* der Dreihorn-Saurier der jüngeren Kreide-Zeit (um 6 m lang).

e *Palaeoscincus.* Stark mit Hautknochen gepanzerter Ankylosaurier, ebenfalls aus der Oberkreide (5–6 m lang).

Textabb. 18

Textabb. 19 *Schwimmechse, säugetierartige Reptilien, Ur-Säuger.*

Nach Vorlagen aus verschiedenen Lehrbüchern.

a *Tylosaurus,* ein Mosasaurier. Er und seine Verwandten stammen von eidechsenartigen Vorfahren. Sie wurden Hochseetiere und erreichten 8 m Länge.

kröten erreichten erhebliche Ausmaße, Paddel-Schwimmsaurier (Plesiosaurier) spannten Längen von 13 m. Die Ichthyosaurier wurden spärlich. Vermutlich schlugen die Mosasaurier sie in der Oberkreide vollends aus dem Feld. Mosasaurier (Maassaurier; Textabb. 19 a) erreichten bis 9 m Länge. Die eleganten, langgestreckten Tiere waren wie die Ichthyosaurier an das Wasser gebunden. Die Abkömmlinge von Varanen verschwanden mit den anderen großen Echsen am Ende der Kreide. Brückenechsen (Taf. 12) und Landeidechsen sind seit dem Jura geläufige Klein-Echsen. Zu ihnen gesellten sich Schlangen.

Die riesigen vierfüßigen Dinosaurier waren noch in der frühen Kreide oft anzutreffen. In ihrem Gefolge fanden sich die Raubdinosaurier, die später in der Kreide mit dem 6 m hohen *Tyrannosaurus* (Textabb. 17b) einen Rekord aufstellten. Um etwa die gleiche Zeit lebten drei eigentümlich gestaltete Linien der Vogelbecken-Saurier. Das waren einmal die zweibeinigen, amphibisch lebenden Entenschnabel-Saurier (Textabb. 18 c), dann die vierbeinigen, schildkrötenartig gepanzerten Ankylosaurier (Textabb. 18 e) und schließlich, auch auf vier Beinen marschierend, die Dreihornsaurier (Triceratopsier) mit kolossalen knöchernen Nackenschilden, sowie Hörnern auf Stirn und Nase (Textabb. 18 d). Die ihnen verwandten Stegosaurier waren über die Unterkreide nicht hinausgekommen. Dem Rekord der Raubsaurier standen die Flugsaurier in nichts nach: «Flugmaschinen» von etwa 15 m Spannweite segelten über die Meere. Aber außer den Krokodilen erreichte kein näherer Sproß der Dinosaurier-Verwandtschaft die Erdneuzeit.

Die Vögel traten in ernstlichen Wettbewerb mit den Flugsauriern, wie die wachsende Menge von Funden bezeugt.

Entscheidende Schritte machten die Säugetiere. In der Unterkreide trennte sich die Wurzel der fortschrittlichen Säuger von den primitiven Beuteltieren ab. Die Stammgruppe der höheren Säuger bildeten die Insektenfresser (Insectivoren). Aus ihnen entwickelten sich die weiteren Ordnungen der Säugetiere. Als älteste Ordnungen lassen sich Ur-Raubtiere, Ur-Huftiere und Herrentiere (Primaten) feststellen. Aber noch waren die Säuger der Kreide klein und konnten die Herrschaft der Reptilien nicht erschüttern.

Über die Entwicklung der Meerespflanzen ist kaum mehr zu berichten als für den Jura. Bemerkenswert ist die Häufigkeit der Coccolithophoriden, deren winzige Scheibchen beispielsweise die Kreidefelsen an der Küste des Ärmelkanals aufbauen. Krustenbildende Rotalgen (Textabb. 9 b) setzten verstärkt ein. Beim Aufbau von Riffen haben sie, zusammen mit den Korallen, seither eine erhebliche Bedeutung.

Wohl das grundlegendste Ereignis im Verlauf der Kreide war der rapide Aufschwung der Bedecktsamer oder Blütenpflanzen (S. 37). Nach ihrem ersten, zahlreichen Er-

---

b *Sphenacodon* zählt zu jenem permischen Zweig der Reptilien, der die erfolgreichen säugetierähnlichen Formen hervorbrachte (etwa 1,5 m lang).

c *Thrinaxodon* und sein Gefolge hatten in der Untertrias weitere Fortschritte in Richtung auf die Säugetiere gemacht (um 0,5 m).

d *Eozostrodon,* ein Ur-Säuger der jüngsten Trias (etwa 10 cm).

scheinen in der späten Unterkreide eroberten sie schnell die ganze Erde. Viele der heute noch lebenden Gattungen traten schon in der Oberkreide auf.
Gegen Ende der Kreidezeit vollzog sich ein katastrophenartiges Ereignis. Für viele, ehemals wichtige Äste des tierischen Stammbaumes bedeutete es den Untergang. Die Ursachen des einschneidenden Ereignisses sind nicht sicher bekannt.
Auf diesen markanten Einschnitt in der Lebensgeschichte spielt auch das lustige, ironisch-überzogene Gedicht Victor von Scheffel's über das Aussterben der Saurier an:

Es rauscht in den Schachtelhalmen,
Verdächtig leuchtet das Meer,
Da schwimmt mit Tränen im Auge
Ein Ichthyosaurus daher.

Ihn jammert der Zeiten Verderbnis,
Denn ein sehr bedenklicher Ton
Was neuerlich eingerissen
In der Liasformation.

«Der Plesiosaurus, der Alte,
Er jubelt in Saus und Braus,
Der Pterodactylus selber
Flog neulich betrunken nach Haus.

Der Iguanodon, der Lümmel,
Wird frecher zu jeglicher Frist,
Schon hat er am hellen Tage
Die Ichthyosaura geküßt.

Mir ahnt eine Weltkatastrophe,
So kann es länger nicht gehn;
Was soll aus dem Lias noch werden,
Wenn solche Dinge geschehn?»

So klagte der Ichthyosaurus,
da ward es ihm kreidig zumut;
Sein letzter Seufzer verhallte
im Qualmen und Zischen der Flut.

Es starb zu derselbigen Stunde
Die ganze Saurierei,
Sie kamen zu tief in die Kreide,
Da war es natürlich vorbei.

Und der uns hat gesungen
Dies petrefaktische Lied,
der fand's als fossiles Albumblatt
Auf einem Koprolith.

Der kürzeste Großabschnitt der Erdgeschichte ist das **Känozoikum** (Textabb. 8). Diese ‹Erdneuzeit› gliedert sich in zwei Perioden, das **Tertiär** und das **Quartär.** Wir können

beide als Einheit betrachten. Das Quartär, bestehend aus Eiszeit und Nacheiszeit, war nur von sehr kurzer Dauer und schließt zwanglos an das Tertiär an.
Bald nach dem Faunen-Schnitt am Übergang Kreide/Tertiär erlebten die Foraminiferen eine Aufwärtsentwicklung, die jene des Jungpaläozoikums übertraf. Während des älteren Tertiärs sind große, geldstückartige und spindelgestaltige Formen, Nummuliten und Alveolinen (Textabb. 14 e, g), in eindrucksvoller Weise an der Prägung der Meerestierwelt beteiligt. Beide Gruppen geben wichtige Leitfossilien für das Alttertiär ab. Nummuliten erreichten Durchmesser bis 12 cm. Auch die Zahl der planktonischen, im Meer schwebenden Foraminiferen war erheblich. Bis heute hat sich eine erstaunliche Fülle dieser Einzeller erhalten.
Einen Rückschlag erlitten die Schwämme. Die Riff-Korallen zeigten nach anfänglichen Einbußen wieder ansteigende Gattungszahlen. Seit der Kreide hat der Formenreichtum der Bryozoen außerordentlich zugenommen. Im gleichen Zeitraum konnten die Brachiopoden nur mehr unbedeutende Anteile zur Fauna beisteuern.
Übermächtig verbreiteten sich Muscheln und Schnecken. Unter ihnen finden sich viele Leitfossilien von lokaler Wichtigkeit. Im Verlauf des Känozoikums näherte sich die Faunen-Zusammensetzung dieser beiden Weichtier-Klassen stetig dem heutigen Bild. Aus dem Verhältnis noch lebender Arten zu ausgestorbenen Muschel-Arten lassen sich Aussagen über das Alter der Fauna gewinnen. Im Alttertiär existierten nur 10%, im mittleren Tertiär dagegen schon 50% der gegenwärtig lebenden Arten. Die Kopffüßler waren mit den heutigen Tintenfischen und einigen Nautilus-Verwandten recht mäßig vertreten.
Krebse, Spinnentiere und Insekten standen den Weichtieren an Reichhaltigkeit nicht nach. Gliedertiere des Landes sind im mitteltertiären Bernstein Ostpreußens glänzend und in großer Zahl bewahrt worden.
Die Zusammensetzung der Stachelhäuter-Fauna näherte sich gleichfalls dem Bild der Gegenwart, an dem Seeigel, Seesterne und Seelilien, sowie Seegurken Anteil haben. Die Erhaltung bevorzugt dabei die solid gebauten Seeigel.
Herrschende Wirbeltiere in den Gewässern blieben die Knorpelfische und höheren Knochenfische. An Land warteten die Amphibien mit einer erweiterten Palette von Molch- und Frosch-Arten auf. Krokodile, Brückenechsen, Eidechsen, Schlangen und Schildkröten bildeten zwar nur den Restbestand der Kriechtiere des Mesozoikums, hatten jedoch keineswegs an Wichtigkeit verloren. Die Vögel entfalteten sich im Känozoikum zu unglaublicher Fülle. Am imponierendsten waren große, straußartige Laufvögel, von denen manche 3,5 m Höhe erreichten.
Explosionsartige Verbreitung erlebten die Säugetiere. Die Eroberung seit Ende der Kreide brachliegender Lebensräume erfolgte in mehreren Wellen. Die erste brachte verschiedene Typen primitiver Huftiere bis zu Nashorngröße und in ihrem Gefolge ähnlich einfache Raubtiere. Die Natur testete die verschiedenen Säugetier-Konstruktionen. Einiges der ersten Phase erwies sich als brauchbar genug für die Weiterentwicklung. Dazu gehörten viele Paarhufer (z. B. Schweine, Kamele, Rinder), Unpaarhufer (Pferde, Nashörner mit Riesenformen [Textabb. 20 a], Tapire) und Vorläufer der modernen Raubtiere (Katzen, Hunde, Bären). Andere aber starben bald wieder aus (Textabb. 20 b) oder konnten sich nur in Gegenden halten, in denen der Wettbewerb mit fortschrittlicheren Formen unterblieb. Schon sehr früh im Tertiär kennen wir Funde

von Walen, Fledermäusen und wenig später auch von Elefanten-Ahnen und Nagetieren. Mit den Erfolgreichen der ersten Phase zusammen bereiteten sie die zweite Entwicklungs-Explosion vor.
Hasenartige Tiere und Herrentiere sind in ihren Wurzeln eng miteinander verwandt, hatten aber schon vor Beginn des Tertiärs eigene Wege eingeschlagen.
Uns interessieren natürlich vor allem die Herrentiere, da ihre Linie zum Menschen führt. Über frühe Halbaffen hatten sich im mittleren Tertiär die Menschenaffen entwickelt. Im jüngstern Tertiär lebten bereits aufrechtgehende Formen. Mit dem auslaufenden Tertiär war der Altmensch *(Homo habilis)* aufgetreten. Die letzte Zwischeneiszeit brachte den Vormenschen *(Homo erectus)*, von dem sich die ausgestorbene Unterart des Neandertalers *(Homo sapiens neandertalensis)* und der moderne Mensch *(Homo sapiens sapiens)* ableiten. Unser direkter Vorfahr erschien vor etwa 50000 Jahren.
Unabhängigkeit von der Umwelt durch Warmblütigkeit und wachsende Fähigkeit zur Verwertung von Eindrücken (Gehirnvergrößerung) zeichnen die Säuger vor den anderen Wirbeltieren aus. Nicht einmal die Klimaverschlechterung im Quartär konnte ihnen Einhalt gebieten.
Für die relative Altersbestimmung sind die Säuger in den känozoischen Ablagerungen des Festlands hervorragend als Leitfossilien geeignet, vor allem die Entwicklungsreihen der Pferde, der Elefanten und vieler Nagetiere. Die quartären Kalt- und Warmzeiten sind durch jeweils typische Bestandteile der Fauna gekennzeichnet: Mammut (Textabb. 20c) und Wollhaar-Nashorn bzw. die wärmeliebenden Waldelefanten.
Auch die Blütenpflanzen setzten ihren erfolgreichen Weg im Känozoikum fort. Erwähnenswert sind die Sumpfwälder des Tertiärs, an deren Zusammensetzung auch die Nadelhölzer hohen Anteil hatten. Diesen Sümpfen verdanken wir unsere riesigen Braunkohlen-Lager, die auf ähnliche Weise entstanden, wie heutzutage der Torf unserer Moore. Die kräftige Entwicklung der Gräser seit dem mittleren Tertiär hat Anlaß zum Ursprung zahlreicher Grasfresser (Pferde, Rinder) gegeben.
An der känozoischen Landflora läßt sich für die Nordhalbkugel ohne Schwierigkeit die allmähliche Klimaverschlechterung ablesen. Die tropische Flora des älteren Tertiärs weicht der subtropischen des mittleren und diese der gemäßigten des Jungtertiärs, bis auch sie schließlich durch die eiszeitliche Kalt-Flora ersetzt wird. Die Geschichte der gegenwärtigen Pflanzenwelt unseres gemäßigten Klimagürtels läßt sich seit dem Rückzug des Eises unschwer verfolgen. Wo die Pflanzen selbst fehlen, sind zumindest die widerstandsfähigen Hüllen des Blütenstaubs (Pollen; Textabb.12 d, e) erhalten und geben eine vollständige Übersicht der jeweiligen Pflanzen-Vergesellschaftung. Pollen

---

Textabb. 20 *Säugetiere des Känozoikums.* Nach Vorlagen aus verschiedenen Lehrbüchern.

a *Baluchitherium*, das größte Landsäugetier. Das ausgestorbene, hornlose Nashorn hatte eine Widerrist-Höhe von 5,5 m. Man kennt die Riesen nur aus dem jüngsten Alttertiär.

b *Brontotherium.* Auch dieser Unpaarhufer ist Ende des Alttertiärs ausgestorben. Eigentümlich ist das knöcherne Doppelhorn auf der Nase. Schulterhöhe etwa 2,5 m.

c *Mammuthus*, das behaarte Mammut der Eiszeit. Seine Scheitelhöhe betrug um 3,5 m.

Textabb. 20

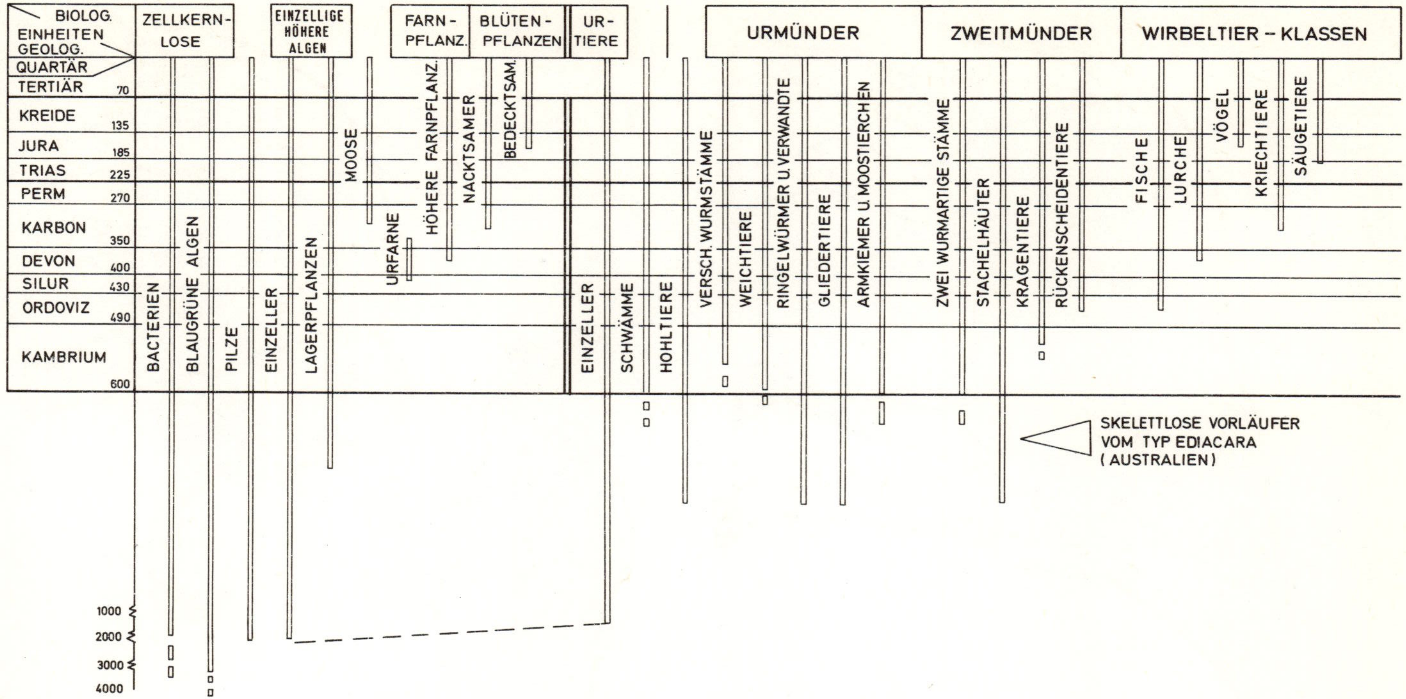

Textabb. 21 *Vorkommen wichtiger Tierstämme und Pflanzenabteilungen während der Erdgeschichte.*

werden durch den Wind transportiert und finden sich daher auch in den Gewässern, sogar im Meer.
Nur dürftige Funde größerer Pflanzen haben uns die Gewässer überliefert. Eine Ausnahme machen die Armleuchteralgen (Characeen) und Kieselalgen (Diatomeen; Textabb. 9 c) des Süßwassers. Auch im Meer sind Kieselalgen, sowie überaus reich die diversen Kalkalgen verbreitet. Nicht vergessen werden soll die weltweit anwachsende Fülle der Coccolithophoriden. Sie alle sind am Aufbau von Schichten maßgeblich beteiligt.
Wir haben nun die wichtigsten Ereignisse im Lauf der Lebensgeschichte kennengelernt. Sie spiegeln Entstehen, Aufblühen und Absterben, Verdrängen und Verdrängtwerden in der Tier- und Pflanzenwelt wider. Die Wirkung der Evolution wird in der Stammesgeschichte (Phylogenie) besonders dann sichtbar, wenn neue Organismengruppen erscheinen. Wann die bedeutendsten Tierstämme und Pflanzenabteilungen erstmals in der Erdgeschichte für uns sichtbar werden, faßt die Übersicht auf Textabb. 21 zusammen.

Autorenkollektiv (1971): Die Entwicklungsgeschichte der Erde. 2 Bde., 888 S., Hanau/M. (W. Dausien Verl.).

Augusta, J. & Burian, Z. (1960): Tiere der Urzeit. 48 S., 60 Taf., Prag (Artia Verl.; 4. Aufl.). – Ansprechende Lebensbilder der Urzeit.

Colbert, E. (1965): Die Evolution der Wirbeltiere. 426 S., Stuttgart (G. Fischer Verl.).

Kaplan, R.W. (1972): Der Ursprung des Lebens. 278 S., Stuttgart (G. Thieme Verl.).

Thenius, E. (1970): Paläontologie. Die Geschichte unserer Tier- und Pflanzenwelt. Kosmos Studienbücher. 143 S., Stuttgart (Franckh'sche Verlagsh.).

Vogellehner, D. (1972): Paläontologie. Grundlagen, Erkenntnisse, Geschichte der Organismen. 109 S., Studio Visuell; Freiburg, Basel, Wien (Herder Verl.).

2. Teil

Die Solnhofener Plattenkalke

Kaum eine Fahrstunde nördlich von München quert die Autobahn das Tal der Altmühl, das der Fluß tief in die Felsen der südlichen Fränkischen Alb eingeschnitten hat. Folgen wir dem Lauf des Flusses in westlicher Richtung, gelangen wir bald zur alten Bischofsstadt Eichstätt. Die riesigen Halden von hellem Gestein über der Stadt zeigen an, daß wir uns schon mitten im Gebiet der Solnhofener Plattenkalke befinden. Weiter flußaufwärts liegt Solnhofen, das Dorf, das dem Gestein den Namen gegeben hat. Solnhofen hat eine lange Geschichte, die bis in die Römerzeit zurückreicht. Historisch belegt ist der Ort seit dem 8. Jahrhundert. Im Gefolge des Bonifazius war der Angelsachse Sola ins Reich der Frankenkönige gekommen. Da er das Klosterleben in Fulda nicht liebte, ließ er sich im Altmühltal als Einsiedler nieder. Nach seinem Tod im Winter 794 entstand in ‹Solenhus› ein Kloster, das erst im 16. Jahrhundert aufgegeben wurde. Reste einer karolingischen Basilika mit der Grabstätte Solas finden wir noch heute an der Solnhofer Kirche, deren Turmunterbau auch aus dieser Zeit stammt. Vermutlich wäre aber trotz aller Historie Solnhofen ein Dorf wie alle Dörfer des Altmühltals geblieben, wenn nicht Alois Senefelder 1796 die Lithographie erfunden hätte. Für diese Druckart eignete sich der Solnhofener Stein besonders. Mit der Verbreitung der Lithographie wurden Stein und Ort weltbekannt. Beim vermehrten Abbau des Gesteins kamen auch immer häufiger Fossilien zutage. Als dann nach der Mitte des vorigen Jahrhunderts die ersten Urvögel gefunden waren, erlangten die Plattenkalke fast mehr Berühmtheit durch ihre Versteinerungen als durch ihren industriellen Wert.

Für den Paläontologen und den Sammler hat das Gebiet der Solnhofener Plattenkalke magische Anziehungskraft. Die vielen, oft ausgezeichnet erhaltenen Versteinerungen vermitteln ein Bild der Vergangenheit, wie wir es sonst nur ganz selten zu Gesicht bekommen.

Was Plattenkalke sind und wo wir sie finden

Was sind eigentlich Plattenkalke? Wir verstehen darunter ebenflächige, dünnschichtige Kalke. Die Schichten erreichen meistens nur eine Stärke von wenigen Zentimetern (Farbtaf. 3, Fig. 1), doch können sie örtlich bis über einen Viertelmeter dick sein. Sie verwittern leicht und der entstehende Schutt bildet flache Böschungen. Im Landschaftsbild sind sie deshalb durch sanfte Hänge kenntlich.

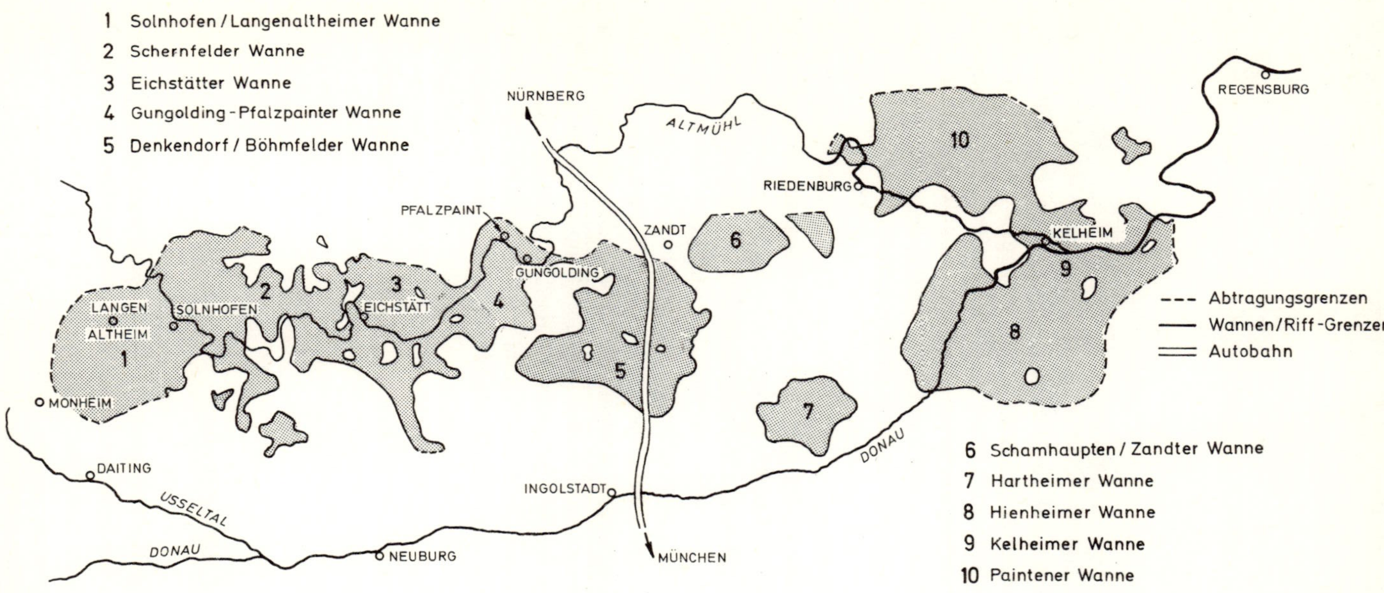

Textabb. 22 *Die Verbreitung der Plattenkalke in Bayern.* Nach v. Freyberg (1968).

Wenn wir über die südliche Frankenalb wandern und dabei nach Plattenkalken suchen, stellen wir fest, daß sie weit verbreitet sind. Wir finden sie aber nicht über eine geschlossene Fläche verteilt. Wie man festgestellt hat, füllen sie Senken in einem ungeschichteten, älteren Gestein. Nur an wenigen Stellen sind die Plattenkalke durch Steinbrüche erschlossen.
Die Gesteinsausbildung der Plattenkalke ist nicht überall gleich. Im Norden treffen wir vorwiegend die dünnplattigen Kalke an, während nach Süden die Dicke der Platten zunimmt. Auch die Eigenschaften des Gesteins ändern sich von Ort zu Ort.
Auf der Karte (Textabb. 22) sind die größten Plattenkalk-Vorkommen zwischen dem Ries und Regensburg eingezeichnet. Die meisten liegen entlang der Altmühl und südlich davon, bis hinab zur Donau. Früher war ihre Ausdehnung sicher bedeutender, doch haben Verwitterung und Abtragung über Millionen Jahre viel zerstört.
Das zweifellos eindrucksvollste Steinbruchrevier liegt auf der Hochfläche zwischen den Dörfern *Mühlheim, Langenaltheim, Solnhofen* und der kleinen Stadt *Mörnsheim.* Hier bricht man die dicken Platten, die am besten für die Lithographie geeignet sind. Die blauen Lithographie-Steine von größter, gleichmäßiger Festigkeit gibt es nur in dieser Gegend.
Weiter im Süden, bei *Daiting,* hatte man früher ebenfalls Plattenkalk-Brüche angelegt. Man betreibt sie nicht mehr, da sich die Qualität nicht mit der von Solnhofen messen konnte. Die Daitinger Plattenkalke sind auch jünger als die Solnhofener. Sie lieferten viele schöne Flugsaurier und andere Echsen.
Das Steinbruchrevier auf den Höhen nördlich *Eichstätt* ist sehr ausgedehnt. Es erstreckt sich hauptsächlich zwischen den Dörfern *Schernfeld, Sappenfeld* und *Wintershof.* Die Brüche sind weniger tief und liefern nur dünne Platten für Wand- und Bodenbeläge.
Zwei kleinere Bruchreviere befinden sich östlich von Eichstätt. Das eine liegt in den Wäldern über *Gungolding* und *Pfalzpaint.* Dort baut man bevorzugt dicke Platten ab. Berühmt sind hier Funde an außerordentlich gut erhaltenen Quallenabdrücken. Das zweite liegt nahe *Zandt,* an der Autobahn München–Nürnberg. Bei Zandt gibt es Platten verschiedener Stärken. Die Fossilien sind hier besonders gut erhalten. Am meisten findet man kleine Schlangen-Seesterne. Leider sind diese Brüche vor nicht allzulanger Zeit stillgelegt worden.
In der näheren und weiteren Umgebung von *Kelheim* bestand früher eine bedeutende Platten-Industrie. Heute sind nur noch wenige Brüche in Betrieb, so zum Beispiel einer bei *Painten,* wo die Masse des gebrochenen Plattenkalks zum Brennen von Kalk benutzt wird.
Natürlich gibt es außer den genannten Bruchrevieren viele kleinere Einzelbrüche, die über das ganze Plattenkalkgebiet verstreut sind. Aber die zurückgehende Nachfrage und der Mangel an Arbeitskräften zwingen mehr und mehr Brucheigentümer zur Aufgabe.
Zu erwähnen ist noch, daß im Usseltal südöstlich von Daiting früher einige Brüche in Plattenkalken existierten. Sie gehören der Usseltal-Formation an und sind jünger als die Solnhofener und auch die Daitinger Plattenkalke.
Wir fragen nun, ob es Gesteine vom Typ der Solnhofener Plattenkalke nur auf der Fränkischen Alb gibt. Natürlich nicht. Schon jenseits des Rieses auf der Schwäbischen

Alb liegt bei *Nusplingen* ein kleines Vorkommen, das nicht viel älter ist als die Fränkischen Plattenkalke. Die wenigen Brüche sind nicht mehr in Arbeit. Es ist bedauerlich, denn sie lieferten viele Fossilien.
Plattenkalke finden wir auch am Südende des Faltenjura, in Südostfrankreich. In den alten Brüchen bei *Cerin* (Departement Ain) sammelte man gleichfalls viele Fossilien. Außerdem gibt es dort sehr feinschichtige, bituminöse Plattenkalke, die bei *Orbagnoux* zur Bitumengewinnung im Untertagebau gewonnen werden. – Die französischen Plattenkalke sind nur wenig älter als die süddeutschen.
Schließlich sollten wir noch die Fundstelle von der *Sierra de Monsech* in Spanien nennen. Auch hier finden sich verlassene Brüche, die reichlich Fossilien hervorbrachten. Die Plattenkalke am Monsech wurden an der Wende Jura/Kreide-Zeit abgelagert.
Alle Plattenkalke von denen wir bisher gesprochen haben, sind in der Oberjura-Zeit entstanden. Trotzdem dürfen wir nicht glauben, daß sich Plattenkalke nur zu dieser Zeit gebildet haben. Ein Streifzug durch die Erdgeschichte zeigt, daß sie fast in jedem Zeitabschnitt vorkommen. Als Beispiel mögen die fossilreichen Plattenkalke der jüngeren Kreidezeit im Libanon dienen.

Enay, R. & Hess, H. (1970): Nouveaux gisements à Stelléroides dans le Kimméridgien supérieur (Calcaires en plaquettes) du Jura méridional – Ain, France. Eclogae geol. Helv., *63*, S. 1093–1107.
Freyberg, B. v. (1968): Übersicht über den Malm der Altmühl-Alb. Erlanger geol. Abh., *70*, 37 S.
Hückel, U. (1970): Die Fischschiefer von Haqel und Hjoula in der Oberkreide des Libanon. N. Jb. Geol. Paläont., Abh., *135*, S. 113–149.
Schairer, G. & Janicke, V. (1970): Sedimentologisch-paläontologische Untersuchungen an den Plattenkalken der Sierra de Monsech (Prov. Lérida, NE Spanien). N. Jb. Geol. Paläont., Abh., *135*, S. 171–189.
Temmler, H. (1964): Über die Nusplinger Fazies des Weißen Jura der Schwäbischen Alb (Württ.). Z. dt. geol. Ges., *116*, S. 891–907.

Das Gestein

Die Plattenkalke sind sehr gut geschichtet. Man fragt sich, wie diese Schichtung zustande kam und warum sich nicht eine einheitliche, solide Gesteinsmasse bildete: Ursache ist die unterschiedliche mineralogische Zusammensetzung, die von Lage zu Lage wechselt.

Woraus bestehen die Plattenkalke?

Chemische Analysen des dichten, harten Steins zeigen einen sehr hohen Gehalt von 95–98% an kohlensaurem Kalk. Der restliche Prozentsatz wird von kohlensaurem Magnesium, Quarzstaub, Eisenkomponenten, Tonmineralien, Mineral-Neubildungen und organischen Substanzen gebildet. Gesteinslagen, die dieser Beschaffenheit entsprechen, nennen die Arbeiter *Flinze*. Die Dicke der Flinze schwankt zwischen wenigen Millimetern und etwa 30 Zentimetern.
Wenn die Beimengungen zunehmen, sinkt der Gehalt an kohlensaurem Kalk bis auf etwa 90%. Durch diese Beimengungen, besonders Tonmineralien, verwittert das Ge-

stein leichter. Es ist dünnlagig und schieferartig. Weil diese Gesteinspartien so schieferartig aussehen, hat man die Plattenkalke oft als ‹Solnhofener Schiefer› bezeichnet. Es ist jedoch zu betonen, daß die Plattenkalke keine echten Schiefer sind. Die feinblätterigen Ablagerungen formen oft Schichtpakete von mehreren Metern Dicke. Für die Verarbeitung ist dieses Material unbrauchbar und wird auf die Halden geworfen. Im Winter friert es dort zu papierdünnen Blättern auf. Die Arbeiter bezeichnen die weichen, leicht verwitternden Schichtabschnitte als *Fäulen.*
Normalerweise wechseln Flinz und Fäule einander ab. Wenn keine Flinze ausgebildet werden, können dicke Fäulen-Pakete entstehen.
In den älteren Abschnitten der Solnhofener Schichten sind die Plattenkalke oft anders ausgebildet. Sie enthalten Einlagerungen von Kieselsäure, die örtlich überhand nimmt und zur Bildung schwärzlicher ‹Hornsteine› führt. Außerdem gibt es in der Umgebung von Kelheim noch Plattenkalke, in denen lagenweise bis über 5% organischer Substanzen (Bitumen) angereichert sind; auch sie enthalten Einschaltungen von Kieselsäure.

Über die Gesteinsfarben

An der Oberfläche sind die Solnhofener Platten meist gelblichweiß oder grau gefärbt. Das frisch angebrochene Gestein ist beige, grau oder graublau. Organische Substanz erzeugt braune Farbtöne. Ist das Gestein feucht, erscheinen alle Töne wesentlich dunkler.
Karminrote oder dunkelbraune Färbung des Gesteins erscheint oft dort, wo Bewegungen die Erdkruste zerbrochen haben, an Verwerfungen. Auch hier hat das Wasser die färbenden Substanzen geliefert.
Auf den Schichtflächen erkennt man oft feinverästelte, moosartige Zeichnungen. Die Arbeiter sprechen dann von ‹Moos›. Mit Moos haben diese Erscheinungen allerdings nichts zu tun: Es sind «Scheinfossilien», sogenannte *Dendriten* (Bäumchen; Taf. 63, Fig. 2). Die Dendriten entstanden durch Ausscheidungen von mineralischen Stoffen, die im Grundwasser gelöst waren. Von senkrechten Klüften aus gelangten die Lösungen zwischen die Schichten und breiteten sich auf den Schichtflächen aus. Dort wurden die gelösten Stoffe ausgeschieden. Schwarze Dendriten gehen auf Mangan-Verbindungen zurück, rote und braune auf Eisenoxide.

Der Stein

Die Gesteinsoberflächen sind eben, fast glatt oder etwas angerauht. Beim Anschlag mit dem Hammer bricht der Stein muschelig, mit hellem Klang. Die Bruchfläche läßt die dichte, gleichförmige Gesteinsausbildung erkennen. Bei abnehmendem Kalkgehalt wird die Bruchfläche rauher.
Mit Ausnahme mikroskopischer Fossilreste fehlen Einschlüsse innerhalb der Flinze. Sind dicke Flinze völlig fehlerfrei, halten sie hohen Druck aus und werden für die Lithographie zugerichtet.

Das Gestein unter dem Mikroskop

Fertigen wir von einem typischen Plattenkalk einen Dünnschliff an und betrachten wir ihn unter dem Mikroskop, so sehen wir ein sehr eintöniges Bild. Winzige Kristalle aus kohlensaurem Kalk, alle etwa gleich groß (0,001–0,009 mm), setzen das Gestein zusammen. Der Sedimentologe nennt ein solches Gestein «Mikrit».

In vielen Schliffen, die senkrecht zur Schichtung dünner «Flinze» gemacht wurden, lassen sich noch weitere feine Gesteinslagen unterscheiden. Deren Schichtflächen erscheinen im Schliff als unregelmäßige und oft feingezackte Linien. Solche Zacken oder «Stylolithen» bilden sich bei Lösung von Kalk durch Druck, der durch zunehmende Überlagerung mit Sediment entsteht. Voraussetzung dazu ist allerdings, daß die einzelnen dünnen Lagen durch dünne Häutchen aus Ton voneinander getrennt waren. Die leichte Rauhigkeit der Oberfläche von Solnhofener Platten wird darauf zurückgeführt.

Bei 2000facher Vergrößerung, unter dem Raster-Elektronenmikroskop, erscheinen die Oberflächen der Flinze als Kristall-Mosaik (Taf. 6, Fig. 1–4). Es zeigt sich, daß am Gesteinsaufbau auch feinste Schalenstückchen von Tieren und Reste winziger Pflanzen beteiligt sind, die ungefähr in der Größenordnung der gesteinsbildenden Kalkkristalle liegen. Manche Schichtoberflächen sind von den hübschen kalkigen Skelettscheibchen einzelliger Pflanzen (Coccolithophoriden; Taf. 6, Fig. 1) bedeckt. Besonders reich an diesen pflanzlichen Überresten sind Schichten, die auch reichlich organische Substanzen enthalten.

Barthel, K.W. (1976): Coccolithen, Flugstaub und Gehalt an organischen Substanzen in Oberjura-Plattenkalken Bayerns und Südostfrankreichs. Eclogae geol. Helv. *69,* S. 627–639.

Flügel, E. & Franz, H.E. (1967): Elektronenmikroskopischer Nachweis von Coccolithen im Solnhofener Plattenkalk (Oberjura). N.Jb. Paläont. Abh., *127,* S. 245–263.

Hemleben, C. (1977): Allochthone und autochthone Sedimentanteile in den Solnhofener Plattenkalken. N. Jb. Geol. Paläont., Mh. *1977,* 257–271.

Hückel, U. (1974 a): Vergleich des Mineralbestandes der Plattenkalke Solnhofens und des Libanon mit anderen Kalken. N. Jb. Geol. Paläont. Abh. *145,* S. 155–182.

– (1974 b): Geochemischer Vergleich der Plattenkalke Solnhofens und des Libanon mit anderen Kalken. N. Jb. Geol. Paläont., Abh. *145,* S. 279–305.

Keupp, H. (1976): Kalkiges Nannoplankton aus den Solnhofener Schichten (Unter-Tithon, Südliche Frankenalb). N. Jb. Geol. Paläont., Mh., *1976,* S. 361–381.

Etwas über die Bildungsdauer von Flinz und Fäule

Wie lange mag die Bildung eines Flinzes gedauert haben? Um eine Antwort auf diese Frage zu erhalten, müssen wir die Fossilien zuhilfe nehmen.

Die Fossilien der Plattenkalke liegen immer an der Grenze zwischen zwei Schichten. Niemals finden wir sie in der Mitte einer Schicht. Auch die winzigen Coccolithen (S. 122) sind nur an den Schichtgrenzen häufig. Wie ist diese eigentümliche Verteilung zu verstehen? Normalerweise würde man erwarten, daß die Reste abgestorbener Tiere im Durchschnitt gleichmäßig anfallen und deshalb auch gleichmäßig in und zwischen den Schichten vorhanden sein müßten.

Die ungleiche Verteilung der Fossilien wird verständlich, wenn wir annehmen, daß sich die Schichten selbst sehr schnell abgelagert haben, und daß danach längere Zeit kein oder sehr wenig Sediment geliefert wurde. In dem Zeitraum ohne Sedimentzufuhr konnten sich allmählich Tierreste auf der Schichtfläche ansammeln.
Für die Richtigkeit dieser Annahme spricht folgende Beobachtung:
Die Solnhofener Fossilien ‹kleben› meist an der Unterseite einer Platte. Wir erklären die Erscheinung in vier Schritten:

1. Schnelle Ablagerung einer Schicht.
2. Ablagerungspause und Bildung eines Oberflächen-Häutchens auf der neuen Schicht, das aus Tonmineralien oder aus Algen besteht. Dadurch Abschluß der Schicht nach oben (vgl. S. 110).
3. Allmähliche Ansammlung von Fossilien auf der Schichtoberfläche (2.), die aber wegen des Häutchens die Fossilien nicht kräftig an sich bindet.
4. Ablagerung der nächsten Schicht, deren weicher Schlamm die darunter liegenden Fossilien einbindet.

Wir stellen also fest: Die Bildungszeit einer Schicht war kurz. Das galt genauso für die dünnen Schichten der Fäulen wie für die dicken Flinze. Die Dicke ist nur von der von Fall zu Fall zugeführten Sedimentmenge abhängig. Die Zeitdauer, die *zwischen* der Ablagerung von zwei Schichten verstrich, war erheblich länger als die Zeit der Ablagerung der Schichten selbst. Daraus folgt, daß dicke Flinzpakete verhältnismäßig kurze Zeiten repräsentieren, während gleichdicke Fäulenpakete ein Mehrfaches an Zeit zur Bildung benötigten.

Barthel, K. W. (1976): Coccolithen, Flugstaub und Gehalt an organischen Substanzen in Oberjura-Plattenkalken Bayerns und SE-Frankreichs. Eclogae geol. Helv., *69*, S. 627–639.

Aus Schlamm wurde Stein

Wir wissen noch recht wenig darüber, wie aus dem Kalkschlamm «Plattenkalke» wurden. Sicher ist, daß zunächst der größte Teil des Wassers abgegeben wurde, die Kalkpartikel enger aneinander rückten und der Schlamm somit an Volumen verlor. Danach kamen im Porenraum zwischen den einzelnen Kalkpartikeln chemische Prozesse in Gang, die schließlich auch auf die Partikel selbst übergriffen. Dabei wandelten sich die aus kohlensaurem Kalk bestehenden Kristalle in eine andere Kristallform um: wir vermuten nämlich, daß die Kalkpartikel ursprünglich als *Aragonit* (rhombisch, unbeständige Modifikation) ausgebildet waren und dann zu *Calcit* (triklin, beständige Modifikation) umkristallisierten. Wie und warum das im einzelnen vor sich geht, ist noch nicht ganz geklärt. Jedenfalls verfilzen sich bei diesen Vorgängen die einzelnen Kriställchen so fest miteinander, daß der Schlamm zu hartem Gestein wird. Diesen Vorgang insgesamt bezeichnet man als *Diagenese.*

Die Gewinnung und Bearbeitung der Solnhofener Plattenkalke

Ein Steinbruch wird angelegt

Bevor ein Steinbruch angelegt wird, müssen Hinweise vorhanden sein, die die Brauchbarkeit des Gesteins erkennen lassen. Das ist zum Beispiel der Fall, wenn der Pflug im Acker taugliche Plattenkalke aufwirft. Um ganz sicher zu gehen, wird man noch probeweise schürfen und erst danach einen Steinbruch eröffnen. Früher kostete es mühevolle Handarbeit, den verwitterten Boden bis hinab zum festen Gestein abzuräumen. Heute erledigt das ein Raupenfahrzeug in ein paar Stunden.
Nach dem Abräumen tritt der Plattenkalk nicht als solide Masse zutage. Er ist immer durch Klüfte zerteilt. Die einzelnen Abschnitte, bei den Arbeitern heißen sie ‹Stöcke›, trägt man dann vorsichtig ab.

Das Brechen der Plattenkalke

Gewöhnlich hören wir in Steinbrüchen den Lärm von Preßlufthämmern und Bohrmaschinen, von Raupenfahrzeugen und Lastwagen, gelegentlich sogar die Detonation einer Sprengung. Das ist nicht so in den Plattenkalkbrüchen. Nur selten vernehmen wir den Schlag eines schweren Hammers. Weil der lithographische Kalkstein sehr empfindlich ist, herrscht in den Brüchen die Handarbeit vor (Taf. 1, Fig. 1).
Lage für Lage werden die einzelnen Platten oder dünne Plattenpakete abgehoben. Mit einem Hammerschlag wird geprüft, ob der Stein ‹gesund› ist. Das untaugliche Material wirft man auf die Halden, die sehr groß sein können, denn nur 20–40% des gebrochenen Gesteins sind brauchbar.
Manchmal heben Raupenfahrzeuge dicke Platten lagenweise ab. Diese Methode beschleunigt zwar den Abbau, ist aber für die Plattenoberflächen ungünstig. Die meisten Fossilien werden dabei zerstört.
Die Gewinnung von Plattenkalken erfolgt hauptsächlich im Sommer. Nur größere Firmen überdachen Teile ihrer Brüche und dichten sie provisorisch ab, damit die Arbeiten auch im Winter weitergeführt werden können (Farbtaf. 2, Fig. 2).

Das Zurichten des Gesteins

Die brauchbaren Platten sortiert man nach ihrer Dicke. Schlechteres Material bleibt unbehauen und wird im Rohzustand für Garten- und Terrassenbelag verwendet.
Auf einer festen Unterlage hackt und zwickt ein Arbeiter die guten Platten mit speziellen Hämmern und Zangen zurecht (Taf. 1, Fig. 2). Der helle klingende Ton, der beim Behauen der Platten entsteht, ist die Kennmelodie der Solnhofener Brüche.
Die roh behauenen Platten kommen vom Bruch in die Sägerei und Schleiferei. Dort werden die vorgerichteten Kanten begradigt. Damit ist ein Teil der Platten für den Versand fertiggestellt. Bei einem anderen Teil werden die Oberflächen noch fein angeschliffen. Beide Platten-Sorten dienen als Wand- und Fußbodenfliesen. Die dicken

Flinze zersägt man, poliert sie und verfertigt daraus Treppenstufen und Fenstersimse. Nur ein sehr geringer Teil des Gesteins eignet sich für die Lithographie. Die ausgesuchten Platten werden mit besonderer Sorgfalt behandelt und sehr fein poliert.

Hänel, W. (1965): Gewinnung und erste Bearbeitung der Solnhofener Plattenkalke. Aufschluß, *16*, S. 237–242, Göttingen.

Vom Nutzen der Plattenkalke

Schon der Mensch der späten Altsteinzeit benutzte die Plattenkalke, um darauf Ritz-Zeichnungen und Farbmuster anzubringen. Davon zeugen Funde aus Fränkischen Höhlen, die jetzt in der Münchener Prähistorischen Staatssammlung liegen.

Zur Zeit der Römer

Die Römer hatten in den ersten Jahrhunderten nach Christi Geburt von Gallien aus und von den Alpen her weite Teile Süddeutschlands erobert. Zum Schutz gegen die von Norden andrängenden Germanen errichteten sie einen Verteidigungswall, den ‹Limes›. Er folgte ungefähr einer Linie, die die Städte Regensburg, Stuttgart und Frankfurt verbinden würde. Im östlichen Abschnitt hieß die Verteidigungsanlage ‹Rätischer Limes›: Er überquerte das Plattenkalkgebiet.
Nur wenige Kilometer hinter dem Grenzwall waren römische Truppen in ausgebauten Lagern (castra) stationiert (Textabb. 23). Die Lage dieser Castra am Rätischen Limes ist durch die heutigen Ortschaften Eining (Abusina), Pförring (Celeusum), Kösching (Germanicum), Pfünz (Vetonianis), Weißenburg (Biricianis) und Theilnhofen (Iciniacum) markiert. Römische Baumeister benutzten den Plattenkalk gerne beim Bau von Gemäuern, als Bodenbelag und zur Auskleidung von Bädern (Taf. 2). Auch die Verwendung zu Inschriftentafeln ist belegt.

Kellner, H.-J. (1972): Die Römer in Bayern, 219 S., München (Südd. Verl.).
Spindler, M., Herausg. (1969): Bayerischer Geschichtsatlas. Red. G. Diepolder, VIII u. 169 S., München (Bayer. Schulb.-Verl.).

Im Mittelalter

Vom dritten Jahrhundert an, als die Alemannen und andere germanische Stämme in die von Römern eroberten Gebiete eindrangen, bis zum Beginn der Neuzeit, haben wir kaum Dokumente über die Verwendung der Plattenkalke. Zweifellos wurden sie zwischen Ries und Regensburg zum Hausbau, als Bodenbelag und zum Dachdecken gebraucht. Alte Fußböden und Mauerwerke erinnern mancherorts heute noch an diese Zeit. Wir wissen auch, daß die Plattenkalke im Handel waren: Ein Chronist berichtet, daß die ehrwürdige Hagia Sofia in Konstantinopel, dem heutigen Istanbul, um die Mitte des 13. Jahrhunderts mit ‹Kelheimer Platten› ausgelegt worden sei. Die Platten hatten ihren Namen nach dem Ort erhalten, wo sie auf Schiffe verladen wurden.

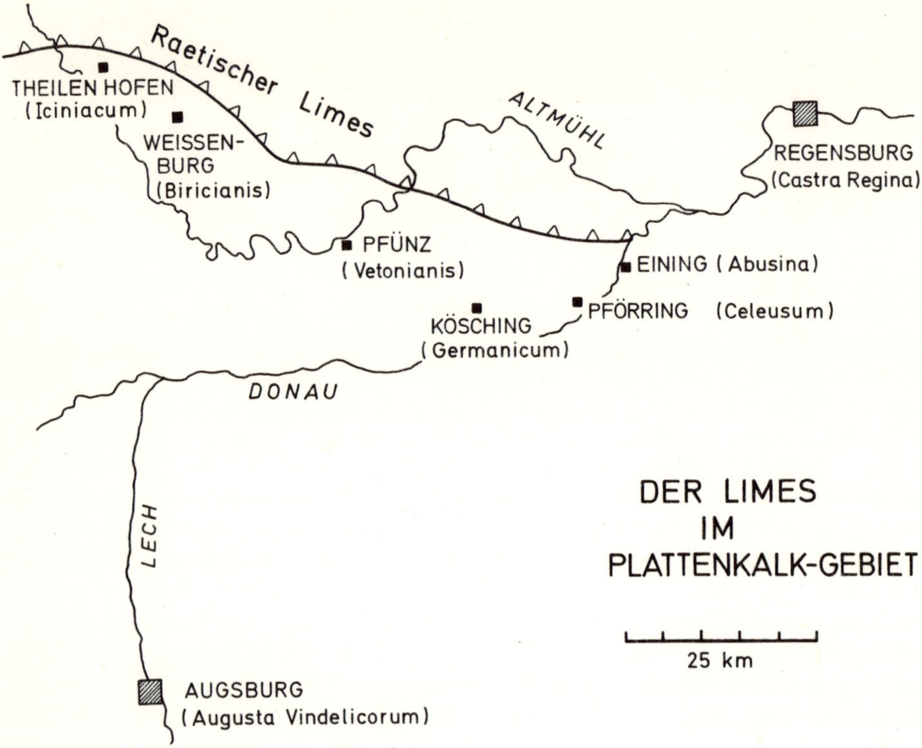

Textabb. 23 *Der Verlauf des Rätischen Limes.*

In den römischen Lagern südlich dieser Grenzbefestigung wurden Plattenkalke oft als Baumaterial verwendet.

In der Neuzeit

Baufreudigkeit und Kunstliebe der Renaissance förderten den Abbau von Solnhofener Stein. Paläste und Bürgerhäuser wurden gleichermaßen mit den beliebten Platten gepflastert. Auch den Künstlern war das schöne, dichte Gestein nicht entgangen. Sie erfanden Verfahren, mit denen sie Reliefs hochätzten. Bildhauer schufen mit Meißel und Schaber herrliche Flach- und Vollreliefs (Taf. 3). In vielen Kirchen können wir heute noch sorgfältig gearbeitete Grabdenkmäler und Gedenkplatten bewundern.
In den bewegten Zeiten vom Ende des 16. Jahrhunderts bis ins 18. Jahrhundert stand es für die Solnhofener Steinbrecher nicht immer zum Besten. Dann kam an der Wende zum 19. Jahrhundert der Mann, der das Dorf Solnhofen weltberühmt machen sollte.

Senefelder erfindet den Steindruck

Die Künstler der Renaissance hatten erkannt, daß durch Wachs oder Fett geschützte Stellen des polierten Steines stehen blieben, wenn man die unbehandelten Flächen mit

Säuren benetzte. Sie ätzten die gewachsten Stellen ‹hoch›. Diese Arbeitsweise war offenbar in Vergessenheit geraten, bis Alois Senefelder (1771–1834) im Jahr 1793 die Wiederentdeckung glückte.

Wie bei vielen großen Entdeckungen hatte auch hier der Zufall seine Hand im Spiel. Senefelder erzählt selbst, wie er aus Mangel an Papier mit fettiger Tinte auf eine polierte Solnhofener Platte schrieb, um die Anzahl der Stücke festzuhalten, die eine Wäscherin abholen wollte. Dabei kam ihm der Gedanke, die beschriebene Platte mit verdünnter Säure anzuätzen. Es zeigte sich, daß die Säure die Zahlen und Buchstaben unversehrt stehen ließ und nur den Stein rundum auflöste. Das Geschriebene erschien dadurch sehr deutlich.

Senefelder erkannte sofort die Möglichkeiten, die sich damit dem Druck eröffneten. Aber es dauerte noch eine Weile, bis er die Lithographie zu seiner Zufriedenheit vervollkommnet hatte. Ursprünglich war er ja ausgegangen von der Beobachtung, daß der Stein, wenn er mit Wasser benetzt war, keine Druckfarben mehr annahm, sondern nur dort, wo vorher mit fettigen Tuschen oder Stiften gezeichnet worden war. Die Druckversuche nach dieser Methode brachten aber nicht die erwünschten Ergebnisse. Erst die Begebenheit mit der Wäscherin brachte Senefelder zum Ziel, weil mit der Ätzmethode der Abdruck auf dem Papier ausgezeichnet wiedergegeben wurde. Beispiele von Zeichnungen auf dem Stein und eines lithographischen Drucks bringen die Fig. 1 und 2 der Taf. 4.

Die schnelle Verbreitung des Steindruckes brachte dem Solnhofener Bruchrevier gewaltigen Aufschwung. Denn dort finden sich überwiegend die dicken gelben und blauen Platten, die für die Lithographie besonders geeignet sind.

Leider dauerte die hohe Zeit der Lithographie nur etwa hundert Jahre. Dann wurde sie durch neue, billigere Verfahren verdrängt. Für den Künstler ist die Lithographie aber immer noch unübertroffen. Wer erinnert sich nicht an die großartigen Lithographien und Plakate, die Henri Toulouse-Lautrec kreiert hat, oder an die bissig-pointierten Lithos, mit denen Honoré Daumier seinen Mitmenschen ihre Schwächen vorhielt? Oder an die Zeichnungen, mit denen Käthe Kollwitz menschliches Elend auf dem Stein festhielt?

Autorenkollektiv (1973): Graphische Techniken. Eine Ausstellung des Neuen Berliner Kunstvereins. Katalog herausgeg. von H. Wallenberg u. R. Block, 248 S., Berlin (NBK, Berlin 15, Meineckestr. 4).

Mundlos, R. (1967): Solnhofen. Geschichte und Geschichten um das Steinbrecherdorf im Altmühltal. Aufschluß, *18*, S. 275–283, Göttingen.

Osten, G. v. d. (1973): Deutsche und niederländische Kunst der Reformationszeit, 345 S., Köln (DuMont Schauberg).

Senefelder, A. (1821): Vollständiges Lehrbuch der Steindruckerey. 2. Auflage, Neudruck d. Verbandes der Lithographen, Steindrucker u. verw. Berufe, XIV u. 372 S., Berlin 1925.

Die Plattenkalkindustrie heute

Zwei Weltkriege haben die Solnhofener Stein-Industrie nicht zum Erliegen bringen können. Als die Lithographie mehr und mehr an Bedeutung verlor, wuchs wieder das Interesse an dem Gestein für Bauzwecke. Die Architekten verwenden die Platten in

allen Varianten für die Innenausstattung. Bodenpflaster, Wandverkleidungen, Treppen und Fenstersimse sind die bevorzugte Ware, die in viele Länder verschickt wird. Die rege Nachfrage brachte der ganzen Region die Technisierung und erschloß sie dem Verkehr. Wir sollten nicht vergessen, daß selbst der Schutt der Plattenkalkbrüche noch verwertbar ist: Er eignet sich zur Zementherstellung.
In den letzten Jahren ist die Förderung wieder etwas zurückgegangen. Hohe Arbeitslöhne, Abwanderung der Steinbrecher zu weniger saisonbedingten Industriezweigen, Kunststeine und wetterfeste Marmore auf dem Markt hemmen den Absatz. Aber jedem Tief in der langen Geschichte der Nutzung von Plattenkalken ist wieder ein Hoch gefolgt.

Kress, Th. (1957): 100 Jahre Solenhofer Aktien-Verein, 40 S., Solnhofen (Solenh. Akt.-Ver.).

Müller-Burger, M. L. (1926): Solnhofer Plattenkalk-Industrie in Vergangenheit und Gegenwart. Wirtschafts- und Verwaltungsstudien mit besond. Berücksichtigung Bayerns. Herausg. G. v. Schanz, *70,* 186 S., Erlangen (Deichert'sche Verlagsbuchhandl.).

Ein Dach über dem Kopf

Das Plattenkalkgebiet war immer schon an seinen Häusern und Dächern zu erkennen. Flache Dächer mit einem dicken Belag von ‹Solnhofener Schiefer› gaben den ärmlichen Dörfern auf der Alb das Gepräge.
Man benutzte dünne, unbehauene Platten, um ein Dach über dem Kopf zu haben. Mußte ausgebessert werden, legte man neue Plattenlagen über die alten. So gibt es alte Häuser mit halbmeterdickem Dach. Diese ‹Legschieferdächer› (Abb. zu Taf. 5) sind heute selten geworden.
Den Biberschwanz-Dachziegeln nachgeformt sind die ‹Zwicktaschen›, die aus dünnen Platten zurecht ‹gezwickt› werden. Sie sind für steilere Dächer geeignet (Taf. 5, Fig. 1). Die Zwicktaschen-Dächer weichen mehr und mehr den Ziegeldächern: Eine alte Tradition verschwindet.

Eberle, G. (1947): Dächer im Jura, Natur und Volk, *77,* 7–9, Frankfurt/M.

Der Hirtenknabe von Solnhofen – eine Legende

Ein armer Hirtenknabe, so erzählt der Volksmund, glättete im Spiel einige Solnhofener Platten. Er formte sie zu Rechtecken und Quadraten und legte damit den Boden seines Zimmers aus. Als ihm bekannt wurde, daß der Bischof zu Eichstätt ein Pflaster für den Boden seines neuen Doms suchte, wanderte er dorthin. Dem Bischof gefielen die zugerichteten Platten so sehr, daß er den Auftrag gab, den Boden des Gotteshauses damit zu pflastern.

Über den geologischen Aufbau der südlichen Fränkischen Alb

Die Erdoberfläche ist fortwährenden Veränderungen unterworfen. Gebirge entstehen und werden durch Gletscher und Flüsse wieder zerstört. Wo ehemals Land war, flutete später das Meer und aus Tiefseegräben erwuchsen Gebirge.

Die bewegte Erdgeschichte Süddeutschlands hier zu schildern ist nicht möglich. Wir müssen uns mit einigen Andeutungen begnügen: Während der Steinkohlenzeit (Karbon) erstreckte sich ein Gebirge in westöstlicher Richtung quer durch Deutschland. Bis zum Beginn der Perm-Zeit war es bereits wieder bis auf seinen Kern aus Graniten und Gneisen abgetragen. Dieser Kern wurde dann während der Perm- und Trias-Zeit von Sanden und Tonen des Festlandes, zeitweise aber auch von Meeresablagerungen überdeckt. Am Ende der Trias bestand in Süddeutschland schließlich eine weite Ebene, die von trägen Flüssen durchzogen war. Als sich zu Beginn der Jura-Zeit das Gebiet durch Bewegungen der Erdkruste langsam absenkte, überflutete das Meer die Ebene schnell. Das Meer lagerte im Lauf des *Unteren Jura (Lias)* in unserem Gebiet hauptsächlich dunkle Tone und Mergel ab. Man spricht deshalb auch vom Schwarzen Jura. – Die

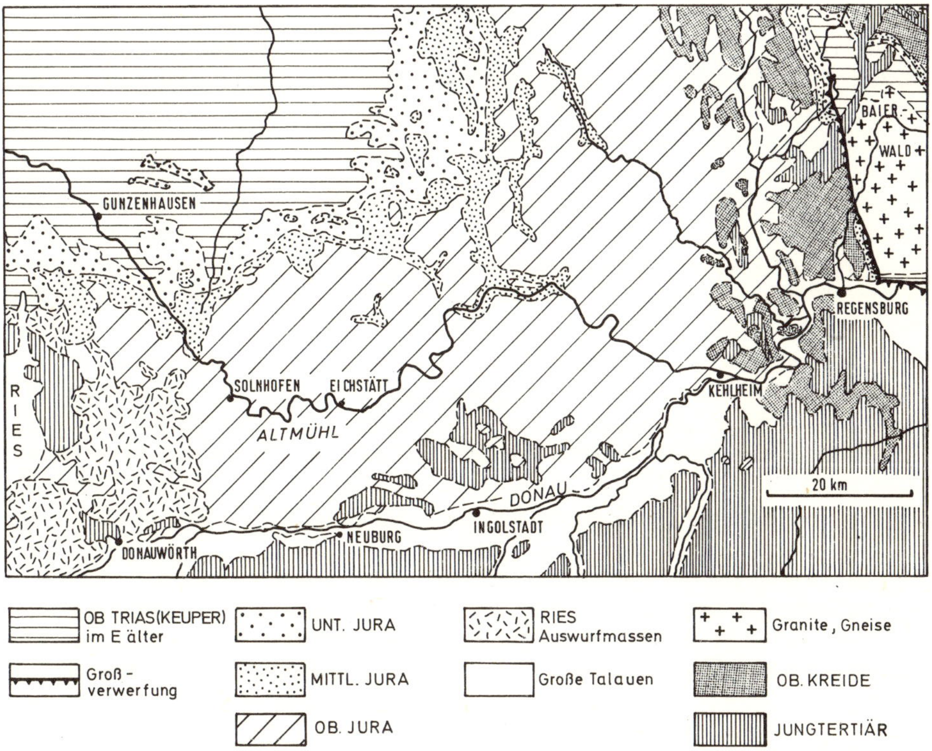

Textabb. 24 *Geologische Karte des Fränkischen Jura,* sehr vereinfacht. Zur besseren Übersicht sind die jüngeren Deckschichten, mit Ausnahme bei großen Flußtälern, weggelassen.

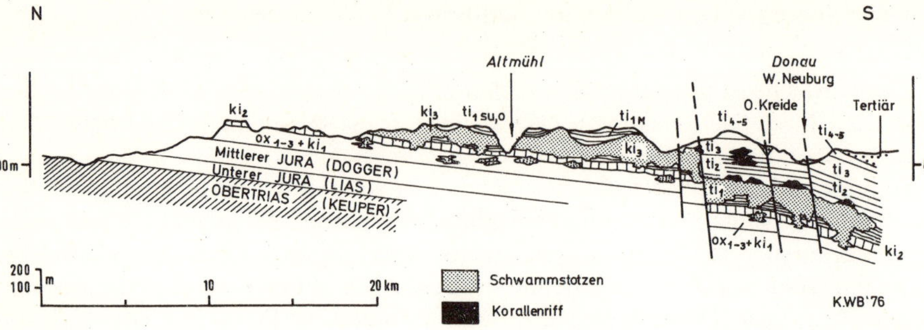

Textabb. 25 *Geologischer Querschnitt von Weißenburg bis zur Donau westlich von Neuburg.*

Das Profil ist stark überhöht. ox$_{1-3}$ = Gesteine der Oxford-Zeit; ki$_{1-3}$ = Gesteine der Kimmeridge-Zeit; ti$_{1-5}$ = Gesteine der Tithon-Zeit des Oberen Jura (Malm).

Sandsteine und Kalke des *Mittleren Jura (Dogger)* zeigen besonders braune Färbung und entsprechend wird dieser Abschnitt vielfach als Brauner Jura bezeichnet. – Im *Oberen Jura (Malm)* bildeten sich helle Kalke und Mergel, die diesem Abschnitt den Namen Weißer Jura eingebracht haben. Die geschichteten Kalke des Oberen Jura werden oft unterbrochen von ungeschichteten Kalken, die von Schwämmen und Korallen aufgebaut wurden.
Gegen Ende des Jura zog sich das Meer nach Süden zurück (S. 201), als erneute Bewegungen das nördliche Franken zu heben begannen. Dadurch wurden die Schichten insgesamt schräg gestellt und wir können noch heute ihre Neigung nach Süden beobachten. Im Norden begann Abtragung: Deshalb können wir dort die älteren Schichten (Trias, Lias, Dogger) studieren. Im Bayrisch-Böhmischen Wald kommen schließlich die Gneise und Granite des alten Gebirges aus der Karbonzeit zum Vorschein. Ein Querschnitt (Textabb. 25) zeigt die heutige Situation, stark vereinfacht. Eine schematische Übersicht der südlichen Frankenalb ist in Textabb. 24 wiedergegeben.
Die drei Abschnitte Unterer, Mittlerer und Oberer Jura (Textabb. 26) dienen der groben Übersicht. Wenn wir uns aber intensiver mit einem der Abschnitte befassen wollen, benötigen wir eine verfeinerte Gliederung. Dazu zerlegen wir den betreffenden Abschnitt in *Stufen.* Stufen sind international gebräuchliche Einheiten der Stratigraphie. Man benennt sie nach Orten, an denen eine Folge von Leitfossilien des betreffenden Alters zuerst erkannt und beschrieben wurde. So hat zum Beispiel die Oxford-Stufe des Oberjura ihren Namen von der englischen Universitäts-Stadt.
Doch selbst Stufen sind noch recht umfassend und wir unterteilen sie weiter in *Zonen.* Die Zone gilt als Grundeinheit der Biostratigraphie (S. 19). Zeitlich entspricht die Zone der Lebensdauer einer Leitfossil-Art oder einer bestimmten Fossilgemeinschaft. Das Leitfossil oder ein einprägsames Fossil der Zonen-Fossilgemeinschaft liefert den Namen für die Zone. Die Solnhofener Plattenkalke wurden zum Beispiel während der Zone des *Hybonoticeras hybonotum,* kurz während der *hybonotum*-Zone gebildet (Textabb. 29).
Man kann Schichtserien aber auch nur nach unterschiedlicher Gesteinsausbildung

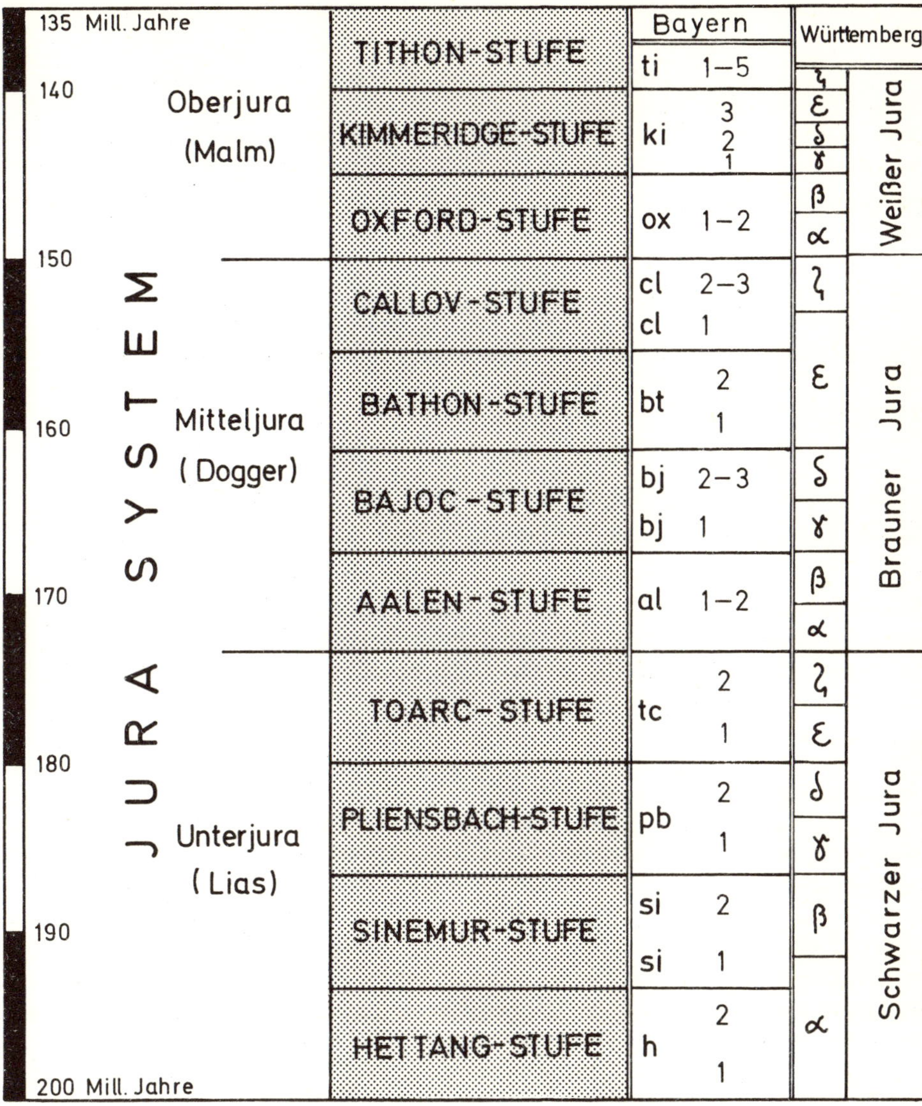

Textabb. 26 *Stratigraphisches Schema des Jura-Systems.*

einteilen. Wir bezeichnen diese Methode als *Lithostratigraphie.* Damit hat F. A. Quenstedt bei den drei Jura-Abschnitten des Schwäbischen Jura je sechs deutlich erkennbare Gesteins-Pakete auseinandergehalten. Als Symbole dafür benutzte er die ersten sechs Buchstaben des griechischen Alphabets (s. Textabb. 26).
Die Quenstedt'sche Gliederung des Schwäbischen Jura läßt sich aber nur sehr ungenau auf den Fränkischen Jura übertragen. Wir geben deshalb den Schichtabschnitten

in Franken Ortsnamen, wie dies in der Lithostratigraphie üblich ist. Wir sprechen beispielsweise von Mörnsheimer Schichten oder Paintener Schichten, weil in der Umgebung dieser Orte die betreffenden Gesteine besonders gut zu studieren sind. Da die Gesteinspakete Fossilien enthalten, können wir sie auch den Stufen der Biostratigraphie zuordnen und mit einem Abkürzungs-Symbol bezeichnen. Das Symbol ti 1_M bedeutet dann, daß die Mörnsheimer Schichten ein Schichtabschnitt des unteren Untertithons sind (Textabb. 26, 29; ti = Tithon-Stufe, 1 = ältester Teil, M = Mörnsheimer Schichten).

Bayerisches Geologisches Landesamt (Herausg.), (1964): Erläuterungen zur Geologischen Karte von Bayern 1:500000. 2. Aufl., 344 S., München (Bayer. Geol. LA.).

Quenstedt, F. A. (1857–1858): Der Jura. 842 S., Tübingen (Verl. Laupp).

Schmidt-Kaler, H. & Zeiß, A. (1973): Die Juragliederung in Süddeutschland. Geologica Bavarica, *67*, S. 155–161.

Land, Meer und Klima zur Solnhofen-Zeit

Wir wollen in diesem Abschnitt versuchen, eine Landkarte des südlichen Franken zur Oberjura-Zeit zu entwerfen. Die Geographie vorzeitlicher Meere und Länder, wir sprechen von Paläogeographie, bedarf vieler Einzelbeobachtungen und gelegentlich einer Prise Phantasie.

Wie entsteht eine Landkarte der Vorzeit?

Dazu brauchen wir einigen kriminalistischen Spürsinn, der uns hilft, in den Gesteinen und Fossilien verschlüsselte Angaben entdecken zu können. Die Bedingungen, unter denen ein Gestein entstand, prägten ihm ihren Stempel auf. So besitzt ein Meeressand andere Eigenschaften als ein Sand, der auf dem Festland abgelagert wurde. Und hier noch einige andere Beispiele: Die zertrümmernde Wucht der Meeresbrandung hinterläßt grobe Schuttmassen mit Resten von Tieren, die in dem bewegten Wasser lebten. Grober Gesteinsschutt des Festlandes enthält diese Meerestiere natürlich nicht.
Auch die Fossilien sprechen ein gewichtiges Wort. Betrachten wir die Verbreitung von Lebewesen an einer flachen Meeresküste: Dort, wo Flüsse münden, findet man die Lebensgemeinschaft des Brackwassers, also eine Tierwelt, die Schwankungen im Salzgehalt des Wassers gut verträgt. Außerdem werden Pflanzen- und Tierreste des Festlandes hier eingespült und eingebettet. Erst wenn man sich weiter von der Küste entfernt, stellt sich nach und nach die richtige Meeresfauna ein. Die gleichen Verhältnisse können wir mit Hilfe der Fossilien für Küsten der Vergangenheit feststellen und dadurch ihren Verlauf ungefähr verfolgen.
Wir dürfen also vorsichtige Schlüsse über eine vorzeitliche Geographie ziehen, wenn wir die Verbreitung zwar gleichalter, aber verschiedenartiger Gesteine und Fossilien kennen.

In der Jura-Zeit im Raumschiff um die Erde

Stellen wir uns vor, wir könnten die Zeit zurückdrehen und wir würden zur Jura-Zeit mit einem Raumschiff um die Erde kreisen. Mit einem Zeitraffer an Bord würden wir die 10 Millionen Jahre des Oberen Jura auf kürzeste Frist zusammenschrumpfen lassen. Jedesmal, wenn wir Süddeutschland überfliegen, können wir die Fläche zwischen Vogesen und Bayerischem Wald, zwischen Main und Alpen, wie sie heute liegen, gut erkennen (Farbtaf. 1).

Am Beginn unserer Beobachtungen, während sich die Mittlere Jura-Zeit dem Ende zuneigt, sehen wir ein Meer gegen Osten vordringen. Weite Teile eines alten Festlandes (vgl. S. 83), das im bayerisch-schwäbischen Voralpenraum lag, hatte es schon überflutet. Dieses *Vindelicische Land,* benannt nach den Vindelicern (Germanen, die um Augsburg seßhaft waren), erobert das Meer im Verlauf der Oxford-Stufe vollständig. In der folgenden Kimmeridge-Zeit ist Süddeutschland völlig vom Meer bedeckt. Schwarzwald und Bayerischer Wald heben sich als Untiefen ab, eine Meeresstraße zieht zwischen ihnen nach Norden.

Mit dem Anfang der Tithon-Zeit beginnt sich im Norden unseres Gebietes der Meeresboden anzuheben. Inseln tauchen auf. Vor ihnen bilden sich Korallenriffe. Zwischen Riffen und Inseln liegt eine verzweigte Lagune, in der sich die Solnhofener Plattenkalke ablagern.

Gegen Süden wird das Meer immer tiefer. Es senkt sich ab zu der Region, wo die Alpen «im Wachsen» sind. Dort wechseln Ketten von Koralleninseln und Atollen mit Tiefseegräben ab, wie sich das für ein entstehendes Gebirge gehört.

Im Nordwesten besteht mittlerweile eine größere Landfläche, etwa da, wo wir später den Schwarzwald und das Rheinische Schiefergebirge haben werden. Tonmassen werden von dort südwärts ins ‹Schwäbische Zementmergel-Meer› eingeschwemmt. Die Trübe des Wassers läßt nur an wenigen Stellen Korallenwuchs gedeihen. An der Stelle des zukünftigen Rieses hat die nordwärts ziehende Meeresstraße immer noch Bestand.

Bevor wir unseren imaginären Raumflug beenden, halten wir die geographische Situation der frühen Tithon-Zeit im Bild fest. Dieses Bild würde etwa so ausgesehen haben, wie unsere paläogeographische Rekonstruktion auf Farbtafel 1. Die Farben sind nicht willkürlich ausgewählt, sondern wurden nach vergleichbaren Farbaufnahmen unserer Erde aus dem Weltraum zusammengestellt. Dunkelblaue Töne entsprechen dem tiefen, offenen Meer, helles Blau und grünlichgelbe Farben der Lagune und dem flachen Wasser, bräunlich erscheinen die Länder.

Lemcke, K. (1973): Zur nachpermischen Geschichte des nördlichen Alpenvorlandes. Geologica Bavarica, *69,* 5–48 S.

Subtropischer Sonnenschein und wenig Regen

Daß das Gestein eine Art «Konservendose» ist, der wir wichtige Informationen entnehmen können, haben wir schon gemerkt, als wir uns im vorigen Abschnitt mit der Paläogeographie beschäftigten. Nun wollen wir den Datenspeicher Gestein auch noch über die klimatischen Bedingungen der Vorzeit befragen.

Die großen Mengen des Oberjura-Kalksteins sind bereits ein erster Hinweis auf hohe Temperaturen der damaligen Meere, denn warme Gewässer fördern die Kalkausscheidung.
Noch eindeutigere Sprache sprechen die Korallenriffe in der frühen Tithon-Zeit. Korallen haben zu allen Zeiten ihre Riffe nur in der tropischen See gebaut. In den Solnhofener Plattenkalken sind Reste großer Meeresechsen, riffbewohnende Fische, subtropische Pflanzen, viele Reptilien des Landes und riesenhafte Insekten eingeschlossen: Auch sie sind Zeugen eines warmen Klimas.
Ist es aber möglich, eine Temperatur des Solnhofener Meeres anzugeben? Hierzu haben sich die Physiker etwas ausgedacht: Die Hartteile von ausgestorbenen Belemniten-Tintenfischen bestehen aus kohlensaurem Kalk, den die Tiere zu Lebzeiten ausschieden. Dabei wurde Sauerstoff aus dem Meerwasser gebunden. Dieser Sauerstoff wird untersucht, um das Verhältnis von Sauerstoff mit dem Atomgewicht 18 zu dem leichteren Sauerstoff 16 festzustellen. Das Verhältnis der beiden Sauerstoff-Isotope ist von der Temperatur abhängig. Auf diese Weise wurde aus einem Belemniten-Rest der Kimmeridge-Zeit, den man in der Umgebung von Solnhofen fand, die Meerestemperatur mit 26 °C errechnet. Das ist die Temperatur tropischer Meere der Gegenwart.
Demzufolge war es sicherlich auch auf dem Lande warm; aber: feucht oder trocken? Die lederige Oberhaut vieler Pflanzenblätter – Schutz gegen starke Verdunstung – läßt auf Trockenheit schließen. Jedoch kennen wir aus den Plattenkalken eine Anzahl süßwasserabhängiger Insekten. Es muß demnach Wasserläufe und Tümpel gegeben haben, also wohl je nach Jahreszeit Regen. Ein Klima, das dem der Solnhofen-Zeit einigermaßen entspricht, wäre das südliche Florida oder ähnliche Küstengebiete der Karibik.

Barthel, K. W. (1964): Zur Entstehung der Solnhofener Plattenkalke (unteres Untertithon). Mitt. Bayer. Staatssamml. Paläont. hist. Geol., *4,* S. 37–69.

Engst, H. (1961): Über die Isotopenhäufigkeiten des Sauerstoffs und die Meerestemperatur im süddeutschen Malm-Delta. Diss. Univ. Frankfurt/M., 184 S., Frankfurt.

Fritz, P. (1965): $0^{18}/0^{16}$ – Isotopenanalysen und Paleotemperaturbestimmungen an Belemniten aus dem Schwäb. Jura. Geol. Rdsch., *54,* S. 261–269.

Die Plattenkalk-Lagune

Beim Wort Lagune schwingt etwas Geheimnisvolles, Fernes und Beunruhigendes mit. In unserer Vorstellung taucht die Südsee auf, Koralleninseln mitten im Ozean. Ringförmige Riffe schützen die blauen, unbewegten Gewässer der Lagunen vor den anbrandenden Wellen. Diese Atoll-Lagunen entsprechen unserer Idealvorstellung.
Ganz anders ist die Küstenlagune gebaut. Sie ist auf der einen Seite vom Meer durch eine Barre, ein Riff oder einen Landsporn abgeschirmt und auf der anderen Seite von der Küste begrenzt. Die Solnhofener Lagune gehört zu diesem Typ.
Die Feinheit des Gesteins und seine ausgezeichnete Schichtung hatten die Wissenschaftler schon früh auf den Gedanken gebracht, daß die Solnhofener Plattenkalke in einer Lagune abgelagert sein müßten. Die Küstenseite der Lagune suchte man jedoch im Süden, wo man das «Vindelicische Land» vermutete (S. 87). Wir wissen heute, daß dieses Land schon zur Oxford-Zeit im Meer versunken war und daß die Küste vielmehr im Noden lag (Textabb. 27; S. 87).

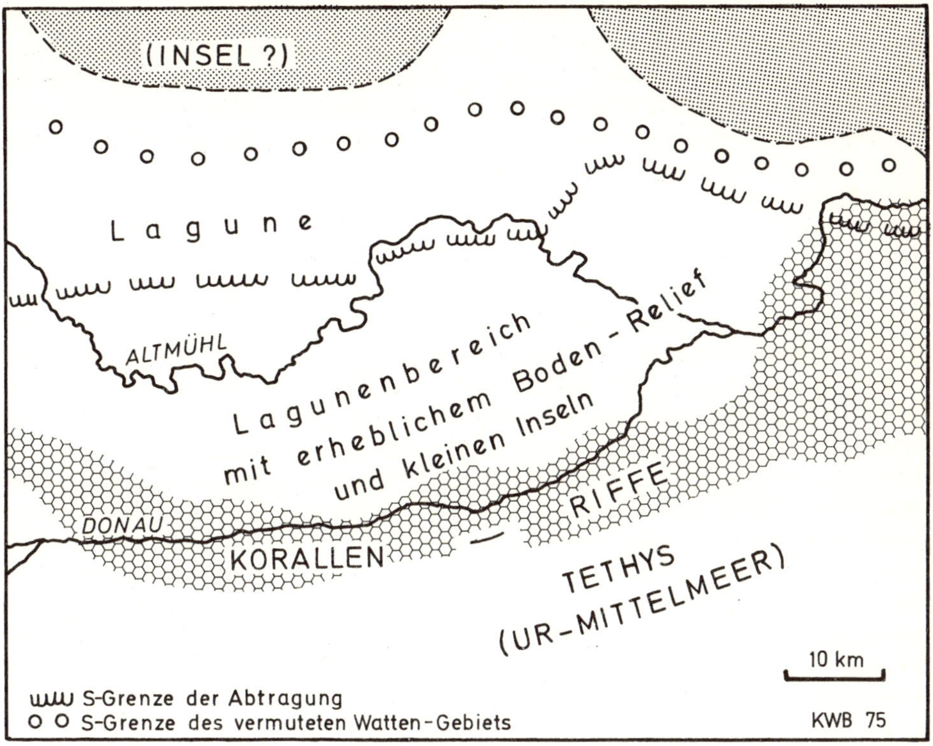

Textabb. 27 *Paläogeographische Übersicht des Bildungsraumes der Plattenkalke.*
Das Bodenrelief der Lagune ist nicht berücksichtigt.

Die Besonderheit der Solnhofener Lagune war, daß ihr Boden stark gegliedert war. Er bestand aus einem untermeerischen Relief von Hügeln und Senken mit Höhenunterschieden von manchmal mehr als hundert Metern. Die Ursache des Reliefs waren Schwammstotzen (S. 92), die sich *vor* der Ablagerung von Plattenkalken entwickelt hatten. Zwischen den Stotzen liegende Senken hat man als *Wannen* bezeichnet, die durch Kanäle oder Untiefen miteinander verbunden waren. In den Wannen setzte sich das Plattenkalk-Sediment ab und füllte sie allmählich.
Da der Wannenboden meistens tiefer lag als die Kanäle und Untiefen zwischen den Wannen, war der Wasseraustausch erschwert oder fehlte zeitweise ganz. Dadurch herrschte im Wasser über den Wannenböden Armut an Sauerstoff und bei Fäulnis toter Organismen konnte sich dort Schwefelwasserstoff anreichern. Abgesunkene Tierkadaver verwesen nur noch unvollständig und ihre Erhaltung als Fossil wird sehr begünstigt. In solcher Umgebung konnte kein Tier längere Zeit am Boden der Lagune leben. Aasfresser vermochten deshalb nicht, die Leichen zu zerstören.
Noch ein anderer Umstand kam der Fossilerhaltung zustatten: In den heißen Sommermonaten stieg der Salzgehalt des Lagunenwassers durch die Verdunstung. Wäh-

rend stets frisches Wasser vom Meer her nachfloß, sank das schwere, übersalzene Wasser nach unten. Die Übersalzung verhindert gleichfalls die Verwesung.

Andererseits dürfen wir nicht vergessen, daß während der Regenzeit vom Land viel Süßwasser in die Lagune gelangte. Weil es leichter ist als Salzwasser, schwamm dann für eine Weile Süßwasser auf der Lagunenoberfläche. Mit ihm wurden Bewohner des Süßwassers und Leichen von Landtieren in die Lagune verfrachtet.

Ohne Schwierigkeiten ist zu erklären, wie Tiere des Meeres in die Lagune kamen: bei hohem Wasserstand über die Riffe hinweg, bei niedrigem durch die Passagen zwischen den einzelnen Riff-Kuppen. Woher aber stammt das Plattenkalksediment? Vom Land, wie oft angenommen wurde, sicherlich nicht. Wurde Kalk in der Lagune ausgefällt? Diese Möglichkeit ist nicht ganz zu verweisen. Die Hauptmenge des Sediments kam über den gleichen Weg wie Meerestiere, aus dem Ozean. Schwere Stürme und Orkane, die in tropischen Regionen häufig vorkommen, wühlten Kalkschlamm vor den Riffen auf und trieben das mit Partikeln beladene Wasser in die Lagune. Nach einem Sturm setzte sich die Trübe in der Lagune ab und formte eine neue Kalklage.

Die letzten Sätze führen unweigerlich zu dem Gedanken, warum denn die sedimentbringenden Stürme die ausgezeichnete Schichtung des Schlamms am Lagunenboden ungestört ließen? Das konnte nur geschehen, wenn das Wasser in der Lagune entsprechend tief war, mindestens 20 m. Diese minimale Tiefe verhütete das Aufwühlen des Bodenschlammes aber nur, wenn im Wasser Salzschichtung bestand. Übereinander geschichtete Wasserlagen von verschiedenem Salzgehalt bilden zusammen eine stabile Schutzschicht. Es ist das gleiche Prinzip der Verstärkung, das durch Verleimen verschiedener Holzschichten im Sperrholz wirksam wird. Wie eine Salzschichtung zustande kommt, wurde bereits oben geschildert.

Bei der Annahme einer Salzschichtung dürfen wir für die Wassertiefe in den Wannen durchschnittlich 50 m annehmen, während sie über den Schwellen zwischen den Wannen mindestens 20 m gewesen sein muß.

Warum kam es aber nicht zur Ausscheidung von Gips und Steinsalz an den Wannenböden? Von Zeit zu Zeit wurde das Wasser in der Lagune langsam umgewälzt (vgl. Textabb. 48)!

Die Solnhofener Lagune hat sich bei unserer Betrachtung als recht komplexes Phänomen erwiesen, dem wir eine der schönsten fossilen Tiergemeinschaften verdanken.

Barthel, K.W. (1964): Zur Entstehung der Solnhofener Plattenkalke (unteres Untertithon). Mitt. Bayer. Staatssamml. Paläont. hist. Geol. *4,* S. 37–48.

– (1972): The genesis of the Solnhofen lithographic limestone (Low. Tithonian): further data and comments. N. Jb. Geol. Paläont., Mh., *1972,* S. 133–145.

Fesefeldt, K. (1962): Schichtfolge und Lagerung des oberen Weißjura zwischen Solnhofen und der Donau (Südliche Frankenalb). Erlanger geol. Abh., *46,* 80 S.

Jordan, R. (1976): Salz- und Erdöl/Erdgas-Austritt als Fazies bestimmende Faktoren im Mesozoikum Nordwest-Deutschlands. Geol. Jb., Reihe A, *13,* 64 S.

Meshal, A.H. (1976): Salzlauge im Großen Bittersee. Umschau, *76,* S. 496–547.

Schmalz, R.F. (1969): Deep-Water Evaporite Deposition: A Genetic Model. Am. Assoc. Petrol. Geol., *53,* S. 798–823.

Straaten, L.M.J.U. van (1971): Origin of Solnhofen Limestone. Geol. Mijnbouw, *50,* S. 3–8.

Die Küste hinter der Lagune von Solnhofen

Von dem Land und der Küste hinter der Solnhofener Lagune ist nichts mehr erhalten. Die Verwitterung und Abtragung nach der Jura-Zeit haben dies Gebiet zerstört. Wir wissen nicht einmal genau, ob dort zusammenhängendes Land oder Inseln lagen. Warum glauben wir dann, daß es da wirklich eine Küste und Land gab? Als beste Anzeiger dafür dienen fossile Tiere und Pflanzen, die vom Land her nach Süden in die Lagune gerieten. Zu ihnen gehören vor allem die häufigen Funde jurassischer Insekten in der Eichstätter Gegend. Hier und fast noch mehr in der Umgebung von Kelheim, kommen auch die meisten Vierfüßler des Landes und Flugsaurier vor, hier sind sie am besten erhalten. Weiter im Süden, auf die Mitte der Lagune zu und zu den Korallenriffen hin, werden die landgebundenen Tiere immer seltener.
Wie haben wohl Küste und Land ausgesehen? Da das Land nur wenig über den Meeresspiegel gehoben war (S. 87), konnte es kaum große Höhenunterschiede gegeben haben. Weite, flache Landstriche wurden von trägen, kleinen Flüssen und Bächen durchzogen. Sie waren der Lebensraum vieler Insekten, etwa Libellen und Wasserwanzen, deren Larven nur im Süßwasser gediehen. Die erwachsenen, geflügelten Tiere wurden oft durch Winde auf die Lagune hinausgetragen, gingen dort zugrunde und blieben deshalb in den Plattenkalken erhalten.
Eine breite Wattenküste mit Kalkschlamm lag vermutlich vor dem Land. Sie fiel bei niedrigem Wasserstand trocken. Ob das Trockenfallen und Überfluten nach Art der heutigen Gezeiten erfolgte, wissen wir nicht.
Welche Pflanzen auf dem Land wuchsen, können uns wieder nur die Fossilreste aus dem Plattenkalk sagen. Es überwiegen die Funde von *Brachyphyllum.* Das zypressenartige Nadelholz gedieh offenbar auf salzhaltigen Marschböden, ähnlich dem Queller der Gegenwart. Im Inneren des Landes und auf höheren Bodenlagen gab es die zimmertannenartigen Araukarien und Ginkgobäume. Auch Bennettiteen (S. 124) gehörten zur Pflanzengemeinschaft, die den Eindruck eines trocknen, warmen Klimas vermittelt. Echte Farne fehlen deshalb ganz. Nur einige Samenfarne (S. 123) hat man nachgewiesen. Ein Bild des Küstensaums und seiner Pflanzen habe ich in Textabb. 37 entworfen.
Es bleibt noch darüber nachzudenken, weshalb uns keine gewichtigen Landtiere überliefert worden sind. Kadaver gößerer Saurier hätten doch auch in die Lagune gelangen können. Wenn aber statt des Landes nur Inseln vorhanden waren, sind dorthin kaum große Tiere vorgedrungen.

Jung, W. (1974): Die Konifere *Brachyphyllum nepos* Saporta aus den Solnhofener Plattenkalken (unteres Untertithon). Mitt. Bayer. Staatssamml. Paläont. hist. Geol., *14,* S. 49–58.
Meyer, R.K.F. (1974): Landpflanzen aus den Plattenkalken von Kelheim (Malm). Geol. Bl. NO-Bayern, *24,* S. 200–210.

Schwammstotzen und Korallen-Riffe – Unterlage und Schutzwall der Solnhofener Lagune

Bei unserm imaginären Raumflug in der Oberjura-Zeit (S. 87) haben wir uns eine paläogeographische Übersicht verschafft und auch die Existenz von Riffen erwähnt. Ohne diese Riffe hätte es keine Solnhofener Plattenkalke gegeben.

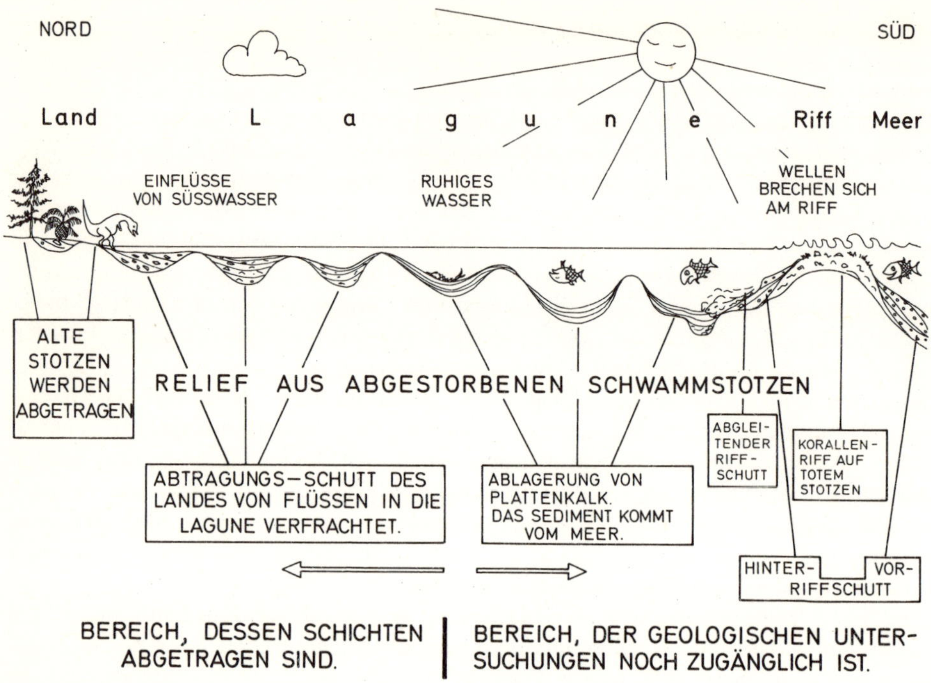

Textabb. 28 *Schematischer Schnitt durch die Solnhofener Lagune.*
Der vermutete Wattenbereich ist zur Vereinfachung weggelassen.

Was ist eigentlich ein Riff? Wir wollen auf die in der Geologie so wichtigen Gebilde, die von Lebewesen direkt oder indirekt geschaffen worden sind, etwas eingehen. Für den Seefahrer sind Riffe Untiefen, die einem Schiff gefährlich werden können. Die Wissenschaft unterscheidet Riffe nach dem Aufbau und der Zusammensetzung.
Viele riffartige Gebilde entstanden dadurch, daß festgewachsene Tiere oder Pflanzen den Meeresschlamm zwischen ihren Individuen und Kolonien festhielten. Auf diese Weise wurde in der Nähe dieser Lebewesen mehr Sediment angehäuft als am Meeresboden der Umgebung. Die dadurch entstehenden Erhebungen begünstigten die weitere Besiedlung, so daß sich nach einiger Zeit flache Hügel von beträchtlichen Ausmaßen über dem Meeresboden erhoben. Algen, Schwämme und Moostierchen haben in der Vergangenheit häufig solche «Schlammhügel» hervorgerufen. Besonders die Schwämme waren es auch, die zur Zeit der Oxford- und Kimmeridge-Stufen (Textabb. 26) weite Strecken des Meeresbodens in Schwaben und Franken in eine «Hügellandschaft» verwandelten. Blaugrüne Algen wirkten am Aufbau mit. Nach altem Württemberger Geologen-Brauch bezeichnet man diese von Schwämmen und Algen errichteten «Schlammhügel» als *Schwammstotzen.* Deren Wachstum erreichte mit dem Abschluß der Kimmeridge-Zeit einen Höhepunkt, der durch das Auftauchen von Landflächen im Norden jäh gestoppt wurde. Die toten Schwammstotzen wurden zur Unterlage der Solnhofener Plattenkalke (Farbtaf. 2, Fig. 1).

Viel bekannter als Schwammstotzen sind allgemein die Korallen-Riffe. Der Name sagt, daß Korallen wesentlich an ihrem Entstehen beteiligt sind. Anders als die Schwämme mit ihren zarten Nadelgittern scheiden die Korallentiere ein festes Skelett aus kohlensaurem Kalk aus (Taf. 3, Fig. 2, Textabb. 51). Aus ihren Hartteilen konstruieren die Korallen sozusagen ein starres Riffgerüst, zwischen dem sich mancherlei grobes Füllmaterial ansammelt. Das Gerüst bietet zahlreichen Mitbewohnern des Riffes Zuflucht vor gefräßigen Räubern.

Die Korallenriffe der Jura-Zeit sind im Bau den Stotzen noch recht ähnlich. Zwar haben sie schon ein hartes Riffgerüst, doch wird der Schutt dazwischen noch nicht durch Rotalgen-Krusten gebunden. Rotalgen, die in größerem Umfang Kalkkrusten ausscheiden, gibt es nämlich häufiger in der Kreide-Zeit. Gerade das Verbinden von Schutt und Gerüst ist es, das die steilen und ungemein massiven Riffe seither auszeichnet.

Riff-Korallen brauchen zum Gedeihen bestimmte Voraussetzungen. So darf der Salzgehalt des Meerwassers nur wenig um den normalen Wert von 36‰ schwanken. Die Wassertemperaturen dürfen 20–30 °C kaum über- oder unterschreiten. Weil die Korallentiere in ihrem Gewebe sauerstoffliefernde Algen beherbergen, die als Pflanzen reichlich Sonnenlicht für die Photosynthese benötigen (S. 34), sind Riff-Korallen nur bis zu Tiefen von etwa 50 m zu finden. Schließlich sind die festsitzenden Korallen-Kolonien auch mit Nahrung und Sauerstoff zu versorgen. Das geschieht durch die Meeresströmung, die dauernd frisches Wasser voll winziger Lebewesen gegen das Riff branden läßt. Nur tropische und subtropische Meere erfüllen die Lebensbedingungen für Riff-Korallen ideal. Man verwendet sie deshalb auch als Klima-Anzeiger.

In und zwischen den Riffen lebt eine sehr typische Begleitfauna, die der starken Wellenbewegung angepaßt ist. Es sind hauptsächlich großwüchsige, dickschalige Muscheln und Schnecken, dazu viele Schwämme und Stachelhäuter. Auch in den Korallenriffen der Tithon-Zeit waren diese Tiergruppen durch ausgestorbene Verwandte reichlich vertreten.

Korallenriffe bauen sich nach einem bestimmten Schema auf (vgl. Textabb. 1 u. 28). Sie wachsen auf der Ozeanseite schneller, weil die Lebensbedingungen dort besser sind. Nahe der Meeresoberfläche wirken Riffwachstum und Zerstörung durch die Wucht der Wellen gegeneinander. Das zerstörte Material sammelt sich in weiten Schuttfächern am Fuß des Riffs. Eine Riffplattform entwickelt sich an der Riffoberseite, weil die Korallen natürlich nicht über den Wasserspiegel emporwachsen. Auf der Lagunenseite folgt auf die Riffplattform oft nochmals eine Reihe kleiner Schuttfächer. Wenn die Fächer sehr steil angelegt sind, kommt es nicht selten zum Abrutschen von Schuttpartien. Dabei aufgewirbeltes Sediment wird vom Riffhang wegtransportiert. Fossile Beispiele dafür gibt es in den Brüchen der Umgebung von Kelheim genug: Riffschutt glitt die steilen Wannenhänge hinab und verteilte sich über weite Flächen des Lagunenbodens (vgl. Textabb. 28).

Reste oberjurassischer Korallenriffe sind heute entlang der Donau zwischen Lechmündung und Regensburg verbreitet. Mit Leitfossilien (Ammoniten) gelingt es, festzustellen, daß das Wachstum der Riffe in der Regensburger Gegend bereits in der späten Kimmeridge-Zeit begann und sich dann nach Westen ausbreitete. Das Riffwachstum hielt fast während der ganzen älteren Tithon-Zeit an.

Die Korallen besiedelten die höchsten Kuppen alter Schwammstotzen, die in einiger Entfernung vor der Küste lagen. Durch das Auftauchen des Landes im Norden waren die Stotzen in höhere Meeresbereiche angehoben worden und ihr Wachstum erlosch; für die Korallen war dies jedoch gerade die bevorzugte Wassertiefe. Schnell entwickelten sich größere Riffflächen, die schließlich eine Barriere bildeten. Die Barriere bremste die Wucht der Wellen und behinderte zugleich den Wasseraustausch in den Meeresteilen hinter ihr – die Lagune von Solnhofen war geboren.
Fossile Riffe sind zu massigem, ungeschichtetem Gestein geworden, in dem man die Reste von Korallen, Muscheln, Schnecken und anderen Riffbewohnern findet. Leider sind Riffgesteine oft in Dolomit, eine Verbindung aus kohlensaurem Kalk und Magnesium, umgewandelt und verlieren dabei meistens den ursprünglichen, wertvollen Informationsgehalt. Die Schuttfächer der Riffe (vgl. Taf. 5, Fig. 3) sind als schräg gegen das Riff gestellte, grobkörnige Schichten leicht zu erkennen.
Fossile Korallenriffe des Oberjura sind in den Steinbrüchen bei Laisacker nahe Neuburg a. d. Donau, bei Regensburg und Kelheim erschlossen. Einblick in ein dolomitisiertes Riff gibt der alte Bruch von Großmehring unweit Ingolstadt.

Barthel, K. W. (1977): A spur and groove system in Upper Jurassic coral reefs of Southern Germany. Proc. 3rd. Intern. Coral Reef Sympos. 1977, 201–208, Univ. Miami.

Barthel, K. W., Janicke, V. & Schairer, G. (1971): Untersuchungen am Korallen-Riffkomplex von Laisacker bei Neuburg a. D. (unteres Untertithon, Bayern). N. Jb. Geol. Paläont., Mh. *1971,* S. 4–23.

Behr, K. & Behr, H.-J. (1976): Cyanophyten aus oberjurassischen Algen-Schwammriffen. Lethaia, *9,* S. 238–292.

Meyer, R. K. F. (1972): Ammoniten aus den Kelheimer Riffkalken und der Kelheimer Wanne. Geol. Bl. NO-Bayern, *24,* S. 92–100.

– (1977): Stratigraphie und Fazies des Frankendolomits und der Massenkalke (Malm). 3. Teil: Südliche Frankenalb. Erlanger geol. Abh., *104,* S. 40.

– (1977): Mikrofazies im Übergangsbereich von Schwammfazies zur Korallen-Spongiomorphiden-Fazies im Malm (Kimmeridge-Tithon) von Regensburg bis Kelheim. Geol. Jb., A *37,* 33–69.

Nitzopoulos, G. (1974): Faunistisch-ökologische, stratigraphische und sedimentologische Untersuchungen am Schwammstotzen-Komplex bei Spielberg am Hahnenkamm (Ob. Oxfordien, Südliche Frankenalb. Stuttgarter Beitr. Naturkunde, Ser. B., *16,* 143 S.

Schairer, G. & Yamani, S. A., (1973): Ammoniten aus dem Dolomit von Großmehring bei Ingolstadt (Untertithon, Südliche Frankenalb, Bayern). Mitt. Bayer. Staatssamml. Paläont. hist. Geol., *13,* S. 19–29.

Schuhmacher, H. (1976): Korallenriffe. Ihre Verbreitung, Tierwelt und Ökologie. 275 S., München-Bern-Wien (BLV Verlagsges.).

Was wir bei Landkarten der Vorzeit bedenken müssen

Wie ein Mosaik, zu dem man Steinchen für Steinchen fügt, haben wir Befund an Befund gereiht, damit ein Bild von der Geographie und der Landschaft des Oberjura in Franken entstehen konnte. Wie ein Mosaik keine scharfen Details wiedergibt, so ist auch dieses Bild unscharf. Vielmehr noch: wie bei einem beschädigten Mosaik müssen an diesem Bild weite Teile ergänzt werden. Das Beispiel einer solchen Ergänzung lernten wir in dem Abschnitt über die Küste der Solnhofener Lagune kennen. Wir haben viel mit indirekten Hinweisen arbeiten müssen. So ist auch der oberste, nördliche Teil unserer paläogeographischen Ansicht auf Farbtafel 1 zustandegekommen. – Man sollte sich der Unsicherheiten, ja Fehler, die in Rekonstruktionen liegen können, bewußt sein. Dennoch nehmen wir sie in Kauf, weil eine grobe Vorstellung zumindest eine Arbeitsgrundlage ist, die durch neue Erkenntnisse stets korrigiert wird. Wo aber die Zeit zuviel zerstört hat, werden wir für immer im Ungewissen gelassen.

Zur Schichtenkunde im Plattenkalk-Gebiet

Damit wir mit den Plattenkalken und ihren Nachbargesteinen etwas vertraut werden, sollten wir uns etwas spezieller mit Schichtenkunde oder *Stratigraphie* befassen. Die Schichtenkunde beschäftigt sich mit allen Eigenschaften der Schichten, Aussehen, Beschaffenheit, Inhalt und Verbreitung.
Ich erwähnte oben zwei Methoden der Stratigraphie, die uns besonders interessieren und die sich gegenseitig ergänzen (S. 84/85). Die *Biostratigraphie* (bios, griech. = Leben) arbeitet mit den Fossilien und legt die relative Zeitfolge von Schichten fest (S. 17). Wenn Fossilien fehlen oder sehr selten sind, können wir uns wie gesagt nur auf die Gesteinsunterschiede verlassen und zum Beispiel eine Folge von Sandstein, Tonen und Kalksteinen ausscheiden. Wir betreiben dann *Lithostratigraphie* (lithos, griech. = Stein).

Geyer, O. F. (1973): Grundzüge der Stratigraphie und Fazieskunde. 1. Paläontologische Grundlagen. I. Das geologische Profil. Stratigraphie und Geochronologie. 279 S., Stuttgart (Schweizerbart Verl.).

Die Solnhofen Formation und ihre Lithostratigraphie

Wenn ein Geologe unbekannte Gebiete untersucht, wird er zuerst die verschiedenen Gesteinsarten erfassen und ihr Vorkommen auf einer Landkarte eintragen. Er gewinnt dadurch die Übersicht über die Verbreitung und das seitliche Ineinander-Übergehen der Gesteine. Das unterschiedliche Aussehen der Gesteine (die Fazies) ist auf der Karte durch Farben oder Signaturen dargestellt (Textabb. 24). Eine so entstandene geologische Karte ergänzt man durch Querschnitt-Schemata des aufgenommenen Bereichs (Textabb. 25), die die Vorstellung seines geologischen Aufbaus erleichtern.
Der Geologe kann nicht jede einzelne Schicht auf seiner Karte registrieren, er muß einigermaßen ähnliche Gesteine zu «Formationen» zusammenfassen. Solche Formationen sind die Grundeinheiten jeder stratigraphischen Gliederung. Ist eine Formation sehr mächtig, werden feinere Unterschiede in der Gesteinszusammensetzung benutzt, um sie in Schichtglieder zu unterteilen. Die Benennung lithostratigraphischer Einheiten erfolgt nach Orten oder Gebieten, wo die betreffenden Gesteine besonders gut ausgebildet sind.
Auch die Oberjura-Kalke der südlichen Frankenalb sind lithostratigraphisch gegliedert, weil die Gesteinsausbildung (Fazies) häufig und schnell wechselt und weil vielfach Leitfossilien fehlen. Textabb. 29 zeigt, in welche Formationen und Schichtglieder die fast 400 m mächtige Kalkstein-Folge der Tithon-Zeit zwischen Solnhofen und Neuburg a. d. Donau eingeteilt ist.

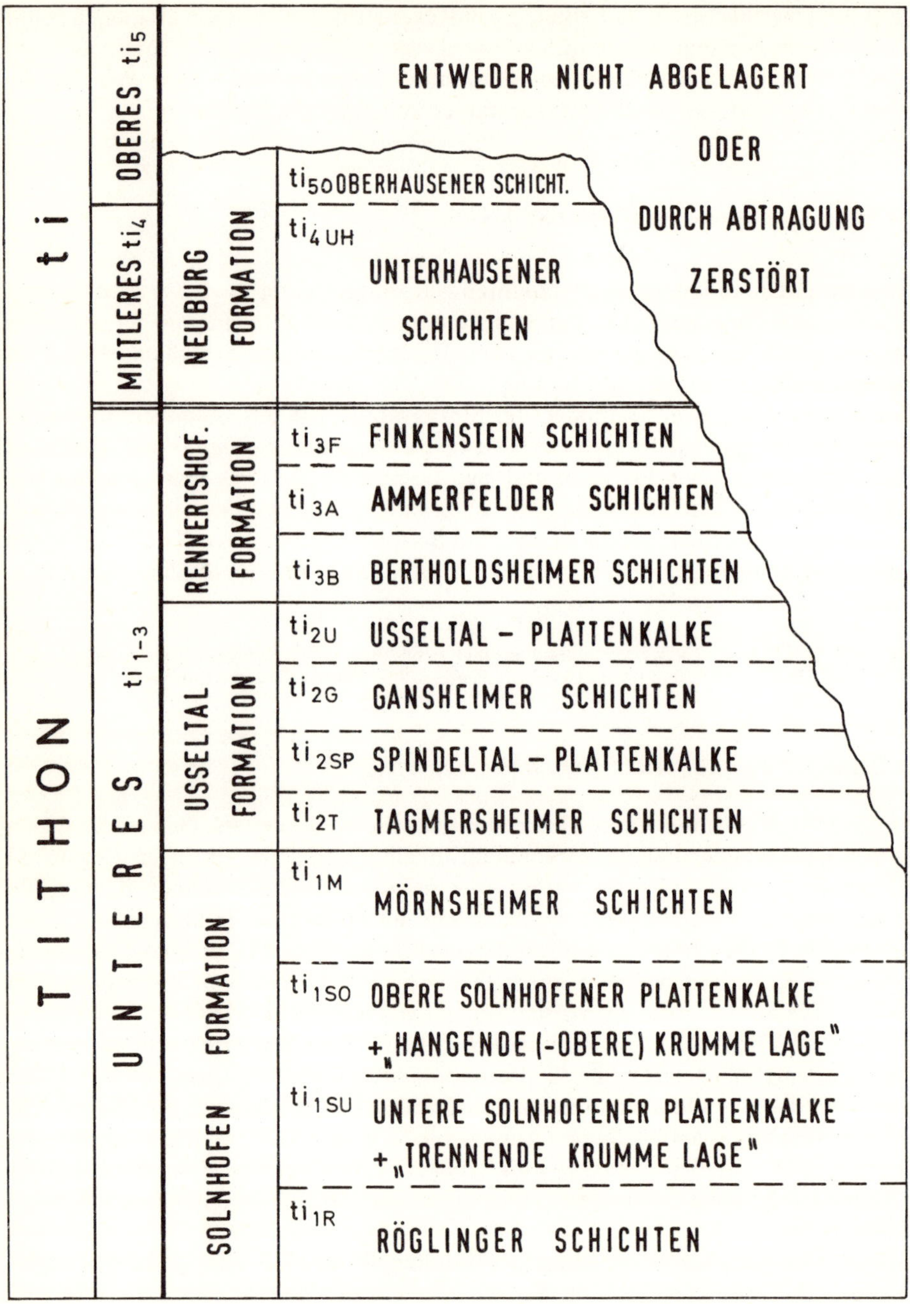

Textabb. 29 *Lithostratigraphische Gliederung der Tithon-Ablagerungen im Raum zwischen Solnhofen und Neuburg a. d. Donau.*

<table>
<tr><th>West</th><th>Solnhofen</th><th>Eichstätt</th><th colspan="2">Painten Kelheim</th><th>Ost</th></tr>
<tr><td rowspan="6">Solnhofen Formation ti1</td><td colspan="2" rowspan="2">Mörnsheimer Schichten $ti1_{M}$</td><td colspan="2">Rieder Schichten $ti1_{Ri}$</td><td rowspan="6">Lehnberg Formation ti1</td></tr>
<tr><td colspan="2">Weltenburger Schichten $ti1_{W}$</td></tr>
<tr><td colspan="2">Obere Solnhofener Plattenkalke
oben begrenzt durch
Hangende Krumme Lage $ti1_{SO}$</td><td rowspan="3">Paintener Schichten $ti1_{P}$</td><td rowspan="2">Obere $ti1_{H2}$
Hopfental Schichten</td></tr>
<tr><td colspan="2">Untere Solnhofener Plattenkalke
oben begrenzt durch
Trennende Krumme Lage $ti1_{SU}$</td></tr>
<tr><td>Röglinger Schichten $ti1_{R}$</td><td>Geisental Schichten $ti1_{G}$</td><td>Untere $ti1_{H1}$</td></tr>
</table>

Tabelle I *Vergleich der Solnhofen Formation mit der Lehnberg Formation.*

Das Schema zeigt, welche Lage die Schichtglieder der Solnhofen Formation im Westen und der Lehnberg Formation im Osten zueinander einnehmen. Ausdünnen und seitliche Übergänge von Schichtglied zu Schichtglied sind nicht berücksichtigt. Ein Vergleich der Bruchreviere (Orte in der Kopfleiste) läßt die Verschiedenheit der Schichtenfolgen von Ort zu Ort erkennen. Wegen der Kurzbezeichnungen, z. B. ti, siehe Textabb. 26 und 31.

Für uns ist vor allem die *Solnhofen Formation* (ti 1; vgl. Tabelle I u. Textabb. 26) wichtig. Wir werden ihre Schichtglieder von West nach Ost kurz besprechen und dabei feststellen, daß eine allmähliche Veränderung der Gesteinsausbildung in dieser Richtung erfolgt. Die Unterschiede sind gering, aber doch so deutlich, daß neue Schichtennamen nötig werden.

In der Umgebung von Solnhofen beginnt die Schichtenfolge der Tithon-Zeit mit den dickgebankten *Röglinger Kalken* (ti 1_{R}; bis 40 m). Über ihnen liegen die zumeist dünnschichtigen *Unteren Solnhofener Plattenkalke* (ti 1_{SU}; bis 30 m). Sie schließen nach oben mit einer Lage aus gefalteten Schichten ab. Da diese ‹krumme› Lage untere und obere Plattenkalke trennt, bezeichnet man sie als *Trennende Krumme Lage.* Die darüber folgenden *Oberen Solnhofener Plattenkalke* (ti 1_{SO}) erreichen 60 m Dicke und auch sie schließen mit einem gefalteten Schichtpaket, der *Hangenden Krummen Lage* ab. In den Oberen Solnhofener Plattenkalken sind die meisten Steinbrüche angelegt.

Ein anderer Gesteinstyp ist im obersten Schichtglied der Solnhofen Formation vertreten: Die *Mörnsheimer Schichten* (ti 1_M; bis 65 m) bestehen aus plattigen und bankigen Kalken, die sehr zäh sind, weil sie reichlich Kieselsäure enthalten. In der Nähe von Riffen führen sie Riffschutt. Plattenkalke gleichen Alters wie die Mörnsheimer Schichten hat man früher bei Daiting im Usseltal gebrochen.

Das Usseltal gibt den Namen für die *Usseltal Formation* (ti 2), in der noch zwei Plattenkalk-Schichtglieder ausgeschieden werden können. Das ältere sind die *Spindeltal Plattenkalke,* das jüngere die *Usseltal Plattenkalke.* Selbst in der überlagernden *Rennertshofen Formation* (ti 3) finden sich noch örtlich Plattenkalke. Alle diese Vorkommen sind für uns von geringer Bedeutung.

Die Gliederung der Solnhofen Formation gilt auch noch in der Nachbarschaft von Eichstätt und nach Osten bis in die Gegend von Gungolding. Die Röglinger Kalke werden jedoch durch bankige und plattige, kieselsäurereiche Kalke ersetzt, die man *Geisental Schichten* (ti 1_G; 30 m) genannt hat. Die Plattenkalke selbst haben gegenüber dem Westen an Mächtigkeit verloren. Einschließlich der Krummen Lagen erreichen sie höchstens 50 m, meist aber viel weniger. Entsprechend ist auch die Dicke der einzelnen Flinze geringer. Die Eichstätter Steinbrüche sind vorwiegend in den Oberen, teils aber auch in den Unteren Solnhofener Plattenkalken angelegt, die dort arm an Fäulen sind. Die Mörnsheimer Schichten sind ebenso variabel ausgebildet wie im Solnhofener Revier. Bei Kelheim hat sich der Gesteinscharakter und der Anlagerungs-Rhythmus im Vergleich zu Solnhofen so sehr verändert, daß wir andere Namen für Formation und Schichtglieder verwenden müssen. Der Solnhofen Formation entspricht die *Lehnberg Formation.* Man hat sie nach einem Berg bei Kelheim benannt. Ungefähr gleich alt wie die Geisental Schichten und die Solnhofener Plattenkalke sind die *Unteren* und *Oberen Hopfental Schichten* (ti $1_{H1, H2}$; bis 50 m) als älteste Schichtglieder der Lehnberg Formation. Es sind plattige Kalke mit viel Riffschutt, der nach oben allmählich verschwindet. Fäulen sind dünn und selten. Etwa 20 m dick werden die darüber folgenden, feinschichtigen und fäulenreichen *Weltenburger Schichten* (ti 1_{WE}). Sie verwittern meist zu papierdünnen Blättern (‹Papierschiefer›). Die *Rieder Schichten* (ti 1_{RI}) sind das jüngste Schichtglied der Lehnberg Formation, von dem höchstens 50 m erhalten geblieben sind. Weltenburger und Rieder Schichten entsprechen im Alter etwa den Mörnsheimer Schichten.

Um Painten ist eine gleichförmige Folge von Plattenkalken aufgeschlossen, die mehrmals von Krummen Lagen unterbrochen ist. Dieses Gesteinspaket wird als Paintener Schichten (ti 1_P) ausgeschieden. Altersmäßig ist es den Hopfental Schichten sowie den Geisental Schichten und den Solnhofener Plattenkalken des Westens gleichzusetzen. Unter den Paintener Schichten liegen plattige Kalke, die reich an Kieselsäure sind und die stellenweise mehr als 5 % organische Stoffe enthalten. Darin eingeschlossene Pflanzenreste sind kohlig erhalten.

In den Plattenkalken von Kelheim und Painten sind Einschaltungen von feinem Riffschutt und gefaltete Lagen viel häufiger als in der Gegend von Solnhofen und Eichstätt. Warum? In einem vorausgehenden Kapitel (S. 89) stellten wir fest, daß der Lagunenboden, auf dem die Plattenkalke abgelagert worden sind, ein starkes Relief aus Schwammstotzen und dazwischenliegenden Wannen hatte. Von den steilen Hängen der Wannen konnte leicht Sediment abrutschen. Die Kelheimer Wannen waren den Riffen und dem bewegten Wasser ziemlich nahe. Daher finden wir in ihnen besonders viel Riffschutt. Dieser nahm aber mit zunehmender Füllung der Wannen ab, weil dadurch deren Hänge flacher wurden und die Rutschungen an Transportkraft verloren. Bei solchen Rutschungen vermischte sich das unverhärtete Sediment mit dem Wasser zu einem dicken Brei, der weit in die Wannenmitte hineinglitt. Aufgewühltes feines Material blieb noch einige Zeit als ‹Suspension› im Wasser schweben und sank erst langsam zu Boden. Deshalb geht jede Riffschutt-Lage nach oben in sehr feines Sediment über. Wo eine Rutschbewegung nicht mehr mit dem Abgleiten endete, wurden die noch plastischen Sedimentlagen lediglich gefältelt.

Die Entstehung dicker, gleitgefalteter Schichten, also der Krummen Lagen, muß eigens erläutert werden. Diese Krummen Lagen markieren nämlich über weite Flächen gleiche Horizonte, verdanken ihre Entstehung also gleichzeitigen Ereignissen. Man dachte an Erdbeben, die die Rutschungen auslösten. Eine andere Erklärung geht davon aus, daß die Schichten der Krummen Lagen dicker sind als die der normalen Plattenkalke. Die dicken Lagen erlitten dann bei der Verfestigung starken Wasserverlust und das ganze Schichtpaket schrumpfte zusammen. Die Folge war, daß an den Wannenrändern der Böschungs-Winkel so steil wurde, daß die Sedimentmassen zu gleiten begannen. Voraussetzung ist natürlich die gleichzeitige Ablagerung der dicken Lagen über weite Bereiche hin. Das Bodenrelief der Solnhofer Lagune wirkte sich auch auf die Dicke einzelner Schichten aus: In der Wannenmitte sind sie stärker als am Wannenrand. So kann ein einzelner Flinz gegen den Wannenrand hin dünner werden, an der Schwelle in eine Fäule übergehen und in der Nachbarwanne wieder zu einem Flinz werden. Mühsames Messen jeder einzelnen Lage haben es im Eichstätter Revier er-

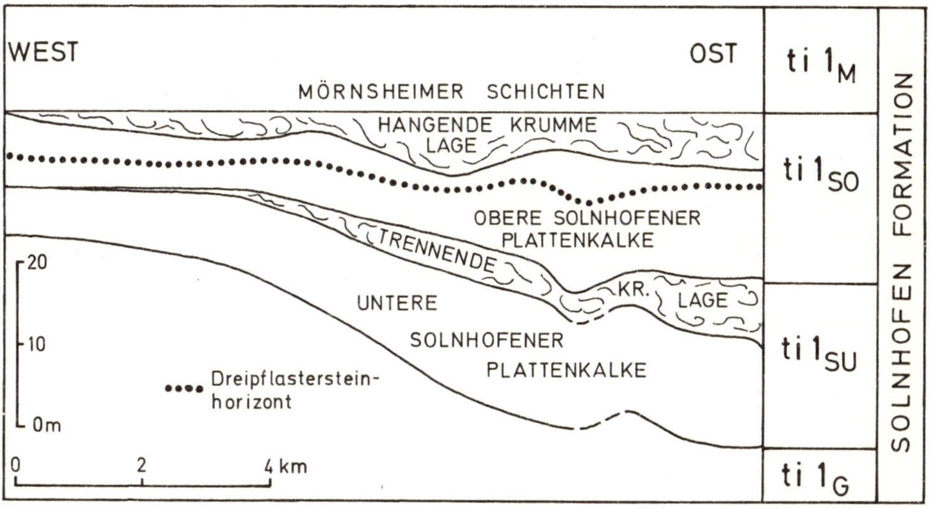

Textabb. 30 *Ein Beispiel lithostratigraphischer Feinarbeit.*

Der «Dreipflasterstein»-Horizont und andere sind über weite Bereiche zu verfolgen. Überhöht. Nach v. Edlinger 1964.

möglicht, besonders auffällige Flinze über mehrere Kilometer hin zu verfolgen (Textabb. 30).
Die Brucharbeiter haben für Gesteinsunterschiede oft recht drastische Bezeichnungen gefunden, die von Generation zu Generation weitergegeben werden. Eine ‹knopfige Lage› ist zum Beispiel ein Flinz, der über und über mit den Kelchen der kleinen, freischwimmenden Seelilie *Saccocoma* bedeckt ist. Der Körper dieses Tieres steht tatsächlich wie ein Knopf aus dem Gestein hervor. Auf ähnliche Weise sind wohl auch die Bezeichnungen für andere markante Lagen zustandegekommen. Im Eichstätter Steinbruch-Gebiet benutzen die Arbeiter im Schichtabschnitt zwischen der Trennenden und Hangenden Krummen Lage eine ganze Reihe solcher Bezeichnungen. Sie sind als Beispiel nachstehend zusammengestellt.

Wie die Brucharbeiter charakteristische Schichten zwischen Hangender und Trennender Krummer Lage in den Brüchen oberhalb Eichstätt bezeichnen (nach v. Edlinger 1964)

Hangende Krumme Lage
Grüne Lage
Eigelige Lage
Häutige Lage
Dreipflasterstein
Oberer Wilder
Obere Zwicklage
Rauhe Lage
Dicke Lage
Obere Judenlage
Untere Judenlage
Oberer Hartklieber
Fünfviertel-Zölliger
Vierfacher
Unterer Wilder
Eineinhalb-Zölliger
Untere Zwicklage
Haarige Lage
Unterer Hartklieber
Drecked-Zölliger
Schönzölliger
Fisch-Lage
Knopfige Lagen
Glasierter
Mehlige Lagen
Driflinzer
Trennende Krumme Lage

Barthel, K.W. (1961): Zum Alter der Riffkalke von Laisacker bei Neuburg a.d.Donau. – Mitt. Bayer. Staatssamml. Paläont. hist. Geol., *1,* S. 23–24 (Nachtrag beachten).
– (1962): Zur Ammonitenfauna und Stratigraphie der Neuburger Bankkalke. Abh. Bayer. Akad. Wiss., Math.-Naturw. Kl., N.F., *105,* 30 S. (stratigraph. Tabelle).
Edlinger, G. v (1964): Faziesverhältnisse und Tektonik der Malmtafel nördlich Eichstätt/Mfr. – Erlanger geol. Abh., *56,* 75 S.

Fay, M. (1976): Riffnahe Resedimente im Raum Kelheim: Lithologie, Genese und stratigraphische Bemerkungen. – N. J. Geol. Paläont., Abh. *152,* S. 361–381.
Fesefeldt, K. (1962): Schichtenfolge und Lagerung des oberen Weißjura zwischen Solnhofen und der Donau (Südliche Frankenalb). Erlanger geol. Abh., *46,* 80 S.
Freyberg, B. v. (1968): Übersicht über den Malm der Altmühl-Alb.-Erlanger geol. Abh., *70,* 40 S.
Schmidt-Kaler, H. & Zeiß, A. (1973): Die Jura-Gliederung in Süddeutschland. Geologica Bavarica, *67,* S. 155–161.
Zeiß, A. (1975a): Stratigraphy. Excursion C. Upper Jurassic of the Southern Frankenalb. Guide Book. Internat. Symposium Foss. Algae., S. 153–168, Erlangen (Inst. Paläont. Univ. Erlangen).
– (1975b): On the type region of the lower Tithonian substage. Mém. BRGM, *86,* Colloque sur la limite Jurassique-Crétacé, Lyon-Neuchâtel 1973, S. 370–377.

Die Aussagen der Biostratigraphie

Die Biostratigraphie hat die erdgeschichtliche Zeittabelle des Phanerozoikums (Kambrium bis jetzt; Textabb. 8) geliefert. Sie sorgt durch Leitfossilien für die richtige Einordnung der Gesteinspakete in die Zeitskala. Die Leitfossilien sind weitgehend unabhängig von der Gesteinsausbildung (Fazies). So zeigen sie uns beispielsweise an, daß ein Riff älter sein kann als das unmittelbar neben ihm liegende Gestein (vgl. Textabb. 1). In unserem Fall bedeutet das, daß wir durch die Leitfossilien wissen, daß die Ablagerungen in der Solnhofener Lagune gleich alt sind wie die Riffe südlich davon, obwohl das Gebiet zwischen beiden kaum erschlossen ist.
In den mächtigen, oft recht gleichartigen Kalkstein-Serien des fränkischen Oberjura helfen uns die Leitfossilien ‹älter› und ‹jünger› zu unterscheiden, auch wenn Bewegungen der Erdkruste den ursprünglichen Zusammenhang zerstückelt haben. Die Biostratigraphie erlaubt uns sogar Altersvergleiche zwischen sehr verschiedenen und weit voneinander entfernten Schichten (s. unten).
Folgendes Schema wird bei der biostratigraphischen Gliederung verwendet:

Erdzeitalter	z. B.	Erdmittelalter (Mesozoikum)
System	z. B.	Jura-System
Stufe	z. B.	Tithon-Stufe
Zone	z. B.	Zone des *Hybonoticeras hybonotum* (Taf. 52)

Ein Erdzeitalter umfaßt mehrere Systeme, ein System mehrere Stufen und eine Stufe eine Anzahl von Leitfossil-Zonen. Die Einordnung der *hybonotum*-Zone ist oben dargestellt (vgl. dazu Textabb. 26 u. 31).
Leider sind Leitfossilien nicht immer so häufig, wie man das gerne hätte. *Hybonoticeras hybonotum,* um wieder ein Beispiel anzuführen, wird nur hin und wieder in der Solnhofen Formation gefunden.
Glücklicherweise gibt es aber noch andere Leitammoniten. Die haben natürlich nicht alle die gleiche Art-Lebensdauer wie das Hauptleitfossil *Hybonoticeras hybonotum.* Dafür kommen sie in einigen Schichtabschnitten recht zahlreich vor, vor allem in den Oberen Solnhofener Plattenkalken und in Teilen der Mörnsheimer Schichten (Textabb. 29, 31). Es sind folgende Arten und Gattungen:

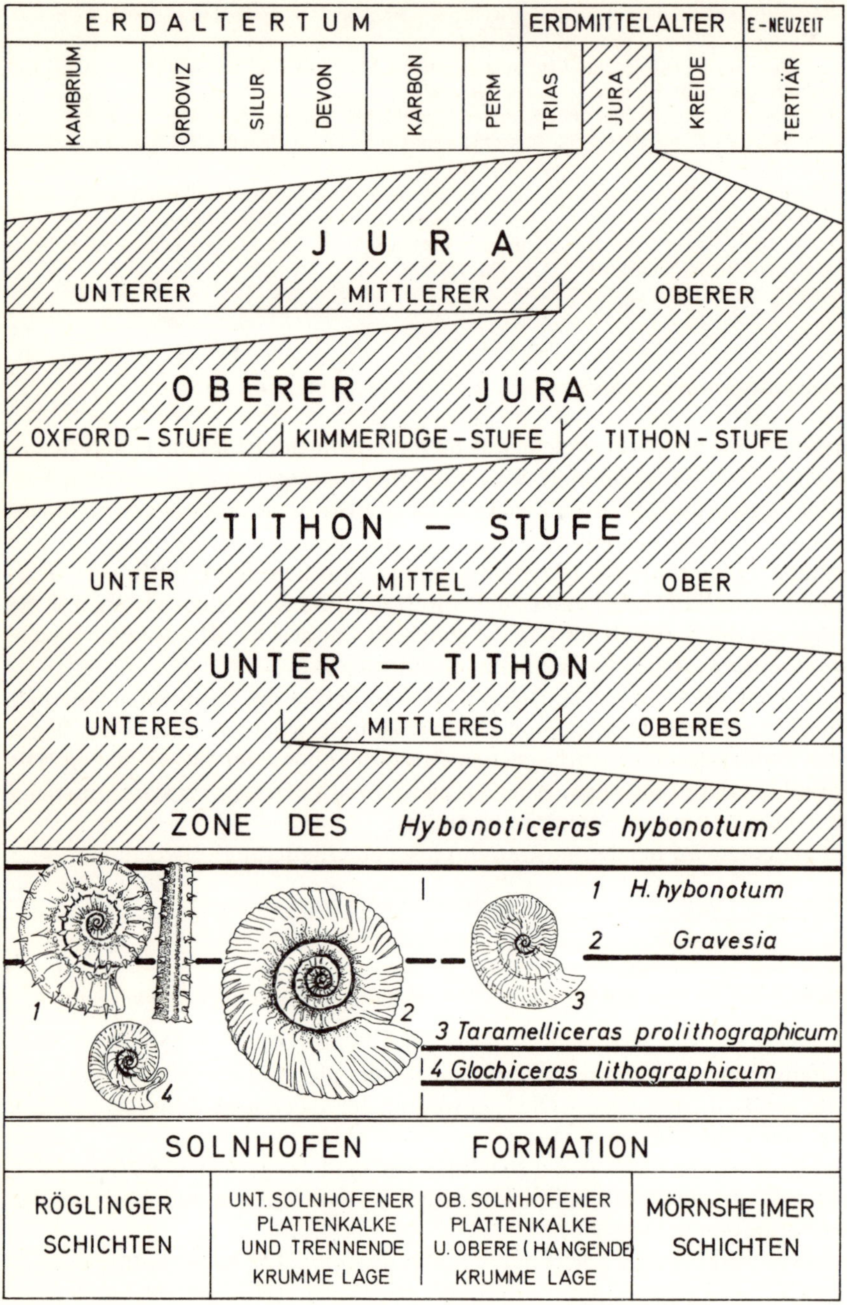

Textabb. 31 *Biostratigraphie am Beispiel der Solnhofen Formation.*
Am Fuß der Abbildung sind die lithostratigraphischen Einheiten aufgeführt.

1. *Glochiceras lithographicum* (Oppel) – Taf. 50, Fig. 3
2. *Taramelliceras prolithographicum* (Fontannes) – Taf. 53
3. *Neochetoceras steraspis* (Oppel) – Taf. 51, Fig. 2

Zum seltenen *Hybonoticeras hybonotum* gesellt sich eine weitere seltene Gattung, *Gravesia,* die mit mehreren Arten auftreten kann (Textabb. 31; S. 139). Die frühesten *Gravesia*-Funde werden bereits aus den Geisental Schichten erwähnt. Danach war diese Gattung genauso langlebig wie die Haupt-Leitart *Hybonoticeras hybonotum.* Das Häufigkeitsmaximum von *Gravesia* fällt jedoch zusammen mit dem der oben genannten drei Arten *lithographicum, prolithographicum* und *steraspis.*

Auch die Korallenriffe, die die Solnhofener Lagune schützen, sind durch Leitammoniten in unser Zeitschema einzuordnen. In einem Riff kommen sogar *Gravesia, H. hybonotum,* und *N. steraspis* miteinander vor.

Im südlichen und zentralen Europa ist *H. hybonotum* die Zeitmarke für das tiefere Untertithon. Diese Art findet sich vom Schwarzen Meer bis Südspanien. Unsere fränkischen Funde gestatten daher den zeitlichen Vergleich mit sehr fernen Gebieten. In Nordeuropa fehlt *H. hybonotum.* An seine Stelle tritt *Gravesia,* die als Leitfossil vom nördlichen Ural über Norddeutschland bis nach England und Nordfrankreich angetroffen wird.

Vielleicht sollte ich hier noch kurz auf die wirkliche Bildungsdauer der Solnhofener Plattenkalke eingehen. Wir dürfen den absoluten Mittelwert einer Ammoniten-Zone im Oberjura mit einer Million Jahren veranschlagen. Da die Veränderungen der Fauna zwischen Beginn und Ende der Ablagerung etwa einer halben Zone entsprechen, ist die Ablagerungsdauer der Oberen und Unteren Solnhofener Plattenkalke zusammen auf höchstens 500 000 Jahre zu schätzen.

Im Rahmen der erdgeschichtlichen Zeitskala gesehen sind die Plattenkalke vor etwa 140 Millionen Jahren entstanden.

Barthel, K.W. (1959): Die Cephalopoden des Korallenkalks aus dem oberen Malm von Laisacker bei Neuburg a.d.Donau. I. *Gravesia, Sutneria, Hybonoticeras.* N.Jb.Geol. Paläont., Abh., *108,* S. 47–74.

– (1961): Zum Alter der Riffkalke von Laisacker bei Neuburg a.d.Donau. Mitt. Bayer. Staatssamml. Paläont. hist. Geol., *1,* S. 23–24.

– (1964): Zur Entstehung der Solnhofener Plattenkalke (unteres Untertithon). Mitt. Bayer. Staatssamml. Paläont. hist. Geol., *4,* S. 37–69.

Zeiß, A. (1964): Zur Verbreitung der Gattung *Gravesia* im Malm der Südlichen Frankenalb. Geologica Bavarica, *53,* S. 96–101.

– (1968): Untersuchungen zur Paläontologie der Cephalopoden des Unter-Tithon der Südlichen Frankenalb. Abh. Bayer. Akad. Wiss., Math.-naturw.Kl., N.F., *132,* 190 S.

3. Teil

Die Versteinerungen der Solnhofener Plattenkalke

Über die Fossilien der Solnhofener Plattenkalke

Wir wollen uns jetzt mit den Fossilien beschäftigen. Ihre Vielfalt und die ausgezeichnete Erhaltung gerade solcher Formen, die sonst wegen ihres komplizierten oder zarten Baus dem Zerfall preisgegeben sind, eröffnen ungeahnte Einblicke in die Vergangenheit. Sie vermitteln uns Kunde davon, wie reich in Wirklichkeit die damalige Lebewelt war und wie wenig uns unter normalen Bedingungen fossil erhalten bleibt.
Im älteren Schrifttum werden aus den Plattenkalken mehr als 650 Arten angegeben. Diese Zahl ist zu hoch, weil häufig unvollständige oder junge Individuen als eigene Arten angesehen wurden; wir dürfen aber doch mindestens mit 400 gut fundierten Arten rechnen.
Man sollte vermuten, daß an der reichen Tierwelt alle Formen Anteil haben, die wir üblicherweise aus Gesteinen der jüngeren Jura-Zeit sammeln. Das ist nicht so: Bewohner des Meeresbodens (Benthonten) gibt es in den Plattenkalken kaum, schwimmende (nektonische) und im Wasser treibende (planktonische) Tiere haben die Übermacht. Spärliche Funde von landgebundenem Getier verändern die Zahlen-Verhältnisse nur unbedeutend.
Wie kommt es zu dieser eigentümlichen, unnatürlichen Verteilung, bei der einseitig Fossilien eines bestimmten Lebensbereiches angehäuft wurden? Die Antwort darauf geben die damaligen paläogeographischen Verhältnisse (S. 208) und die eigentümliche Entstehung der Solnhofener Plattenkalke (S. 197).

Historisches

Dem Menschen sind Fossilien früh aufgefallen. Besondere, vielleicht magische Vorstellungen hatten schon die Jäger der späten Altsteinzeit dazu bewogen, sie als Schmuck und schützendes Amulett zu gebrauchen.
So kannten zweifellos auch die urtümlichen Bewohner der Alb, ebenso wie die Römer, Plattenkalk-Fossilien. Aber davon besitzen wir keine Berichte. Erst in der Neuzeit sind Funde aus Solnhofen in Büchern beschrieben und abgebildet worden. Das bekannteste ältere Werk ist ein Nachtrag zur «Oryctographia Norica», übersetzt etwa «Beschreibung der Fossilien aus der Nürnberger Gegend» von J. J. Baier (1730). In der Folge wurde die Literatur über die Solnhofener Versteinerungen immer reichhaltiger. Mit dem Aufblühen der Naturwissenschaften am Anfang des 19. Jahrhunderts be-

ginnt das systematische Sammeln und Ordnen der Funde. Die ersten bedeutenden Monographien über Fauna und Flora der Plattenkalke entstanden. Namen wie Graf G. zu Münster, Baron F. von Schlotheim, dann E. F. Germar und der Münchner Zoologe A. Wagner sind mit Pionierleistungen verbunden. Die gründliche Kenntnis der Reptilien geht auf die zahlreichen Arbeiten H. von Meyer's zurück. Weitere wichtige Beiträge zur Fauna lieferten u. a. A. Oppel und A. Hagen. L. Frischmann konnte bereits 1853 eine lange Liste von Solnhofener Versteinerungen zusammenstellen. 1863 publizierte Richard Owen seine Arbeit über das erste *Archaeopteryx*-Skelett.
Ein neuer Abschnitt in der Erforschung beginnt 1904 mit dem klassischen Werk von Johannes Walther über die «Fauna der Solnhofener Plattenkalke». Diese umfassende Arbeit summiert die Fauna zu über 650 Arten. Beobachtungen über die Einbettung der Fossilien und Walther's Auffassung über die Entstehung des eigentümlichen Gesteins vervollständigen den Überblick. Seither hat die wissenschaftliche Erforschung der Solnhofener Versteinerungen einen beträchtlichen Stapel an Literatur anwachsen lassen.
Der Sammeltrieb war die Grundlage zur wissenschaftlichen Beschäftigung mit den Fossilien. Es waren Wissenschaftler oder Mäzene, die die ersten wirklich bedeutenden Kollektionen zusammentrugen. Daneben hat es jedoch auch gegen Mitte des 19. Jahrhunderts schon Sammler gegeben, die aus reiner Freude am Besitz oder aus geschäftlichen Erwägungen ‹zum Fossil griffen›. Ärzte finden sich bevorzugt in diesem Kreis. Am bekanntesten sind die Pappenheimer Ärzte K. Haeberlein und Redenbacher (oder Redtenbachen). Beide trieben auch Handel mit Fossilien. So gelangte das erste *Archaeopteryx*-Skelett aus Haeberleins Besitz mit zahlreichen anderen Solnhofener Versteinerungen nach London. Haeberlein war es auch, der den zweiten Urvogel nach Berlin verkaufte. Viele große Museen besitzen noch Fundstücke mit den Etiketten: ‹Haeberlein'sche Sammlung› und ‹Redenbachersche Sammlung›.
Die Zahl der heute existierenden größeren und kleineren Privatsammlungen ist kaum abzuschätzen. Die schönsten sind Eigentum von Steinbruch-Besitzern. Nur wenige ‹Branchenfremde› können dabei mithalten.
Naturgemäß wurde und wird die Masse der Fossilien von den Steinbrechern geborgen. Ehemals hatten die Bruch-Besitzer nichts gegen den Verkauf der Fossilien durch die Arbeiter. Reger Handel entwickelte sich. Ankäufe aus dem Ausland trieben die Preise in die Höhe. Konkurrenz inländischer Liebhaber von Petrefacten trug keineswegs zur Wertminderung bei. Schon 1787 berichtet J. B. Fischer (nach Schwertschlager 1919): «Der Preis dieser Seltenheiten steigt in neuerer Zeit immer höher, und nicht selten wird ein schön und gut gezeichnetes Stück, von welchem sich beide concav und convexe Theile erhalten haben, um einen, zwey auch vier Dukaten verkauft.» Daß es auch weiterhin nicht leicht war, an gute Objekte heranzukommen, beweist ein Brief aus dem Jahr 1846. Damals schrieb der Ansbacher Regierungspräsident F. von Andrian-Werburg an H. von Meyer, den Erforscher der Plattenkalk-Kriechtiere, «... Aus der Gegend von Solenhofen wird es aber immer schwerer, Seltenheiten zu erhalten, weil die Zahl der Sammler von Jahr zu Jahr steigt und vorzüglich, weil das Herzoglich Leuchtenbergische Naturalienkabinett von Eichstätt durch die nahe Lage und durch die ihr zu Gebot stehenden illimitierten Fonds begünstigt, alles Seltene aufkauft. Es ist ein Glück, wenn andere hie und da etwas Schönes erhalten. ...» (aus B. v. Freyberg 1972).

Heutzutage müssen die Steinbrecher bedeutende Fossilfunde meistens beim Bruchbesitzer, der oft sogar Prämien dafür aussetzt, abliefern. Der rückläufige Abbau, gepaart mit rapider Zunahme der Amateursammler hat dazu geführt, daß die besten Stücke nahezu unerschwinglich werden. Zum Erwerb eines schönen Flugsauriers benötigt man normalerweise eine drei- bis vierstellige Summe.

Baier, J. J. (1708 u. 1730): Oryktographia Norica sive rerum fossilium et ad minerale regnum pertinentium in territorio Norimbergensi ejusque vicinia observatarum succincta descriptio. 95 S. (ohne Deckbl. u. Vorw.), Nürnberg 1708. – Sciagraphia musei sui. Accedunt Supplementa Oryctographiae Noricae. Act. Phys. – Med. Acad. Caes. Leop. – Carol. Nat. Cur. II, Appendix, 64 S. (ohne Deckbl.), Frankfurt u. Leipzig, auch Nürnberg 1730.

Freyberg, B. v. (1958): Johann Jacob Baiers Oryktographia Norica nebst Supplementen. Erläut. u. herausgeg. v. B. v. Freyberg unter Mitarb. v. H. Hermann u. F. Heller. Erlanger geol. Abh., *29,* 133 S.

– (1972): Die erste erdgeschichtliche Erforschungsphase Mittelfrankens (1840–1847). Eine Briefsammlung zur Geschichte der Geologie, erläutert von B. v. Freyberg. Erlanger geol. Abh., *92,* 33 S.

– (1974): Das geologische Schrifttum über Nordost-Bayern (1476–1965). Teil I, Bibliographie, Geologica Bavarica, *70,* 476 S. Teil II, Bibliographische Autoren-Register, Geologica Bavarica, *71,* 177 S.

Schwertschlager, J. (1919): Die lithographischen Plattenkalke des obersten Weißjura in Bayern. 36 S., München (Verl. Natur u. Kultur F. J. Völler).

Über die Häufigkeit der Fossilien

Sind die Solnhofener Plattenkalke reich an Versteinerungen? Sammeln wir in der Umgebung von Eichstätt, werden wir die Frage vorschnell mit ja beantworten. Hier ist die kleine, freischwimmende Seelilie *Saccocoma* im Überfluß vorhanden. Manche Platten sind dicht besetzt mit Individuen, andere enthalten solche Massen an Jungtieren, daß die Oberflächen wie mit grobem Grieß bestreut erscheinen. Fossilien, wenn auch nur von einer Art, sind also häufig.

Setzen wir unsere Suche auf den Halden fort. Es dauert beträchtliche Zeit, bis wir einen verdrückten Ammoniten entdecken. Auch Ammoniten-Deckel oder Aptychen und vereinzelte Kotschnüre fallen nach und nach in unsere Hände. Den Rest eines kleinen Fisches oder gar ein ganzes Exemplar zu finden, ist schon ein besonderer Glücksfall. Nach einem Nachmittag angestrengter Fossiljagd wundern wir uns schließlich, wie die Anzahl von einigen hundert Tier-Arten, die in den Büchern aufgeführt werden, zustande kam. Wechseln wir enttäuscht das Bruchrevier, gelangen wir vom Regen in die Traufe.

Den erfahrenen Sammlern ist längst bekannt, daß man an gute Versteinerungen nur über die Brucharbeiter herankommt. Aber selbst in den Brüchen ist die Ausbeute spärlich. Nur wegen der Fossilien einen Steinbruch zu betreiben wäre im höchsten Grad unrationell. Da jedoch in sehr vielen Brüchen abgebaut wird und die Plattenkalke schon über Jahrhunderte gewonnen werden, hat sich viel Fossilmaterial angesammelt. Diesem Umstand allein verdanken wir die Kenntnis einer so vielfältigen Tierwelt.

Die weitaus meisten Versteinerungen, die in den Steinbrüchen gefunden werden, sind Krebse und kleinere Fische. Etwas weniger häufig sind die Insekten. Andere wirbellose Tiere sind noch spärlicher, ausgenommen Tintenfische und, bei Zandt, die Schlangensterne. Große Fische, Reptilien und Vögel sind Raritäten ersten Ranges. Der Fund eines Säugetiers steht überhaupt noch aus.

Wenn wir also die wenigen und nur örtlich massenhaft auftretenden Arten beiseite lassen, muß die Antwort auf die eingangs gestellte Frage nein lauten: Fossilien sind in den Plattenkalken sehr selten.

Wie die Fossilien im Gestein liegen

Wer auf den Plattenkalk-Halden nach Fossilien stöbert, stellt zunächst fest, daß sich das Gestein dort am besten spalten läßt, wo zwei Schichten aufeinandertreffen. Hier, zwischen zwei Schichten, finden sich die Fossilien. Meistens ‹kleben› sie an der Unterseite der oberen Schicht, die die Bergleute und Geologen als ‹hangende› Schicht bezeichnen. Auf der Schicht, die darunter liegt (‹liegende Schicht›), ist nur der Abdruck oder ein kleiner Teil der Versteinerung zu sehen.
Da wir bereits auf S. 77 die Erklärung gegeben haben, wieso die Mehrzahl der Fossilien mit der hangenden Schicht verbunden ist, brauchen wir an dieser Stelle nicht nochmals darauf einzugehen. Dagegen wollen wir eine Erscheinung betrachten, die damit in Zusammenhang steht. Es ist nämlich sehr oft festzustellen, daß die Fossilien von unten her in die Hangendplatte eingedrückt erscheinen. Ihr Abdruck auf der Liegendplatte

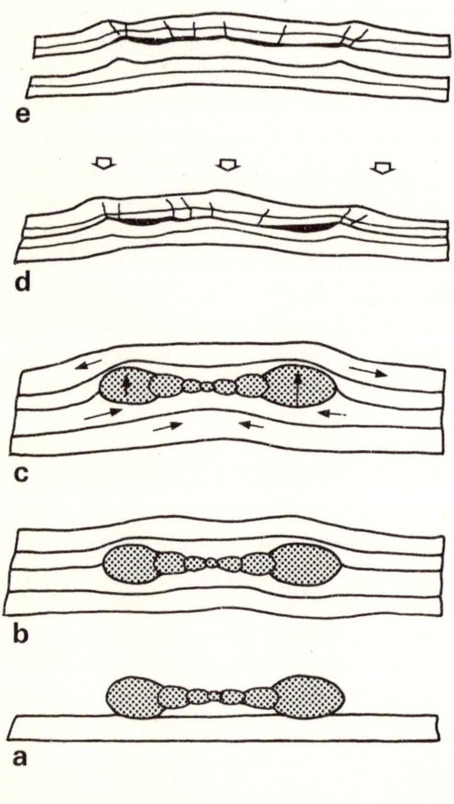

Textabb. 32 *Das Auftriebsphänomen in den Plattenkalken*

Der Auftrieb einer wassergefüllten Ammonitenschale in plastischem Kalkschlamm ist in den Schnitten a–e zusammengestellt. a: Lage auf dem Lagunengrund vor der Einbettung. e: heutiger Fundzustand. Raster: Wasserfüllung der Schale. – Pfeile in c: Richtung des Auftriebs und der Fließbewegung im plastischen Schlamm. Pfeile in d: Druck durch überlagernde Schichten. Die Stadien a–d sind unter Wasserbedeckung zu denken.

dagegen befindet sich auf einem mehr oder minder deutlichen Sockel. Ich werde versuchen, es an einem Ammoniten-Gehäuse zu erklären (vgl. Textabb. 32):
Eine Ammonitenschale hatte sich allmählich mit Wasser gefüllt und war auf den Lagunengrund gesunken. Sie wurde von Kalkschlamm eingedeckt, der später zur hangenden Schicht erhärtete.
Nach einiger Zeit gaben die Schlammschichten ihren Wassergehalt ab, blieben aber noch plastisch. Dadurch war die Ammonitenschale samt ihrem Inhalt leichter geworden als ihre Umgebung. Der Auftrieb drückte sie soweit in die Höhe wie es die Last des überlagernden Sediments ermöglichte. Von unten wölbte sich in den freiwerdenden Raum plastisches Sediment der liegenden Schicht nach. So entstand der Sockel unter der Ammonitenschale.
Als im Lauf der Gesteinsbildung schließlich die Schale durch das Gewicht der überlagernden Schichten zerbrach oder durch Auflösung zerstört wurde, sackte das Sediment in den Hohlraum des Gehäuses. Die Senke, die dabei entstand, ist oft von kreisförmig angeordneten kleinen Rissen begleitet. Senke und Risse sind häufig auf der Oberseite der Hangendschicht festzustellen.
Wir können die geschilderte Lagebeziehung Fossil/Sediment dazu benutzen, auch an Sammlungsmaterial Oberseite und Unterseite zu erkennen. In den westlichen Steinbruchrevieren ist dies aber auch ohne Fossilien möglich: die Oberseiten der Platten fühlen sich rauher an als die Unterseiten.
Wenn man im Steinbruchrevier von Solnhofen und Langenaltheim nach Fossilien sucht, staunt man über Flinze, die bis zu 30 cm dick sind. Im Gegensatz zum eben Gesagten stecken hier Fische, Krebse und andere Tierreste inmitten dieser starken Flinze. Wie ist das möglich? Nun, die dicken Flinze bestehen in Wirklichkeit aus Teil-

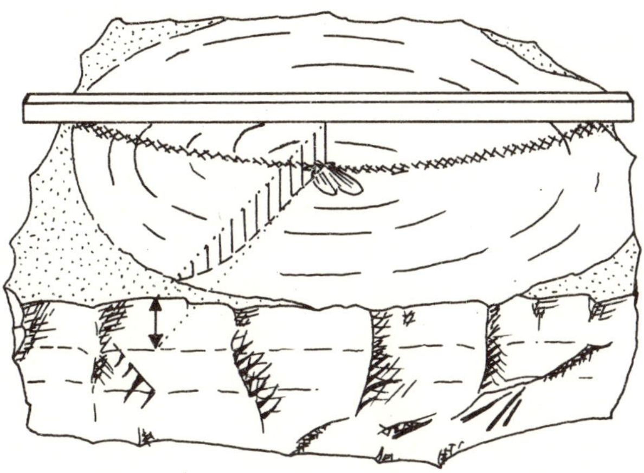

Textabb. 33 *Kreisförmiger Frostabsprung von einem Dickflinz.*

Der Dickflinz besteht aus einer Anzahl miteinander verbackener Teilflinze. Das Stäbchen hilft zu zeigen, daß das Fossil in Wirklichkeit nicht innerhalb eines Flinzes, sondern auf einer ehemaligen Schichtfläche liegt.

flinzen, die so fest miteinander verschweißt sind, daß sie zusammen eine einzige starke Platte bilden. Wenn die Dickflinze dem winterlichen Frost ausgesetzt sind, spalten sie meist nicht zwischen den Teilflinzen, sondern brechen entlang irgendwelcher Unregelmäßigkeiten im Gestein, wie sie etwa Fossilien hervorrufen. Die Bruchstellen sehen muldenartig aus (vgl. Taf. 21 u. Textabb. 33).
Auch die Fäulen enthalten Fossilien. Stärkere Fäulen werden als unbrauchbares Material unbesehen auf die Halden geworfen. Nur wenn die Fäulen unmittelbar im Verband mit nutzbaren Flinzen sind, gelangen Versteinerungen in die Hände der Brucharbeiter. Die tonhaltigen Fäulen schrumpfen und reißen beim Trocknen an ihrer Oberfläche und zerstören dabei die Fossilien.

Barthel, K. W. (1972): The genesis of the Solnhofen lithographic limestone (Low. Tithonian): further data and comments. – N. Jb. Geol. Paläont., Mh., *1972*, S. 133–145.

Janicke, V. (1969): Untersuchungen über den Biotop der Solnhofener Plattenkalke. – Mitt. Bayer. Staatssamml. Paläont. hist. Geol., *9*, S. 117–181.

Seilacher, A., Andalib, G., Dietl, F. & Gocht, H. (1976): Preservational history of compressed Jurassic ammonites from Southern Germany. N. Jb. Geol. Paläontol., Abh., *152*, S. 307–356.

Die Erhaltung der Fossilien

Die Erhaltung der Fossilien ist abhängig vom Ausgangsmaterial, von den Bedingungen bei der Einbettungen und den Vorgängen bei der Gesteinsbildung.
Am wenigsten verändert finden wir die Hartteile von Wirbeltieren: Knochen, Zähne und Schuppen, die alle aus Kalkphosphat bestehen. Auch das Chitin der Krebspanzer ist oft gut erhalten, besonders wenn Kalk in diese organische Substanz eingelagert wurde.
Die Skeletteile von Stachelhäutern (Taf. 29–32) bestehen aus Calcit. Aus dem gleichen Stoff bestehen Austernschalen, Ammonitendeckel (Aptychen) und Belemniten-Rostren (Taf. 49, Fig. 1). Dagegen sind die Schalen der Schnecken, vieler Muscheln und die Gehäuse der Ammoniten aus leichtlöslichem Aragonit (vgl. S. 77) gebildet und gehen daher bei der Fossilisierung sehr oft verloren.
Alle diese Reste brauchen für ihre Erhaltung keine besonderen Bedingungen. Anders ist das bei Holz und sonstigen pflanzlichen Stoffen und bei Weichteilen von Tieren. Sie sind uns sehr spärlich überliefert. Wir kennen aus den Plattenkalken immerhin Muskelpartien von Fischen, Tintenfischen und Insekten, die in das Phosphatmineral Frankolit umgewandelt worden sind. Stellenweise hat sich an diesem versteinerten Fleisch sogar die Querstreifung der Muskelfasern nachweisen lassen. In den Tintenbeuteln mancher Tintenfische ist die eingetrocknete Tinte als Pulver erhalten. In Wasser gelöst gibt das Pulver noch heute brauchbare Sepia-Tusche ab.
Hohlräume von Fossilkörpern und Schalen sind meistens mit klaren Calcitkristallen gefüllt. Wenn Hohlräume in Kadaverteilen großer Tiere so verfüllt sind, ist das für die Fossilerhaltung sehr ungünstig. Denn beim Zusammendrücken der Leiche durch überlagerndes Sediment wurden nur die Partien gepreßt, die keine Kalkspatdrusen enthielten. Es entstand eine sehr unruhige Fossiloberfläche, die der Präparation große Schwierigkeiten entgegensetzt. Frühzeitige Verfüllung eines Schalenhohlraums durch

Kristalle ist dagegen vorteilhaft, weil die Form der Schale unverzerrt überliefert wird, auch wenn sie selbst später weggelöst worden ist.
Die Verdrückung der Fossilien durch die Last des auflagernden Sediments spielt in den Plattenkalken eine überragende Rolle. Das läßt sich besonders bei den Fischen und Krebsen feststellen. Ihre Weichteile sind bis auf wenige Reste (s. oben) verschwunden und die Hartteile werden mehr oder minder stark auf die Schichtflächen projiziert. Bei manchen Fundstücken sind die Schichten um das Fossil auffällig verdickt. Dies ist wohl eine Folge chemischer Ausfällung von Kalk in der Nähe des Kadavers, hervorgerufen durch Ammoniak und andere Produkte, die bei der Fäulnis entstehen.
Neben den Körperfossilien gibt es in den Plattenkalken auch Abdrücke. So hinterließ beispielsweise eine Ammonitenschale, die mittlerweile längst aufgelöst ist, ihren Abdruck im Gestein (Taf. 51, Fig. 2).
Groß ist die Zahl der Eindrücke, die von lebenden und toten Tieren in weichem Lagunenschlamm hinterlassen wurden. Wir unterscheiden dabei zwischen Spuren, Fährten und Marken. Spuren und Fährten werden von lebenden Tieren, die im Schlamm kriechen (Muschel) oder über ihn schreiten (Krebse), erzeugt (Taf. 42, 48). Marken hingegen rühren von leblosen Körpern her, die beim Auftreffen auf dem Meeresgrund Eindrücke hinterlassen (Farbtaf. 14, Fig. 2). Auch Bewegungen von Tierleichen und Schalen im Wasserstrom verursachten Marken (Taf. 61, 64). Die Überlieferung von Eindrücken verdanken wir den ruhigen Ablagerungs-Bedingungen und dem weichen Schlamm der Lagune. Obwohl viele Schichten im Lauf der Gesteinsbildung sehr an Dicke verloren haben, bereitet die Erhaltung der Eindrücke keine Probleme.
Was trotz aller Tücken der Erhaltung die Solnhofener Fossilien so einzigartig erscheinen läßt, ist die Tatsache, daß sie meistens sehr vollständig auf uns gekommen sind. Vor allem gilt das für die Wirbeltiere. Die Wirkung von Strömungen auf Leichen (S. 115ff.) ist aber in einigen Revieren (Daiting, Kelheim) nicht zu übersehen: Wir kennen von dort eine verhältnismäßige hohe Zahl von stark zerfallenen Fischleichen.

Barthel, K. W. (1964): Zur Entstehung der Solnhofener Plattenkalke (unteres Unter-Tithon). – Mitt. Bayer. Staatssamml. Paläont. hist. Geol., *4,* S. 37–48.

Hückel, U. (1974): Geochemischer Vergleich der Plattenkalke Solnhofens und des Libanon mit anderen Kalken. – N. Jb. Geol. Paläont., Abh., *145,* S. 279–305.

Janicke, V. (1969): Untersuchungen über den Biotop der Plattenkalke. – Mitt. Bayer. Staatssamml. Paläont. hist. Geol., *9,* S. 117–181.

Mayr, F. X. (1966): Zur Frage des ‹Auftriebs› und der Einbettung bei Fossilien der Solnhofener Schichten. – Geol. Bl. NO-Bayern, *16,* S. 102–107.

– (1967): Paläobiologie und Stratinomie der Plattenkalke der Altmühlalb. – Erlanger geol. Abh., *67,* 40 S.

Rothpletz, A. (1909): Über die Einbettung der Ammoniten in die Solnhofener Schichten. – Abh. K. Bayer. Akad. Wiss., II. Kl., *24,* 2. Abt., S. 311–337.

Wie man Solnhofener Fossilien präpariert

Trotz bedeutender Fortschritte in der Präparations-Technik ist beim Herausarbeiten von Plattenkalk-Versteinerungen immer noch die vorsichtige Anwendung von Nadeln, Schabern, Meißeln und kleinen Hämmern nötig. Massivere Stücke sind auch mit dem Sandstrahl-Gerät freizulegen. Als Strahlstaub benutzt man Dolomit-Pulver, das härter ist als der Kalk, doch weicher als die Knochensubstanz. Sehr zarte Fossilien, die

nur noch aus einem dünnen Häutchen bestehen, sind für Sandstrahl-Bearbeitung nicht geeignet. Die Anschaffung eines Sandstrahl-Gerätes, das speziell für die Präparation konstruiert sein muß, ist sehr teuer.
Für detaillierte anatomische Studien läßt sich auch das Ätzverfahren empfehlen. Man kann nämlich Knochen, Zähne und andere phosphatische Materialien durch verdünnte Essigsäuren aus dem Kalk herausätzen, ohne daß sie Schaden leiden. Diese Methode ist wieder nur an robusteren Stücken zu praktizieren, weil sehr feine Fossil-Partien durch das entstehende Kohlensäuregas leicht abgesprengt werden.
Um ein Fossil beidseitig untersuchen zu können, gehen wir einen anderen Weg. Nehmen wir als Beispiel einen Fisch. Wir legen ihn erst von einer Seite frei. Dann gießen wir diese Seite mit einer dicken klaren Kunstharz-Schicht ein. Dazu dient Kunstharz, wie es in Bastelläden erhältlich ist. Nach dem Aushärten des Harzes wird das Stück in verdünnte Essigsäure gelegt und die Säure solange erneuert, bis die Gasbildung aufhört. Ist nach einigen Tagen aller Kalk gelöst, sollte die Kunstharz-Platte mit dem daraufhaftenden Fischrest wenigstens einige Stunden in fließendes Wasser gelegt werden, um Säurereste gründlich auszuwaschen. Nach dem Trocknen schleifen und polieren wir die Rückseite der Kunstharz-Platte. Der Fisch ist nun von beiden Seiten sichtbar und der Untersuchung zugänglich.
Während des Präparierens geht nicht selten etwas zu Bruch. Will man Abgebrochenes dauerhaft zusammenfügen, eignet sich dafür Steinkitt aus der Steinmetzwerkstatt. Es ist dies ein Kunstharz, dem beim Gebrauch ein Härter zugefügt wird, der die Masse schnell erstarren läßt. Vorsicht ist beim Gebrauch dieses Kitts am Platz, weil überschüssiges Harz *vor* dem endgültigen Abbinden entfernt werden muß. Anderenfalls kostet das Versäumnis mühevolle Arbeit mit Hammer und Meißel, da der Kleber hart wie Stein wird. Bruchstücke, die man später wieder ablösen möchte, um vielleicht darunterliegende Teile nochmals in Augenschein zu nehmen, kleben wir am besten mit azetonlöslichen Leimen.
Sehr empfindliche Fossilien kann man mit einer dünnen Schicht Zaponlack überziehen. Dadurch wird das Abplatzen feiner Einzelheiten verhindert. Der Lack erzeugt leider unnatürlichen Glanz und man sollte deshalb seine Anwendung aufs Notwendigste beschränken.
Grundsätzlich wollen wir beachten, daß die Präparation Vorsicht und Geduld erfordert. Übereilung schadet dem Stück und bringt dem Bearbeiter nur Ärger.

Kummel, D. & Raup, D. (Herausg.) (1965): Handbook of Paleontological Techniques. XIII u. 852 S., S. Francisco u. London (Freeman).

Was mit den Tieren nach ihrem Tod alles passieren kann

Oftmals findet man Fossilien in einer ungewöhnlichen Lage, oder man sieht, daß Teile eines Fossils über große Flächen verstreut sind. Was ist der Grund dafür?
Wir wollen hier einige von den vielen Möglichkeiten aufzählen, die zeigen, was mit den Tieren nach ihrem Tod alles geschehen kann. Beobachtungen an Kadavern heutiger Tiere und Experimente haben zum Verständnis dieser Vorgänge beigetragen.

Betrachten wir den Fall, daß Beutetiere von räuberischen Tieren verschlungen werden. Die Reste dieser Beutetiere sind uns als Versteinerungen auf drei verschiedene Weisen überliefert worden:

1. Das Beutetier steckt noch im Schlund oder unverdaut im Magen des Raubtiers.
2. Das Beutetier ist verhältnismäßig groß und ist bereits teilweise verdaut worden. Die einzelnen Skeletteile sind zu groß, um den Darm zu passieren. Sie werden deshalb eingeschleimt und ausgespien. Ein *Speiballen* ist das Resultat (Taf. 59).
3. Das Beutetier ist ziemlich klein. Es wird verdaut, aber seine Skelettreste sind zart genug, um durch den Darm zu gelangen. Sie werden in Kotballen und -schnüren abgegeben. Versteinerter Kot wird als *Koprolith* (= Kot-Stein; Taf. 60, Fig. 1) bezeichnet.

Andere Schicksale haben Tierleichen erlitten, von denen anzunehmen ist, daß sie unversehrt auf den Meeresgrund niedersanken. Jetzt aber finden wir ihre Reste weit verstreut umherliegen. Es könnte durchaus sein, daß Aasfresser die einzelnen Skelettteile verschleppt haben. Da aber am Boden der Solnhofener Lagune keine Bodentiere leben konnten (S. 89), ist diese Möglichkeit ausgeschaltet. Wie konnte es dennoch geschehen? Zeitweise Wasserbewegung erfaßte durch Fäulnis gelockerte Teile von Kadavern und trug sie fort! Bei kleineren Fischen zeigt der beginnende Zerfall eine Besonderheit: Die Wirbelsäule löst sich schnell vom Schädel. Klebt nun der Schädel am Schlamm fest, so genügt eine schwache Strömung, die Wirbelsäule und den Vorderkörper in eine andere Position zu «schwoien». Der Schädel liegt dann isoliert. Im Extremfall kann sogar der kopflose Fischkörper noch wegtransportiert und in einiger Entfernung vom Schädel eingebettet werden (vgl. Textabb. 34).

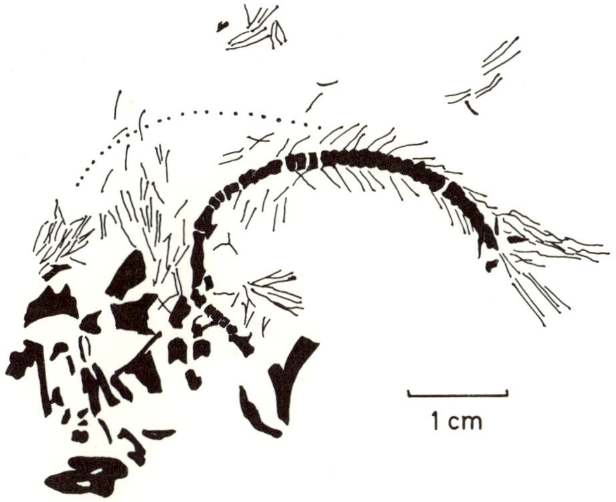

Textabb. 34 *Lageveränderung durch Strömung.*

Zerfall des Kopfes (Knochenplatten), Ablösen der Wirbelsäule und Schwoien des Rückgrates in eine andere Lage (nach Schairer 1968).

Bei Fischleichen, die schon längerer Fäulnis ausgesetzt waren, beginnen sich die Schuppen zu lösen und die Strömung nimmt sie mit. Meist sind sie wie eine Fahne im Stromschatten des Fischkörpers verstreut.
Auch hier gibt es wieder Ausnahmen: Fische, deren Schuppen miteinander verzahnt sind, etwa *Aspidorhynchus* (Taf. 17), konnten nach dem Tod sozusagen ‹aus der Haut fahren›. Kopf und Schwanz lösten sich als erste vom Körper und sind oft genug isoliert zu finden. Auch der Weichkörper löste sich vom Schuppenverband und was übrig blieb, war ein ‹Schuppenschlauch›.
Völlig skelettierte Leichen von Wirbeltieren werden von Strömungen auseinandergerissen und die Einzelteile nach ihrem Gewicht und ihrer Gestalt verschieden weit fortgetragen. Pendelnde oder, besser, oszillierende Wasserbewegungen schwoien Leichen an Ort und Stelle hin und her. Für Skelette ist die Oszillation ungünstig, denn obwohl die Teile nicht verfrachtet werden, werden sie doch aus dem Zusammenhang gerissen und uns bleibt nur ein mehr oder weniger gut sortierter Knochenhaufen.
Verwesungsgase und Besonderheiten des Körperbaus, zum Beispiel die Hohlknochen und Federn der Vögel, lassen Leichen oft lange an der Wasseroberfläche treiben bevor sie untersinken. Die Verwesung nimmt dabei ihren Lauf und noch während des Treibens fallen weniger fest mit dem Körper verbundene Teile des Kadavers ab und sinken zu Boden. Manche unvollständigen Funde des Urvogels haben wohl dieses Schicksal gehabt. Auch die schulptragenden Tintenfische haben in den Plattenkalken

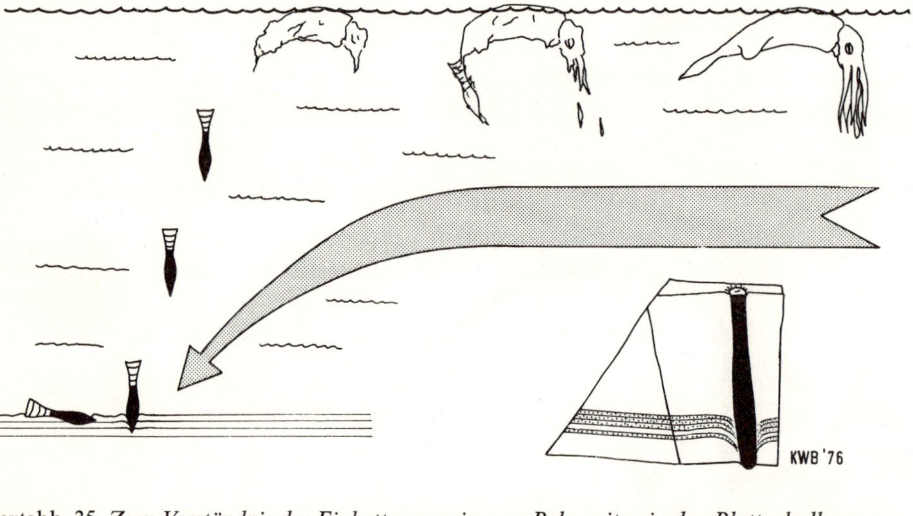

Textabb. 35 *Zum Verständnis der Einbettungsweise von Belemniten in den Plattenkalken.*

Das Abreißen des Belemniten und eines Teils des Luftkammer-Apparates von der driftenden Leiche bis zum Auftreffen am Meeresgrund ist schematisch dargestellt. Der Belemnit ist übertrieben groß gezeichnet. – Rechts ein senkrecht eingesunkener Belemnit aus den Plattenkalken (½ nat. Größe). Aus der Verformung der Schlammlagen durch den Belemniten läßt sich die Weichheit des Sediments beweisen. Nach dem ‹Einschlag› ist der Belemnit in stehender Position eingebettet worden.

isolierte Körper- und ‹Skelett›-Teile hinterlassen. Das wird vor allem deutlich an den Belemniten-Rostren (Taf. 49, Fig. 1). Der verwesende, im Wasser treibende Kadaver des Belemniten-Tiers verlor das Rostrum zuerst, weil es am schwersten war. Mit dem Rostrum trennten sich aber auch oft die damit verbundenen Luftkammern von der Leiche und dann hing das Rostrum wie eine Gondel an einem Ballon (Textabb. 35). Dieses Gebilde driftete manchmal wochenlang im Meer umher, bis sich die Luftkammern allmählich mit Wasser gefüllt hatten. Wir können die Driftdauer ungefähr abschätzen, weil sich an den ‹Ballon› häufig Austern-Larven festsetzten, die dann heranwuchsen. Das zunehmende Gewicht zog das Ganze auf den Meeresboden. In ähnlicher Weise wurden auch Pflanzenreste von Austern besiedelt (Taf. 58).

Überhaupt ist Umherdriften im Wasser eine Erscheinung, die wir für viele Objekte in den Plattenkalken nachweisen können. Dadurch erklärt sich die Gegenwart von Tier- und Pflanzenresten in den Plattenkalken, die außerhalb der Lagunen lebten: Echsen und sonstige Landtiere, Algen, die auf dem Riff wuchsen und noch ein Stück Riffgestein an ihren Haftorganen tragen (Taf. 57, Fig. 1), Seeigelgehäuse, um nur einige zu nennen.

Auch Ammoniten-Gehäuse drifteten noch lange nach dem Tod der Tiere, weil sie von ihren Luftkammern getragen wurden. Nach dem Tod trennten sich die Weichteile bald von der Schale. Wir dürfen annehmen, daß das innerhalb von wenigen Tagen geschah, wie es beim ähnlich gebauten Nautilus heute der Fall ist. Wesentlich besser als die Weichteile waren die kräftigen, paarigen Deckel (Aptychen; Taf. 51, 52) mit der Schale

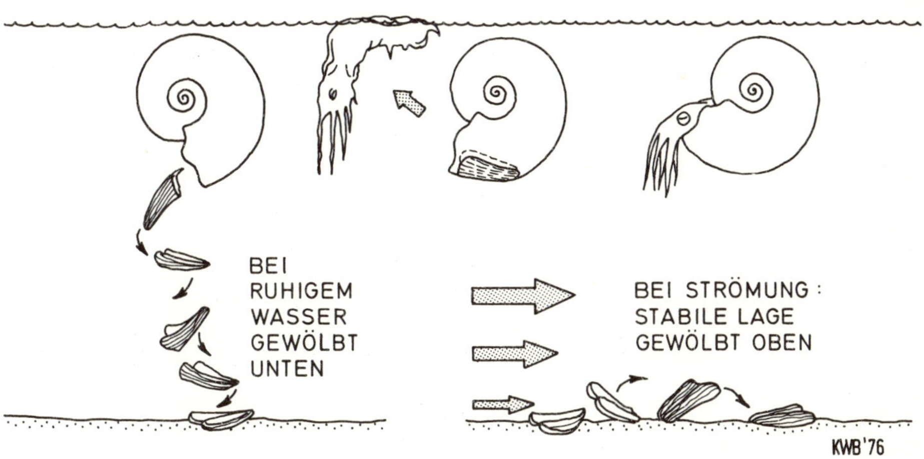

Textabb. 36 *Nach dem Tod eines Ammoniten-Tieres.*

Die Weichteile lösen sich nach sehr kurzer Zeit von der Schale. Im Verband mit dem Gehäuse bleibt jedoch noch das Aptychen-Paar, das sich erst später davon trennt. Es fällt aus der driftenden Schale und pendelt im Zick-Zack auf den Grund. Bei unbewegtem Wasser bleiben die Aptychen mit der gewölbten Seite nach unten liegen (links). Herrscht dagegen Strömung am Grund, werden sie von dieser in dic Lage ‹gewölbt oben› gebracht, weil sie der Strömung so weniger Widerstand entgegensetzen.

verbunden, denn man trifft beide des öfteren ohne eine Spur von Weichteilen noch im Zusammenhang (Taf. 51, Fig. 2). Nach einiger Zeit fielen auch die Aptychen aus der Schale und sanken auf den Meeresboden. Weil die Aptychen auf der einen Seite gewölbt, auf der anderen eingebuchtet sind, also ähnlich gestaltet wie ein Löffel ohne Stiel, glitten sie im Zick-Zack (Textabb. 36), die gewölbte Seite nach unten, abwärts. Jetzt hing es davon ab, ob das Wasser in der Nähe des Bodens ruhig war, oder ob Strömung herrschte. Im ersten Fall blieben die Aptychen mit der gewölbten Seite nach unten am Grund liegen, im zweiten Fall wurden sie von der Strömung in die stabilste Lage gebracht, mit der Wölbung nach oben. In manchen Schichten der Plattenkalke mit zahlreichen Aptychen lagen 90% dieser Deckel ‹gewölbt unten›; es fehlte demnach fast jegliche Strömung.
Strömungen verändern die Lage frischer Leichen auf dem Meeresboden. Zeugnisse dafür finden wir auf den sogenannten ‹Fischles-Flinzen› von Solnhofen und Eichstätt. Schwärme von kleinen, sprottenartigen Fischen (Taf. 14) sind auf diesen Platten häufig paarweise eingebettet. Um das zu erklären, nahm man an, die Fische seien beim Laichen gestrandet worden. Abgesehen davon, daß gestrandete Fische wild zappeln und entsprechend deutliche Spuren davon im Sediment verursachen, von denen man auf den Platten nichts sieht, zeigen Experimente, wie Strömungen solche Lagen zuwege bringen. Es sind die Strömungs-Schatten bereits festliegender Fische und Wirbelbewegungen des Wassers, die eine paarweise Lage hervorrufen. Alle Fische eines solchen Schwarms sind ungefähr parallel zueinander angeordnet und die Köpfe sind überwiegend gegen die Strömung gerichtet. Das geschieht, weil einmal der Schwerpunkt des Körpers in der Nähe des Kopfes liegt und dann, weil der Körper so den geringsten Strömungswiderstand bietet.

Barthel, K.W. & Janicke, V. (1970): Aptychen als Verdauungsrückstand. N.Jb. Geol. Paläont., Mh., *1970,* S. 65–68.

Janicke, V. (1969): Untersuchungen über den Biotop der Solnhofener Plattenkalke. Mitt. Bayer. Staatssamml. Paläont. hist. Geol., *9,* S. 117–181.

– (1970a): Lumbricaria – ein Cephalopoden-Koprolith. N.Jb. Geol. Paläont., Mh., *1970,* S. 50–60.

– (1970b): Ein *Strobilodus* als Speiballen im Solnhofener Plattenkalk (Tiefes Untertithon, Bayern). N.Jb. Geol. Paläont., Mh., *1970,* S. 61–64.

Mayr, F.X. (1953): Durch Tange verfrachtete Gerölle bei Solnhofen und anderwärts. Geol. Bl. NOBayern, *3,* S. 113–121.

Müller, A.H. (1963): Lehrbuch der Paläontologie. Band I. Allgemeine Grundlagen, 378 S., Jena (G. Fischer Verl.).

– (1969): Zum *Lumbricaria*-Problem (Miscellanea) mit einigen Bemerkungen über *Saccocoma* (Crinoidea, Echinodermata). Mber. Dt. Akad. Wiss. Berlin, *11,* S. 750–758.

Rietschel, S. (1976): Archaeopteryx – Tod und Einbettung. Natur u. Museum *106,* S. 280–286.

Schäfer, W. (1962): Aktuo-Paläontologie nach Studien in der Nordsee. 666 S., Frankfurt/M. (W. Kramer Verl.).

Schlomm, W. (1970): Versteinertes Drama im Weißjura von Solnhofen. Aufschluß, *21,* 184 S.

Weiler, W. (1929): Über das Vorkommen isolierter Köpfe bei fossilen Clupeiden. Senckenbergiana, *11,* S. 40–47.

Das Pflanzenreich (Plantae)

Im folgenden Teil werden Abkürzungen für die verschiedenen botanischen Einheiten verwendet (vgl. S. 19):

Abt. Abteilung
Kl. Klasse
Ord. Ordnung

Großeinheiten sind durch ▶ bezeichnet.

Ein Blick auf die Liste der Plattenkalk-Pflanzen zeigt, daß die Pflanzengemeinschaft nicht sehr vielfältig gewesen sein kann. Die Liste zeigt uns weiter, daß sich die Funde auf Pflanzen des Landes und des Meeres verteilen. Leider sind die wenigen Funde auch noch recht unbefriedigend erhalten, weil die ursprüngliche Substanz, die bei der Fossilisierung in Kohle überging, fast immer fehlt. – Gerade diese kohlige Substanz interessiert die Paläobotaniker. An ihr lassen sich oft noch feinste Einzelheiten studieren, die ein Abdruck im Gestein nicht bieten kann. Allein Stückchen der obersten Blattschicht geben beispielsweise Auskunft, ob die untersuchte Pflanze in trockenem oder feuchtem Klima gelebt hat.
Obwohl Pflanzenreste im allgemeinen nur in geringer Zahl anfallen, treten sie in einigen Steinbruch-Bezirken doch häufiger auf. Bedauerlicherweise sind diese Brüche heute nicht mehr in Betrieb. Vor allem die alten Brüche um Kelheim und Daiting waren als Fundstellen fossiler Pflanzen bekannt.
Natürlich werden auch neue Aufschlüsse geschaffen, zum Beispiel beim Bau des Rhein-Main-Donau-Kanals. Aber sie stehen heutzutage nur für kurze Zeit offen und müssen während dieser Zeit ausgebeutet werden. So waren östlich Kelheim durch den Kanalbau Plattenkalke der jüngsten Kimmeridge-Zeit angeschnitten. Die bräunlichgrauen, feingeschichteten Platten enthalten Bitumen und reichlich Kieselsäure. Und, was besonders wichtig ist, sie führen viele Pflanzenreste in kohliger Erhaltung. Die gleichen Schichten werden auch bei Steinbrucharbeiten in der Umgebung von Painten gelegentlich erschlossen. Untersuchungen mit dem Raster-Elektronenmikroskop ergaben, daß diese Gesteine massenweise winzige Überreste von Meerespflanzen (Coccolithen) enthalten.
Die Deutung alter Pflanzenlisten aus den Plattenkalken ist nicht einfach. Sie sind schwer zu kontrollieren, weil die Urstücke verschollen sind oder im Krieg zerstört wur-

den. Es ist mir, nur ein Beispiel, nicht gelungen, unter dem Namen *Algacites* beschriebene und nahezu halbmeterlange, schilfartige Blätter aus Daiting in den Museumsbeständen von Berlin und München zu finden. Aus den alten Abbildungen läßt sich nämlich nicht feststellen, ob es sich bei *Algacites* um eine wirkliche Alge oder ein Gewächs des Landes, vielleicht eine besondere Ginkgo-Art handelt.
Ich werde mich darum hier nicht bemühen, eine vollständige Liste der Plattenkalk-Pflanzen zusammenzustellen, sondern nur eine Übersicht von den Gattungen geben, die auch heute noch hin und wieder aus den Plattenkalken geborgen werden (vgl. den Überblick über das Pflanzenreich, S. 32).

Gothan, W. & Weyland, H. (1973): Lehrbuch der Paläobotanik, 3. Aufl., 677 S., München (Bayer. Landwirtsch.-Verlagsges.)

▶ **Abt.: Spaltpflanzen** (Schizophyta)
Ihr Erbgut ist nicht in einem Zellkern zusammengeschlossen.

Kl.: Blaugrüne Algen (Cyanophyceae)
Sie sind selbsternährend durch Photosynthese (S. 34). Kugelige Hohlräume in den Fäulen (Durchmesser 0,01–0,03 mm), die bei Untersuchungen mit dem Raster-Elektronenmikroskop entdeckt wurden, werden auf Blaugrüne Algen zurückgeführt.

▶ **Abt.: Lagerpflanzen** (Thallophyta)
Ohne echte Wurzeln und Sprosse. Alle pflanzlichen Einzeller und die höheren Algen gehören hierher.

Kl.: Geißelalgen (Phytoflagellatae)
Diese Einzeller sind mit einer oder mehreren Geißeln zur Fortbewegung ausgestattet.

Textabb. 37 ▷

So mag die Landschaft an der Küste der Solnhofener Lagune ausgesehen haben. Wir müssen aber bedenken, daß diese Küste viele Kilometer nördlich des Lagunenbeckens lag. Zwischen beiden gab es vermutlich noch einen breiten Streifen von Watten (Textabb. 27). Unser Bild zeigt den Übergang der Watten zum Land, der nur bei hohem Wasserstand noch überflutet wurde. Das Land hatte wahrscheinlich keine starken Erhebungen und trug Baumwuchs. Wir sehen links im Hintergrund kieferartige Araukarien und die palmenähnlichen Cycadeengewächse, während rechts eine Ginkgo-Gruppe steht. Die Sträucher im Vordergrund sind etwa meterhohe Nadelholzgewächse der Gattung *Brachyphyllum,* eine Pflanze, die auf salzhaltigem Boden gedeihen konnte. Träge Bäche durchzogen diese Landschaft und beförderten manchen Zeugen des Festlandes in die Lagune, so wie hier im Vordergrund eine kleine Echse.
Ganz charakteristisch für die niederen, episodisch überfluteten Gebiete an der Küste sind die Algenmatten, die alles überziehen. Trocknet ihre Schlamm-Unterlage stärker aus, dann reißen die Matten und beginnen sich am Rand einzurollen. Solche Algengebilde sind im Vordergrund sichtbar. Links in der Mitte liegt ein abgebrochener Araukarien-Ast auf der Schlammfläche, darunter ein Wedel des Samenfarns *Cycadopteris.*

WB'75

Ord.: Haftpflanzen (Haptophyceae)

Außer zwei Geißeln besitzen sie, zumindest in bestimmten Stadien der Entwicklung, einen Faden zum Anheften (haptein, griech. = haften). Zu ihnen rechnet man die geologisch wichtigen Kornsteinträger (Coccolithophorida).

Ein Coccolith ist ein winziger, meist zusammengesetzter Kalkkörper im Größenbereich zwischen 0,002 und 0,01 mm. Coccolithen sind Teile eines Skeletts, das im Inneren der Coccolithophoriden-Zelle zuerst in Zellulose angelegt und schließlich in Kalk ausgeführt wird. Die ‹Kornsteine› entstehen in der Zellwand und bilden darin eine Art Panzerkugel, die Coccosphaere (= Körnerkugel; Abb. zu Taf. 6) genannt wird.

Nach Form und Aufbau des einzelnen Coccolithen lassen sich Gattungen und Arten unterscheiden. Es gibt scheibenförmige, stäbchenförmige, sternförmige, spangenförmige Coccolithen (vgl. Abb. zu Taf. 6), doch ist durch diese Aufzählung die Formenfülle bei weitem nicht erfaßt.

Coccolithophoriden leben in großen Mengen, mit anderen Kleinlebewesen zusammen, schwebend im Meer, sie gehören zum Plankton (= das Umhergetriebene). Abgestorben sinken die Zellen auf den Meeresboden. Aber schon beim Absinken beginnen die Coccosphaeren zu zerfallen, so daß bei größeren Tiefen als 200 m nur noch einzelne Coccolithen unten ankommen. Sammeln sich die Coccolithen über längere Zeiträume am Grund des Ozeans, so entsteht ein Coccolithen-Schlamm, der schließlich zu Stein wird.

Nachdem Coccolithen bereits gegen Ende des vorigen Jahrhunderts in den Plattenkalken festgestellt wurden, ist man erst in den letzten Jahren daran gegangen, sie mit der Hilfe von Raster-Elektronenmikroskopen näher zu untersuchen. Etwa 20 verschiedene Arten sind in letzter Zeit beschrieben worden.

Die Solnhofener Coccolithen erscheinen zum Teil massenhaft in den Fäulen. Dort haben sie sich über längere Zeit angesammelt. Es gibt Gründe, anzunehmen, daß sich die Fäulen langsam, die Flinze hingegen sehr schnell gebildet haben (vgl. S. 76).

Barthel, K.W. (1976): Coccolithen, Flugstaub und Gehalt an organischen Substanzen in Oberjura-Plattenkalken Bayerns und SE-Frankreichs. Eclogae geol. Helv., *69,* S. 627–639.

Fischer, A.G., Honjo, S. & Garrison, R.E. (1967): Electron Micrographs of Limestones and their Nannofossils. Monogr. Geol. Paläont., *1,* XV u. 141 S. (Princeton Univ. Press).

Flügel, E. & Franz, H.E. (1967): Elektronenmikroskopischer Nachweis von Coccolithen im Solnhofener Plattenkalk (Oberer Jura). N.Jb. Geol. Paläont., Abh., *127,* S. 245–263.

Keupp, H. (1976): Kalkiges Nannoplankton aus den Solnhofener Schichten (Unter-Tithon, Südliche Frankenalb). N.Jb. Geol. Paläont., Mh., *1976,* S. 361–381.

Keupp, H. (1977): Der Solnhofener Plattenkalk – Ein Blaugrünalgen-Laminit. Paläontol. Z., *51,* S. 102–116.

Reinhardt, P. (1972): Coccolithen. Kalkiges Plankton seit Jahrmillionen. Neue Brehm Bücherei, *453,* 99 S., Wittenberg (Ziemsen Verl.).

Kl.: Braunalgen (Phaeophyta)

Büschel aus bandförmigen Streifen mit unregelmäßigen Einschnürungen liegen in vielen Sammlungen von Solnhofener Versteinerungen. Sie erinnern in ihrem Aussehen an unsere lebenden Tange. Wie diese sind sie verschiedentlich von festsitzenden Tieren besiedelt und sitzen ihrerseits auf einer Unterlage, die sie manchmal mit in die Lagune verfrachtet haben (Taf. 57, Fig. 1; 58). Wir werden nicht fehl gehen, wenn wir auch unsere Bänderbüschel zu den Tangen und damit zu den Braunalgen rechnen. Der Solnhofener Tang führt den Namen *Phyllothallus* (= Blattsproß). Seine Oberfläche ist rauh, körnig. Durch Schliffe gelang der Nachweis, daß auch Gehäuse von Foraminiferen und Moostierchen an dem rauhen Überzug beteiligt sind.

Mayr, F. X. (1953): Durch Tange verfrachtete Gerölle bei Solnhofen und anderwärts. Geol. Bl. NO-Bayern, *3*, S. 113–120.

Rothpletz, A. (1896): Über die Flysch-Fucoiden und einige andere fossile Algen sowie über liasische, Diatomeen führende Hornschwämme. Z. dtsch. geol. Ges., *48*, S. 854–914.

▶ **Abt.: Farnpflanzen** (Pteridophyta)
Die Farnpflanzen zeichnen sich durch einen Lebenskreislauf aus, der mit der Spore beginnt und über eine Geschlechts-Generation zur Sporenpflanze führt (vgl. S. 22). Typische Farne haben gefiederte Blattwedel wie beispielsweise unser Waldfarn.
Im Gegensatz zu den verhältnismäßig häufigen Funden von Samenfarnen sind bisher noch keine echten Farne aus den Plattenkalken beschrieben worden. Der Grund dafür scheint recht trockenes Klima gewesen zu sein, das sich auch aus der übrigen Pflanzengemeinschaft ablesen läßt.

▶ **Abt.: Nacktsamer** (Gymnospermae)
Die Samenanlage ist bei den urtümlicheren Formen noch weitgehend geöffnet, schließt sich aber bei den fortschrittlicheren zusehends (vgl. S. 22, Textabb. 2, IV a, b). Unsere Nadelholzgewächse sind fortschrittliche Nacktsamer.

Kl.: Samenfarne (Pteridospermae)
Sie waren die einfachsten Nacktsamer. Ihre Blattreste sind Farnwedeln zum Verwechseln ähnlich, doch trugen sie keine Sporen-Kapseln an der Unterseite, sondern richtige Samen (Textabb. 11 a). Megasporen-Kapsel und Megasporen-Hülle waren am Scheitel geöffnet.

Cycadopteris (= Cycas-Farn; kykas, griech. = afrikan. Kakaopalme = Sagopalme; pteris, griech. = Farn), Taf. 7, Fig. 1. Farnartige Wedel mit starker Achse, von der abwechselnd nach beiden Seiten Blattfiedern (Taf. 7, Fig. 1) abzweigen. An der Basis des Wedels sind die Fiedern rundlich bis zungenförmig. Sie werden gegen die Wedel-Spitze größer und in sich gefiedert. An der Spitze nehmen sie wieder zungenförmige Gestalt an. Fiedern und Teilfiedern besitzen eine Mittelrippe. Die feinen Blatt-Nerven sind einfach, selten gegabelt.
Cycadopteris-Wedel erreichten Längen von mehr als 1 m. In der Regel gelangen aber nur die großen Fiedern in die Sammlungen.
Die Fiederblätter haben einen deutlich nach unten gebogenen Rand. Gewebe-Untersuchungen an gut erhaltenen Resten haben ergeben, daß die kräftigen Blättchen an ihrer Oberseite eine lederartige Haut hatten. Die Spaltöffnungen befanden sich an der Unterseite. Dieser Blattbau ist eine Anpassung an trockenes Klima.
Cycadopteris war weit verbreitet, wie Funde aus den Plattenkalken von Nusplingen (Württemberg) und Südostfrankreich, sowie aus Norddeutschland bezeugen.
Obwohl es also zahlreiche Funde gibt, haben sich an den Blattunterseiten niemals

Sporenkapseln gefunden. Würde es sich bei *Cycadopteris* um einen Farn handeln, hätten sich sicher schon Reste von Kapseln gefunden. Aus diesem Grund und weil die verdickte Oberhaut nicht zum Bild eines Farns paßt, betrachten wir *Cycadopteris* als Samenfarn, obwohl Samen fehlen.

Kl.: Palmfarnartige (Cycadopsida)
Auf kürzeren oder längeren Stämmen (Textabb. 11f) wuchsen palmartige oder farnartige Blattwedel. Durch den verschiedenen Bau der Blüten zeichnen sich mehrere Gruppen ab. Wie die Samenfarne besitzen sie noch offene Megasporen-Hüllen und eine Pollenkammer, aus der man auf Befruchtung durch bewegliche Spermien schließt. Eine Gruppe schützt ihre Samenanlagen mit einem darübergebogenen Blatt, so daß das Ganze dem Fruchtknoten eines Bedecktsamers ähnelt. Die verschiedenen Palmfarnartigen sind als Versuche auf dem Weg zu den Bedecktsamern anzusehen.

Zamites (= versteinerte *Zamia; Zamia* ist eine lebende Cycadeen-Gattung), Taf. 7, Fig. 3. Von einer Achse zweigen nach beiden Seiten abwechselnd schmale, lanzettförmige Fiedern mit parallelen Nerven ab. Das ganze Blatt hat dadurch das Aussehen eines Palmwedels. Ohne Fruchtstand ist es schwierig, die Blätter von Cycadeen und Bennettiten voneinander zu trennen. Da sich beide durch unterschiedliche Spaltöffnungen auseinanderhalten lassen, ist trotzdem eine Aussage möglich, wenn es sich um gut erhaltenes Material handelt. *Zamites* gilt als Bennettiteen-Blatt.
Sphenozamites (= versteinerte Keil(blatt)-*Zamia),* Taf. 8. Die Blattfiedern sind breit, gerundet keilförmig und mit der Keilspitze an der Blattachse befestigt. Die Äderung verläuft fächerförmig. Es gibt keine neuere Bearbeitung, aus der ein Hinweis über die Zugehörigkeit von *Sphenozamites* zu ersehen wäre. Wir belassen deshalb *Sphenozamites* hier mit Vorbehalt bei den Bennettiteen.

Kl.: Ginkgogewächse (Ginkgopsida)
Der lebende Ginkgo vermittelt uns gute Kenntnis vom anatomischen Bau und der Fortpflanzungsweise dieser Bäume (Textabb. 12f). Die Befruchtung erfolgt noch durch freibewegliche Spermien, in ähnlicher Weise wie bei den Cycadeen. Die Bestäubung spielt sich am festsitzenden Samen, die Befruchtung jedoch oft erst am abgefallenen Samen ab. Charakteristisch für die Ginkgos sind die zähen, lappenartigen oder bandförmigen Blätter.

Ginkgo (= chines. gin kyo, Silberaprikose), Taf. 7, Fig. 2, Textabb. 12f. Die hübschen, breit-keilförmigen Blätter sind ungeteilt oder, in der Mehrzahl, zweilappig. Ob die Plattenkalk-Stücke, die diesem Bild entsprechen, tatsächlich zu *Ginkgo* gehören, ist nicht leicht zu beurteilen, weil jegliche organische Substanz verloren gegangen ist. Andeutungen von fächerigen Blattnerven würden dafür sprechen. Es gibt aber zum Beispiel lebende Meeresalgen der Gattung *Udotea,* die im fossilen Zustand von einem Ginkgoblatt kaum zu unterscheiden wären.
Furcifolium (= Gabelblatt). Lange, tiefgegabelte Blätter, deren Lappen an der Basis verwachsen sind. Jeder der Lappen ist etwa 10 cm lang und um 5 mm breit. Die Blätter sind zu Büscheln zusammengefaßt und entspringen aus einem Kurztrieb, der einen

dornartigen Fortsatz besitzt. Die Blattbüschel stehen an kräftigen, längsgerieften Zweigen. In älteren Arbeiten wird für *Furcifolium* der Name ‹*Baiera*› gebraucht.

Kl.: Nadelholzgewächse (Coniferopsida)
Neben den ausgestorbenen Cordaiten (Textabb. 10d) gehören hierher nur noch die uns so geläufigen Koniferen (= Zapfenträger). Die Blätter der Koniferen sind meist kurz, nadel- oder schuppenförmig. Die Samen sind in Zapfen untergebracht und stehen überwiegend paarig in den Achseln einer Zapfenschuppe. Die Megaspore ist hier verschlossen, die Befruchtung erfolgt über den Pollenschlauch (Textabb. 2, IVb).

Brachyphyllum (= Kurzblatt), Abb. b zu Farbtaf. 16, Fig. 2 und Textabb. 37. Zweige und Äste, die von kurzen, schuppenartigen und dichtstehenden Blättern bedeckt sind. Die Blattanordnung ist spiralig. Astquerschnitte ergeben, daß die Verholzung auf den innersten Bereich beschränkt ist, während sonst bei Nadelhölzern praktisch der gesamte Querschnitt aus Holz besteht. Wegen dieser anatomischen Besonderheit wird angenommen, daß *Brachyphyllum* auf salzhaltigem Boden lebte, denn viele der heutigen Salzpflanzen sind ähnlich gebaut. Aus der schwachen Verholzung läßt sich außerdem noch ableiten, daß *Brachyphyllum* eine strauchartige Pflanze war.
Brachyphyllum gehört aufgrund der Struktur seiner Blattoberhaut zu den Araukarien. In den Plattenkalken ist es die am häufigsten vorkommende Pflanze.
Palaeocyparis (= Altzypresse), Farbtaf. 16, Fig. 2. Die Ähnlichkeit mit *Brachyphyllum* ist groß, doch stehen die Blattschuppen der Zweige in einer Stellung, die einem «X» entspricht: je ein Blättchen an den freien Schenkeln und eines in der Mitte des Buchstabens (Skizze a zu Farbtaf. 16). An den Ästen tritt aber spiralige Blattstellung auf. Einige Spezialisten neigen dazu, beide Gattungen zu vereinigen.
Athrotaxites (= der Enggereihte), früher ‹*Echinostrobus*›, Abb. d zu Farbtaf. 16. Schmale Zweige mit sehr dicht stehenden Blattschuppen und rundlichen, grobstacheligen Zapfen. Dies ist die bisher einzige Solnhofener Konifere, an der ein Fruchtstand (Zapfen) festgestellt wurde.
Araucaria (nach einem südamerikan. Indianerstamm), Abb. c zu Farbtaf. 16. Es liegen bisher nur einige kräftige Zapfenschuppen vor. Anders als bei den übrigen Nadelhölzern hüllt die Zapfenschuppe der Araukarien einen einzelnen Samen schützend ein und fällt mit ihm ab.

▶ **Abt.: Bedecktsamer** (Angiospermae, Blütenpflanzen)
Aus Trias und Jura wurden verschiedentlich Pflanzenreste beschrieben, die man für Bedecktsamer hielt. Keiner davon ist allgemein anerkannt worden. Erst ab Mitte der Unterkreide erscheinen erste gesicherte Funde. Die Bedecktsamer zeichnen sich durch eine zweite Hülle um die Samenanlage aus, die wir Fruchtknoten nennen (vgl. Textabb. 2, IVc und S. 24).

Hirmer, M. (1924): Zur Kenntnis von *Cycadopteris* Zigno. Palaeontographica, *66*, S. 127–162.
Jung, W. (1974a): Der zweite Fund von *Athrotaxites lycopodioides* Unger in den Plattenkalken des fränkischen Jura. Geol. Bl. NO-Bayern, *24*, S. 194–200.
– (1974b): Die Konifere *Brachyphyllum nepos* Saporta aus den Solnhofener Plattenkalken (unteres Untertithon), ein Halophyt. Mitt. Bayer. Staatssamml. Paläont. hist. Geol., *14*, S. 49–58.

Kräusel, R. (1943): *Furcifolium longifolium* (Seward) n. comb. eine Ginkgophyte aus dem Solnhofener Jura. Senckenbergiana, *26,* S. 426–433.
Meyer, R. K. F. (1974): Landpflanzen aus den Plattenkalken von Kelheim. Geol. Bl. NO-Bayern, *24,* S. 200–210.
Salfeld, H. (1907): Fossile Landpflanzen der Rät- und Juraformation Südwestdeutschlands. Palaeontographica, *54,* S. 163–204.
Schulze-Motel, J. (1971): Gymnospermae. In: Urania Pflanzenreich. Höhere Pflanzen *1,* 120–188, Leipzig/Jena/Berlin (Urania Verl.).

Das Tierreich (Animalia)

Im folgenden Teil werden Abkürzungen für die verschiedenen zoologischen Einheiten verwendet (vgl. S. 19):

St.	Stamm
U. St.	Unterstamm
Ü. Kl.	Überklasse
Kl.	Klasse
U. Kl.	Unterklasse
Ü. Ord.	Überordnung
Ord.	Ordnung
U. Ord.	Unterordnung
F.	Familie

Großeinheiten sind durch ▶ bezeichnet.

Die Schwierigkeiten, einen guten Überblick über die Tierwelt der Solnhofener Plattenkalke zu geben, ist nur dem Fachmann unmittelbar bewußt. Er erkennt schnell, daß die meisten Tiergruppen einer gründlichen Neubearbeitung unterzogen werden müßten. Da aber bisher nur wenige Gattungen und Arten eine kritische Sichtung erfahren haben, will ich anhand neuerer Literatur den Versuch unternehmen, die Zusammenstellung so modern als möglich zu gestalten.

Die wirbellosen Tiere (Invertebrata)

Einem alten Brauch folgend, teilen wir das Tierreich in wirbellose Tiere (Invertebrata) und Wirbeltiere (Vertebrata). Dieser Schnitt, der das zoologische System außer acht läßt, wird aus praktischen Gründen vorgenommen. Einmal sind Funde von Wirbellosen ungemein viel häufiger als solche von Wirbeltieren. Sodann ist die Paläontologie der Wirbellosen eine wichtige Grundlage für andere Erdwissenschaften, denn sie vermittelt die Kenntnis über die weitaus meisten Leitfossilien. Die Wirbeltier-Paläontologie ist hingegen eine sehr spezielle Teildisziplin, die weit weniger praktische Anwendung findet.

Innerhalb der Wirbellosen gelten die gebräuchlichen Einteilungen des zoologischen Systems, das ich in einem früheren Kapitel kurz vorgestellt habe (S. 19).
Wo es durchführbar und sinnvoll erscheint, habe ich Bestimmungshilfen gegeben, die auch das Ansprechen nicht abgebildeter Gattungen erleichtern. Bezugspunkte für diese Hilfe sind immer die Abbildungen auf den Tafeln, die ja einen Gesamteindruck der gerade betrachteten Tiergruppe vermitteln.
Leider gibt es zurzeit kein modernes, kurzes und einfaches Lehrbuch der Paläontologie der Wirbellosen in deutscher Sprache. Wir müssen daher auf die folgenden großen Sammelwerke verweisen:

Müller, A.H. (1963, 1965): Lehrbuch der Paläozoologie. Band II, Invertebraten. Teil 1, Protozoa-Mollusca 1, 1963 (2.A.), XV u. 575 S. Teil 2, Mollusca 2-Arthropoda 1, 1965 (2.A.), XII u. 502 S. Teil 3, Arthropoda 2-Stomochorda, 1963, XVII u. 697 S., Jena (G. Fischer Verl.).

Moore, R.C. & Teichert, C. ed. (1953–): Treatise on Invertebrate Paleontology. Lawrence (Univ. Kansas Press). – Bisher 21 Bände erschienen.

▶ **St.: Einzellige Tiere** (Protozoa)
Wenn von Einzellern die Rede ist, denken wir unwillkürlich an jene allseitig beweglichen Plasmaklümpchen, an die Amöben. Diese winzigen Süßwasser-Tierchen haben eine Unzahl von Verwandten im Meer, die zum Schutz ihres Körpers vielgestaltige Schälchen aus Kalk oder aus Kieselsäure bauen. Auch Fremdkörper wie Sandkörnchen und Schwammnadeln vermögen sie mit diesen Substanzen zu Gehäusen zu verkitten. Die Gehäusegröße reicht von Millimeter-Bruchteilen bis zu zwölf Zentimetern. Bei weitem die meisten erreichen aber höchstens einen oder zwei Millimeter, viele bleiben kleiner. Da die Schälchen erhaltbar sind, werden sie häufig fossil gefunden. Zu bestimmten Zeiten der Erdgeschichte (Karbon, Perm, Kreide, Tertiär) geben sie wichtige Leitfossilien ab.
Neben Formen des offenen Ozeans gibt es solche, die näher an den Küsten leben und andere, die den Meeresboden bewohnen.
Durch Schlämm-Verfahren lassen sich aus den Fäulen die Gehäuse folgender Einzeller gewinnen:

1. Die Gerüste von Radiolarien, deren filigranartig durchbrochene Schälchen (Textabb. 14f) aus Kieselsäure bestehen. Ihr Lebensmilieu ist die Hochsee. Sie sind von dort in die Lagune hineingelangt. Es überwiegen umkristallisierte Reste.
2. Die Schälchen von Foraminiferen, nahe Verwandte der Amöben. Sie bauen Kalkgehäuse oder zementieren ihre Schalen aus Fremdstoffen. Schon in älteren Schriften über die Plattenkalke sind einzelne Foraminiferen durch Gesteins-Dünnschliffe in den ‹Flinzen› (Kalklagen) selten festgestellt worden. In größerer Zahl finden sie sich jedoch in den ‹Fäulen›, weichen Lagen, die zum Abraum geworfen werden.

Unter den ‹zementierenden› Formen fallen diejenigen mit zopfartig angeordneten Kammern auf *(Gaudryina bukowiensis* Cushman & Glazewski, Textabb. 38a; 42 ×). Die rein kalkschaligen Foraminiferen sind mannigfaltiger: in einer Reihe angeordnete Kammern *(Nodosaria euglypha* Schwager, Textabb. 38b, 22 ×), bogenförmig aneinandergereihte Kammern *(Marginulina distorta* Kusnetzowa, Textabb. 38c; 40 ×), sich umfassende Kammern *(Quinqueloculina egmontensis* Lloyd, Textabb. 38d; 45 ×) und

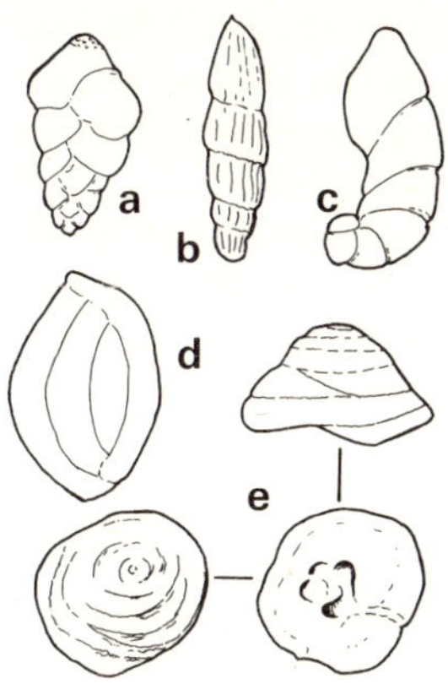

Textabb. 38 *Einige Einzeller-Gehäuse* (Foraminiferen) aus den Plattenkalken. Nach Groiß (1967).

a *Gaudryina bukowiensis* Cushman & Glazewski (42×); b *Nodosaria euglypha* Schwager (22×); c *Marginulina distorta* Kusnetzowa (40×); d *Quinqueloculina egmontensis* Lloyd (45×); e *Patellina feifeli* (Paalzow), von oben (links), von der Seite (rechts) und von der Seite (oben), 80×.

schneckenartige Gehäuse *(Patellina feifeli* [Paalzow], Textabb. 38e; 80×). Diese kalkigen und zementierenden Foraminiferen haben sich am Meeresboden aufgehalten. Ob sie jedoch, wie manche meinen, in den Wannen der Lagune selbst gelebt haben, ist nicht sicher, denn sie erscheinen gerade in denjenigen Schichtabschnitten, die zu ihrer Bildung längere Zeit beanspruchten. Sie wurden wohl nach und nach von lebensfreundlicheren Orten durch Strömungen auf die Wannenböden verfrachtet. Wir wollen aber andererseits auch nicht vergessen, daß viele Foraminiferen sehr widerstandsfähig gegen unwirtliche Umweltbedingungen sind.
Außer den Foraminiferen haben neue Untersuchungen noch zahlreiche andere Kleinfossilien (Mikrofossilien) erbracht. Manche davon mögen zu den Foraminiferen gehören, andere sind noch rätselhaft in ihrer Stellung innerhalb des Tierreichs und weitere lassen sich bei verschiedenen Tierstämmen unterbringen (S. 130 u. 161).

Groiß, J. Th. (1967): Mikropaläontologische Untersuchungen der Solnhofener Schichten im Gebiet um Eichstätt (Südliche Frankenalb. – Erlanger geol. Abh., *66*, S. 75–96.

Schairer, G. (1971): Mikrofossilien aus Plattenkalken Süddeutschlands. Mitt. Bayer. Staatssamml. Paläont. hist. Geol., *11*, 33–68.

Stürmer, W. (1963): Mikrofossilien aus den Mörnsheimer Schichten. Geol. Bl. NO-Bayern, *13*, S. 11–13.

▶ **St.: Schwämme** (Porifera = Porenträger)

Wenn wir die kaum bekannten, parasitischen Mitteltiere (Mesozoa) beiseite lassen, dann sind die Schwämme die einfachsten vielzelligen Tiere. Die Schwämme haben nur zwei Zellsorten, von denen eine allerdings sehr wandelbar ist. Ein echtes Körpergewebe, wie es die höheren Vielzeller besitzen, fehlt den Schwämmen. Die meisten Schwämme bauen ein Stützskelett aus Kieselsäure, Kalk oder Horn (Badeschwamm!). Das Skelett besteht aus einzelnen kleinen Nadeln (Skizze zu Taf. 56), die nicht selten zu einem Gerüst miteinander verwachsen. Kieselige und kalkige Skelette sind reichlich am Aufbau von Schwammstotzen (S. 92) und Korallenriffen des Jura beteiligt. Im Oberjura fallen vor allem die Kieselschwämme durch besonders viele Gattungen und Arten auf.

Kaum ein Schwamm hat den Weg in die innere Solnhofener Lagune gefunden. Die sehr seltene Gattung *Ammonella* (nach dem Geologen L. v. Ammon) zeichnet sich durch ein regelmäßiges, netzartiges Gerüst aus, das aus Kieselnadeln mit drei senkrecht zueinander stehenden Achsen besteht.
In der Nähe von Riffen, besonders in der Umgebung von Kelheim, haben abrutschende Sedimentmassen hin und wieder auch einen Schwamm, wie *Tremadictyon* (Taf. 56), in die benachbarten Wannen mitgerissen.
Aus Plattenkalken lassen sich bei günstiger Erhaltung mit verdünnten Säuren Schwammnadeln herauslösen.

Schairer, G. (1971): Mikrofossilien aus Plattenkalken Süddeutschlands. Mitt. Bayer. Staatssamml. Paläont. hist. Geol., *11*, S. 33–68.
Schrammen, A. (1936): Die Kieselspongien des oberen Jura von Süddeutschland. Palaeontographica, *84*, S. 149–194 u. *85*, S. 1–114.

▶ **St.: Hohltiere** (Coelenterata)
Das Hauptmerkmal der Hohltiere ist der große Körperhohlraum, der von einer zweischichtigen Wand umgeben ist. Die Mundöffnung dient zugleich der Nahrungsaufnahme und der Abgabe unverdaulicher Stoffe. Bewegliche Anhänge, die mit Nesselzellen besetzt sind, lähmen oder leimen die Beute. Die Nesselzellen sind hochspezialisierte Zellen; sie sind nur beim Unterstamm der Nesseltiere (Cnidaria) ausgebildet, während sie dem zweiten Unterstamm der Hohltiere, den Nessellosen (Acnidaria), fehlen. Viele Hohltiere stützen ihre Gewebe mit Gallerte oder sie scheiden organische und anorganische Hartteile aus. Die Weichteile der Hohltiere enthalten sehr viel Wasser; manche Quallen bestehen zu 98% daraus.
Im Vergleich mit den Schwämmen zeigt sich deutlich die höhere Organisation der Hohltiere. Der bewegliche Körper der Hohltiere verlangt neben echten Zellschichten auch Muskel- und Nervenzellen.
Allein die Nesseltiere sind durch Fossilien in den Plattenkalken belegt und auch davon sind nur drei Klassen mehr oder weniger gut vertreten.

Kl.: Quallen (Scyphozoa = Bechertiere)
Wer beim Baden im Meer eine Qualle beobachtet, ist fasziniert von der ballonartigen Leichtigkeit, mit der diese Tiere durchs Wasser ‹pulsieren›. Die Faszination läßt sofort nach, wenn wir durch Zufall mit den nesselbewehrten Fangarmen in Kontakt kommen. Quallenschwärme können ganze Badestrände verwaisen!
Der Körperhohlraum ist durch vier Scheidewände unterteilt. Die hier allein interessierende Unterklasse Bechermedusen (Scyphomedusae; Medusa, schlangenhaarige Tochter des Phorkys; griech. Mythologie) sind freischwimmende Tiere. Ihr Körper ist glockenartig. Der Mund liegt unten und ist von Anhängen umgeben. Der Glocken- oder Schirmrand ist mit Fangarmen besetzt, deren Zahl vier oder ein Vielfaches davon beträgt. Von oben gesehen sind am Quallenschirm meist die radial verlaufenden Kanäle, ein Ringkanal und die vier oder acht Keimdrüsen leicht zu erkennen. Der Schirmrand ist mehr oder weniger gelappt.
Die Solnhofener Plattenkalke sind bekannt für ihre einzigartigen Quallenfunde, die in der Mehrzahl aus dem Bruchrevier von Gungolding-Pfalzpaint stammen. Sie kom-

men dort angeblich in vier Horizonten vor. Wenige Einzelexemplare hat man aus der Eichstätter Gegend registriert. Sie sind dort erheblich schlechter erhalten als in Gungolding. Wir dürfen das vielleicht auf die kürzere Entfernung zur ehemaligen Küste bei Eichstätt zurückführen: Die eingedrifteten Quallen brauchten länger, um von der offnen See dorthin zu gelangen und waren deshalb auch bereits stärker vom Zerfall ergriffen.

Die ausgezeichnete Erhaltung der Solnhofener Quallen hat viel Diskussions-Stoff geliefert. Es wurde angenommen, die Quallen seien an den Strand geworfen worden, ausgetrocknet und dann von Sediment eingedeckt und fossil geworden. Mithilfe von Experimenten konnte ich zeigen, daß Quallen unter ruhigen Bedingungen auch unter Wasser erhalten werden. Bedingung ist, daß das Wasser mehr Salz enthielt als das normale Meerwasser und mehr als die Körperflüssigkeit der Qualle. Die Qualle verlor dadurch an Volumen, auf die gleiche Weise wie ein Salatblatt, das längere Zeit in der Essig-Tunke liegt. Der Rest ihrer Körperflüssigkeit schwand schließlich bei der Entwässerung des Sediments im Verlauf der Gesteinsentstehung.

Manche Quallen gingen offenbar erst am Lagunenboden zugrunde. Schnitte durch die Fossilien beweisen, daß der Körperhohlraum der Quallen Lagunensediment enthielt und das mußte die Qualle selbst ‹hineingepumpt› haben.

Auch über Schleifmarken und Aufsetzmarken von Quallen ist in neueren Arbeiten berichtet worden. Leichte Strömungen haben offenbar Quallen vor der endgültigen Einbettung erfaßt, vom Grund abgehoben und fortgeschleift, so daß man nacheinander den Abdruck der Qualle, die Schleifmarke ihrer Mundanhänge und den erneuten Abdruck der Qualle sieht.

Hier nun die wichtigsten Quallengattungen der Plattenkalke:

Quadrimedusina (= kleine Vierermeduse). Klein, ca. 8 × 8 cm. Glocke gerundet quadratisch. Rand ungelappt. Ringkanal und Radialkanäle bilden eine fensterartige Zeichnung. Selten.

Epiphyllina (= die obenauf Blätterige). Sehr klein, um 1,5 cm. Glockenrand in 16 Felder geteilt, die mit 16 schmalen Außenrandlappen in Wechselstellung stehen. 12 Fangarme. 8 Keimdrüsen, randlich im Mittelfeld. Selten.

Cannostomites (= versteinerter Röhrenmund). Um 25 cm Durchmesser. Zahlreiche Randlappen, zwischen denen kurze Fangarme entspringen. Zentralfeld mit großem kreisförmigem ‹Magen›, von dem vier breite Streifen zum Rand ziehen. Nierenförmige Abdrücke zwischen diesen Streifen werden als Keimdrüsen gedeutet. Sehr selten.

Semaeostomites (= versteinerte Fahnenqualle). Klein, Schirmdurchmesser um 10 cm. Glockenrand mit zahlreichen Randlappen (wohl 112), zwischen denen die mittellangen Fangarme entspringen. Ringkanal und 16 radiale Kanäle. 4 ‹Magen›taschen und 4 Keimdrüsen, randlich gelegen. 4 sehr lange Mundfortsätze. Sehr selten.

Eulithota (= ? wohlerhaltenes Steinohr). Klein, um 6 cm Glockendurchmesser. 16 ohrförmige Randlappen und 8 Fangarmbüschel, von denen jedes an einem knopfartigen Gebilde zwischen zwei Lappenpaaren entspringt. 16 Keimdrüsen an den inneren Enden der Randlappen. Im Zentralbereich Andeutung von 4 kurzen Mundfortsätzen. Sehr selten.

Rhizostomites (= versteinerter Wurzelmund). Groß, bis über 50 cm Glockendurchmesser. Taf. 55, Fig. 1. Häufigste Qualle der Plattenkalke. Verschiedene Erhaltungszustände wurden unter verschiedenen Namen beschrieben: ‹*Myogramma*› ist ein Stadium, das V-förmig angespannte Muskeln zeigt. ‹*Hexarhizites*› = ‹*Ephyropsites*› sind Teilabdrücke der Oberseite des Glocken-Mittelteils in verschiedenen Zuständen der Muskelanspannung. Die meisten Individuen zeigen die Unterseite, wo die konzentrischen Ringmuskeln besonders auffallen. In der Mitte kreuzförmige Mundstrukturen und seitlich davon die vier Keimdrüsen. Ringkanal zwischen innerem und äußerem Ringmuskel-Bereich. 128 kleine Randlappen in 8 Gruppen, die durch tiefere Einschnitte voneinander getrennt sind und in denen 8 knopfartige Organe liegen. 8 Fangarmbüschel; Fangarme kurz. Mundfortsätze fehlen. Verhältnismäßig häufig in den Steinbrüchen über Gungolding.
Leptobrachites (= versteinerter Zartarm). Durchmesser um 20 cm. Randlappen vorhanden, ohne Fangarme. Sehr lange, schmale Mundfortsätze. Sicher verschieden von *Rhizostomites,* der keine Mundfortsätze hat. Seltene, schlecht erhaltene Stücke aus der Eichstätter Gegend.

Barthel, K. W. (1970): On the deposition of the Solnhofen lithographic limestone (Lower Tithonian, Bavaria, Germany). N. Jb. Geol. Paläont., Abh., *135,* S. 1–18.
Harrington, H. J. & Moore, R. C. (1956 [1963]): Scyphomedusae. In: Treatise on Invertebrate Paleontology (Herausg. R. C. Moore), Part F, Coelenterata, F. 38–F. 53, Lawrence (Univ. Kansas Press).
Janicke, V. (1959): Untersuchungen über den Biotop der Solnhofener Plattenkalke. Mitt. Bayer. Staatssamml. Paläont. hist. Geol., *9,* S. 117–181.
Kolb, A. (1951): Die erste Meduse mit Schleifspur aus den Solnhofener Schiefern. Geol. Bl. NO-Bayern, *1,* S. 63–69.

Kl.: Hydratiere (Hydrozoa; Hydra, mehrköpf. Ungeheuer der griech. Mythologie)
Der Lebenskreis der Hydratiere wechselt bei den meisten Angehörigen dieser Klasse zwischen einer festsitzenden Polypengeneration und einer freischwimmenden Quallengeneration. Der Körperhohlraum der Hydratiere ist nicht unterteilt. Die Hydrozoen-Quallen haben unten am Schirmrand ein sogenanntes Segel (Velum), das bei der Fortbewegung eine Rolle spielt. Dieses Segel fehlt den echten Quallen (Scyphomedusen). Die Keimzellen liegen in der Außenwand, bei den echten Quallen hingegen an der Wand des Körperhohlraums.
Außer den skizzierten typischen Hydratieren gibt es Formen, in denen Polypen und Quallen, die spezialisiert sind, sich zu einer Kolonie zusammenschlossen: die Staatsquallen. Andere Kolonien scheiden kalkige oder hornige Skelette aus, wie etwa die sogenannten Feuerkorallen *(Millepora)* der gegenwärtigen Korallenriffe. Eine weitere Gruppe, die uns auch Fossilien in den Plattenkalken hinterließ, sind die Rauhquallen. Rauhquallen haben die Polypengeneration wieder aufgegeben und ähneln in der Lebensweise den echten Quallen.
Die Fangarme der Rauhquallen (Trachylinida) setzen nicht am Glockenrand an wie bei den echten Quallen, sondern an der Glockenoberseite. Das Segel an der Unterseite der Glocke ist immer vorhanden.
Drei fossile Gattungen aus den Plattenkalken werden den Rauhquallen zugeordnet, zwei davon mit Vorbehalten.

Acalepha (= ? die Unbedeckte). 7–25 cm Durchmesser. Auf zwei glatte Außenringe folgen gegen die Mitte eine Rosette aus 8 radialen Abschnitten und ein kleines Mittelfeld. Körperhohlraum einfach, rund, mit 8 Ausbuchtungen (‹Magentaschen›). Mundanhänge fehlen. Fangarme sind unbekannt. Selten.
Acraspedites (= der versteinerte Saumlose). Um 20 cm Durchmesser. Glocke mit zwei schmalen, glatten Außenringen, nach innen gefolgt von zwei Ringen aus je 8 Abschnitten, die den großen runden Mund umgeben. Die 8 Segmente der inneren Ringe werden als Magentaschen angesehen, auf denen Keimsäcke sitzen. Fangarme unbekannt. Selten.
Hydrocraspedota (= gesäumte Hydra). Durchmesser 10–20 cm. Glocke ganzrandig, Segel schmal, mit feiner, radialer Streifung. Mund quadratisch, von vier nierenförmigen Mundanhängen flankiert. Den Mundanhängen folgen nach außen vier runde Keimsäcke. Fangarme unbekannt, wohl nicht erhalten. Selten.

Harrington, H.J. & Moore, R.C. (1956 [1963]): Trachylinida. In: Treatise on Invertebrate Paleontology (Herausg. R.C. Moore), Part F, Coelenterata, F68–F76, Lawrence (Univ. Kansas Press).
Kolb, A. (1951): *Hydrocraspedota mayri* n.gen.n.sp., eine Hydromeduse aus den Plattenkalken von Pfalzpaint. Geol. Bl. NO-Bayern, *1*, S. 113–127.

Kl.: Blumentiere (Anthozoa)
Die blumenartigen Polypen haben dieser Klasse den Namen gegeben. Ein Polyp besteht aus einem walzenförmigen Körperrohr, das unten verschlossen ist und oben um den Mund einen Kranz von Fangarmen hat. Vom Mund führt ein Schlundrohr in den Körperhohlraum, in den von der Wand her Scheidewände ragen. Die Polypen schließen sich häufig zu Kolonien zusammen. Viele Blumentiere scheiden organische, anorganische oder kombinierte Hartteile aus.
Die skelettlosen Seeanemonen haben bisher keinerlei Spuren ihrer Existenz in den Plattenkalken erkennen lassen.
Auch von den sechsstrahligen Korallen (Scleractinia = Hartstrahler) ist aus den Lagunensedimenten nichts zu berichten. Sie waren jedoch in den Riffen reichlich zugegen. Ihnen ist der Bau der Riffbarriere im Süden der Solnhofener Lagune zu verdanken. Korallen-Polypen (Textabb. 5i) scheiden an ihrer Unterseite ein Skelett aus kohlensaurem Kalk aus (Taf. 5, Fig. 2). Die sternförmige Anlage des Skeletts wird jeweils durch sechs neue Kalkstrahlen (Septen), oder ein Vielfaches davon, erweitert.
Das Problemstück, das wir auf Farbtaf. 16, Fig. 1 sehen, gehört vielleicht zu den achtstrahligen Korallen (Octocorallia), deren beliebteste lebende Art die rote Edelkoralle ist. Seefächer und Seepeitschen sind weitere Angehörige der Octocorallen. Ihr Skelett besteht aus kleinen Kalkkörperchen und in vielen Fällen auch noch aus einer Achse von hornartiger Substanz, selten völlig aus Kalk. Die Zahl der Fangarme und der Hohlraum-Abschnitte ist acht. Nach dem Tod einer Octocoralle zerfällt das lose gefügte Kalkskelett und die Skelettkörperchen beteiligen sich an der Sedimentbildung. Wo eine hornige Achse besteht, bleibt diese noch eine Weile bestehen, bis auch sie zugrunde geht. Unter besonderen Bedingungen, wie sie auch bei der Entstehung der Solnhofener Plattenkalke vorlagen, werden solche Hornskelette erhalten. Das obenerwähnte Problemstück könnte seiner Form und seiner Substanz nach der Teil eines Seefächers sein. Es mag lebend durchaus wie die heutige *Iridogorgonia* (Textabb. zu Farbtaf. 16, Fig. 1) ausgesehen haben, doch war das Fossil erheblich größer.

Bayer, F. M. (1956 [1963]): Octocorallia. In: Treatise on Invertebrate Paleontology (Herausg. R. C. Moore), Part F, Coelenterata, F166–F232, Lawrence (Univ. Kansas Press).
Speyer, C. W. (1912): Die Korallen des Kelheimer Jura. Palaeontographica, *59*, S. 193–250.

St.: Fangarmtiere (Tentaculata)
Es sind bis auf Ausnahmen Tiere, die zeitlebens festsitzen. Der Mund ist von einem Kranz zarter fangarmartiger Gebilde umgeben. Dieser Kranz kann erweitert sein und die ‹Tentakeln› sitzen dann auf einem schleifenartigen Gerüst. Fangarmtiere bilden Schalen und Stöcke aus organischem Material oder aus kohlensaurem und phosphorsaurem Kalk.
Zu den Fangarmtieren zählen die drei Klassen Moostierchen (Bryozoa), Armfüßler (Brachiopoda) und Hufeisenwürmer (Phoronida). Die letzten haben keine Funde in den Plattenkalken hinterlassen.

Kl.: Moostierchen (Bryozoa)
Die kalkigen Stöcke mit den winzigen Poren für die Tiere sind gelegentlich mit treibenden Objekten in die Lagune gelangt. Die kleinen Kolonien sind schwer zu erkennen. In den Riffen sind die Moostierchen weit verbreitet und deshalb in den Sedimenten der riffnahen Lagunen-Bereiche durch Gesteins-Dünnschliffe fast immer nachzuweisen.

Kl.: Armfüßler (Brachiopoda)
Ihr Tentakelkranz ist erweitert und die Fangarme bilden eine Doppelreihe auf einer Gerüst-Schleife, die bei vielen Armfüßlern verkalkt ist und daher auch fossil gefunden wird. Körper und ‹Arm›gerüst sind von Schalen aus kohlensaurem oder phosphorsaurem Kalk geschützt (Textabb. 5a, 14h). Bei den fortschrittlicheren Armkiemern sind die beiden Schalen gelenkig miteinander verbunden. Aus der größeren von beiden Schalen tritt bei den typischen Formen ein elastischer Stiel hervor, mit dem das Tier an einer Unterlage festgeheftet ist.
Im Jura begegnen uns hauptsächlich zwei Typen: Die glattschaligen Terebrateln (terebratula, lat. = kleine Durchbohrte; Textabb. 5a) und die berippten Rhynchonellen (= Schnäbelchen). Beide sind besonders zahlreich, teilweise sogar massenhaft in der Umgebung von Riffen verbreitet und erreichen in den Kelheimer Riffschuttmassen Dezimetergröße.
Die Terebratel-Gattung *Loboidothyris* (= lappenartige Türe) umfaßt wohl die größte Artenzahl. Es ist schwer, Terebrateln zu bestimmen, weil das Hauptmerkmal, die tentakeltragende Gerüst-Schleife, in der Schale verborgen ist.
Von den Rhynchonellen sind die berippten Gattungen *Septaliphoria* (= Scheidewand-Trägerin) und *Lacunosella* (Textabb. 14h) erwähnenswert. Bei beiden ist der Schnabel der Stielschale, in dem der Stiel austritt, klein. Bei *Septaliphoria* ist die rechte bzw. linke Schalenhälfte abwärts bzw. aufwärts geboten, *Lacunosella* dagegen ist symmetrisch und grob berippt. Eine andere häufige Art ist dreilappig mit vergrößertem Mittelteil.
Wie zu erwarten, sind Armfüßler in den Plattenkalken kaum zu finden und, wenn wirklich, sind sie fast ausnahmslos verdrückt. Etwas mehr sind sie wieder in den riff-

nahen Wannen der Kelheimer Gegend verbreitet; aber auch dort ist der Erhaltungszustand unbefriedigend.

Ager, D. (1965): Mesozoic and Cenozoic Rhynchonellacea. In: Treatise on Invertebrate Paleontology (Herausg. R. C. Moore), Band *H* (2), H 597–H 625, Lawrence (Univ. Kansas Press).
Muir-Wood, H. (1965): Mesozoic and Cenozoic Terebratulinida. Wie oben, Band *H* (2), H 763–H 857, Lawrence (Univ. Kansas Press).

St.: Weichtiere (Mollusca)

Nach den Gliederfüßlern haben die Weichtiere die meisten Arten innerhalb des Tierreichs hervorgebracht.

Der Weichtierkörper besteht aus Kopf, Fuß, Eingeweidesack und Mantel. Im Kopf liegen die wichtigsten Sinnesorgane und der Mund. Der Fuß besteht aus Muskeln, die zur Fortbewegung dienen. Je nach der Lebensweise ist der Fuß verschieden gestaltet, zum Kriechen, zum Schwimmen oder, bei den Tintenfischen, zu Fangarmen und Trichter (S. 344). Der Eingeweidesack liegt an der Rückenseite des Körpers; er enthält die Organe für Verdauung, Ausscheidung, Fortpflanzung und Kreislauf. Der Mantel bildet eine Mantelhöhle, in die Darm, Nierenkanäle und Geschlechtsorgane münden. Auch die Atmungsorgane liegen innerhalb der Höhle. – Eingeweidesack und Mantel scheiden eine Schale aus kohlensaurem Kalk aus. Nur wenige Weichtiere haben diese Schale zurückgebildet.

Von den sieben Klassen dieses Stammes sind in den Plattenkalken drei vertreten, die Schnecken, die Muscheln und die Kopffüßler. Nur die letzten sind aber wirklich von Bedeutung.

Kl.: Schnecken (Gastropoda = Bauchfüßler)

Die Schnecken übertreffen alle anderen Weichtiere bei weitem an Artenreichtum. Meist sind ihre Schalen spiral-kegelförmig gewunden und unterscheiden sich durch das Fehlen einer Kammerung von ähnlichen Gehäusen der Kopffüßler (S. 344). Die Spirale des Schneckenhauses läßt sich auf napfartige Schalen von Ur-Schnecken zurückführen. – Der Weichkörper ist deutlich in Kopf, Fuß und Eingeweidesack gegliedert. Im Mund fehlen Kiefer, doch dafür ist die typische Zungenraspel aus Hornhäkchen, die Radula, stets gut entwickelt. Schnecken haben vom Hochgebirge bis zur Tiefsee alle Lebensbereiche besiedelt.

Die Schneckengemeinschaft des oberen Jura war ungemein vielfältig, besonders in den Korallriffen. Von diesem Reichtum ist in den Plattenkalken nichts zu sehen. Soweit Schneckenfunde beschrieben wurden, stammen sie meistens aus den riffnahen Lagunenbereichen (Kelheim). Es gibt einzelne Napfschnecken der Gattung *Patella* (= Schüssel, Schale), gelegentlich Exemplare der Schlitzschnecke *Ditremaria* (= die Zweilochige) und der Raubschnecke *Globularia* (= die Kugelige). Dazu kommt als große Seltenheit die sehr kleine, hochgetürmte *Spinigera* (= Stachelträgerin), die eine langgestreckte Mündung besitzt und auf jeder Windung zwei lange Dornen trägt.

Im Bruchrevier Gungolding-Pfalzpaint werden von Zeit zu Zeit und an manchen Stellen viele kleine Schnecken auf Schichtflächen gefunden. Ihre Windungsspirale erreicht nur einige mm Höhe. Das Gehäuse ist schlank, hochgetürmt, glatt und besteht aus 6–8 Umgängen. Ich habe diese Schnecken zur Gattung *Rissoa* (nach dem Wissen-

schaftler Risso) gerechnet, die es auch heute noch gibt. Dabei verstehe ich den Gattungsbegriff sehr weit gefaßt.
Über die Familie der Rissoen schreibt der Schneckenspezialist Wenz: «Die Rissoiden leben vorwiegend in der Strandzone der Meere, meist in großer Zahl an Algen, von denen sie sich nähren. Mit einem vom Fuße ausgeschiedenen Schleimfaden vermögen sie sich an den Pflanzen festzuhaften.»
Diese Aussage hilft uns zu verstehen, warum die Schnecken nur stellenweise vorkommen und warum Rissoen auch Spuren im Sediment erzeugten (Taf. 54, Fig. 4, 5), die in der Nachbarschaft undeutbarer Abdrücke liegen: Die Tiere saßen in zarten Algendickichten, mit denen sie in die Lagune trieben. Als ihr Algenknäuel am Meeresboden landete, machten sie sich von den Pflanzen los und versuchten der unwirtlichen Umgebung zu entkommen. Vergebens! Von diesem Mini-Drama zeugen die Steinkerne der Schnekken und ihre Spuren. Das Pflanzengewebe ihres ‹Transport-Fahrzeugs› wurde zerstört und hat bestenfalls schattenhafte Abdrücke übriggelassen.

Leich, H. (1972): Ein bisher unbekanntes, sehr kleines Fossil in den Solnhofener Plattenkalken. Aufschluß, *23,* S. 1–4.
Wenz, W. (1938–1944): Gastropoda. In: Handb. d. Paläozoologie (Herausg. O.H. Schindewolf), *6,* Teil I, XII u. 1685 S., Berlin (Gebr. Bornträger Verl.).

Kl.: Muscheln (Pelecypoda = Beilfüßler oder Bivalvia = Zweischaler)
Zwei Schalen, die gelenkig miteinander verbunden sind, umschließen die Weichteile. Der Kopf ist vom Körper nicht abgegliedert. Die Weichteile bestehen aus dem Eingeweidesack, den Kiemen, dem Mantel, der die Schale innen auskleidet, und dem Fuß. Bei der Fortbewegung ragt der Fuß wie eine Beilklinge zwischen den Schalen hervor (Name!). Hinten am Fuß liegt eine Drüse, die bei vielen Muscheln ein fädiges Eiweißsekret, den Byssus, absondert. Mit diesen Byssus-Fäden befestigen sich Muscheln an ihrer Unterlage, können die Verbindung aber auch wieder lösen und sich neu festsetzen. Andere Muscheln, wie beispielsweise viele Austern, zementieren sich zeitlebens an irgendwelchen Gegenständen fest. Wieder andere leben grabend im Schlamm des Meeresbodens oder bohren gar im Gestein. Diese verschiedenen Lebensbedingungen haben aus vielen Muscheln Spezialisten gemacht und sie weichen im Körperbau von der oben geschilderten Norm dann entsprechend ab.
Muscheln gibt es in den Plattenkalken nur sehr selten. Meistens sind es solche, die sich mit dem Byssus an einen treibenden Gegenstand festgesetzt hatten. Mit diesen Gegenständen, zum Beispiel Tange, Zweige, Holzreste oder Ammonitenschalen und Belemniten-Luftkammern, trieben sie in die Lagune. Wo die Unterlage am Boden aufsetzte, liegen in ihrer Umgebung oft die Schalen verstreut (Taf. 58, Fig. 3). In einigen Fällen ist vom ‹Transporter› nichts mehr übrig geblieben und wir sehen nur noch die isolierten Schalen im Sediment.
Austern der Gattung *Liostrea* müssen zum Teil lange Zeit an größeren Ammonitenschalen festzementiert gewesen sein (Taf. 52). Manche erreichten Durchmesser von über 10 cm. Gelegentlich mag zu starker Austernwuchs sogar am Tod des Wirtes schuld gewesen sein. Auch eine ganze Anzahl kleiner und kleinster Austern gehören zu *Liostrea.* Ob sie nur Jungtiere der großen sind oder ob sie eigenen Arten zuzurechnen sind, ist bisher nicht näher untersucht worden. Die konzentrische Schalenverzierung der

jungen Austern erscheint auch bei anderen kleinen Muscheln, mit denen die Austern gelegentlich verwechselt worden sind.
In den riffnahen Wannen um Kelheim sind die Muscheln zwar kaum zahlreicher, aber die Gemeinschaft wird vielfältiger durch Arten, die aus den Riffen stammen. Es sind Einzelfunde von Kamm-Muscheln, etwa *Eopecten* (= Früh-Kamm-Muschel), oder Miesmuschel-Verwandten wie *Acromytilus* (= Spitz-Miesmuschel) und der schmal V-förmigen Steckmuschel *Pinna* (= Mauerspitze).
Eigentümlich ist ein Fund der glatten, ungleichschaligen *Buchia* (nach L. v. Buch; früher ‹*Aucella*›). Diese Muschel war in den kühleren Meeren des Nordens, besonders Rußlands, heimisch und überaus zahlreich. Hier liegt sie nur als Einzelstück vor. Immerhin weist der Fund auf eine Möglichkeit der Verbindung mit den Nordmeeren hin.
Die einzige Muschel, die Grabspuren im Sediment erzeugte, wenn auch nur über kurze Strecken, war *Solemya* (Taf. 54, Fig. 1–3). Wie diese grabende Muschel in die Lagune geriet, ist schwierig zu erklären. Wir können annehmen, daß sie bei stürmischem Wetter von den Wellen aus dem Sediment gespült und in die Lagune verfrachtet wurde.

Moore, R. C., Herausg. (1969–1971): Bivalvia, Mollusca 6, Part N 1–3, Treatise on Invertebrate Paleontology. XXXVII, II, IV und L 1–L 1244, Lawrence (Univ. Kansas Press).
Wellnhofer, P. (1964): Zur Pelecypodenfauna der Neuburger Bankkalke (Mittel-Tithon). Abh. Bayer. Akad. Wiss., Math.-naturwiss. Kl., N. F., *119,* 143 S.

Kl.: Kopffüßler (Cephalopoda)
Sie vereinen die drei Unterklassen der Perlboote, der Ammoniten und der modernen Tintenfische. Die beiden letzten sind aus Perlbooten des Erdaltertums hervorgegangen. Perlboote und Ammoniten besitzen eine äußerliche Schale, die aus einer Anzahl von Luftkammern und einer Wohnkammer besteht. Bei den modernen Tintenfischen ist die Schale innerlich und zeigt meist nur noch Andeutungen des Kammerbaus der Vorfahren. Sie haben sozusagen ihre Schale umwachsen und sich ein ‹Innenskelett› geschaffen, zugunsten der besseren Beweglichkeit. – Die Außenschaler (Exocochlia) haben vier Kiemen und werden deshalb auch als Vierkiemer (= Tetrabranchiata) bezeichnet, während die Innenschaler (Endocochlia) nur zwei Kiemen besitzen und unter dem Namen Zweikiemer (Dibranchiata) bekannt sind.
Kopffüßler sind die höchstentwickelten Weichtiere und leben im Meer. Den Namen haben sie von den Fortsätzen, die um den Mund herum angeordnet sind. Das Schwimmen erfolgt durch Rückstoß. Auf- und Absteigen geschieht bei den trägen Außenschalern durch Verändern des Gas- und Flüssigkeitsgehalts der Luftkammern.

U. Kl.: Perlboote (Nautiloidea)
Verwandte unseres Perlbootes *Nautilus* aus dem indonesischen Meer kommen in den typischen Plattenkalken nur sehr selten vor und sind schlecht erhalten. Da für die Bestimmung der Gehäusequerschnitt und der Verlauf der Kammerscheidewand (Lobenlinie) entscheidend sind, kann man die Solnhofener Nautilenreste kaum näher bestimmen. Nur die jüngeren Mörnsheimer Schichten (S. 98) haben in ihren verkieselten Partien fast unverdrückte Stücke geliefert.
Nur die Gattung *Pseudaganides* (= der scheinbar gefällig Aussehende) ist bisher in den Plattenkalken nachgewiesen. Das enggewundene glatte Gehäuse ist mäßig breit

und hat eine abgeflachte Außenseite. Die Naht der Kammerscheidewand läuft in großen Schwüngen über die Flanke. – Aus den Mörnsheimer Schichten und den Riffen im Süden ist auch die Gattung *Pseudonautilus* (= Scheinnautilus) bekannt geworden. Sie besitzt einen zusätzlichen Schwung der Kammerscheidewand.

Schairer, G. & Barthel, K.W. (1977): Die Cephalopoden des Korallenkalks aus dem Oberen Jura von Laisacker bei Neuburg an der Donau. III. *Pseudaganides, Pseudonautilus (Bavarinautilus* n. subgen.). Mitt. Bayer. Staatssamml. Paläont. hist. Geol., *17,* S. 115–124.

U. Kl.: Ammoniten (Ammonitina)

Seit dem Unterdevon bis ans Ende der Kreide haben die Ammoniten wertvolle Leitfossilien geliefert, und so auch im Oberjura.

Die Schale der Ammoniten besteht aus kohlensaurem Kalk, ist meist spiralig eingerollt und erinnert deshalb an das Gehörn eines Widders. In der Antike galten die Hörner des Widders als Symbol des ägyptischen Gottes Amun-Re oder Ammon. Von ihm haben die Ammoniten den Namen.

Der Schalenbau ist dem von *Nautilus* sehr ähnlich, doch sind die Kammerscheidewände gegen außen sehr viel stärker verfaltet (Lobenlinie) und die Verbindungsröhre (der Sipho) liegt ganz an der Außenseite (vgl. Text u. Abb. zu Taf. 52). Leider ist es bisher noch nicht gelungen, ein vollständiges Ammonitentier mitsamt Gehäuse zu entdecken. Spuren, die man in Solnhofener Kalken von Ammoniten-Weichteilen nachzuweisen glaubte, sind recht zweifelhaft. Sehr verschieden von lebenden *Nautilus* hat jedenfalls das Ammonitentier sicher nicht ausgesehen.

In den Plattenkalken ist die Mehrzahl der Ammoniten schlecht erhalten. Die Schale wurde weggelöst und der Rest papierdünn zusammengepreßt. Nur der Sipho aus phosphatischer Substanz und die stabilen Deckel sind oft deutlich zu erkennen. Aus diesem Grund ist die Bestimmung von Plattenkalk-Ammoniten nicht einfach. Gut erhaltene Ammoniten stammen in der Regel aus den verkieselten Partien der Mörnsheimer Schichten (Taf. 53). – Die folgenden, z. T. gar nicht so seltenen Ammoniten sind charakteristisch für die Plattenkalke und die Mörnsheimer Schichten.

Neochetoceras steraspis (Oppel) (Taf. 51, Fig. 2 u. S. 103). Bis 15 cm Durchmesser. Windungen sehr hoch und schmal, so daß die inneren Umgänge fast verdeckt sind. Die Flankenverzierung ist schwach, doch sind meist schwache Sichelrippen zu sehen, welche außen gelegentlich in Knötchen enden.

Taramelliceras prolithographicum (Fontannes (Taf. 53 u. S. 103). Bis etwa 10 cm Durchmesser. Umgänge schmal, weniger eng gewunden als bei *Neochetoceras.* Flankenverzierung aus schwach gebogenen Sicheln an der äußeren Flankenhälfte. Deutliche Außenknötchen.

Glochiceras lithographicum (Oppel) (Taf. 50, Fig. 3 u. S. 103). Bis etwa 6 cm Durchmesser. Umgänge schmal, weiter gewunden als bei *Taramelliceras,* Verzierung aus deutlichen Sicheln mit Knoten an der Flanken-Außenseite. Auf der Flankenmitte verläuft eine seichte Spiralrinne. Flanken-Innenseite mit kräftigen, weitstehenden und vorwärtsgeneigten Rippen. Mündung mit löffelartigem Fortsatz.

Glochiceras solenoides (Quenstedt). Etwa 3–4 cm Durchmesser. Ähnlich *G. lithographicum,* doch fehlt die Verzierung. Nur die Spiralfurche ist etwas angedeutet.

Die Gattung *Sutneria* (benannt nach dem Paläontologen Sutner) wird hin und wieder mit kleinen Individuen von ungefähr 3 cm Durchmesser angetroffen. Die Schalen sind weit gewunden und der Umgangsquerschnitt ist, unverdrückt, rundlich bis oval. Lange, spießartige Mündungsfortsätze sind für die Gattung ein ausgezeichnetes Merkmal. Die Skulptur der Formen des höheren Oberjura besteht aus zarten, außen nach rückwärts geneigten Rippchen. Die Bestimmung von Plattenkalk-Arten ist kaum möglich.

Die Gattung *Gravesia* (Textabb. 31, u. S. 103) erreicht über 30 cm Durchmesser. Ihre Umgänge sind weit gewunden und von breitem Querschnitt. An der Innenseite der Flanken stehen grobe Knoten oder Rippen, die sich höher an der Flanke in zwei oder mehr kräftige Rippen aufteilen. Diese Rippen ziehen über die Außenseite der Schale.

Eine ganze Reihe von ‹Spaltrippern› wie *Gravesia* sind aus den Plattenkalken beschrieben worden. Sie gehören weitgehend zu zwei Gattungen, die sich in Jugendexemplaren, bis etwa 10 cm Durchmesser, praktisch nicht voneinander unterscheiden lassen. Beide sind mit einfachen Spaltrippen verziert. Es sind die Gattungen *Lithacoceras* (= Steinhorn) und *Subplanites* (Taf. 51, Fig. 1). An halbwüchsigen Exemplaren sieht man, wie *Lithacoceras* Bündel aus vielen Spaltrippen entwickelt, während *Subplanites* die Rippen kaum weiter aufspaltet. Erwachsen verwischen bei *Lithacoceras* die Rippenbündel fast wieder und es entstehen stumpfe, breite Flankenwülste; der Durchmesser kann 50 cm überschreiten. *Subplanites* bleibt kleiner (um 20 cm Durchmesser) und die Flankenrippen spalten selbst an der Mündung nur in drei oder vier Rippen auf. Die Mündung trägt lappenförmige Fortsätze.

Funde von großen Spaltrippern sind selten, wogegen die kleinen unbestimmbaren Jugendformen recht häufig vorkommen. Spaltripperschalen haben im Sediment Rollmarken (Taf. 64) und Aufsetzmarken (S. 190) erzeugt. Stark aufgeblähte Umgänge geben der Gattung *Aspidoceras* (Skizze zu Taf. 64) ein nahezu kugeliges Aussehen. Es gibt Arten, die fast glatt sind. Andere tragen Dornenpaare auf den Flanken. *Aspidoceras*-Schalen sind immer zerbrochen.

Eindeutig zu bestimmen sind die Reste der Art *Hybonoticeras hybonotum* (Oppel). Die weitgewundenen Umgänge tragen innen und außen an den flachen Flanken starke Dornen. Ganz außen an der Schale, von der Seite nicht sichtbar, verläuft eine Furche, die von je einer Knötchenreihe begleitet wird (Taf. 4, Fig. 2 u. Taf. 52).

Die stabilen Ammonitendeckel (Aptychen) – von manchen werden sie für Kiefer gehalten – gehören mit zu den häufigsten Funden in den Plattenkalken. Sie treten in drei Typen auf. Charakteristisch ist die gewölbte Seite der Deckel. Solche, die zu *Neochetoceras* und *Taramelliceras*, auch *Glochiceras* gehören, tragen kräftige Lamellen und heißen deshalb Lamellaptychen (Taf. 51, Fig. 2). Formen mit glatten, feinpunktierten Oberflächen liegen in den Schalen von *Aspidoceras* und *Hybonoticeras;* man nennt sie Laevaptychen (laevus, lat. = glatt). Pustelartige Oberflächen treffen wir bei den Aptychen der Spaltripper (Taf. 51, Fig. 1); sie werden als Granulaptychen angesprochen (granulosus, lat. = körnig).

Barthel, K.W. & Schairer, G. (1977): Die Cephalopoden des Korallenkalks aus dem Oberen Jura von Laisacker bei Neuburg a.d.Donau. II. *Glochiceras, Taramelliceras, Neochetoceras.* Mitt. Bayer. Staatssamml. Paläont. hist. Geol.

Lehmann, U. (1976): Ammoniten. 171 S., Stuttgart (Enke Verl.).

Lehmann, U. & Weitschat, W. (1973): Zur Anatomie und Ökologie von Ammoniten: Funde von Kropf und Kiemen. Paläont. Z., *47*, S. 69–76.
Kolb, A. (1967): Ammoniten-Marken aus dem Solnhofener Schiefer bei Eichstätt (Ein weiterer Beweis für die Oktopoden-Organisation der Ammoniten). Geol. Bl. NO-Bayern, *17*, S. 21–37.
Zeiß, A. (1964): Zur Verbreitung der Gattung *Gravesia* im Malm der Südlichen Frankenalb. Geologica Bavarica, *53*, 96–101.
– (1968): Untersuchungen zur Paläontologie der Cephalopoden des Unter-Tithon der Südlichen Frankenalb. Abh. Bayer. Akad. Wiss., Math.-naturw. Kl., N. F., *132*, 190 S.
Ziegler, B. (1958): Monographie der Ammonitengattung Glochiceras im epikontinentalen Weißjura Mitteleuropas. Palaeontographica, *110* A., S. 93–164.
– (1974): Über Dimorphismus und Verwandtschaftsbeziehungen bei ‹Oppelien› des oberen Juras (Ammonoidea: Haploceratacea). Stuttgarter Beitr. Naturk., Ser. B, *11*, S. 1–42.
– (1974): Über den *Ammonites aporus* Oppel. Stuttgarter Beitr. Naturk., Ser. B., *9*, S. 1–6.

U. Kl.: Zweikiemer (Dibranchiata)

Sepien, Kalmare und Kraken sind die am meisten genannten Vertreter der heutigen Zweikiemer. Sie beherrschen das Rückstoß-Schwimmen vollkommen. Dazu nimmt eine Tasche (Mantelfalte) unter dem Kopf, die auch die Kiemen birgt, Wasser auf. Anschließend wird das Wasser durch eine muskulöse Röhre, den Trichter, ausgepreßt. Zweikiemer sind ungemein gewandte Schwimmer, die es an Geschwindigkeit mit den meisten Fischen aufnehmen. Durch Wenden der Trichteröffnung vermögen sie vorwärts zu schnellen. So rasche Bewegungen erfordern blitzartiges Erfassen und Verwerten von Eindrücken. Deshalb haben die Zweikiemer neben den Wirbeltieren das höchstentwickelte Nervensystem.

Die modernen Tintenfische haben acht oder zehn Fangarme. Gemessen über alles, Körper und Fangarme, erreichen die größten Arten 18 m Länge. – An den Fangarmen sitzen Saugnäpfe oder hornige Haken (Farbtaf. 14, Fig. 2, Taf. 48, Fig. 2; Taf. 50, Fig. 2). Im Mund befinden sich hornige Kiefer, die einem Papageienschnabel ähnlich sind, die Zunge wirkt als Raspel, da sie meist mit kleinen Hornzähnchen besetzt ist. Viele Zweikiemer sind mit Tintenbeuteln ausgestattet.

Als Stützskelett dient der kalkige Schulp, der in den Weichteilen eingebettet ist. Er ist ein Rest des ehemals äußerlichen Kammerapparates und seiner Anhänge (Vgl. S. 344). Meist ist er allein erhalten.

Ord.: Belemniten (Belemnitida; Donnerkeile, Teufelsfinger)

Die Hartteile der Belemniten unterscheiden sich deutlich von den anderen Tintenfischen der Jura-Zeit. Sie legten um einen kegelförmigen Luftkammerapparat Kalkschichten. Dadurch entstand eine massive, geschoßartige oder keulenförmige Spitze, das Rostrum, das als eine Art «Wasserteiler» diente. Es saß am hinteren Körperende und zeigte in die Schwimmrichtung. – Das Belemniten-Tier ist erst kürzlich zweifelsfrei identifiziert worden: Wir dürfen daher annehmen, daß die Plattenkalk-Gattung *Acanthoteuthis* (Taf. 49, Fig. 2) der Körper zur Belemniten-Spitze *Hibolithes* war.

Belemniten-Spitzen und ihr Luftkammerapparat (Taf. 49, Fig. 1) sind in den Plattenkalken spärlich. Reste von Jungtieren zeigen eine nadeldünne Spitze mit großem Luftkammerapparat, der wie ein Ballon wirkte, an dem die Spitze nach dem Tod der Tiere im Wasser driftete (vgl. Textabb. 35 u. S. 117). – Mit den Rostren erwachsener Tiere finden wir neben den Luftkammern manchmal den schuhlöffelartigen «Schulp», eine

Art Stützskelett. Verschiedene Belemniten-Spitzen waren von parasitischen Krebsen befallen (S. 146), die kleine, schlitzartige Öffnungen in den Rostren verursachten. Die größte Belemniten-Art der Plattenkalke war der speerspitzenförmige *Hibolithes hastatus* (Blainville), früher *H. semisulcatus* (Taf. 49, Fig. 1), der sich auch im Treuchtlinger Marmor (mittleres Kimmeridge) zahlreich findet. Jugendstadien sind etwas häufiger als erwachsene Tiere. Als *Raphibelus acicula* (Münster) sind nadelartige, kleine Belemniten beschrieben worden. *Rhaphibelus* (= Nadelgeschoß) ist möglicherweise ein Jungtier der Gattung *Duvalia* gewesen, die sich durch seitlich zusammengepreßte Rostren auszeichnet. Falls das bewiesen werden kann, wird die Gattung *Rhaphibelus* ungültig.

Ord.: Tintenfischartige (Teuthoidida)
Der Luftkammerteil, das Ahnenerbe, ist am Schulp dieser Tiere nicht mehr vorhanden. Der Schulp hingegen ist gut ausgebildet. Von den zehn Fangarmen sind zwei sehr lang, mit kolbenartigen Enden und zurückziehbar. Die Fangarme sind mit Saugnäpfen besetzt; Häkchen fehlen den meisten. Verhältnismäßig häufig sind Weichteile überliefert, die in Phosphat umgewandelt sind. Fangarme und Flossen sind daher vielfach deutlich zu erkennen. Die Tintenbeutel enthalten gelegentlich noch pulverisierte Tintensubstanz (S. 338). In einigen Fällen haben Tintenfischleichen Aufsetzmarken verursacht (Farbtaf. 14, Fig. 2).

Die Gattung *Plesioteuthis* (Farbtaf. 14, Fig. 2) ist der häufigste Zweikiemer-Tintenfisch der Plattenkalke. Wir kennen alle Wachstumsstadien bis zum erwachsenen Tier, das etwa 30 cm Länge erreichte. Der Schulp ist sehr lang und schmal und besitzt an der Hinterseite einen kleinen, tütenartigen Kegel. Nahe dem Kegel liegen die beiden Flossen.

Über 1 m Länge erreichten die Schulpe von *Leptoteuthis* (= Zart-Tintenfisch). Das Mittelstück des Schulps ist eng V-förmig, vorne gerundet. Spitze und Kegeltüte am Hinterende sind stumpf. Die Seitenteile des Schulps sind lang; das Gesamtbild ist langgestreckt-oval. Schmale, lange Flossen sitzen nahe dem Hinterende. Die Fangarme sind bei erwachsenen Tieren kurz. *Leptoteuthis* sind nicht zu selten.

Fast ebensohäufig ist *Trachyteuthis* (Taf. 50, Fig. 1). Ihr Schulp ist gedrungen-massiv und erreicht bis 75 cm Länge. In der hinteren Hälfte sind die beiden Seitenteile flügelartig abgesetzt. Die Kegelspitze ist stumpf. Der Mittelteil ist auf der Rückenseite mit rauhen Pusteln versehen. Die Tiere besaßen lange, schlanke Fangarme und große, breite Flossen, die den ganzen Schulp entlang angeheftet waren.

Die folgenden Tintenfischartigen sind klein und nicht sehr häufig durch Funde vertreten.

Geopeltis besitzt einen kurzen Schulp mit schmalem Mittelteil. Die Seiten des Mittelteils verlaufen vorne parallel und hinten schmal V-förmig auf die Spitze zu. Die Kegeltüte ist groß, rundlich und setzt etwa in halber Höhe des Mittelstücks an. Die Kegelspitze ist stumpf.

Palaeololigo (Alt-Loligo; loligo, lat. = Tintenfisch). Der Schulp ist klein (um 10 cm), von löffelartigem Umriß. Der sehr schmale Mittelteil spitzt nach beiden Enden zu. Ab der Mitte schließen breite Seitenteile an, die hinten in die kleine, stumpfe Kegeltüte übergehen.

Kelaeno (eine der drei Harpyien der griech. Mythologie). Schulp ungefähr 10 cm lang, von der Seite gesehen schöpfkellenförmig, in der Aufsicht tennisschlägerartig. Mittelteil klein, schmal. Kegeltüte stumpf, groß; sie macht den ganzen ‹Schöpfer› der Kelle aus.

Celaenoteuthis (= Kelaeno-Tintenfisch; teuthis, griech. = Tintenfisch). Der Schulp ist klein (um 10 cm). Der Mittelteil ist nur vorne etwas abgesetzt, die Mittelleiste ragt als langer, sehr dünner Fortsatz weit nach vorne. Insgesamt sieht der Umriß des Schulps wie die Draufsicht auf eine schmal dreieckige Maurerkelle mit extrem dünnem Griff aus.

Jeletzky, J. A. (1966): Comparative morphology, phylogeny, and classification of fossil Coleoidea. Univ. Kansas. Paleont. Contrib., Mollusca, Art. *7,* 162 S., Lawrence (Univ. Kansas Press).

Naef, A. (1922): Die fossilen Tintenfische. 322 S., Jena (G. Fischer Verl.).

Wiesenauer, E. (1976): Vollständige Belemnitentiere aus dem Holzmadener Posidonienschiefer. N. Jb. Geol. Paläont., Mh., *1976,* S. 603–608.

▶ **St.: Ringelwürmer** (Annelida)

Würmer erscheinen uns, denken wir nur an den Regenwurm, wenig erhaltungsfähig. Aber es gibt Meereswürmer, die um ihren Körper eine harte Röhre aus kohlensaurem Kalk anlegen und so überliefert werden können. Man faßt diese kalkigen Röhren unter dem Sammelnamen *Serpula* (= Schlängelchen) zusammen. *Serpula* kommt sehr häufig in Riffgesteinen des Jura vor und ist dort auf allen möglichen Unterlagen festgewachsen. Das *Serpula*-Tier hat einen gegliederten Körper; es gehört zu dem Wurm-Stamm, der am höchsten entwickelt ist, zu den Ringelwürmern. Reste dieser festgewachsenen Ringelwürmer werden wir in den Plattenkalken bestenfalls an eingedrifteten Gegenständen, Treibholz oder Ammonitenschalen, entdecken können.

Aber ein zweiter Typ der Ringelwürmer hat uns schöne, wenn auch sehr seltene Fossilien geliefert. Diese freibeweglichen Würmer lebten in und auf dem Meeresboden. Ihr Körper war in viele, gleichartige Abschnitte gegliedert, von denen jeder ein Paar seitliche Fortsätze und Borstenbündel trug. Von diesen Vielborstern (Polychaeta) sind uns Abdrücke des Körpers, der Borstenträger und die winzigen Kiefer erhalten. Die Kiefer bestehen aus einem Gemisch organischer Substanz und Kieselsäure; sie sind deshalb sehr hart. – Wir nennen zwei Gattungen von vielborstigen Ringelwürmern, den seltenen *Ctenoscolex* (Taf. 55, Fig. 2) und *Eunicites* (= versteinerte «Eunice», die Wohlsiegende?). *Eunicites* ist viel länger als *Ctenoscolex* und zeigt immer deutliche Borstenträger.

Aus den Plattenkalken sind etwa 15 Gattungen und Arten von Würmern beschrieben worden. Die meisten davon sind so schlecht erhalten, daß es unmöglich ist zu sagen, ob es sich überhaupt um Würmer handelt.

Anhang: Lumbricaria, früher meist mit den Würmern in Verbindung gebracht, ist eine Kotschnur, die höchstwahrscheinlich von Tintenfischen ausgeschieden wurde (S. 360, Taf. 60, Fig. 2).

Kozur, H. (1970): Zur Klassification und phylogenetischen Entwicklung der fossilen Phyllodocida und Eunicida (Polychata). Freiberger Forsch.-H., *C260,* S. 35–81.

– (1971): Die Eunicida und Phyllodocida des Mesozoikums. Freiberger Forsch.-H., *C267,* S. 73–89.

▸ **St.: Gliederfüßler** (Arthropoda)

Kein anderer Stamm im Tierreich umfaßt so viele Gattungen wie die Gliederfüßler. Die Ausbildung der vordersten Gliedmaßenpaare läßt sich dazu verwenden, den Stamm in Unterstämme zu zerlegen.

1. Im primitivsten Zustand ist das erste Gliedmaßenpaar zu Sinnesorganen, Fühlern oder Antennen, umgewandelt. Man bezeichnet solche Gliederfüßler als Ohnekiefer (Amandibulata), zu denen die Trilobiten (Textabb. 13a) und ihre Verwandten gehören.
2. Kaum weiter fortgeschritten sind die Fühlerlosen. Immerhin ist das erste Gliedmaßenpaar, das am Ende kleine Scheren trägt, zum Erfassen und Zerkleinern von Nahrung geeignet. Von den Scheren (griech. chēlē) ist der wissenschaftliche Name abgeleitet: Chelicerata. Auch die körpernächsten Teile der folgenden Beinpaare funktionieren als Kauladen. Schwertschwanzkrebse und Spinnen sind wohl die bekanntesten Vertreter der Cheliceraten.
3. Bei den fortschrittlicheren Formen folgen auf zwei Antennenpaare noch ein Oberkieferpaar (Mandibeln) und ein bis zwei Unterkieferpaare (Maxillen). Nach den Mandibeln heißt der Unterstamm Kieferträger oder Mandibulata, die sich unterteilen lassen in:
   a Formen mit zwei Antennen (Diantennata). Sie leben im Wasser, atmen mit Kiemen und werden daher auch Branchiata genannt: Krebse.
   b Formen, bei denen ein Antennenpaar zurückgebildet ist (Antennata). Sie sind Landtiere und atmen mit einem Luftröhrensystem, den Tracheen. Daher bezeichnet man sie auch als Tracheata: Tausendfüßler und Insekten.

Die Gliederfüßler tragen einen starren Außenpanzer. Beim Wachstum sind sie deshalb gezwungen, sich von Zeit zu Zeit ihres alten Panzers zu entledigen, sie häuten sich. Nach ungemein schnellem Körperzuwachs wird ein neuer Panzer angelegt. Die Tracheaten haben die Häutung weitgehend abgeschafft und durch Sonderentwicklungen ersetzt, wie wir sie beispielsweise vom Maikäfer kennen: Ei–Engerling–Puppe–Käfer.

U. St.: Fühlerlose oder Scherenträger (Chelicerata)

Das verkleinerte erste Beinpaar, die Chelicere, endigt mit einer Schere. Körper in Vorderkörper und Hinterkörper gegliedert. Der Hinterkörper trägt oft noch einen langen Fortsatz. Am Vorderkörper sitzen die sechs Gliedmaßenpaare an, von denen die Cheliceren, nicht zum Laufen geeignet sind. Auch das zweite Paar kann noch spezialisiert sein, so daß z. B. bei den Spinnen nur vier Laufbeinpaare übrigbleiben. Im Hinterleib sind die Kiemen beziehungsweise die Tracheen untergebracht.

Zu den Fühlerlosen werden die ausgestorbenen *Eurypterus* (Textabb. 13e) nebst Verwandten, die Schwertschwänze, sodann die Skorpione, Milben, Spinnen und die Asselspinnen gezählt. In den Plattenkalken sind nur die Schwertschwänze häufiger. Außerdem ist ein einziger Spinnenfund zu verzeichnen.

Kl.: Schwertschwanz-Krebse (Xiphosura)

Schwertschwänze, auch Pfeilschwanzkrebse genannt, gibt es seit dem Kambrium. Von Devon an haben sie ihre Gestalt kaum verändert: Der große, schildförmige Vorderkörper mit zwei bohnenförmigen Augen, der trapezförmige Hinterkörper mit beweglichen Seitenstacheln und ein langer Schwanzstachel machen die Tiere, heute wie damals, leicht kenntlich. Von den sechs Gliedmaßenpaaren, die unter dem Vorderkörper liegen, tragen vier Paare und die Cheliceren Scheren. Das letzte Beinpaar dient hauptsächlich zum Vorwärtsstaken und ist dazu mit besonderen Fortsätzen ausgerüstet. Es hinterläßt Eindrücke, die Vogelfährten ähnlich sind und daher oft für Fährten von Wirbeltieren gehalten wurden.

Wir wissen über die Schwertschwänze recht gut Bescheid, weil sie noch in großer Zahl an der Ostküste Nordamerikas, bei den Molukken-Inseln im Pazifik und um Japan in flachen Küstengewässern leben. Dort graben sie im Schlamm nach Weichtieren als Nahrung. Gelegentlich schwimmen sie in Rückenlage, also mit den Beinen nach oben. Auch an Land können sie sich einige Zeit aufhalten. Geraten sie auf den Rücken, benutzen sie den Stachel zum Wenden.

Die Schwertschwänze sind sehr unempfindlich gegen Schwankungen des Salzgehaltes im Wasser und der Temperatur. Aus diesem Grund haben sie wohl als einzige Tiere auf dem Grund der Solnhofener Lagune längere Fährten hinterlassen. Am Ende dieser Fährten liegt dann der verendete Krebs. Eine Interpretation besagt, die Tiere hätten sich gehäutet, hätten den alten Panzer am Ende der Fährte liegen gelassen und seien dann weggeschwommen. Da die Häutung sehr langsam vor sich geht und danach ein Ruhestadium eintritt, hätten die Tiere beim Herauskriechen aus ihrer alten Haut *vor* dieser Spuren hinterlassen müssen. Sie fehlen jedoch. – Die Plattenkalke haben nur eine einzige Art, *Limulus («Mesolimulus») walchi* Desmarest, überliefert (Taf. 47, 48). Die gefundenen *Limulus*-Reste waren Jungtiere. Von größeren Tieren haben wir nur eine Spur, und vor mehr als 120 Jahren beschrieb Graf Georg v. Münster Reste eines Hinterkörpers mit einem großen Stachel, der mit den ausgewachsenen Tieren von heute vergleichbar ist sowie ein Neufund aus jüngster Zeit.

Barthel, K.W. (1974): *Limulus:* a Living Fossil. Horseshoe Crabs Aid Interpretation of an Upper Jurassic Environment (Solnhofen). Naturwissenschaften, *61,* S. 428–433.

Caster, K.E. (1940): Die sogenannten «Wirbeltierspuren» und die *Limulus*-Fährten der Solnhofener Plattenkalke. Paläont. Z., *22,* S. 19–29.

Goldring, R. & Seilacher, A. (1971): Limulid undertracks and their sedimentological implications. N.Jb. Geol. Paläont., Abh., *137,* S. 422–442.

Groiß, J.Th. (1975): Eine Spurenplatte mit Kouphichnium (Mesolimulus) walchi (Desmarest, 1822) aus Solnhofen. Geol. Bl. NO-Bayern, *25,* S. 80–95.

Kolb, A. (1963): Riesige Limulus-Fährte aus den lithographischen Schiefern von Pfalzpaint. Geol. Bl. NO-Bayern, *13,* S. 73–78.

Malz, H. (1964): *Kouphichnium walchi,* die Geschichte einer Fährte und ihres Tieres. Natur u. Museum, *94,* S. 81–97.

Shuster, C.N. (1971): Xiphosurida. In: Encyclopedia of Science and Technology. 3. Aufl., New York (McGraw-Hill Book Co.).

Kl.: Spinnentiere (Arachnida)

Unter diesem Begriff fassen wir die Skorpione, Milben und Spinnen zusammen. Sie sind dem Landleben angepaßt.

Der einzige Spinnenfund aus den Plattenkalken ist *Sternarthron* (= Gelenkbrust). Die Körperform dieses Tieres ist eigentümlich spindelförmig. Vorder- und Hinterkörper sind nicht wie sonst bei den Spinnen von einander abgesetzt und der Hinterleib nicht geschwollen. Das Körperende bildet ein kurzer Geißelfortsatz. Die Beine sind ziemlich lang und dünn. Nächste Verwandte von *Sternarthron* leben heute unter Steinen und in Erdspalten. Die größten werden nicht einmal 3 mm lang; ihre Beine sind kurz, der Geißelfortsatz lang. *Sternarthron* hingegen erreichte eine Körperlänge von nahezu 20 mm und hat daher sicher eine andere Lebensweise gehabt.

Petrunkevitch, A. (1955): Arachnida. In: Treatise on Invertebrate Paleontology (Herausg. R.C. Moore). Part P. Arthropoda 2, P42–P162, Lawrence (Univ. Kansas Press).

U. St.: Zweifühlerige (Diantennata)
Dieser Unterstamm der Kieferträger (Mandibulata) besteht nur aus einer Klasse, den Krebsen (Crustacea). Als Kiemenatmer sind sie dem Wasserleben angepaßt. Von den Unterklassen und Ordnungen werden wir nur solche betrachten, die durch Fossilien aus den Plattenkalken belegt sind.

U. Kl.: Muschelkrebse (Ostracoda)
Kleine Tiere, meist nur um 1 mm lang. Der Kopfbrust-Panzer (Carapax) besteht aus zwei Klappen, die durch ein Scharnier am Rücken verbunden sind. Der Panzer ist verkalkt, glatt oder verziert und verhüllt geschlossen sowohl Körper als auch Beine und Fühler. Der Kopf ist nicht vom Vorderkörper abgesetzt. Die Gliedmaßen sind an Zahl reduziert und spezialisiert (Textabb. 39).
Bis vor kurzem waren Ostracoden aus den Plattenkalken unbekannt. Leider sind auch die neuen Funde nur mäßig erhalten. Es sind meist Formen mit grubiger Schalen-

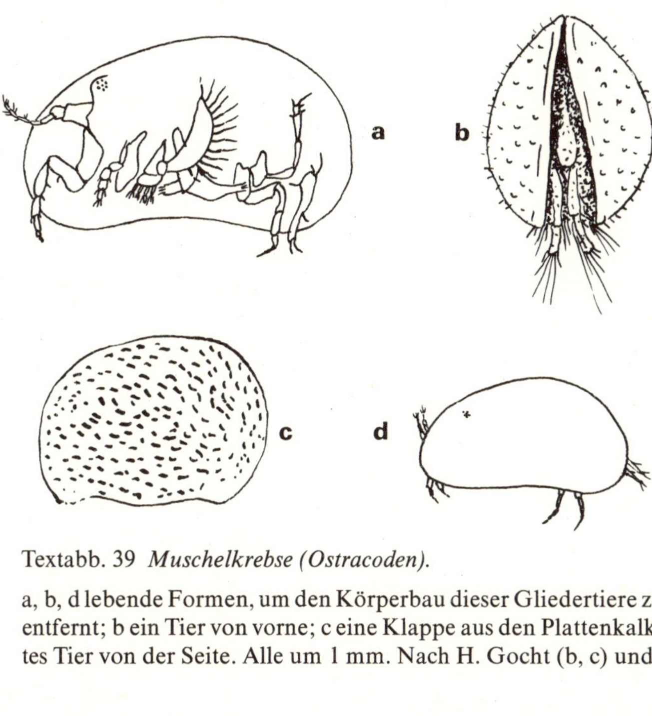

Textabb. 39 *Muschelkrebse (Ostracoden).*

a, b, d lebende Formen, um den Körperbau dieser Gliedertiere zu zeigen. a eine Schalenklappe entfernt; b ein Tier von vorne; c eine Klappe aus den Plattenkalken; d wie a, doch ein komplettes Tier von der Seite. Alle um 1 mm. Nach H. Gocht (b, c) und P. Rietschel (a, d).

oberfläche (Textabb. 39). Aber auch glatte Ostracoden, die an der Unterseite eine nasenartige Schalenausbuchtung haben, trifft man an; sie erinnern an Süßwasser-Ostracoden (vgl. S. 91).

Benson, R.H. u. andere (1961): Crustacea. Ostracoda. In: Treatise on Invertebrate Paleontology (Herausg. R.C. Moore). Part Q. Arthropoda 3, 442 S., Lawrence (Kansas Univ. Press).

Gocht, H. (1973): Einbettungslage und Erhaltung von Ostracoden-Gehäusen im Solnhofener Plattenkalk (Unter-Tithon, SE-Deutschland). N.Jb. Geol. Paläont., Mh., *1973*, S. 189–206.

U. Kl.: Rankenfüßler (Cirripedia)

Nur ihre Larven sind frei beweglich, die erwachsenen Tiere sitzen fest oder sind Parasiten. Bei den festsitzenden zeigt der Rücken zur Unterlage und die rankenartigen Brustbeine, die dem Nahrungsfang dienen, nach oben. Es gibt zwei Typen: die unmittelbar festsitzenden Seepocken mit ihrem dicken kalkigen Schutzpanzer aus verschiedenen Platten sowie Formen, deren Panzer köpfchenartig auf einem elastischen Stiel sitzen. Nur diese, die Entenmuscheln, sind aus den Plattenkalken durch die Gattung *Archaeolepas* (Taf. 39, Fig. 2, 3) nachgewiesen.

Parasitische Rankenfüßler haben auch ihre Spuren hinterlassen. Sie befallen besonders Weichtiere mit Hartteilen, in deren Schalen sie Schutz suchen. Darin erzeugen sie Vertiefungen, die außen schlitzförmig und in der Tiefe sackartig erweitert sind. Sie werden nur wenige mm groß. In den Plattenkalken von Daiting sind Belemniten gefunden worden, die über und über mit den Schlitzöffnungen dieser Parasiten bedeckt sind. Die Öffnungen sind durch die Gattung *Brachyzapfes* (= Kurz-Zapfes) verursacht worden.

Janicke, V. (1969): Untersuchungen über den Biotop der Solnhofener Plattenkalke. Mitt. Bayer. Staatssamml. Paläont. hist. Geol., *9*, S. 117–181.

Newman, W.A., Zullo, V.A. & Withers, T.H. (1969): Cirripedia. In: Treatise on Vertebrate Paleontology (Herausgeb. R.C. Moore). Part R, Arthropoda 4, Band 1, R206–R295, Lawrence (Kansas Univ. Press).

U. Kl.: Höhere Krebse (Eumalacostraca = die echten Weichschaligen)

Der Kopfbrustpanzer (Carapax) der höheren Krebse besteht, wo vorhanden, aus einem Stück. Der siebente Hinterleibsabschnitt fehlt. Wir unterscheiden Kopf, Brust und Hinterleib, die insgesamt 20 Abschnitte umfassen. Meist verschmelzen eine Anzahl von Kopf- und Brustabschnitten. Kopf und Brust sind oft von einer Kopffalte, die den Kopfbrustpanzer bildet, überdeckt, so daß die Zahl der einzelnen Abschnitte nur anhand der Anhänge (Gliedmaßen) festzustellen ist.

Von den 20 Abschnitten des Krebskörpers fallen 1–6 auf den Kopf, 7–14 auf die Brust und 15–20 auf den Hinterleib. Von vorne nach hinten haben die Abschnitte folgende Anhänge: 2 trägt die erste Antenne, 3 die zweite Antenne, 4 den Oberkiefer, 5 und 6 die Unterkiefer. An der Brust können die ersten drei Gliedmaßenpaare zu Kieferfüßen umgebildet sein. Andere Krebse haben an den Abschnitten 7–14 unspezialisierte Brustbeine. Bei vielen Krebsen dienen die Paare 10–14 zum Schreiten und werden deshalb als Schreitbeine bezeichnet. Die Hinterleibsabschnitte tragen Schwimmbeine und der letzte Abschnitt (20) ist meist mit Schwanzbeinen ausgestattet. Dem letzten Abschnitt ist ein Schwanzstück (Telson) angegliedert, das keinen Körperabschnitt darstellt und das mit den Schwanzfüßen zusammen einen Schwanzfächer bildet.

Ü. Ord.: Ranzenkrebse (Peracarida = Über-Garnelen)
Der erste Brustabschnitt ist mit dem Kopf verwachsen. Der Kopfbrustpanzer ist nicht mit allen Brustabschnitten verbunden. – Glaskrebse und Asseln, die hierher gehören, finden sich in den Plattenkalken sehr selten.

Ord.: Glaskrebse (Mysidacea = die Verschlossenen)
Bei ihnen bedeckt der Kopfbrustpanzer alle Brustabschnitte. Der Hinterleib ist lang, schlank. Sie besitzen bewegliche, gestielte Augen. Hierzu gehört die kleine Gattung *Francocaris* (= Franken-Garnele). Am Vorderende des sehr verlängerten Kopfteils sitzen die Augen. Der Vorderteil des Kopfbrustpanzers geht in einen kurzen, hinteren Bereich über. Es folgt ein schlanker, gestreckter Hinterleib. Sehr hervorstechend ist das achte Brustbeinpaar, das sehr lang ist. – Von gleicher Größe ist *Elder* (Gestalt der nord. Mythologie), der jedoch nicht das verlängerte Kopfteil von *Francocaris* besitzt. Die Schreitbeine enden in Klauen.

Ord.: Asseln (Isopoda = Gleichfüßler)
Die abgeflachten Tiere besitzen keinen Kopfbrustpanzer. Der erste Brustabschnitt ist mit dem Kopf verwachsen. Die Brustabschnitte sind meist größer als die Hinterleibsabschnitte. Schwanzfächer fast immer mit dem letzten Hinterleibsabschnitt verwachsen. Die Brustbeine sind, sofern sie nicht zur Nahrungsaufnahme umgestaltet sind, gleichartig und ziemlich kurz. Manche Asseln, beispielsweise die Kellerasseln, haben Atemorgane entwickelt, die ihnen erlauben, an Land zu leben. Die Mehrzahl der Asseln lebt jedoch im Wasser.
Aus Solnhofen liegen lediglich die Gattungen *Urda* (= Norne der Vergangenheit, aus der nord. Mythologie) und *Palaega* (= Ur-Schild; von Aegis (?), Schild der Athene; griech. Mythologie) vor. – *Urda* hat einen gestreckten Körper mit fast parallelen Flanken. Auch die Augen, seitlich am Kopf gelegen, sind lang und groß. Die Hinterleibsabschnitte sind kurz und weniger breit als die des Vorderkörpers. Ein großes, breit U-förmiges Schwanzteil bildet mit je einem zweiästigen Schwanzbein den Schwanzfächer. – *Palaega* ist ähnlich gebaut, hat aber einen ungefähr spindelförmigen Umriß in der Aufsicht. Der Kopf ist kleiner, die Augen sind mäßig groß und rund. Das Schwanzteil verjüngt sich gegen hinten.

Ü. Ord.: Zehnfußkrebse (Decapoda)
Ihre Angehörigen sind das, was wir allgemein als Krebse verstehen, mit Flußkrebs und Hummer als hochgeschätzten Repräsentanten. Der Kopfbrustpanzer verdeckt die Gliederung des Vorderkörpers. Von den Brustbeinen sind die ersten drei Paare als Kieferfüße ausgebildet, die nächsten fünf Paare als Schreitbeine (Zehnfußkrebse!). Eines oder mehrere Schreitbeinpaare sind mit Scheren versehen. Die gut entwickelten Abschnitte des Hinterleibs tragen je ein Schwimmbeinpaar, der letzte ist mit einem Schwanzbeinpaar versehen.

Ord.: Schwimmkrebse (Natantia)
Sie haben die meisten Plattenkalk-Krebse geliefert und unter ihnen sind die Gattungen *Antrimpos* und *Aeger* besonders häufig.

Die drei ersten Schreitbeinpaare enden in Scheren. Den seitlich komprimierten bis walzenförmigen Kopfbrustpanzer ziert vorne über den Augen ein Stachel. Die zweite Antenne ist meist sehr lang.

1. Das dritte Schreitfußpaar ist nicht stärker entwickelt als die beiden vorderen.
   Acanthochirana (= die Stachelhändige), früher ‹*Acanthochirus*›. Überaugenstachel nur schwach entwickelt, oben gekerbt. Zweite Antenne doppelt so lang wie der Körper. Erstes Schreitbeinpaar kürzer als die anderen und mit Borsten.
   Aeger (Taf. 39, Fig. 1).
   Antrimpos (Taf. 40).
   Bombur (= unterird. Zwerg der nord. Mythologie). Überaugenstachel klein. Kopfbrustpanzer ziemlich kurz, letzter Hinterleibsabschnitt lang.
   Bylgia (= Gestalt der nord. Mythologie). Überaugendorn stark gekerbt und nach oben gerichtet. Kopfbrustpanzer kurz und tief. Gut ausgebildete Schreitfüße.
   Drobna (= Tochter der Wellenkönigin Ran der nord. Mythologie). Überaugenstachel gebogen, kräftig und gekerbt. Kurzer Kopfbrustpanzer. Knick zwischen letzterem und dem Hinterleib. Dritter Hinterleibsabschnitt groß. Schreitbeine kurz, gedrungen.
   Dusa (Wellenmädchen der nord. Mythologie). Überaugenstachel klein, gekerbt. Kopfbrustpanzer klein, fein gekörnelt. Zweite Antenne lang. Scherenschneiden gekrümmt. Drittes Schreitbeinpaar am längsten.
   Rauna (= Tochter des Ager = Ägir der nord. Mythologie). Klein, lange Schwimmfüße.

2. Der Kopfbrustpanzer ist mehr oder minder walzenförmig. Der zweite Hinterleibs-Abschnitt überlappt unten die beiden angrenzenden.
   Udorella (= kleine Udora; s. unten). Körper gedrungen. Kopfbrustpanzer kurz. Schreitbeine kurz, mit Außenbeinen. Schwimmbeine lang. Hinterleib gestreckt.
   Udora (= Tochter der Ran, nord. Mythologie). Überaugenstachel kleingekerbt Kopfbrustpanzer größer als bei Udorella. Schreitbeine ohne Scheren, mit Borsten.
   Die beiden folgenden Gattungen haben ein normal gebautes zweites Hinterleibssegment, gehören aber wohl zu 2.
   Hefriga (Wellenmädchen der nord. Mythologie). Klein. Überaugenstachel lang, etwas gekerbt. Kopfbrustpanzer normal groß, Hinterleib gekrümmt. Die beiden ersten Schreitbeinpaare mit Scheren, drittes Paar am längsten.
   Blaculla (Gestalt der nord. Mythologie). Klein. Kopfbrustpanzer groß, tief. Überaugenstachel gekerbt. Erstes Schreitbeinpaar mit Schere, zweites aus Ringsegmenten mit kleiner Schere und rechtes Bein wesentlich länger als das linke. Die anderen Schreitbeine ohne Scheren.

Ord.: Panzerkrebse (Reptantia = Kriecher)
Der Kopfbrustpanzer ist walzenförmig oder von oben nach unten abgeflacht. Die ersten drei Schreitbeinpaare tragen Scheren. Die Scheren des ersten Paares sind am größten. Panzerkrebse sind in den Plattenkalken nur spärlich anzutreffen, ausgenommen *Mecochirus.*

1. Der Kopfbrustpanzer zeigt eine Nackenfurche, eine Nach-Nackenfurche und eine Herz/Kiemen-Furche.
Eryma (Taf. 43, Fig. 2).
Pseudastacus (Schein-Krebs). Überaugenstachel gut ausgebildet mit drei Seitendornen. Kopfbrustpanzer gekörnelt, mit starker Querfurche, schwache Herz/Kiemen-Furche auf der Flanke. Schere des ersten Schreitbeinpaars groß, schlank.
Stenochirus (= Schmalhand). Klein. Ähnlich *Pseudastacus,* jedoch erstes Schreitbeinpaar schmal, mit sehr langen, schlanken Scheren.

2. Die Formen dieser Gruppe tragen mehr oder weniger deutliche Längsleisten im Vorderteil des Kopfbrustpanzers, vor der deutlichen Nackenfurche. Hinterleib schlank. Erster Schreitfuß groß, verbreitert, ohne Schere.
Glyphaea (Taf. 46, Fig. 3). Panzer gekörnelt.
Mecochirus (Taf. 41, 42). Erstes Schreitbeinpaar enorm verlängert.

3. Durch ihre abgeplattete Gestalt sind diese Krebse krabbenähnlich, doch ist der Hinterleib im Gegensatz zu den Krabben nicht nach vorne unter den Körper geschlagen. Die ersten vier Schreitbeinpaare tragen Scheren.
Eryon (= der Bewehrte). Körper abgeflacht. Kopfbrustpanzer mit scharfen Seitenkanten. Antennen kurz. Erstes Schreitbeinpaar am größten, mit schlanken Scheren. Kopfbrustpanzer in der Aufsicht trapezförmig, hinten mit kurzem Mittelkiel, Oberfläche gekörnelt. Hinterleibsabschnitte mit Mittelkiel. Schwanzfächer aus dreieckigen Elementen.
Cycleryon (Taf. 44, Fig. 1; 45), ähnlich *Eryon,* mit kreisförmigem Kopfbrustpanzer.
Knebelia (nach dem Paläontologen W. v. Knebel), ähnlich *Eryon,* aber Kopfbrustpanzer länglich-gerundet und am Vorderende eingeschnürt, ohne Kiel. Seitliche Schwanzfächer-Elemente rund.
Durch schmäleren Kopfbrustpanzer von den vorhergehenden etwas abgesetzt sind:
Palaeopentacheles (= Alt-Fünfschere). Kopfbrustpanzer in der Aufsicht spitzbogenartig, an der Spitze mit Ausschnitten für Antennen und Augen, mit Nackenfurche und Mittelkiel, Seitenränder fein gekerbt. Oberfläche fein gekörnelt. Antennen verhältnismäßig lang. Erstes Schreitbeinpaar groß, vorne breiter, Scherenschneiden gezähnt. Schwanzfächer ähnlich *Knebelia.*
Palaeopolycheles (Alt-Vielschere). Kopfbrustpanzer schmäler als bei *Palaeopentacheles,* nach vorne verbreitert, dort abgestutzt mit deutlichen Augenkerben. Mittelkiel und Nackenfurche kräftig. Erstes Schreitbein schlank, lang, mit zarter Schere.

4. Die Schreitbeinpaare und die zweiten Antennen sind kräftig.
Palinurina (Taf. 44, Fig. 2). Starke und lange zweite Antennen. Schreitbeine ohne Scheren. Kopfbrustpanzer grob gekörnelt, schmal, seitlich für die Beine gebuchtet. Hinterleib feiner gekörnelt, meist unter den Vorderleib geschlagen.
Cancrinos (Taf. 43, Fig. 1). Körper plump. Schreitbeine massiv, ohne Scheren. Kopfbrustpanzer kurz, grob gekörnelt, Hinterleib und Beine feiner gekörnelt. Kolbenantennen.

5. Kleine, grabende Formen mit verbreitertem erstem Schreitbeinpaar. Zweites

Schreitbeinpaar mit kleiner Schere. Kopfbrustpanzer mit Nackenfurche. Beide Antennen gut entwickelt.

Etallonia (nach dem Schweizer Paläontologen A. Etallon). Erstes Schreitbeinpaar ohne Scheren.

Magila (Taf. 46, Fig. 1). Kopfbrustpanzer schwach verkalkt, mit Kielen im Vorderteil. Erstes Schreitbeinpaar mit Scheren.

6. Die Kurzschwanzkrebse oder Krabben haben einen kurzen, breiten und abgeflachten Kopfbrustpanzer. Hinterleib kurz, flach und nach vorne unter den Kopfbrustpanzer geschlagen. Erstes Schreitbeinpaar groß, immer mit Scheren, drittes nie mit Scheren.

   Die Krabben sind im Jura noch nicht voll entwickelt. Im Oberjura finden wir sie häufig in Riffgesteinen oder riffnahen Ablagerungen. In den Plattenkalken sind sie höchst selten.

   Nodoprosopon (= Knötchengesicht). Klein. Kopfbrustpanzer verhältnismäßig lang, walzenförmig; vorne mit groben Knoten und zweilappigem stumpfem Überaugenstachel; hinten mit geschwollener, glatter Kiemenregion. Nackenfurche und Herz/Kiemen-Furche deutlich.

Ü. Ord.: Fangschrecken-Krebse (Hoplocarida = Waffenkrebse)
Typische Fangschrecken-Krebse ähneln im Aussehen den Fangheuschrecken, deren bekannteste Vertreterin die Gottesanbeterin ist.
Der Körper ist langgestreckt. Am Kopf sind zwei Vorderabschnitte beweglich; die Augen sitzen auf Stielen. Nur die vorderen Brustabschnitte werden vom Kopfbrustpanzer überdeckt. Von den ersten fünf Brustbeinpaaren sind die Paare 2–5 etwa gleich lang und mit Klauen bewehrt, das zweite Paar ist jedoch oft zum Fangbeinpaar vergrößert. Hinterleib lang, kräftig. Schwimmbeine und Schwanzbeine lang. Schwanzfächer groß, am Rand meistens mit Borsten oder Stacheln versehen.

Ord.: Mundfüßler (Stomatopoda)
Neben einer ausgestorbenen Ordnung des Paläozoikums bilden die Mundfüßler die einzige wichtige Ordnung der Fangschrecken-Krebse.
Sculda (Taf. 43, Fig. 3) ist eine höchst seltene Mundfüßler-Gattung aus den Plattenkalken. Körper kompakt, breit, Abschnitte am Rücken mit kammartig gezähnten Leisten und kurzen Längskielen geziert.

Krebsfährten und -marken
Wie alle Fährten sind auch die Lebenszeichen von Krebsen in den Plattenkalken spärlich. Nur *Mecochirus* hat gelegentlich Fährten hinterlassen (Taf. 42). Außerdem haben hin und wieder tote Krebse beim Aufkommen am Lagunenboden Aufsetzmarken erzeugt (vgl. S. 190).

Häutungsreste, Gliedmaßenersatz und Larven von Krebsen
Ein Krebs kann durch seine Häutungsreste, die abgeworfenen Panzer, gewissermaßen mehrfach «fossil» werden: von manchen Solnhofener Krebsen sind schätzungsweise 50% der Funde solche Häutungsreste, die durch Strömungen unbeschädigt verfrachtet

werden konnten. – «Häutungshemden» (Exuvien) sind meist leicht erkennbar. Beim Häutungsvorgang platzt der Panzer zwischen dem Hinterleib und dem Kopfbrustpanzer, den das Tier beim Abstreifen nach vorne oben schiebt. Dementsprechend zeigen Häutungsreste einen markanten Knick zwischen den beiden Körperhälften. Von den heutigen Krebsen wissen wir, daß sie verlorene Gliedmaßen, über mehrere Häutungsstadien hinweg, nach und nach ergänzen. So haben wir auch manchmal Exemplare von *Mecochirus* und *Cyleryon*, deren Scheren ungleich groß sind: die kleinere wurde gerade ‹regeneriert›.

Larven von Krebsen sind im fossilen Zustand oft schwer zu deuten. Die zarten Hüllen sind kaum verkalkt und deshalb nur teilweise erhaltbar. Es sind vor allem die Schreitbeine, die an ihrer Basis zusammenhaften, die man in den Plattenkalken findet. Diese Reste erinnern an Weberknechte und sind, kein Wunder, auch mit Spinnen in Verbindung gebracht worden. *Palpipes* (Taf. 46, Fig. 2) zum Beispiel wurde lange Zeit für eine Asselspinne (Pantopode) gehalten, bis man sie jetzt als Wachstumsstadium eines Krebses ent‹larven› konnte. Die ähnlich gestaltete *Phyllosoma* (= Blattkörper) hatte man schon viel früher als Larve erkannt und man glaubt in ihr ein Frühstadium von *Palinurina* (Taf. 44, Fig. 2) zu sehen. Eine Krebslarve ist wohl auch *Anthonema* (= Blütenfaden) gewesen. Dieses Fossil kommt sehr selten, dann aber massenhaft und auf wenige Quadratmeter begrenzt, bei Gungolding und Eichstätt vor. Ein Individuum ist kaum mehr als einen halben Zentimeter lang, an der einen Seite bis 1,5 mm breit, an der anderen zugespitzt. Die feingezackten Reste sind in drei bis fünf Abschnitte gegliedert und entsprechen wohl dem Hinterleib. Vom Kopfbrustpanzer ist nur selten ein schwacher Abdruck überliefert. Vielleicht gelangten die *Anthonema* mit treibenden, dünnfädigen Algen, die keine Reste hinterließen, in die Lagune. Das würde ihr eng begrenztes Massenvorkommen erklären.

Codez, J. & Saint-Seine, R. de (1957): Révision des Cirripèdes acrothoraciques fossiles. Bull. Soc. géol. France, 6me Ser., *7*, S. 699–719.

Förster, R. (1966): Über die Erymiden, eine alte konservative Familie der mesozoischen Dekapoden. Palaeontographica, *125*, A, S. 61–175.

– (1967): Zur Kenntnis natanter Jura-Dekapoden. Mitt. Bayer. Staatssamml. Paläont. hist. Geol., *7*, S. 157–174.

– (1969): Epökie, Entökie, Parasitismus und Regeneration bei fossilen Dekapoden. Mitt. Bayer. Staatssamml. Paläont. hist. Geol. *9*, S. 45–59.

– (1971): Die Mecochiridae, eine spezialisierte Familie der mesozoischen Glypheoidea (Crustacea, Decapoda). N. Jb. Geol. Paläont., Abh., *137*, S. 396–421.

– (1973): Untersuchungen an oberjurassischen Palinuridae (Crustacea, Dekapoda). Mitt. Bayer. Staatssamml. Paläont. hist. Geol., *13*, S. 31–46.

Glaessner, M. F. (1969): Decapoda. In: Treatise on Invertebrate Paleontology (Herausg. R. C. Moore). Part R, Arthropoda 4, 2, R399–R533, Lawrence (Kansas Univ. Press).

Hessler, R. C. (1969): Peracarida. Wie bei Glaessner, Arthropoda 4, 1, R360–R393.

Holthuis, L. B. & Manning, R. B. (1969): Stomatopoda. Wie bei Glaessner, Arthropoda 4, 2, R535–R552.

Janicke, V. (1967): Fossil-Sediment-Strukturen in untertithonischen Plattenkalken der südlichen Frankenalb. Diss. Druck, Univ. München, 116 S.

Kunth, A. (1870): Über wenig bekannte Crustaceen von Solnhofen. Z. dtsch. geol. Ges., *22*, S. 771–802.

Malz, H. (1969): Eryonidea und Erymidea (Crust. Decap.) aus dem Solnhofener Plattenkalk. Senckenbergiana lethea, *50*, S. 291–301.

– (1970): Körperfossil oder fossiles Häutungshemd? Natur u. Museum, *100*, S. 14–16.

Polz, H. (1970): Zur Unterscheidung von *Phalangites priscus* MÜNSTER und *Palpipes cursor* ROTH (Arthr.) aus den Solnhofener Plattenkalken. N. Jb. Geol. Paläont., Mh., 705–722.
– (1971): Eine weitere Phyllosoma-Larve aus den Solnhofener Plattenkalken. N. Jb. Geol. Paläont., Mh., *1971*, S. 474–488.

U. St.: Röhrenatmer (Tracheata; auch Einpaarfühlerige = Antennata)
Hier sind die zahllosen Land-Gliederfüßler untergebracht, von denen allerdings einige erneut das Leben im Wasser aufgenommen haben. Wir unterscheiden klar:

1. Die Tausendfüßler (Myriapoda), die in den Solnhofener Kalken nicht durch Fossilien belegt sind.
2. Die Kerbtiere (Insecta, auch Hexapoda = Sechsfüßler). Sie stellen, wohl auch bei kritischer Sichtung, die meisten Gattungen und Arten der Solnhofener Tierwelt.

Kl.: Kerbtiere (Insecta oder Hexapoda)
Diese stärkste Gruppe der Gliederfüßler sind die Insekten mit ungefähr 780000 lebenden Arten. Insekten treten uns im täglichen Leben immer wieder und unter allen Umweltbedingungen entgegen.
Der Insektenkörper zeigt die Grundgliederung: Kopf, Brust und Hinterleib, die im normalen Fall stark voneinander abgesetzt sind *(Kerb*tiere!). Der Brustabschnitt trägt drei Gliedmaßenpaare *(Sechs*füßler!). Kauwerkzeuge und Gliedmaßen sind teilweise sehr stark spezialisiert.
Zwei Unterklassen lassen sich unschwer auseinanderhalten:

1. Die Innenkiefer (Entognatha). Ihre Kauwerkzeuge sind allseitig von einer kegelartigen Hautfalte verborgen, so daß nur die Spitzen sichtbar sind. Sie sind flügellos. Aus den Plattenkalken unbekannt.
2. Die Außenkiefer (Ectognatha). Die Kiefer sind nur von Ober- und Unterlippe bedeckt. Primitive Formen sind flügellos, alle anderen besitzen ein oder zwei Flügelpaare. Bei einigen Gruppen werden die Flügel wegen veränderter Lebensweise wieder reduziert. Alle Funde aus den Plattenkalken tragen Flügel.

U. Kl.: Geflügelte Insekten (Pterygota)
Um die 775 000 Arten lebender Flügelinsekten überschaubar zu machen, sind sie in 27 Ordnungen recht unterschiedlicher Größe eingeteilt worden. Sehr viele davon reichen bis ins Erdaltertum zurück. Das erste geflügelte Insekt ist in oberdevonischen Schichten entdeckt worden. – Die Plattenkalk-Insekten verteilen sich auf 11 der 27 Ordnungen.
Zunächst ein Wort zur Erhaltung der Insekten, die vor allem aus den Steinbrüchen um Eichstätt, weniger aus der Umgebung von Solnhofen, stammen. Von der Chitin-Substanz des Panzers oder der Anhänge sind nur sehr selten Reste überliefert. Phosphatisierte Muskelmassen kennt man von einigen Heuschrecken. Die große Menge der Funde besteht nur aus Abdrücken, die aber teils von hervorragender Qualität sind, wenn wir uns an das herrliche Flügelgeäder vieler Libellen und an die prachtvolle Florfliege *Kalligramma* mit ihrer Flügelspanne von 25 cm erinnern. Solche Exemplare sind es, denen die Solnhofener Insekten ihren Ruf verdanken. Kaum jemand spricht von den vielen, weniger gut erhaltenen und kaum bestimmbaren Käfern.

Wie kam es, daß die Plattenkalk-Insekten in so verhältnismäßig großer Zahl und doch recht guter Erhaltung auf uns gekommen sind? Lange glaubte man, die Insekten seien am feuchten Schlamm der eben trockengefallenen Lagune festgeklebt. Man beachtete dabei nicht, daß keinerlei Spuren eines Todeskampfes um den Tierkörper festzustellen waren. Nur ein einziges Insekt schien im Todeskampf eine Art Strudelloch erzeugt zu haben, aber in Wirklichkeit hatte der Frost das Gestein über dem Insekt herausgesprengt, als die Platte auf der Steinbruchhalde lag!
Es gelang mir, durch Experimente zu zeigen, daß Insekten, die auf dem Wasser niedergingen und an der Wasseroberfläche starben, nach einiger Zeit absanken. Dem unterschiedlichen Bau der Tiere entsprechend war die Einbettungslage auf dem Grund des Versuchsbehälters so, wie wir auch heute noch in den Plattenkalken Libellen mit ausgebreiteten Flügeln liegen sehen, während Heuschrecken und Eintagsfliegen wegen der am Rücken gefalteten Flügel auf die Seite kippten. Die extrem ruhigen Bedingungen am Lagunengrund ermöglichten erst die außerordentlich gute Erhaltung.
Das Bestimmen von Insekten war schon immer Sache des Spezialisten. Feinste Merkmale entscheiden oft über die artliche Zugehörigkeit. An Solnhofener Insekten sind solche Details häufig im Lauf der Fossilisierung verlorengegangen. Es ist dann auch für den Eingearbeiteten nicht mehr möglich, einzelne Stücke irgend einer Gattung oder sogar Ordnung anzuschließen. Neue Funde und vermehrte Kenntnis führen hin und wieder dazu, daß ein Fossil, das man etwa für einen Käfer hielt, jetzt zu den Wanzen gestellt werden muß. Das Fehlen moderner wissenschaftlicher Bearbeitungen bringt es mit sich, daß in diesem Abschnitt auf Bestimmungshilfen weitgehend verzichtet werden muß. Ich beschränke mich darauf, die wichtigsten Gattungen zu nennen und gelegentlich, bei leichter erkennbaren Formen, einige Hinweise zu geben.

Barthel, K.W. (1964): Zur Entstehung der Solnhofener Plattenkalke (unteres Untertithon). Mitt. Bayer. Staatssamml. Paläont. hist. Geol., *4,* S. 37–48.
–(1970): On the deposition of the Solnhofen lithographic limestone (Lower Tithonian, Bavaria, Germany). N.Jb. Geol. Paläont., Abh., *135,* S. 1–18.
Carpenter, F.M. (1931): Jurassic insects from Solnhofen in the Carnegie Museum and the Museum of Comparative Zoology. Ann. Carnegie Mus., *21,* S. 97–129.
Handlirsch, A. (1906–1908): Die fossilen Insekten und die Phylogenie der rezenten Formen. 1433 S., Leipzig (Engelmann Verl.).
Hennig, W. (1969): Die Stammesgeschichte der Insekten. 436 S., Frankfurt/M. (W. Kramer Verl.).

Ord.: Eintagsfliegen (Ephemeroptera)
Körper schlank, um 3 cm, mit zwei langen Schwanzfäden (Cerci). Vorderflügel groß, Hinterflügel klein.
Hexagenites (versteinerte Sechs-Gebärerin?), Taf. 36, Fig. 3.

Demoulin, G. (1970): Contribution à l'étude systématique et phylogénique des Ephéméroptères jurassiques d'Europe Centrale. V. Hexagenitidae = Paedephemeridae (syn. nov.). Bull.Inst.r.Sci.nat.Belg. *46,* S. 1–8.

Ord.: Libellen (Odonata)
Kopf mit großen Augen. Brust kurz. Hinterleib sehr lang, schmal, mit zwei kurzen Schwanzfortsätzen (Cerci). Flügel lang, schmal; vorne außen mit Flügelmal. Fühler kurz. Beine weit nach vorne verschoben.

Aeschnidium (= kleine Edellibelle)
Aeschnogomphus (= erzschimmernder (?) Pfahl; ? von aes, lat. = Erz; *Aeschna,* die lebende Edellibelle), Länge Vorderflügel bis 95 mm.
Anisophlebia (= Ungleichäderchen), Taf. 35, Fig. 2. Flügel nicht ausgebreitet, sondern nach hinten gerichtet. Länge Vorderflügel bis 100 mm.
Euphaeopsis (= die schöngewebt Aussehende; wohl von euyphes, griech. = schöngewebt).
Isophlebia (= Gleichäderchen), sehr ähnlich *Anisophlebia.*
Libellulium (= kleine Libelle), Farbtaf. 15, Fig. 1; früher ‹*Cymatophlebia*›.
Nannogomphus (= Zwerg-Pfahl). Länge Vorderflügel um 25 mm.
Protolindenia (= Erst-Lindenia; Linden, vermutl. Eigenname). Länge Vorderflügel um 50 mm.
Pseudoeuphaea (die Schein-Wohlgewebte; s. *Euphaeopsis).*
Steleopteron (= geflügelte Säule).
Stenophlebia (= Engäderchen), Taf. 35, Fig. 1. Flügel sehr schmal, mit langem, schmalem Ansatz. Länge Vorderflügel 40–80 mm.
Tarsophlebia (= Geflechtäderchen). Beine sehr lang. Länge Vorderflügel um 40 mm.
Urogomphus (= Pfahlschwanz). Länge Vorderflügel bis gegen 100 mm.

Ord.: Schaben (Blattodea)
Körper ziemlich flach. Rückenschild der Brust den Kopf ganz oder teilweise überdekkend. Vorderflügel kräftig, Hinterflügel zart.

Lithoblatta (= Stein-Schabe), Taf. 38, Fig. 3.
Megalocerca (Groß-[Tier]schwanz).
Progeotrupes (Vor-Mistkäfer; lebende Gattung *Geotrupes* = Erdwender), überführt von den Käfern zu den Schaben.

Ord.: Geflechtflügler (Cheleutoptera; auch Phasmodea [phasma = Gespenst, Gespensterheuschrecken])

Chresmoda (= Seherin), Farbtaf. 15, Fig. 2.

Ord.: Laubheuschrecken und Grillen (Ensifera = Schwertträger)
Hinterstes Beinpaar als Sprungbeine ausgebildet. Fühler körperlang oder länger, ausgenommen grabende Formen. Weibchen zumeist mit langer Legscheide.
Eine ganze Anzahl von kleineren Fundstücken wird den Grillen angeschlossen. Die Bestimmung einer Gattung oder Art ist jedoch unmöglich, da die Erhaltung dafür nicht genügt. Dazu dürften die meisten unter ‹*Elcana*› beschriebenen Formen gehören.

Jurassobatea (= Jura-Springerin; wörtl. Schreiterin). Hinterflügel um 50 mm. Sehr selten. Heuschrecke.
Pycnophlebia (= Derbäderchen), Taf. 37. Länge des Vorderflügels bis 115 mm. Fühlerlänge bis 135 mm. Häufigste Heuschrecke.

Zeuner, F. E. (1939): Fossil Orthoptera Ensifera. 311 S., London (Brit. Mus. Nat. Hist.).

Ü. Ord.: Schnabelkerfe (Hemiptera = Halbflügler)
Kauwerkzeuge in Stechborsten umgestaltet, die entlang der röhrenförmigen Unterlippe ausgefahren werden. Das Afterfeld des Vorderflügels ist deutlich vom übrigen Flügel abgesetzt.
Folgende zwei Unterordnungen der Schnabelkerfe sind auch aus den Plattenkalken belegt:

Ord.: Wanzen (Heteroptera = Andersflügler)
Vorderflügel stärker verhärtet, als Halb-Flügeldecken ausgebildet. Hinterflügel häutig. Am Rücken, hinter dem Brustschild ein dreieckiges Feld, das von den Hinterseiten der Halb-Flügeldecken begrenzt wird. Land- und Wasserformen. Auch die Wasserwanzen sind ausgezeichnete Flieger.

Mesobelostomum (= Mittel-Spießmaul), Taf. 36, Fig. 2. Länge um 5 cm.
Mesocorixa (= Mittel-Ruderwanze).
Mesonepa (= Mittel-Wasserskorpion), Taf. 36, Fig. 2. Länge ohne Atemrohr um 2,5 cm.
Notonectites (= versteinerter Rückenschwimmer).
Sphaerodemopsis (= die Kugelgestaltige), Taf. 38, Fig. 1. Wurde früher zu den Käfern gerechnet.

Ord.: Zikaden (Auchenorrhyncha = Engrüßler)
Vorderflügel nur selten stärker verhärtet als die Hinterflügel. Flügel in Ruhe dachartig auf dem Rücken gefaltet, z. T. breit, schmetterlingsähnlich. Hinterbeine lang.

Archepsyche (= Ur-Lebewesen; psyche, griech. = Lebewesen, Seele).
Eocicada (= Früh-Zikade).
Limacodites (= versteinerte Schildmotte; *Limax* = Nacktschnecke: die Raupen dieser Schildmotten ähneln den Nacktschnecken).
Protopsyche (Erst-Lebewesen).
Die Ähnlichkeit mit Schmetterlingen führte gelegentlich dazu, daß Tiere dieser Unterordnung tatsächlich zu den Schmetterlingen gezählt wurden. Echte Schmetterlinge sind aber bis jetzt erst aus der Mittel-Kreide nachgewiesen worden.

Ü. Ord.: Netzflügler (Neuropteridea)
Die Flügelpaare sind groß. Flügel mit vielen geraden Längsadern und Queradern, die ein netzartiges Muster erzeugen. In Ruhe sind sie über den Hinterleib gefaltet und ragen weit darüber hinaus.
Diese Großordnung umfaßt die Ordnungen Schlammfliegen (Megaloptera = Großflügler), Kamelhalsfliegen (Raphidioptera = Nadelflügler) und die Ebenflügler. Nur die letzten kennen wir aus den Plattenkalken.

Ord.: Florfliegen und Hafte (Planipennia = Ebenflügler).
Die Fühler setzen nicht vor den Augen, sondern zwischen den Augen an. Vordere und hintere Flügel sind mit Ausnahme der Fadenhafte sehr ähnlich gebaut. Sie sind teilweise sehr schmetterlingsartig.

Archegetes (= Fürst [der Netzflügler]), Taf. 34, Fig. 1.
Kalligramma (= Schönzeichnung), Taf. 33.
Mesochrysopa (Mittel-Goldgesicht; Chrysopa, die lebende Florfliege).
Osmylites (= versteinertes Düftchen [?]; Osmylus, heutiger Bach-Haft).
Das Glanzstück der Solnhofener Kalke ist zweifellos Kalligramma, nicht nur weil dieses Insekt eine Flügelspanne von 25 cm aufweist, sondern auch weil es ein Wunder an Erhaltung darstellt.
Der am meisten vertraute, lebende Vertreter der Ordnung ist zweifellos der Ameisenlöwe, der ja nichts anderes ist als die Larve der Ameisenjungfer. Tropische Ameisenjungfern erreichen Flügelspannweiten von über 17 cm.

Ord.: Käfer (Coleoptera = Scheidenflügler)
Ihre Chitinhülle ist panzerartig verstärkt. Die Vorderflügel werden zu kräftigen Flügeldecken (Elytren) umgestaltet. Die unteren Teile der Hinterleibsringe sind verstärkt und verbreitert. Durch eine besonders gebaute Knickstelle können die langen Hinterflügel unter die Flügeldecken gefaltet werden. Käfer haben viele Lebensbereiche erobert, sogar das Süßwasser. Sie sind ungeheuer artenreich und auch in den Plattenkalken sehr häufig, aber schwierig zu bestimmen.

Actaea (= die am Ufer befindliche [?]), vermutlich ein Wasserkäfer.
Amarodes (= der Herausgehackte; amao, griech. = hacken).
Apiaria (die zu den Bienen gehörige).
Cerambycinus (= der zu den Holzböcken gehörige), Taf. 38, Fig. 2, ist entweder tatsächlich ein Holzbock oder gehört zu den Blattkäfern. Diese beiden Käferfamilien sind nahe verwandt.
Curculionites (= versteinerter Rüsselkäfer; curculio, lat. = Kornwurm; die Larven des Kornkäfers sind große Schädlinge). Kein echter Rüsselkäfer.
Euthyreites (= versteinertes Starkschild).
Malmelater (= Malm-Tummler; Malm = Oberjura), verwandt zu *Notocupes* .
Notocupes (= Rücken-Cupes; nach der lebenden Gattung *Cupes,* wohl von cuppes, lat. = Näscher). Sehr urtümlicher Käfer.
Omma (= Auge), primitiver Käfer, verwandt zu *Notocupes.*
Oryctites (= der versteinert Ausgegrabene).
Procalosoma (= Vor-Schönkörper).
Pseudohydrophilus (= Schein-Wasserfreund; ähnlich der lebenden Gattung).
Hydrophilus. Ein Wasserkäfer, wohl den Gelbrandkäfern anzuschließen.
Pseudothyrea (Schein-Viereckschild). Gehört wohl zu den Prachtkäfern.

Ponomarenko, A.G. (1971): Systematic position of some beetles from the Solnhofen shales of Bavaria. Paleont. Jour., *5*, S. 62–75; übersetzt aus dem Russischen: Amer. Geol. Inst.

Ord.: Hautflügler (Hymenoptera)
Beide Flügelpaare bestehen aus häutigen Membranen. Weibchen mit Legscheide, die bei fortschrittlichen zu Stacheln umgestaltet sind (Wespen!). Erster Abschnitt des Hinterleibs fest mit der Brust verwachsen.

Pseudosirex (= Schein-Sirex), Taf. 34, Fig. 2, wird zu den Holzwespen gerechnet; *Sirex* ist der Name einer lebenden Gattung. In älteren Fossillisten werden 14 Arten von *Pseudosirex* aufgezählt. Eine Neubearbeitung zeigte, daß nur zwei Arten gerechtfertigt sind.

Ord.: Köcherfliegen (Trichoptera = Haarflügler)
Flügel mit wenigen Queradern und fast immer stark behaart. Die drei Hauptadern des Flügel-Afterfelds vereinigen sich und ziehen gemeinsam zum Rand des Flügels. – Hierher werden die Gattungen *Archotaulius* (Anfangs- ?) und *Mesotaulius* (Mittel- ?) gerechnet.

Ord.: Zweiflügler (Diptera)
Bei ihnen sind die Hinterflügel zu kleinen Schwingkolben rückgebildet. Mundwerkzeuge saugend oder stechend. Augen meist groß. Mücken, Fliegen und Bremsen sind die geläufigsten Angehörigen dieser Ordnung. – Hier sind zwei Gattungen zu nennen, die allerdings nach modernen Gesichtspunkten überprüft werden müßten.

Prohirmoneura (= die Vor-Verknüpftnervige).
Empidia (= kleine Mücke); *Empis* ist die lebende Tanzmücke, die bis 12 mm lang wird.

▶ **St.: Stachelhäuter** (Echinodermata)
Alle typischen Angehörigen dieses Stammes zeigen einen fünfstrahligen Körperbau. Wie jedoch aus ihren Larven zu erschließen ist, stammen sie von Vorfahren mit zweiseitiger Symmetrie. Ein Stachelhäuter-Skelett setzt sich aus einer Vielzahl von Einzelteilen zusammen, die aus kohlensaurem Kalk aufgebaut sind. Wie bei den Chordatieren (S. 32) liegt das Skelett innen.
Die Tiere sind mit einem Wassergefäß-System ausgerüstet, das zur Fortbewegung, zur Nahrungsaufnahme und anderen Lebensaktivitäten dient. Wir wollen dies hydraulisch arbeitende System vereinfacht darstellen: Durch eine Siebplatte dringt Meerwasser in ein Rohr, das einen ringförmigen Kanal versorgt. Von diesem Ring zweigen fünf Leitungen in die fünf Körpersektoren ab. In jedem Sektor schließt an die Leitung eine Serie paariger Bläschen an. Die Bläschen besitzen lange, an den Enden verbreiterte Fortsätze, die durch die Skelettplatten hindurch nach außen reichen. Wir bezeichnen die Fortsätze als Saugfüßchen (Ambulacral-Füße). Sie werden durch Veränderungen des Wasserdrucks innerhalb des Wassergefäß-Systems bewegt. Das hier skizzierte Schema wird natürlich von jeder Stachelhäuter-Gruppe variiert und ihren speziellen Bedürfnissen angepaßt.
Wie auch immer der Körper in den einzelnen Klassen der Stachelhäuter gestaltet ist, wir werden unschwer finden, daß fünf Streifen eines Tieres Durchbohrungen zeigen, die für den Durchtritt der Saugfüßchen bestimmt sind. Diese Füßchenstreifen (Ambulacralia) wechseln mit Zwischenfeldern aus undurchbohrten Platten (Interambulacralia) ab (Skizze zu Taf. 31).
Grundsätzlich unterscheiden wir bei den Stachelhäutern zwei Baupläne:

1. Festsitzende Stachelhäuter. Zu ihnen rechnen wir einige ausgestorbene Klassen aus dem Erdaltertum und die bis heute überlebenden Seelilien. Die meisten sind mit

einem Stiel am Untergrund verankert. Der größte Teil unserer jetzigen Seelilien schwimmt frei im Meer und sitzt nur während des Larvenstadiums fest (Skizze zu Taf. 32). Da alle festsitzenden Stachelhäuter mit ausgebreiteten Armen Kleinlebewesen aus dem Wasser herausseihen, ist ihr Mund nach oben gerichtet.

2. Freilebende Formen. Die freilebenden Stachelhäuter (heutige Vertreter: Seeigel, Seesterne, Schlangensterne, Seegurken) bewegen sich kriechend, auch grabend, am Meeresboden. Teils sind es Räuber, teils Sedimentfresser, andere sind auf Pflanzenkost eingerichtet. Für ihre Ernährungsweise ist ein dem Boden zugewendeter Mund von Vorteil.

Die Häufigkeit von Stachelhäutern in den Plattenkalken ist sehr unterschiedlich. An manchen Orten bedecken die Reste freischwimmender Seelilien massenhaft die Schichtflächen, während anderswo Schlangensterne in großer Zahl auftreten. In scharfem Kontrast dazu steht die Spärlichkeit aller anderen Stachelhäuter.

Hess, H. (1975): Die fossilen Echinodermen des Schweizer Juras. Veröffentl. Naturhist. Mus. Basel, *8*, 130 S. (Auch zu den folgenden Abschnitten.)

U. St.: Seelilien (Crinoidea = Lilienartige)

Die erwachsenen Tiere oder zumindest die Larve befestigen sich mit einem Stiel an einer Unterlage. Der Stiel geht oben in einen Kelch über, der 5–10 bewegliche, mit Fiedern (Pinnulae) besetzte Arme trägt. Auch der Stiel ist gelegentlich mit beweglichen Fortsätzen, den Ranken (Cirren) besetzt. Unter den freischwimmenden Formen sind Gattungen ohne Ranken und solche, die an einem Stielrest Ranken führen, bekannt.

Millericrinus (= Miller's Lilie). Verankert. Stiel lang, bei einigen Arten glatt, bei anderen kantig oder mit Pusteln. Kelch bei der häufigsten Art breit, gut vom Stiel abgesetzt, bei anderen allmählich in den Stiel übergehend. Die besten Funde wurden früher bei Kelheim gemacht, Teilstücke stammen aus den Gungoldinger Brüchen (s. Leich, 1968, Taf. 24).

Solanocrinites (= versteinerte Sonnenlilie). Schwimmend. 10 Arme von etwa 10–12 cm Länge. Arme schlank, kräftig aus zwei ineinandergreifenden Plättchenreihen bestehend. Armfiedern (Pinnulae) ziemlich kurz. Mit kräftigen Ranken (Cirren). Im Vergleich zur folgenden Gattung plump. Selten.

Pterocoma (= Ruderhaar), früher ‹*Antedon*›; Taf. 32, Fig. 1. Schwimmend. 10 schlanke lange Arme, je etwa 10 cm lang. Armfiedern zart, weitstehend, lang. Die Gattung wurde in den Zandter Brüchen verhältnismäßig häufig angetroffen und ist auch bei Eichstätt nicht zu selten.

Saccocoma (= Haarsack), Taf. 29; Taf. 31, Fig. 1–4. Schwimmend. Kelch domartig, mit Netzstruktur, weniger als 8 mm Durchmesser. 10 Arme mit verbreiterten Fortsätzen zum Schwimmen. Armenden wechselseitig verzweigt (Skizze zu Taf. 29). Häufigstes Fossil der Plattenkalke. Hauptvorkommen in der Gegend von Eichstätt, Jugendexemplare mit Kelchdurchmesser um 1 mm.

Spencer, W.K. & Wright, C.W. (1966): Asterozoans. In: Treatise on Invertebrate Paleontology (Herausg. R.C. Moore), Part U, Echinodermata, Band 3, Teil 1, U4–U107, Lawrence (Univ. Kansas Press).

U. St.: Seesterne (Asteroidea = Sternartige)
Die Körperform ist sternartig. Der Mittelteil, die Körperscheibe, geht fließend in die normalerweise 5 Arme über. Das Skelett setzt sich aus massiven Plättchen zusammen. Die Plattenkalk-Gattungen haben Durchmesser von etwa 15 cm.

Pentasteria (= Fünfstern), Untergattung *Archasteropecten* (= Altkammstern). Die hier zu nennende Art *P. (A.) elegans* (Fraas) ist durch die Körnung der Außenfläche an den unteren Arm-Randplatten gekennzeichnet. Die oberen Randplatten tragen keine größeren Stacheln. Sehr selten.
Lithaster jurassicus (Zittel), Farbtaf. 13. Sehr selten. Zu *Lithaster* gehört auch die Art *pustuliferus* (Fraas), die durch gefaltete Rippen an der Außenseite der Randplatten (Marginalia) kenntlich ist; sie wurde in den Kelheimer Plattenkalken gefunden.

Hess, H. (1977): Neubearbeitung von *Pentacoceras jurassicus* Zittel (1886) aus den Solnhofener Plattenkalken (unt. Untertithon) von Böhmfeld bei Ingolstadt (Bayern). N. Jb. Geol. Paläont., Mh. *1977*, S. 321–330.

U. St.: Schlangensterne (Ophiuroidea = Schlangenstern-Artige)
Schlangensterne sind überwiegend zarter und kleiner als die Seesterne. Die Körperscheibe setzt sich deutlich von den Armen ab. ‹Wirbel› und Deckplatten bilden das Armskelett. Die Wirbel entstanden durch Verschmelzung von Armplättchen, die bei den Seesternen noch frei miteinander gelenken (vgl. Skizze zu Farbtaf. 13). Durch die Wirbel werden die Arme ungemein beweglich.

Geocoma (= Erd-Haar), Taf. 30, Fig. 2. Um 6 cm Durchmesser. Die Körperscheibe ist im Verhältnis zur Armlänge klein. Armstacheln kurz. Dieser Schlangenstern ist in bestimmten Lagen der Brüche von Zandt sehr zahlreich.
Ophiopsammus (= Strandschlange), früher ‹*Ophiocten*›, Farbtaf. 14, Fig. 1. Um 10 cm Durchmesser. Körperscheibe im Verhältnis zur Armlänge größer als bei *Geocoma.* Die Körnelung der Körperscheibe erstreckt sich auch auf die Unterseite. Ein Kiel verläuft über die oberen Armplättchen. Kurze Armstacheln. An manchen Stellen der Region Kelheim-Weltenburg häufig.
Ophiurella (= Schlangenschwänzchen). Groß, um 15 cm Durchmesser. Arme schlank, aber kräftig. Armstacheln etwa dreimal so lang wie die Breite eines Armsegments. Ziemlich selten.

Enay, R. & Hess, H. (1962): Sur la découverte d'Ophiures *(Ophiopetra lithographica* n. g. n. sp.) dans le Jurassique supérieur du Haut-Valromey (Jura méridional). Eclogae geol. Helv., *55*, S. 657–673.
Enay, R. & Hess, H. (1970): Nouveaux gisements à Stelléroides dans le Kimméridgien supérieur (Calcaires en plaquettes) du Jura méridional – Ain, France. Eclogae geol. Helv., *63*, S. 1093–1107.

U. St.: Seeigel (Echinoidea = Seeigelartige)
Bei den Seeigeln des Erdmittelalters und der Erdneuzeit haben sich die Schutzplatten des Körpers zu einem festen Gehäuse (Corona) zusammengeschlossen. Oben am Gehäuse liegt das Scheitelfeld mit dem After, die Siebplatte, sowie die Geschlechts- und Augenplatten. Der Mund befindet sich an der Gehäuse-Unterseite. Grabende Seeigel verlegen den After aus dem Scheitelfeld an das Hinterende des Gehäuses. Zwischen Scheitelfeld und Mund erstrecken sich die fünf Füßchenstreifen (Ambulacralia) und die Zwischenfelder (Interambulacralia). Beide Flächen sind mit größeren oder kleine-

ren Gelenkwarzen zur Befestigung von Stacheln besetzt. Da die Stacheln nach dem Tod der Tiere schnell abfallen, finden wir fast stets nur unbewehrte Gehäuse oder isolierte Stacheln. – Mit dem Mundfeld ist manchmal der komplizierte Kauapparat erhalten geblieben. Wegen seiner Ähnlichkeit mit einer Laterne wird er als ‹Laterne des Aristoteles› bezeichnet. Fünf stiftartige, leicht gebogene und sehr harte ‹Zähne›, die in der Laterne aufgehängt sind, verrichten die Kauarbeit.
Zur Bestimmung von Seeigeln müssen Form des Gehäuses, Lage von Mund und After, Zahl und Lage der Öffnungen für die Füßchen, Anordnung und Größe der Stachelwarzen, die Stacheln selbst und nicht zuletzt die Ausbildung des Scheitelfeldes beachtet werden. Wenn durch das Stachelkleid viele Merkmale verdeckt sind, wird die einwandfreie Identifizierung bei fossilen Seeigeln in Frage gestellt.
Die Plattenkalke erbrachten bisher nur wenige Seeigel, die dafür aber im allgemeinen sehr gut, sogar mit vollem Stachelkleid erhalten sind. Die meisten Stücke, und vor allem die grobstacheligen Seeigel, stammen aus den riffnahen Wannen.

Regelmäßige Seeigel (Regularia). Der After liegt im Scheitelfeld, also etwa senkrecht über dem Mund (Skizze zu Taf. 31, Fig. 1).
Rhabdocidaris (= Stab-Turban). Gehäuse um 10 cm Durchmesser. Große Stachelwarzen sehr kräftig, in zwei Reihen auf den Zwischenfeldern angeordnet. Füßchenstreifen nur mit kleinen Stacheln, schmal, gewellt. Gehäuse fast kugelig. Stacheln sehr lang, rund mit stumpfen Dornen oder kantig mit gesägten Rändern. Selten.
Plegiocidaris (= geflochtener Turban). Um 5 cm Durchmesser. Gehäuse oben und unten abgeflacht. Große Mund- und Scheitelfelder. Wenige, große Stachelwarzen, in zwei Reihen auf den Zwischenfeldern. Füßchenstreifen nur mit kleinen Stacheln, ziemlich gewellt. Stacheln mäßig lang, stumpf, mit Körnchenreihen verziert. Selten.
Pedina (= die Abgeflachte), Taf. 31, Fig. 1. Bis etwa 10 cm Gehäusedurchmesser. Gehäuse flach kuppelförmig. Stachelwarzen klein, zahlreich. Stacheln klein, schmal und spitz. Stachelkleid dicht. Ziemlich selten.
Phymopedina (= Abgeflachte mit Gewächsen). Bis 7 cm Gehäusedurchmesser, ähnlich *Padina,* doch Stachelwarzen kräftiger und Stacheln stärker.
Hemicidaris (= Halbturban). Gehäusedurchmesser um 5 cm. Gehäuse hochkuppelförmig. Scheitelfeld klein. Zwischenfelder mit zwei Reihen großer Warzen. Füßchenstreifen nur unten mit größeren Warzen. Stacheln lang, zugespitzt, fein gerieft oder kolbenförmig. Selten.
Pseudodiadema (= Schein-Krone). Gehäusedurchmesser 3–5 cm. Gehäuse flach domartig, mit kleinem Scheitelfeld. Großstachel-Warzen nur mäßig entwickelt, je zwei Reihen in den Zwischenfeldern und den schmalen Füßchenstreifen. Bei manchen Arten sind Groß- und Kleinwarzen fast gleich stark entwickelt. Stacheln mäßig lang, spitz und fein gerieft. Selten.
Tetragramma (= Vierschrift), Taf. 30, Fig. 1. Gehäusedurchmesser um 5 cm. Gehäuse ziemlich abgeflacht. Scheitelfeld groß. Hauptwarzen mäßig groß, in den Füßchenfeldern je zwei Reihen und in den Zwischenfeldern je vier Reihen und zwei Seitenreihen. Stacheln kurz, zugespitzt und fein gerieft.

Unregelmäßige Seeigel (Irregularia).
Mund und After nicht senkrecht übereinander. After aus dem Scheitelfeld gerückt.

Collyropsis (= der Brotlaibähnliche). Etwa 2 cm lang. Gehäuseumriß in der Aufsicht herzförmig. Hinterende spitz-gerundet. After am Hinterende gelegen. Scheitelfeld und drei Füßchenfelder nach vorne gerückt, 2 Füßchenfelder nach hinten verschoben. Selten.

Bantz, H.-U. (1969): Echinoidea aus Plattenkalken der Altmühlalb und ihre Biostratinomie. Erlanger geol. Abh., *78*, 35 S.

U. St.: Seegurken (Holothuria)

Seegurken leben am Meeresboden oder sind in ihm vergraben. Einige vermögen zu schwimmen. Die grabenden Formen sind zart gebaut, während die Seegurken auf dem Meeresgrund von einer widerstandsfähigen, lederartigen Haut geschützt werden. Der Plättchenpanzer, der die anderen Stachelhäuter umgibt, ist bei den Seegurken zu winzigen Kalkkörperchen rückgebildet worden. Die Zahl der Skelettelemente wurde aber beinahe ins Ungemessene vermehrt: Eine kleine Seegurke von ungefähr 7 cm Länge birgt in ihrer Haut um 20 Millionen Kalkkörperchen. Nur die Elemente des Schlundrings sind größer. Die Saugfüßchenfelder der Rückenseite sind verkümmert. Manche Gattungen geben die Saugfüßchen überhaupt auf. Um den Mund stehen zahlreiche Fangarme.

Seegurken ernähren sich überwiegend von organischen Stoffen, die im gefressenen Sediment enthalten sind. Ihr Lebensraum erstreckt sich von der Küste bis in die Tiefsee.

Vollständige, fossile Seegurken werden nur in Ausnahmefällen überliefert. Das ist verständlich, weil sie kein zusammenhängendes Skelett haben. Dafür findet man die Kalkpartikelchen reichlich im Sediment. Ihre Verschiedenheit ermöglicht es zum Teil, sie bei bestehenden Seegurken-Ordnungen unterzubringen. – Auch die Seegurken der Plattenkalke sind dürftig erhalten.

Protoholothuria (= Erst-Seegurke). Um 6 cm lang. Körper schlauchförmig. Oberfläche grob gekörnt. Am Vorderende sind 5–6 quergerunzelte Fangarme erhalten. Sehr selten.

Pseudocaudina (= Schein-Caudina; *Caudina* = lebende Seegurken-Gattung). Etwa 13 cm lang und 5 cm breit. Der Körperumriß ist plump-keulenförmig. Fangarme scheinen zu fehlen. Auch Kalkkörperchen der Haut wurden bisher nicht nachgewiesen. Längsbänder mit feiner Querstreifung (Füßchenstreifen?) wechseln mit ungestreiften Feldern. Zuordnung fraglich.

Aus Plattenkalken wurden durch Ätzverfahren auch Seegurken-Kalkkörperchen herausgelöst. Sie messen zwischen 0,1 und 0,3 mm. Man benennt sie nach dem ‹Zweinamen-Prinzip›, doch handelt es sich hier nicht um echte Gattungen oder Arten, da oft verschieden gestaltete Körperchen im gleichen Tier anzutreffen sind.

Priscopedatus (= der alte Befußte). Stempelartig, mit kurzem Griff und durchlöcherter, rundlicher ‹Stempelscheibe›.

Eocaudina (Früh-Caudina; s. oben). Unregelmäßige Plättchen mit Löchern.

Achistrum (= Haken). Angelhakenartig, mit Öse.

Theelia (= ? Brustwarze). Reifenartiges Rädchen mit wenigen, breiten Speichen.

Hemisphaeranthos (= Halbkugel-Blüte). Reifenartiges Rädchen mit vielen Speichen und breiter Nabe.

Broili, F. (1926): Eine Holothurie aus dem oberen Jura von Franken. Sitz. Ber. Bayer. Akad. Wiss., Math.-naturw. Abt., *1926*, S. 341–351.

Janicke, V. & Schairer, G. (1970): Fossilerhaltung und Problematica aus den Solnhofener Plattenkalken. N.Jb. Geol. Paläont., Mh., *1970*, S. 452–464.

Müller, A.H. (1969): Reste seltener Holothurien (Echinodermata) aus dem Mesozoikum Europas. Mber. Dt. Akad. Wiss., *11*, S. 622–671.

Schairer, G. (1971): Mikrofossilien aus Plattenkalken Süddeutschlands. Mitt. Bayer. Staatssamml. Paläont. Hist. Geol., *11*, S. 33–68.

Die Wirbeltiere (Vertebrata)

Mit Ausnahme einiger Fischgattungen zählen die Wirbeltiere zu den seltensten Funden aus den Plattenkalken. Dafür sind unter diesen einige ungemein wichtige Stücke für die Stammesgeschichte und Besonderheiten, die andernorts unbekannt sind.

Die Wirbeltier-Paläontologie gilt seit langem als eigener Zweig der Paläontologie, der besondere Erfahrungen in der vergleichenden Anatomie des Skeletts verlangt. Wenn man sich etwas näher mit der Wirbeltier-Paläontologie befassen möchte, dann ist dafür vor allem das Buch von A. S. Romer, Vertebrate Paleontology, zu empfehlen, das allerdings englische Sprachkenntnisse voraussetzt. Es ist leichtverständlich geschrieben und enthält neben der einführenden Darstellung auch eine Übersicht aller Wirbeltier-Gattungen, gruppiert nach ihrer systematischen Zugehörigkeit. In deutscher Sprache gibt es z. Zt. nur das sehr ausführliche Werk von A. H. Müller, Lehrbuch der Paläozoologie, das auch zur Bestimmung der Gattungen brauchbar ist. Zur Ergänzung dienen E. Colbert, Die Evolution der Wirbeltiere, und J. Augusta & Z. Burian, Tiere der Urzeit, das sehr gute Lebensbilder, besonders von Wirbeltieren enthält.

Auf den folgenden Seiten werden wir versuchen, eine Übersicht der Wirbeltiere aus den Plattenkalken zu gewinnen. Dabei sollen uns Stammbaum-Skizzen helfen, die verwandtschaftlichen Beziehungen der Wirbeltiergruppen zueinander schnell zu erfassen. Die einzelnen Ordnungen und die kleineren systematischen Einheiten sind nur knapp behandelt. Viele Detailangaben dazu finden sich in den Begleittexten der Tafeln. Ich will auch auf Listen von Gattungen und Arten verzichten, weil der größte Teil der Solnhofener Wirbeltiere durch Spezialisten neu bearbeitet werden müßte und dabei erhebliche Änderungen zu erwarten wären. Soweit bereits Neubearbeitungen vorliegen, sind sie in den Literaturangaben am Ende der Abschnitte aufgenommen.

Augusta, J. & Burian, Z. (1960): Tiere der Urzeit. 4. Aufl., 48 S., 60 Taf., Prag (Artia Verl.).

Colbert, E. (1965): Die Evolution der Wirbeltiere, 426 S., Stuttgart (G. Fischer Verl.).

Müller, A.H. (1966, 1968, 1970): Lehrbuch der Paläozoologie. Band III. Vertebraten, Teil I. Fische und Amphibien, XVI u. 639 S., 1966. – Teil II. Reptilien und Vögel, XIII u. 657 S., 1968. – Teil III. Mammalia, XV u. 855 S., Jena (G. Fischer Verl.).

Romer, A.S. (1966): Vertebrate Paleontology. 3. Aufl., VIII u. 468 S., Chicago u. London (Univ. Chicago Press).

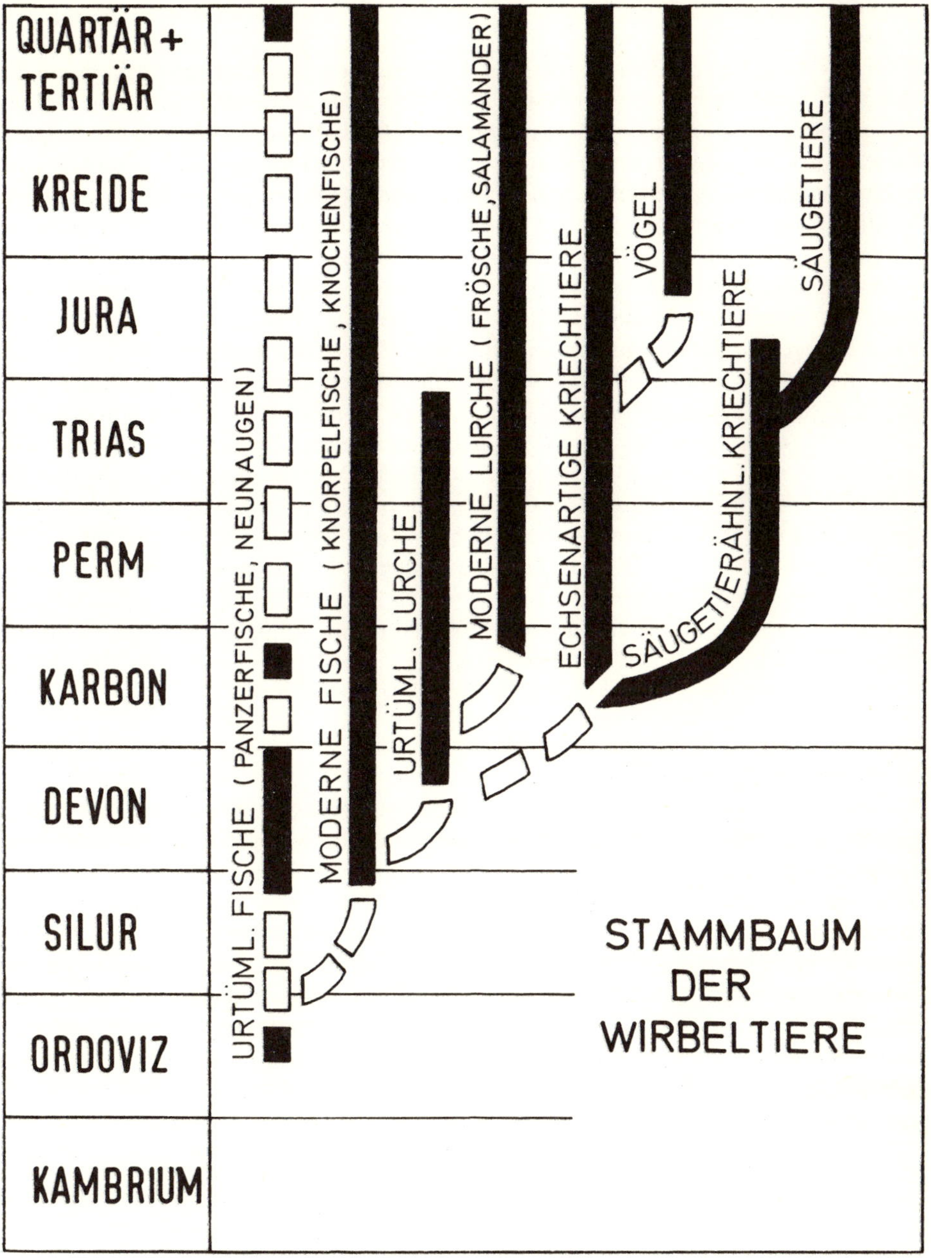

Textabb. 40 *Stammbaum der Wirbeltiere.*

Weiße unterbrochene Linien: vermutete oder fehlende Verbindungen.

Über das Aussehen der Wirbeltierahnen kann man gegenwärtig nur spekulieren. Sicher sind sie als skelettlose, sehr bewegliche Lebewesen schon im Kambrium vorhanden gewesen. Aber erst in der Mitte der Ordoviz-Zeit haben die frühesten Fische Reste hinterlassen. Sie zeigten erstmals ‹Knochen› aus Calciumphosphat, besaßen noch keine Kiefer, dafür aber viele Kiemenbögen. Anders als heutige Fische waren sie am Vorderkörper von einem dicken Außenpanzer geschützt (vgl. Textabb. 15a), während ihr Innenskelett nur knorpelig war. Als ihre direkten Nachkommen dürfen wir die Neunaugen betrachten, die allerdings nur noch knorpelige Innenskelette besitzen. Aus den ‹Panzerfischen› entstanden jedenfalls die heutigen Fische, indem der vorderste Kiemenbogen zu Kiefern umgewandelt wurde. Zugleich wurde der schwere Außenpanzer durch Schuppen ersetzt und das Innenskelett nach und nach verknöchert. Solche Fische tauchen erstmals im Silur auf (vgl. Textabb. 15c). Ab dann überschlägt sich sozusagen die Entwicklung und Ende Devon zweigten bereits die Amphibien von den Fischen ab (Textabb. 16a). Nur wenig später, im Mittelkarbon, hatten die Amphibien auch schon die Reptilien (Textabb. 16c) hervorgebracht. Seit dem Perm und während des ganzen Mesozoikums entwickelten die Reptilien eine ungeheuere Mannigfaltigkeit, die mit Ende der Kreide-Zeit fast schlagartig zusammenbricht. Spät in der Trias erst hatte ein Reptilzweig den Weg zu den Säugetieren gefunden. Noch länger dauerte es, bis eine andere Reptillinie die Vögel ‹erfand›. Säuger und Vögel blieben für lange Zeit, während die Reptilien herrschten, unbedeutend. Erst mit der Wende Kreide-Tertiär eroberten sie schnell die Erde. Vgl. Textabb. 40.

▶ **U. St.: Fische** (Pisces)

Sie übertreffen alle anderen Wirbeltiere der Plattenkalke an Häufigkeit. Dies besagt jedoch nicht, daß Fischfunde an sich zahlreich sind. Nur wenige Gattungen sind durch viele Individuen vertreten und auch sie trifft man nur örtlich in bestimmten Lagen an. Es ist schade, daß von den Solnhofener Fischen nur wenige Gattungen modern bearbeitet sind. Daher vermag der Nichtspezialist kaum zu unterscheiden, welche Gattung oder Art nach heutigen Gesichtspunkten noch aufrecht erhalten werden kann. Wir halten uns an das Romer'sche Schema (S. 162) gültiger Gattungen.

Welche Fischtypen gab es zur Solnhofen-Zeit? Der Stammbaum in Textabb. 41 zeigt uns, daß urtümliche Fische im Jura bisher nicht bekannt sind. Damit bleiben die Knorpelfische und Knochenfische allein zu beachten. Die Vielfalt der Formen macht eine grobe Gliederung nötig.

Woodward, A. Smith (1889–1901): Catalogue of the Fossil Fishes in the British Museum. 4 Bände, 2493 S., London (Brit. Mus. Nat. Hist.). – Teilweise veraltet, trotzdem für das Studium fossiler Fische unerläßlich.

Kl.: Knorpelfische (Chondrichthyes)

Sie tauchen verhältnismäßig spät im Devon auf (Textabb. 41). Ihr Stützskelett besteht aus Knorpel. Zu den Knorpelfischen zählen Haie, die aus ihnen hervorgegangenen Rochen und die Chimären.

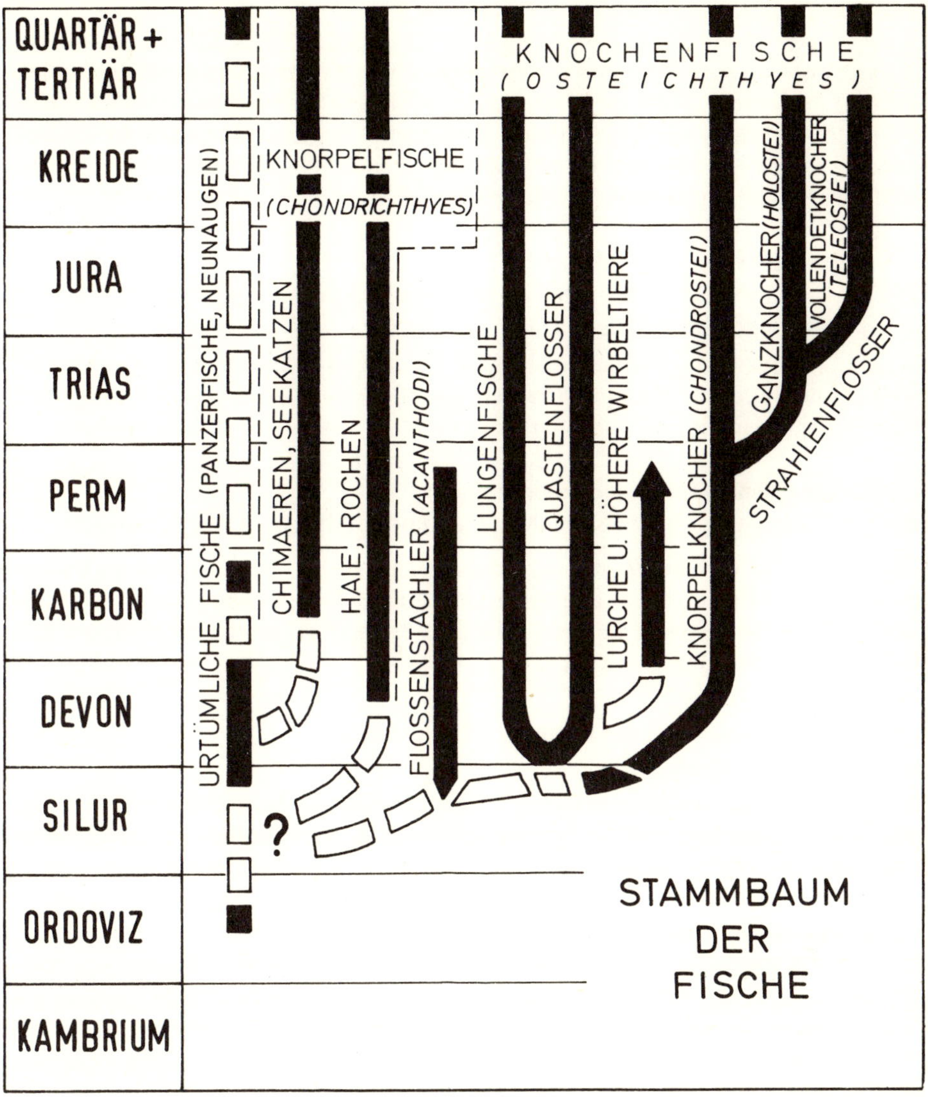

Textabb. 41 *Stammbaum der Fische.*

Weiße unterbrochene Linien: vermutete oder fehlende Verbindungen. Schwarze unterbrochene Linien: unklare Funde, die jedoch in diesen Bereich des Stammbaumes gehören.

Ord.: Haie (Selachii)
Kleine bis sehr große Tiere. Körper spindel- bis torpedoförmig. Fleischiger Teil der Schwanzflosse gut entwickelt und nach oben gerichtet. Kiemenspalten sichtbar seitlich gelegen. Oberkieferknorpel nicht mit der Schädelkapsel verwachsen. Vorderste Kiemenspalte höchstens als sogenanntes Spritzloch erhalten. Wirbelkörper können schwach verknöchern. Männchen mit Klammerorganen (Greifer) an den Beckenflossen, die zur Begattung dienen. Schwimmblase fehlt.

U. Ord.: Höckerzähner (Hybodontoidea)
Normale Hai-Gestalt, fünf Kiemenspalten. Kiefergelenkung mithilfe eines Elements aus dem nachfolgenden Kiemenbogen.

Hybodus (= Höckerzahn). Mittelgroß bis groß. Beide Rückenflossen mit je einem Stachel und die hintere auch mit Knorpel-Strahlen. Afterflosse sehr weit hinten. Zähne gerieft, konisch oder aus mehreren stumpfen Kuppen. Haut mit kleinen Hautzähnchen.

U. Ord.: Verschiedenzähner (Heterodontoidea)
Mittelgroß. Mächtiger, hoher Kopf. Maul fast endständig. Fünf Kiemenspalten.

Heterodontus (= Verschiedenzähner; Stierkopfhai), früher ‹*Paracestracion*›. Dornen von den Rückenflossen etwas abgesetzt. Große Brustflossen. Schwanzflosse verhältnismäßig kurz, mit großem Lappen. Kiefer dicht mit spitzen, hinten mit plattigen Zähnen besetzt. Wirbelkörper verknöchert.

U. Ord.: Kammzähner oder Sechswürger (Hexanchoidea)
Sechs bis sieben Kiemenspalten

Hexanchus (= Sechswürger; Grauhai), früher ‹*Notidanus*›. Körper schlank. Nur eine Rückenflosse ohne Flossendorn. Schwanzflosse groß, nach hinten verlängert. Oberkieferzähne ein- oder mehrspitzig, Unterkieferzähne vielspitzig, sägeartig.

U. Ord.: Hundshaie (Galeoidea)
Dazu gehören die meisten lebenden Haie. Körper meist gestreckt spindelförmig. Wirbelkörper verknöchert. Unterkiefer nicht direkt mit dem Schädel gelenkt, sondern mit einem Element des nachfolgenden Kiemenbogens. Spritzloch verkleinert oder fehlend. Beide Rückenflossen ohne Dornen. Zähne mit scharfen Schneiden, einspitzig oder mit einer Hauptspitze und kleinen Nebenspitzen.

Palaeocarcharias (= Alt-Hart[zahn]; Alt-Sandhai)
Spindelförmig. Kopf kurz, gerundet, Maul fast endständig. Brustflosse groß, dreieckig. Beide Rückenflossen und die Afterflosse weit nach hinten gerückt. Schwanzflosse lang, am Ende gerundet. Zähne lang, von der Seite gesehen leicht S-förmig gekrümmt; Zahnbasis breit, zweilappig. Die Tiere sind mittelgroß.
Orectolobus (= Vorgestrecktlapper; Ammenhai), früher ‹*Palaeocrossorhinus*› und ‹*Crossorhinus*›. Körper etwas abgeflacht. Schnauze stumpf. Brustflossen groß, gerundet. Schwanzflosse mit kleinem oberem Lappen. Zahnbasis ungeteilt.
Phorcynis (aus der griech. Mythologie: Tochter des Phorkys, Schwester der Gorgo).

Klein, ähnlich *Orectolobus,* doch schlanker, mit kleinerer Brustflosse. Zähne klein, einspitzig.

Palaeoscyllium (Alt-Hundshai), Farbtaf. 12.

Galeus (eigentl. aus dem Griechischen: Marder oder Katze; moderne Bezeichnung: Hundshai), früher ‹*Pristiurus*›. Ähnlich *Palaeoscyllium.* Nur eine Rückenflosse. Kleine Stacheln beiderseits des Oberrands der Schwanzflosse. Zähne klein, dreispitzig, mit hoher Mittelspitze.

U. Ord.: Engelfische und Dornhaie (die «Rauhen», Squaloidea)

Klein bis groß, Körper rochenartig abgeflacht. Wirbel verknöchert. Kiemenöffnungen seitlich gelegen, großes Spritzloch. Brustflossen sehr groß, deutlich vom Kopf abgesetzt, Beckenflosse etwas kleiner, Afterflosse fehlt. Zähne klein, raspelartig.

Protospinax (Taf. 27), Rückenflossen mit Dornen. Z. T. mit der Gattung *Belemnobatis* (= Spießrochen) vereinigt und zu den Rochen gestellt, obwohl bei Protospinax die Brustflossen nicht mit dem Kopf zusammenlaufen.

Pseudorhina (Taf. 26), früher *Squatina.* Sehr flach, Rückenflossen ohne Dornen.

Ord.: Rochen (Batoidea)

Mittelgroß bis sehr groß. Körper abgeflacht. Augen und großes Spritzloch auf der Oberseite, Maul und Kiemenschlitze auf der Unterseite. Brustflossen sehr groß, mit dem Kopf verwachsen. Afterflosse fehlt. Beide Rückenflossen, auf dem schmalen Hinterkörper sitzend, haben einen Dorn. Wirbelkörper verknöchert. Zähne klein, in dichten Reihen oder zu Kauplatten vereinigt.

Aellopos (Taf. 28, Fig. 2), früher *Spathobatis.* Schnauze lang.

Asterodermus (= Sternhaut), ähnlich *Aellopos,* doch Schnauze kürzer, sternchenartige Hautzähnchen.

▶ **Kl.: Ganzköpfer** (Holocephali)

Knorpelfische von gestreckter Gestalt, mit symmetrischer, spitzer Schwanzflosse. Wirbelkörper unverknöchert. Vier Kiemenschlitze durch gemeinsamen Hautlappen geschützt. Erste Rückenflosse mit einem starken Nackenstachel verbunden, zweite langgestreckt. Schwanz mit oberem und unterem Flossensaum, Brustflosse groß. Schädel- und Oberkieferknorpel verwachsen (Name!). Wenige, mächtige Kauplatten in den Kiefern.

Ord.: Chimärenförmige (Chimaeriformes)

Einzige Ordnung der echten Holocephalen. Nur zwei ihrer Unterordnungen sind hier wichtig.

U. Ord.: Chimären (Chimaeroidea, Chimaera = Ungeheuer der griech. Mythologie)

Kopf und Körper seitlich zusammengepreßt, zwei Kauplattenpaare im Ober-, eines im Unterkiefer. Hautknochen am Kopf fehlen. Rückendorn glatt. Beschuppung (Hautzähnchen) spärlich. Stirngreifer klein und nur bei den Männchen, die zudem Beckenflossen-Greifer haben.

Ischyodus (Taf. 28, Fig. 1), mit kurzer Schnauze. Nackenstachel glatt mit gezähneltem Hinterrand.

U. Ord.: Tausendstachler (Myriacanthoidei)

Zwei oder drei Kauplattenpaare im Oberkiefer, ein Plattenpaar und eine Mittelplatte im Unterkiefer. Kauplatten dünn. Ein oder mehrere Paare von Hautknochen am Schädel. Stirngreifer bei beiden Geschlechtern (?), Beckenflossen-Greifer unbekannt. Nackendorn gekörnelt. Beschuppung nicht verringert.

Chimaeropsis (= die Chimärenartige). Vordere, obere Zahnplatten größer als das hintere Paar. Drei Hautplattenpaare. Nackendorn gekörnelt, vorne gezähnelt. Schnauze kurz.

Beaumont, G. de (1960): Observations préliminaires sur trois Sélaciens nouveaux du Calcaire lithographique d'Eichstätt (Bavière). Eclogae geol. Helvet., *53,* S. 315–328.

Maisey, J. G. (1976): The Jurassic selachian fish *Protospinax* Woodward, 1918. Palaeontology, *19,* S. 733–755.

Patterson, C. (1965): The phylogeny of the chimaeroids. Phil. Trans. Royal. Soc. London, Ser. B. (Biol. Sci.), *249,* S. 101–219.

Saint-Saine, P. de (1949): Les poissons des calcaires lithographiques de Cerin (Ain). Nouv. Arch. Mus. d'hist. Nat. Lyon, Fasc. *II,* 357 S., Lyon (Imprim. A. Rey).

▶ **Kl.: Knochenfische** (Osteichthyes)

Wie der Name andeutet, besteht bei diesen Fischen die Tendenz, das Stützskelett aus Knochen anstelle von Knorpel aufzubauen. Der Stammbaum in Textabb. 41 zeigt, daß sich bereits im Unterdevon mehrere Hauptlinien innerhalb der Knochenfische gebildet hatten: Lungenfische, Quastenflosser und Strahlenflosser. Lungenfische sind in den Plattenkalken noch nicht registriert worden. Die Quastenflosser sind im Jura noch mit einigen Gattungen vertreten (vgl. S. 171). Strahlenflosser sind die typischen Fische von heute: Hecht, Karpfen, Hering. In den Plattenkalken haben die Strahlenflosser bei weitem die meisten Wirbeltier-Fossilien hinterlassen.

U. Kl.: Strahlenflosser (Actinopterygii)

Die Flossen bestehen aus einer Anzahl verknöcherter Strahlen, die normalerweise unmittelbar am Körper ansetzen. Nach dem Anteil des Knochens am Aufbau des Skeletts unterscheiden wir innerhalb der Strahlenflosser die Knorpelknocher, die Ganzknocher und die Vollendetknocher. Diese Gliederung entspricht stammesgeschichtlichen Entwicklungsstadien.

Ü. Ord.: Knorpelknocher (Chondrostei)

Von dieser primitivsten Knochenfischgruppe überleben nur noch die afrikanischen Flösselhechte und die kaviarliefernden Störe. Auch aus den Plattenkalken ist nur die einzige Gattung *Coccolepis* nachgewiesen worden. *Coccolepis* (= Körnerhaut) hat einen spindelförmigen Körper und einen fleischigen oberen Schwanzlappen, der typisch für die Knorpelknocher ist. Das Maul ist tief und einfach gebaut. Die Wirbelkörper sind nicht verknöchert. Bauch- und Rückenflossen sind groß, die Schuppen zart, rundlich.

Ü. Ord.: Ganzknocher (Holostei)
Sie tragen noch viele primitive Züge, doch beginnt sich bei ihnen die Mundregion zu verkürzen und beweglich zu gestalten. Der vielfach noch starke Schuppenpanzer wird allmählich leichter, indem der Schmelz der Schuppen abgebaut wird. Die Verknöcherung des Skeletts macht Fortschritte. Von allen Plattenkalk-Fischen stellen die Ganzknocher die meisten Gattungen. Ich führe im folgenden die wichtigsten Ordnungen und Gattungen an.

Ord.: Rückenfahnenförmige (Semionotiformes)
Klein bis sehr groß (über 2 m). Dicke Schmelzschuppen. Ring von Knochenplättchen um die Augen.

Heterostrophus (= der Andersgewendete). Körper fast scheibenförmig. Rücken- und Afterflosse lang, nahezu den Schwanz erreichend. Brustflossen hochgelegen, Beckenflosse sehr klein. Beschuppung kräftig.
Lepidotes (Taf. 25).

Ord.: Dickzähner (Pycnodontiformes)
Klein bis groß. Körper scheibenförmig. Große Schuppen des Vorderkörpers in Spangen aufgelöst. Wirbelkörper nicht verknöchert.

Gyrodus (Farbtaf. 11).
Gyronchus (Taf. 24; Abb. zu Farbtaf. 11), früher «*Mesodon*».
Proscinetes (Abb. zu Farbtaf. 11), früher «*Microdon*».
Mesturus (= Fülligschwanz). Wange aus einem Mosaik von Knochenplättchen. Auch Hinterkörper beschuppt.

Ord.: Schlammfischförmige (Amiiformes)
Klein bis mittelgroß, selten groß. Beschuppung meist leicht, Schmelzbedeckung schwach. Die Gattungen verteilen sich auf mehrere Familien.

F.: Schnell-Fische (Caturidae)
Mittelgroß, Schwanzflosse tief gegabelt.

Callopterus (= Schönflosse). Ähnlich *Caturus,* doch Rückenflosse weiter hinten, etwa über der Afterflosse gelegen. Schwanzflosse verhältnismäßig wenig gegabelt.
Caturus (Taf. 21, Fig. 2, Taf. 23), mit Untergattung *Strobilodus.*
Eurycormus (= Breitrumpf). Ähnlich *Caturus,* doch Rückenflosse über der Afterflosse. Oberkieferknochen mit gezähneltem Rand. Über-Oberkieferknochen (Supramaxillare) groß.
Furo (= Wüter), früher «*Eugnathus*» und «*Isopholis*». Schlank spindelförmig, Schädel lang. Bauchflossen klein, Schwanzflosse tief gegabelt. Dicke rautenförmige Schuppen.
Ionoscopus (Taf. 23).

F.: Schlammfische (Amiidae)
Klein bis mittelgroß. Körper schlank spindelförmig. Rückenflosse meist lang. Wirbelkörper teilweise verknöchert. Schwanzflosse gerundet.

Liodesmus (= Glattband). Relativ kurze Rückenflosse, die über der Beckenflosse liegt. Wirbelkörper nicht verknöchert. Sehr kleine Schuppen.
Urocles (Taf. 21, Fig. 1), früher «*Megalurus*».

F.: Langfahnige (Macrosemiidae)
Klein bis höchstens mittelgroß. Körper spindelförmig bis gestreckt spindelförmig. Rückenflosse lang, zum Teil vorne sehr hoch. Wirbelkörper weitgehend verknöchert.

Eusemius (= der Wohlbezeichnete). Wie *Ophiopsis,* doch Flossenstrahlen nicht gegabelt.
Histionotus (Taf. 20, Fig. 1).
Macrosemius (Taf. 19).
Notagogus (= Rückenwegweiser). Wie *Macrosemius,* doch Rückenflosse zweigeteilt.
Ophiopsis (= Schlangenartiger). Spindelförmig. Rückenflosse verhältnismäßig kurz, sehr hoch. Schuppen dick, rautenförmig, krenuliert. Strahlen der Rückenflosse gegabelt.
Propterus (Taf. 20, Fig. 2).

F.: Dickrumpfige (Pachycormidae)
Groß bis sehr groß. Spindelförmig bis schlank spindelförmig. Körper hinter dem Schädel meist ziemlich tief. Wirbelkörper nicht verknöchert, Schwanzflosse groß, stark gegabelt, Flossenlappen schlank.

Asthenocormus (= der Schwachrumpfige) mit schlankem Körper und sehr langen Brustflossen. Beckenflossen fehlen. Kopf lang. Wirbelkörper kaum verknöchert. Erreicht an die 2 m.
Hypsocormus (= der Hochrumpfige). Mittelgroß. Tiefer Körper. Kleine Beckenflossen, dafür große Afterflosse.
Orthocormus (= der Gestrecktrumpf). Körper lang, schlank, am tiefsten hinter dem Kopf. Hohe, schmale Rückenflosse. Lappen der Schwanzflosse sehr lang. Über 1 m.
Sauropsis (= der Echsenartige). Großer Schädel. Beckenflossen klein, Afterflosse groß, vorne lang, hinten niedrig.

Ord.: Schildschnabelförmige (Aspidorhynchiformes)
Mittelgroß. Hechtartig-langgestreckt, spitzschnauzig, mit großen Flankenschuppen.

Aspidorhynchus (Taf. 17).
Belonostomus (Taf. 18, Fig. 1).

Ord.: Glanzschuppenträger-Förmige (Pholidophoriformes)
Klein bis höchstens mittelgroß. Fortschrittlicher Mundbau, Oberkieferknochen frei beweglich. Körper spindelförmig. Schuppen dünn, doch mit leichtem Schmelzüberzug. Wahrscheinlich Vorgänger der Vollendetknocher.

Pholidophorus (Taf. 16).
Pleuropholis (Taf. 18, Fig. 2).
Oligopleurus (= der Wenigbeschuppte). Kopf dreieckig, Unterkiefer über den Ober-

kiefer vorragend. Wirbelkörper verknöchert. Oberer fleischiger Schwanzlappen. Schuppen rundlich, dünn. Beckenflossen vorne spitz.

Ü. Ord.: Vollendetknocher (Teleostei)

Klein bis mittelgroß. Schmelz auf den Schuppen fast oder ganz fehlend. Wirbelkörper verknöchert. Mundstrukturen des Oberkiefers beweglich. Schwanz äußerlich symmetrisch, am Skelett ist aber noch das ursprüngliche Aufwärtsbiegen der Wirbelsäule zu erkennen.

Anaethalion (= der Ungeschwärzte), vergl. Texte zu Taf. 14 und 15.
Leptolepis (Taf. 14; Taf. 15, Fig. 2).
Thrissops (Taf. 15, Fig. 1).
Pachythriessops (Farbtaf. 10, Fig. 2).
Allothrissops, ähnlich *Thrissops*, doch Schwanzflosse kleiner und weniger tief gegabelt.

Lange, S. (1968): Zur Morphologie und Taxonomie der Fischgattung *Urocles* aus Jura und Kreide Europas. Palaeontographica, *131*, A, S. 1–78.

Nybelin, O. (1961): *Leptolepis dubia* aus den Torleiten-Schichten des Oberen Jura von Eichstätt. Paläont. Z., *35*, S. 118–122.

– (1961): Über die Frage der Abstammung der rezenten primitiven Teleostier. Paläont. Z., *35*, S. 114–117.

– (1963): Zur Morphologie und Terminologie des Schwanzskelettes der Actinopterygier. Archiv f. Zool., *15*, Nr. 35, S. 485–516.

– (1964): Versuch einer taxonomischen Revision der jurassischen Fischgattung Thrissops Agassiz. Göteborgs K. Vet. Vitterh. Samh. Hand. F., Ser. B., *9*, 4, S. 1–44.

– (1967): Versuch einer taxonomischen Revision der Anaethalion-Arten des Weissjura Deutschlands. Acta Reg. Soc. Sci. Litt. Gothoburg., Zoologica, *2*, 53 S.

Saint-Seine, P. de (1949): Les poissons des calcaires lithographiques de Cerin (Ain). Nouv. Arch. Mus. d'hist. Nat. Lyon, Fasc. *II*, 357 S., Lyon (Imprim. A. Rey).

Schaeffer, B. (1969): Mesozoic Fishes and Climate. Proc. North. Amer. Paleont. Convention, Part D, S. 376–388.

Stuetzer, P. H. (1972): Morphologie, Taxonomie und Phylogenie der Ionoscopidae (Actinopteryggi, Pisces). Diss.-Druck, Univ. München, 141 S.

Taverne, L. (1975): Considérations sur la position systématique des genres fossiles *Leptolepis* et *Allothrissops* au sein des Téléostéens primitifs et sur l'origine et le polyphylétisme des poissons Téléostéens. Acad. Roy. Belg. Bull., Cl. Sci., 5e Ser., 61, S. 336–371.

– (1977): Ostéologie et position systématique du genre *Thrissops* Agassiz, 1883, (sensu stricto) (Jurassique supérieur de l'Europe occidentale au sein des Téléostéens primitifs). Geobios, *10*, S. 5–33.

U. Kl.: Quastenflosser (Crossopterygii)

Alle Solnhofener Quastenflosser gehören zu den langlebigen Hohlstachlern. Man glaubte, diese Fische seien zum Ende der Kreide ausgestorben, bis man 1938 lebende Quastenflosser im Indischen Ozean fing (Textabb. 15h).

Die Hohlstachler haben rauhe Schuppen. Ihre Wirbelkörper sind unverknöchert, auffällig die besenartigen Bauch- und Rückenflossen. Der fleischige Teil der Schwanzflosse ist völlig symmetrisch und schließt mit einer kleinen, quastenartigen Flosse ab; ihre Hauptflossenstrahlen sind oben und unten am fleischigen Teil gleichmäßig angeordnet. – Die Hohlstachler zweigen bereits im Mitteldevon von der Stammgruppe der Quastenflosser ab. Diese Ur-Quastenflosser waren die Vorfahren der ersten Landtiere. Drei Gattungen sind aus den Plattenkalken beschrieben worden. Sie sind selten.

Holophagus (Taf. 13), früher «*Undina*», ist etwas häufiger als die beiden anderen. Der Körper ist langgestreckt und die Rückenflossen liegen etwa über den Becken- und Afterflossen.

Libys (= Afrikaner). Körper tiefer als bei *Holophagus,* Flossenstrahlen sehr kräftig und lang.

Coccoderma (Farbtaf. 10, Fig. 1) besitzt einen schlanken Körper. Die Beckenflossen sind sehr in die Nähe der Brustflossen gerückt. Kleiner als die beiden anderen Gattungen.

Reis, O. M. (1888): Die Coelancanthinen mit besond. Berücksichtigung der im Weißen Jura Bayerns vorkommenden Gattungen. Palaeontographica *35,* S. 1–96.

U. St.: Lurche (Amphibia)

Bisher hat man in den bayerischen Plattenkalken weder Reste von Salamandern noch von Fröschen entdeckt. Die nordspanischen Plattenkalke haben dagegen mehrere Froschskelette geliefert. Warum also dort und hier nicht? In der Sierra de Monsech enthält ein Teil der Gesteine Armleuchteralgen (S. 36 Textabb. 9e), die auf die Gegenwart von Süßwasser hindeuten. Und Frösche wie Salamander brauchen Süßwasser zum Leben. Mehr noch, Frösche, die teils an Land gehen, brauchen eine gewisse Luftfeuchtigkeit. Sie beziehen nämlich einen großen Teil ihres Sauerstoffs durch Hautatmung und dafür muß die Haut feucht gehalten werden. Das Klima, schließen wir daraus, war in Spanien damals weniger trocken als in Bayern. Außerdem war das eben aus dem Meer hervortauchende Land nördlich der Altmühl (S. 91) sicherlich kein geeigneter Ort für die Besiedlung durch Amphibien.

Es gibt zwar ein Fossil aus den Solnhofener Plattenkalken, das zunächst unter dem Namen *Cyrtura* (= Krummschwanz) als Schwanz einer Schildkröte beschrieben worden war und später in den Rest eines urtümlichen Amphibiums umgedeutet wurde. Doch könnte es sich durchaus auch um den Rest eines unerwachsenen Reptils handeln, das im Jugendstadium primitive Merkmale besaß und diese mit dem Heranwachsen verlor. Wir warten also immer noch auf Funde eindeutiger Amphibien aus Solnhofen.

Kuhn, O. (1964): *Cyrtura* Jaeckel aus dem Solnhofer Schiefer ist ein Nachzügler der Temnospondyli (Labyrinthodontia, Amphibia). N. Jb. Geol. Paläont., Mh., *1964,* S. 659–664.

Seiffert, J. (1972): Ein Vorläufer der Paläobatrachidae und Ranidae im Grenzbereich Jura-Kreide. N. Jb. Geol. Paläont., Mh., *1972,* 120–131.

U. St.: Kriechtiere (Reptilia)

Das Erdmittelalter gilt als Zeit der Reptilien. Wir dürften demnach in den Plattenkalken eine gute Ausbeute an meerischen und landbewohnenden Reptilien erwarten. Statt dessen sind Kriechtierfunde sehr seltne Ausnahmen. In einem vorausgehenden Kapitel (S. 91) habe ich versucht, dafür eine Erklärung zu geben. Ich kam zu dem Ergebnis, daß nur wenig Hinterland, wahrscheinlich nur Inseln, den Nordrand der Lagune bildeten und daß deshalb nur Kleinreptilien eine Rolle spielten. Große Meeresreptilien hingegen fanden in der Lagune keine Beute. Die wenigen Stücke, die uns bisher überliefert wurden, sind sicher als Leichen eingedriftet worden.

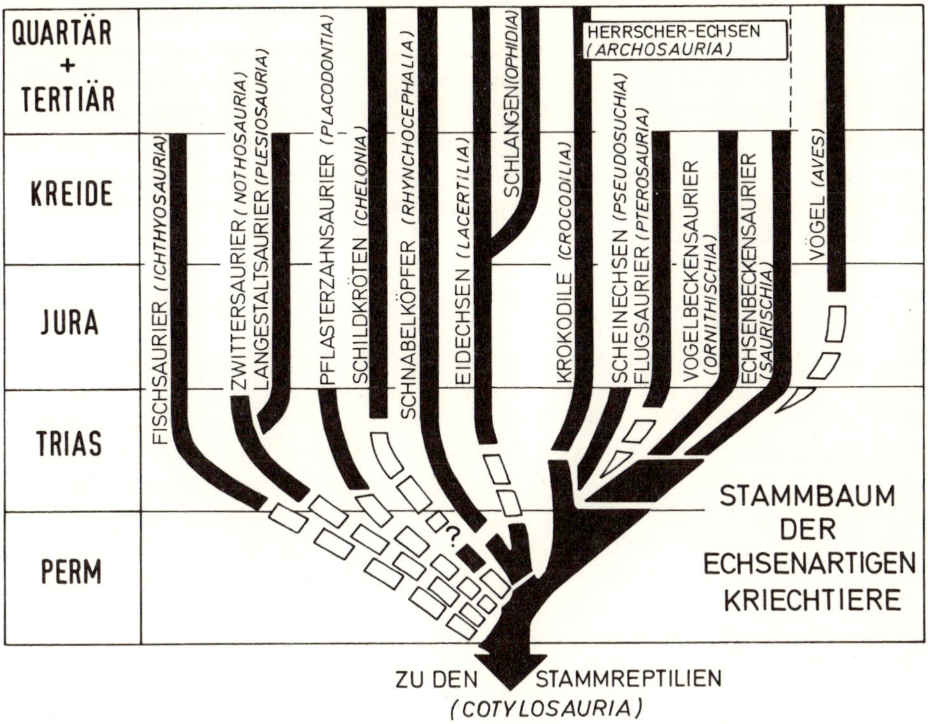

Textabb. 42 *Stammbaum der echsenartigen Kriechtiere.* Zeichenerklärung s. Textabb. 41.

Nach der Form der Schläfenöffnungen am Knochenschädel ist die Klasse der Reptilien in einige Unterklassen aufzuteilen:

1. Formen ohne Schläfenöffnungen (Anapsida), zu denen die Stammreptilien (Cotylosauria) und Schildkröten gehören.
2. Tiere mit einer hoch oben gelegenen Schläfenöffnung, die unten von einer breiten Knochenspange begrenzt wird (Euryapsida). Alle Schwimmsaurier sind dieser Gruppe zuzurechnen.
3. Solche die zwei Schläfenöffnungen übereinander besitzen (Diapsida). Ein Teil dieser Reptilien verliert im Lauf der Stammesgeschichte allerdings die untere Spange der tieferen Schläfenöffnung. Wir treffen hier Krokodile, ‹Dinosaurier›, Flugsaurier und die Wurzel der Vögel. Auch die Schnabelköpfer und Eidechsen sind an dieser Stelle zu nennen.
4. Reptilien mit einer seitlich gelegenen Schläfenöffnung, die unten von einer Spange geschlossen ist (Synapsida). Sie haben sich schon im Karbon von den Stammreptilien abgespalten und eigene Wege beschritten, die zu den Säugetieren und damit schließlich zum Menschen führen.

Der Stammbaum in Textabb. 42 zeigt uns die Zusammenhänge der verschieden Reptil-Zweige.

Ord.: Schildkröten (Chelonia)

Von den lebenden Reptilien sind die Schildkröten am urtümlichsten. Ihr Schädel ist ohne Schläfenöffnung, ein Merkmal, das sonst nur noch den Stammreptilien des Perm und Karbon eigen ist. Zur Gliederung der Schildkröten in Unterordnungen ist die Konstruktion des Halses wichtig. Die Urschildkröten (= Proganochelydia) der Trias und wohl auch die primitiven Nachkömmlinge (Amphichelydia = Rundum[panzer]schildkröten) waren nicht in der Lage, Hals und Kopf unter dem Panzer zu verbergen. Von den Amphichelydia stammen die beiden anderen Gruppen, die Halswender (= Pleurodira) und die heute am meisten verbreiteten Halsberger-Schildkröten (Cryptodira) ab. Die einen biegen Kopf und Hals seitwärts unter den Panzer, die andern ziehen ihn mit S-Krümmung darunter zurück.

Alle Schildkröten der Solnhofener Plattenkalke können zu den Amphichelydia gerechnet werden, wenn wir dem Romer'schen Schema folgen.

Die Plattenkalk-Schildkröten lebten teils im Süßwasser, teils entlang der Küste im Meer. Ihre Gliedmaßen waren nicht wie bei den Hochseeschildkröten in Flossen umgewandelt. Die einzelnen Schildkröten-Gattungen sind recht gut am Bau ihres Panzers zu erkennen, der aus dem Rückenschild und dem Bauchschild besteht. Der Rückenschild setzt sich vor allem aus miteinander verwachsenen Rippen, Randplatten und Rückgratplatten zusammen. Am Bauchpanzer beteiligen sich Partien des Schultergürtels und ehemalige ‹Bauchrippen›. Die Knochen des Panzers sind von Hornplatten überzogen. An unseren Fossilien ist natürlich nur noch der Knochenpanzer vorhanden.

Wasserschildkröten, besonders die Meeresschildkröten, erleichtern den schweren Panzer, indem sie darin Öffnungen anlegen.

Es sind vier gut erkennbare Schildkröten-Gattungen aus den Plattenkalken beschrieben worden:

Platychelys (= Plattschildkröte), mit flachem Rückenschild aus groben Buckelplatten, der sich nach hinten verjüngt. Auch der Bauchschild ist flach und zeigt zwei kleine Durchbrüche an der Mittellinie; er zieht seitlich stark nach oben.

Plesiochelys (= Nachbarschildkröte; v. griech. plēsios = benachbart) hat einen rundovalen Panzer. Der Rückenschild ist mäßig hochgewölbt und ohne Durchbrüche. Bauchschild mit kleiner Öffnung in der Mitte.

Eurysternum (= Breitbrust; Farbtaf. 9) ist charakterisiert durch einen abgeflachten Panzer mit schmalen, randlichen Durchbrüchen. Auch der Bauchschild zeigt je eine große seitliche und eine zentrale Aussparung.

Idiochelys (= Seltsamschildkröte) ist ähnlich gebaut wie *Eurysternum,* doch sind die Durchbrüche des Rückenschildes kleiner, rundlicher. Dem Bauchschild fehlt die Öffnung in der Mitte.

Eine weitere Schildkröte ist nur durch ihre Hintergliedmaßen bekannt und daher nicht eindeutig einer Gattung zuzuordnen.

Bräm, H. (1965): Die Schildkröten aus dem oberen Jura (Malm) der Gegend von Solothurn. Schweiz. Paläont., Abh., *83,* 190 S.

Mlynarski, M. (1976): Textudines. Handb. d. Paläoherpetologie (Herausgeb. O. Kuhn), Teil *7,* VI u. 130 S., Stuttgart (G. Fischer Verl.).

Wellnhofer, P. (1967): Ein Schildkrötenrest (Thalassemydidae) aus den Solnhofener Plattenkalken. Bayer. Staatssamml. Paläont. hist. Geol., *7,* S. 181–192.

Ord.: Fischflosser (Ichthyopterygia)
Man scheidet eine einzige Unterordnung, die Fischechsen, aus.

U. Ord.: Fischechsen (Ichthyosauria)
Bereits in der älteren Trias haben sich die Fischechsen vollkommen an das Leben im Meer angepaßt. Bis dahin mußten sie allerdings eine lange Entwicklung durchmachen, von der es bis heute noch keinerlei fossile Belege gibt. Vermutlich gehen sie direkt auf die Stammreptilien (Cotylosaurier; Textabb. 42) zurück. Die Kreide-Zeit überlebten sie nicht. Einzelheiten über Lebensweise und Körperbau der Fischechsen enthält der Text zu Farbtafel 8; dort findet sich auch ein Lebensbild. – In den Plattenkalken sind Funde von Fischsauriern sehr spärlich. Es gibt nur je eine Art der Gattungen *Macropterygius* und *Leptopterygius* (= Zartflosser).

McGowan, C. (1976): The description and phenetic relationships of a new Ichtyosaur genus from Upper Jurassic of England. Canadian J. Earth. Sci., *13*, S. 668–683.

Ord.: Flossenechsen (Sauropterygia)
Die Gliedmaßen dieser Tiere sind mehr oder minder stark in ruderartige Flossen umgestaltet. Zu den Flossenechsen rechnen wir die primitiven Nothosaurier (= Zwittersaurier; Textabb. 16e) der Trias und ihre Abkömmlinge, die Plesiosaurier aus Jura und Kreide.

U. Ord.: Langkörper-Echsen (Plesiosauria)
Sie zeichnen sich durch vollkommene, riesige Flossenpaare und ziemlich plumpen Körper aus. Für den Ansatz der mächtigen Flossenmuskeln und als Schutz gegen Wasserdruck sind der Schultergürtel und die Beckenelemente zu enormen Knochenplatten ausgeweitet.
Es gibt zwei Plesiosaurier-Baumuster. Typ 1 hatte die Merkmale: kleiner Kopf – langer Hals – plumper, kurzer Körper (Textabb. 16f). Die interessanteste Form dieses Typs erreichte in der Oberkreide 13 m Länge und davon fielen etwa 7 m auf den schlanken Hals! Die Tiere haben offenbar ihren Kopf förmlich nach der Beute geschleudert. Typ 2 sah so aus: langer, großer Schädel – kurzer Hals – gestreckter, verhältnismäßig schlanker Körper. Auch diese Gruppe brachte Riesen von 12–15 m Länge hervor, die sich wie ein Torpedo auf ihre Opfer stürzten. Dem zweiten Typ gehört der einzige Fund an, den wir aus den Plattenkalken kennen. Es ist nur ein Zahn, aber was für einer! Wie muß das Gebiß ausgesehen haben, wenn der eine Zahn von der Spitze bis zur Wurzelbasis schon 23,5 cm mißt! Zahn und Lebensbild des Tieres, eines *Stretosaurus* (Strethford-Echse) sind in Textabb. 43 skizziert. Das Tier, das bestimmt nicht weniger als 12 m maß, mag den Zahn an einem harten Bissen verloren haben, den es bei einem zufälligen Streifzug in die Lagune aufgestöbert hatte.

Augusta, J. & Burian, Z. (1964): Saurier der Urmeere. 2. Aufl., 69 S., 22 Taf., Prag (Artia Verl.). – Gute Lebensbilder!
Delair, J. B. (1959): The Mesozoic reptiles of Dorset. Part II. Proc. Dorset Nat. Hist. Antiqu. Field Club, *80*, S. 52–90.
Tarlo, L. B. (1959): *Stretosaurus* gen. nov., a giant Pliosaur from the Kimmeridge Clay. Palaeontology, *2*, S. 39–55.

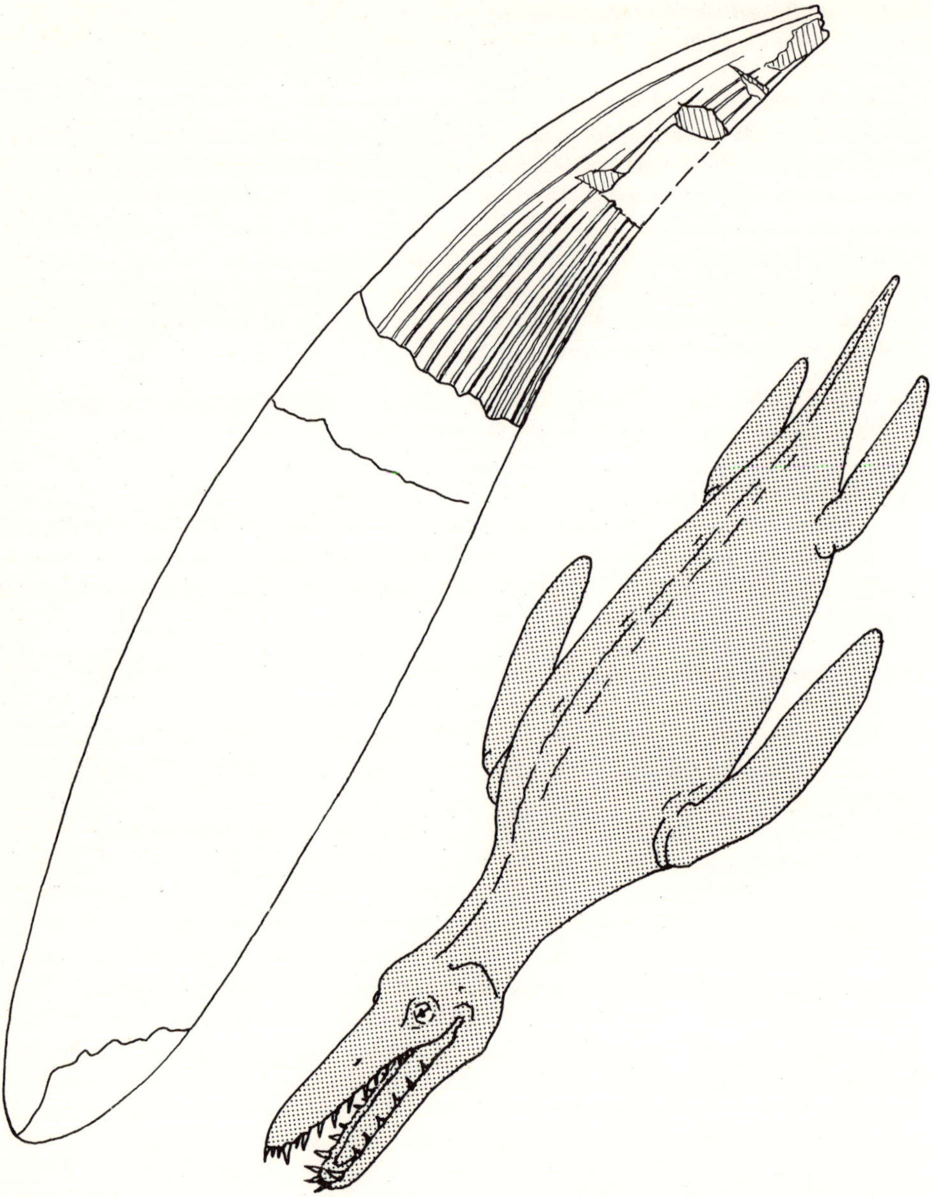

Textabb. 43 *Zahn und Rekonstruktion der riesigen Ruderechse Stretosaurus.*

Der 23,5 cm lange Zahn wurde 1852 von A. Wagner aus den Plattenkalken beschrieben. Rechts daneben eine Rekonstruktion von *Stretosaurus.* Die Tiere erreichten über 12 m Länge. *Stretosaurus* gehört zu den Plesiosauriern oder Langkörper-Echsen.

Ü. Ord.: Schuppenechsen (Lepidosauria)
Zu den Schuppenechsen gehören drei Ordnungen: die Frühechsen (= Eosuchia), die Beschuppten und die Schnabelköpfer. Die Frühechsen sehen wir als Ahnenformen an.

Ord.: Beschuppte (Squamata)
Von den beiden Unterordnungen wird uns nur die der Eidechsen beschäftigen. Die Schlangen (Ophidia) zweigen erst in der Unterkreide von den Eidechsen ab.

U. Ord.: Eidechsen (Lacertilia)
Die Funde aus den Plattenkalken sind so selten, daß man sie fast an den Fingern einer Hand abzählen kann. Umso interessanter sind sie für die stammesgeschichtliche Entwicklung dieser Tiere.
Eidechsen unterscheiden sich von den Schnabelköpfern durch die Konstruktion der Schläfe. Von den zwei Schläfenöffnungen am Knochenschädel ist die untere bei den Eidechsen nach abwärts geöffnet. Die ursprünglich dort vorhandene Knochenspange ging im Lauf der Stammesgeschichte früh verloren (Abb. b zu Farbtaf. 7, Fig. 2).
Leider sind die Fossilien nicht so erhalten, daß man sie eindeutig einer der sieben Unterordnungen anschließen könnte. Dafür haben die Form der Wirbel, des Schultergürtels sowie bestimmte Schädelmerkmale durch Verdrückung oder andere Veränderungen im Laufe der Fossilwerdung allzusehr gelitten. Folgende Gattungen sind klar umrissen:

Ardeosaurus (= Spitz[kopf]echse) zeigt eine schmale, obere Schläfenöffnung. Die Wirbel sind groß und stark, der Hals gedrungen.
Eichstaettisaurus (Farbtaf. 7, Fig. 2) unterscheidet sich von *Ardeosaurus* hauptsächlich durch zwei zusätzliche Rumpfwirbel. Ob diese Verschiedenheit genügt, die Gattung aufrecht zu erhalten, ist fraglich.
Palaeolacerta (= Alteidechse) ist wesentlich kleiner als *Ardeosaurus*. Schädel schlank, Augenhöhlen ziemlich groß.
Die Gattungen *Bavarisaurus* (= Bayernechse) und *Proaigialosaurus* (= Vor-Strandsaurier) beruhen nur auf Abdrücken. *Bavarisaurus* war vielleicht sogar ein Schnabelköpfer.
Die Schädellänge der Plattenkalkeidechsen liegt um 20 mm, bei *Palaeolacerta* ist sie 11 mm.

Cocude-Michel, M. (1963): Les Rhynchocéphales et les Sauriens des calcaires lithographiques (Jurassique supérieur) de l'Europe occidentale. Nouv. Arch. Mus. Hist. Nat. Lyon, Fasc. *7*, 187 S.
Hoffstetter, R. (1964): Les Sauria du Jurassique supérieur et spécialement les Gekkota de Bavière et de Mandchourie. Senck. biol., *45*, S. 281–324.
Seiffert, J. (1970): Oberjurassische Lacertilier aus der Kohlengrube bei Leiria (Mittelportugal). Diss. Druck, Freie Univ. Berlin, 180 S. – Enthält eine kritische Sichtung des beschriebenen, bekannten Materials.

Ord.: Schnabelköpfer (Rhynchocephalia)
Die Schnabelköpfer hatten während der Trias einen Höhepunkt ihrer Entwicklung und brachten Tiere bis zu 4 m Länge hervor. In der Hauptlinie hingegen gab es wenig Veränderungen. Die kleinen eidechsenartigen Tiere des Jura unterscheiden sich kaum von der Brückenechse, die als letzter Schnabelköpfer noch überlebt (Abb. zu Taf. 12).

Im Gegensatz zu den Eidechsen ist am Knochenschädel der Schnabelköpfer der Unterrand der unteren Schläfenöffnung vollständig (Skizze a zu Farbtaf. 7, Fig. 2). Die Schnauzenspitze ist schnabelartig herabgezogen. Der Körper ist bis auf einige primitive Eigenschaften sehr eidechsenähnlich.
Neben einigen problematischen Stücken sind es zwei Gattungen, die jede mit mehreren Arten aus den Solnhofener Plattenkalken angegeben werden.

Homoeosaurus (= gleichartige Echse) ist durch einen kurzen, gerundeten Kopf und verhältnismäßig lange Gliedmaßen zu erkennen. Die Tiere waren klein.
Kallimodon (Taf. 12) hat dagegen einen längeren, schmäleren Schädel und auch die Schläfenöffnungen sind gestreckt. Am Schädeldach formen die Scheitelbeine in der Mitte einen schmalen Kamm. Die Gliedmaßen sind kürzer und plumper als bei *Homoeosaurus. Kallimodon* wurde etwas größer.

Obwohl ihnen die untere Schläfenöffnung fehlt, rechnet man die Schwimmechsen *Pleurosaurus* (Farbtaf. 8, Fig. 2) und *Acrosaurus* (= Spitzechse) zu den Schnabelköpfern. Eine Anzahl anderer anatomischer Eigenheiten geben dabei den Ausschlag. Charakteristisch sind der überlange Körper, die kleinen Gliedmaßen und der spitze Kopf. Der Schwanz war seitlich zusammengepreßt und eignete sich hervorragend zum Schwimmen. Die Haut trug sechseckige Schuppen.
Vielleicht waren die Acrosaurier nichts anderes als die Jungen von *Pleurosaurus.* Um das zu beweisen, müßten wir Wachstumsstadien haben, die zwischen den meterlangen Pleurosauriern und den gerade 20 cm langen Acrosauriern vermitteln. Bisher fehlen sie.

Cocude-Michel, M. (1963): Les Rhynchocéphales et les Sauriens des calcaires lithographiques (Jurassique supérieur) d'Europe occidentale. Nouv. Arch. Mus. Hist. Nat. Lyon, Fasc. 7, 187 S.

Ord.: Krokodile (Crocodilia)
Aus der Verwandtschaft der «Dinosaurier» (S. 180) haben die Krokodile allein bis heute überlebt. Sie haben seit der späten Trias eine Reihe Entwicklungsschritte durchlaufen, die für die Unterteilung der Ordnung benutzt werden. Nach der Lage der inneren Nasenöffnungen unterscheiden wir Vor-, Mittel- und Echtkrokodile (Protosuchia, Mesosuchia und Eusuchia). Dazu kommen noch zwei kleine Gruppen, die von geringer Bedeutung sind. Auch von den drei anderen sind nur die Mittelkrokodile für uns interessant, weil sämtliche Funde aus den Plattenkalken zu ihnen gehören. Die inneren Nasenöffnungen der Mittelkrokodile sind noch nicht so weit unter die Schädelbasis gerückt wie bei den Echtkrokodilen.
In Solnhofen lassen sich leicht drei Krokodil-Typen auseinanderhalten. Nennen wir zuerst die Zwergkrokodile (Atoposauridae = Auffallend-Echsen). Das Auffallende an ihnen sind die kurzen Schnauzen und die langen Beine. Man vermutet, daß sowohl *Alligatorellus* (Farbtaf. 7, Fig. 1) als auch die nahestehenden Gattungen *Alligatorium* (= Kleinalligator) und *Atoposaurus* hauptsächlich an Land lebten und dort im Lauf ihre Nahrung erhaschten. Die Länge der Tiere liegt bei 50 cm. Hals, Rücken und der vordere Schwanzabschnitt, sowie die Schwanzunterseite trugen Knochenplättchen als Panzer. Alle bekannten Funde stammen aus der Umgebung von Eichstätt oder von Kelheim.

Der zweite Typ sind die Küstenkrokodile (Teleosauridae = Vollendet-Krokodile). Sie sind höchst selten. Reste eines 4,5 m langen Exemplars werden im Juramuseum von Eichstätt aufbewahrt. Es handelt sich um ein Individuum, das wahrscheinlich zur Gattung *Steneosaurus* (= Schlankechse; Textabb. 44) gerechnet werden muß. Der langgestreckte Schädel nach Art der Ganges-Gaviale deutet darauf, daß *Steneosaurus* Fischen nachstellte. Zwischen den Zehen hatten die Tiere Schwimmhäute. Rücken- und Bauchpanzer bestanden aus Knochenplatten. Die Flanken trugen vermutlich eine Schuppenhaut. Zu dieser Gattung ist vielleicht auch der verschollene Fund von *Aeolodon* (= Schimmerzahn) zu ziehen, der einst aus den Daitinger Plattenkalken beschrieben wurde.

Textabb. 44 *Lebensbild des Küstenkrokodils Steneosaurus.* Das Tier wurde etwa 4,5 m lang.

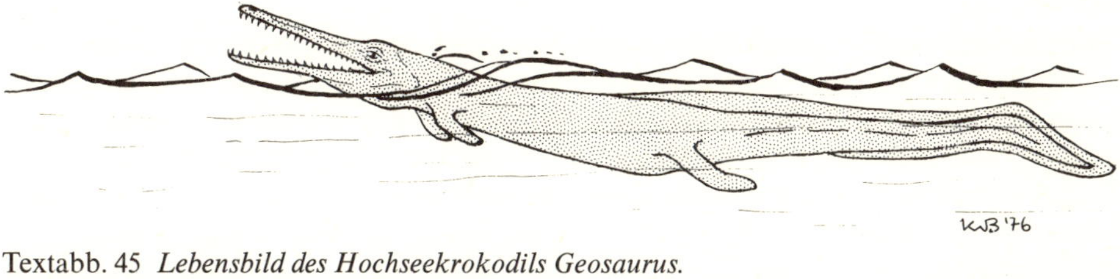

Textabb. 45 *Lebensbild des Hochseekrokodils Geosaurus.*

Man beachte die zu Flossen umgestalteten Gliedmaßen und die Schwanzflosse als Anpassung zum Leben im Meer. Um 2 m lang.

Die letzte Gruppe der Plattenkalk-Krokodile ist so abweichend gebaut, daß ihr viele Bearbeiter eine separate Unterordnung zugestehen. Wir belassen sie als Hochseeformen (Metriorhynchidae = Mittelmaß-Schnauzen) unter den Mittelkrokodilen. *Geosaurus* (= Erdechse!; Textabb. 45), eine kleine Form von etwa 2 m Länge, war ein eleganter Schwimmer. Die Gliedmaßen waren zu Flossen umgebildet und die Knochenplatten des Panzers waren zugunsten besserer Beweglichkeit aufgegeben worden. Eine senkrechte Schwanzflosse und Flossensäume an Bauch und Rücken entstanden neu. Der Schädel war leicht gebaut. Schlanke Kiefer waren mit gleichartigen, kleinen Zähnen besetzt. Ein solches Gebiß ist bezeichnend für einen Fischjäger der Hochsee. Ein wesentlich größeres Tier dieser Familie muß *Dacosaurus* (= Echsenuntier) gewesen sein. Von dieser recht unvollständig bekannten Gattung findet man meist nur die isolierten, großen Zähne. Die Schnauze von *Dacosaurus* war kurz, massiv.

Ammon, L. v. (1906): Über jurassische Krokodile aus Bayern. Geogn. Jh., *18* (1905), S. 55–71.

Kuhn, O. (1968): Die vorzeitlichen Krokodile. 124 S., Krailling (Oeben Verl.).

Steel. R. (1973): Crocodylia. Handb. d. Paläoherpetologie (Herausg. O. Kuhn). Teil *16,* VII u. 116 S., Stuttgart (G. Fischer Verl.).

Wellnhofer, P. (1971): Die Atoposauridae (Crocodylia, Mesosuchia) der Oberjura-Plattenkalke Bayerns. Palaeontographica, *138,* A, S. 133–165.

Westphal, F. (1965): Ein neuer Krokodil-Fund aus dem Plattenkalk des Oberen Malms von Eichstätt (Bayern). N. Jb. Geol. Paläont., Abh., *123,* S. 105–114.

Ord. + Ord.: Schreckensechsen («Dinosaurier»)

Die «Dinosaurier» haben sich aus einem Stamm von unspezialisierten Reptilien der tiefen Trias entwickelt. Auf die gleichen Vorfahren gehen auch die Krokodile, Scheinkrokodile (= Pseudosuchia) und Flugsaurier zurück (Textabb. 46), Miteinander bilden diese Ordnungen die Gruppe der Herrscherechsen (= Archosauria), die im Erdmittelalter tatsächlich Land, See und Luft beherrschten.

Betrachten wir den Stammbaum der «Dinosaurier» genauer (Textabb. 46), dann wird sofort klar, daß wir keine natürliche Einheit vor uns haben. Die zwei Hauptlinien sind zueinander nicht viel näher verwandt, wie beide zu den Krokodilen. Man sollte daher den Begriff «Dinosaurier» eigentlich gar nicht verwenden. Das Unterscheidungsmerkmal der zwei Hauptlinien ist der Bau des Beckens: Je nach seiner Form sprechen wir von den *Echsenbeckensauriern* (= Saurischia; S. 56, Textabb. 17) oder *Vogelbeckensauriern* (= Ornithischia; S. 56, Textabb. 18).

Im allgemeinen stellt man sich unter diesen Sauriern riesenhafte Tiere vor. Zum großen Teil sind sie das auch. Aber davon ist keines in die Solnhofener Lagune gelangt. Dafür haben uns die Plattenkalke in einem einzigen Exemplar der Welt kleinsten Saurier beschert, der kaum größer war als ein großer Hahn. *Compsognathus* (Farbtaf. 5) hat ein Echsenbecken. Genauer genommen gehört das Tierchen zu den Hohlschwanzsauriern (= Coelurosauria), die mit den Raubsauriern (Carnosauria) die Unterordnung Tierfüßler (Theropoda) ausmachen. In einer zweiten Unterordnung der Saurischier sind die gigantischen Echsenfüßler (Sauropoda) vereinigt.

Compsognathus bewegte sich auf den langen Hinterbeinen. Der kleine, spitze Kopf konnte mit dem langen, schlanken Hals in jede Richtung gewendet werden. Am leicht und stabil gebauten Schädel sind hinter der Augenhöhle die zwei Schläfenöffnungen

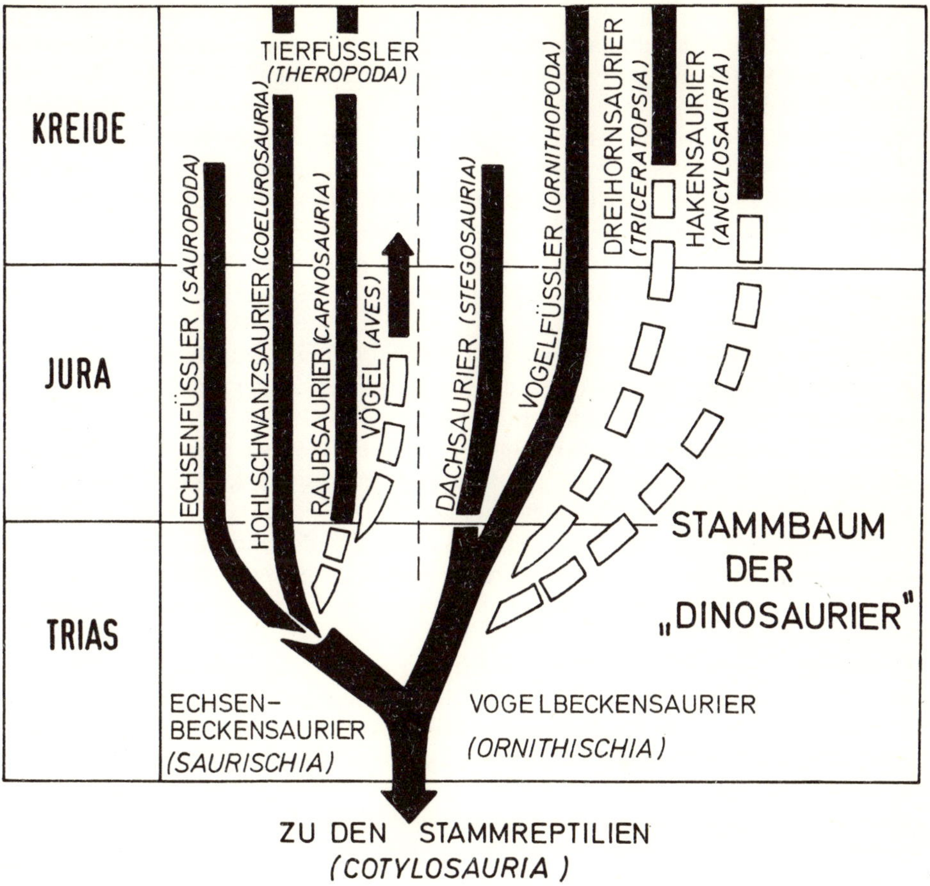

Textabb. 46 *Stammbaum der «Dinosaurier»*. Zeichenerklärung s. Textabb. 41.

und eine weitere zwischen Auge und Nasenloch. Die Arme waren kurz und die Hände waren zum Greifen geeignet. Ein langer Schwanz wirkte als Gegengewicht zum vorwärts geneigten Körper. Wir wissen sogar, was *Compsognathus* gefressen hat: In der Bauchhöhle liegen noch die Reste einer kleinen Echse, vermutlich eines jungen Zwergkrokodils (Farbtaf. 7, Fig. 1). Auch Spuren glaubte man dem kleinen Saurier zuschreiben zu können, aber sie erwiesen sich später als Fährte des Pfeilschwanzkrebses.

Krebs, B. (1974): Die Archosaurier. Naturwissenschaften, *61*, 17–24.
Huene, F.v. (1925): Eine neue Rekonstruktion von Compsognathus. Cbl. Mineral. etc., Abt.B, *1925*, S.157–160.

Ord.: Flugsaurier (Pterosauria)
Drei Gruppen der Wirbeltiere haben die Luft erobert. Dies sind einmal die mit den Dinosauriern verwandten Flugsaurier und die Vögel, sowie die zu den Säugern gehörigen Fledermäuse.

Nur die Vögel haben die ideale Anpassung für das Leben in der Luft erreicht. Die Entwicklung von Federn hat ihnen einen entscheidenden Vorteil gebracht. Federn wachsen nach und Verlust einiger Federn macht nicht flugunfähig.
Anders bei den Fledermäusen und Flugsauriern, die Flughäute besitzen. Dabei sind die Fledermäuse im Vorteil, denn sie spannen ihre Flughäute zwischen drei verlängerten Fingern. Den Flugsauriern dient hingegen nur ein enorm verlängerter Finger zur Anheftung der Flughaut. Die Gefährdung der Tiere bei einem Flughautriß liegt auf der Hand. Weil aber die Flugsaurier zu ihrer Zeit ungestört den Luftraum innehatten, konnten sie sich von der jüngeren Trias bis in die obere Kreide behaupten. Erst als gegen Ende der Kreide die Vögel zahlreicher und zur ernsten Konkurrenz wurden, starben sie aus.
Das Skelett der Flugsaurier ist fest und leicht gebaut. Ihre langgestreckten Kiefer tragen zahlreiche Zähne. Augenfällig ist die starke Ausbildung der Arme und des enorm langen vierten Fingers. Drei andere Finger waren zum Greifen geeignet (vgl. Taf. 11, Fig. 1 u. 2). Der fünfte Finger war bereits von den Flugsaurier-Vorfahren zurückentwickelt worden und verlorengegangen. Neugebildet wurde ein kleiner Knochensplint an der Handwurzel, der zum Spannen der Flughaut zwischen Hand und Hals diente. – Wie die Flughäute aussahen, weiß man von vielen Fundstücken aus den Plattenkalken (Taf. 11). Die Tiere müssen ausgezeichnete Gleiter gewesen sein. Zwischen den Zehen der Hinterfüße hat man Schwimmhäute entdeckt. Flugsaurier haben also an Gewässern gelebt.
Die meisten Flugsaurier des Oberjura hatten eine Flügelspannweite von ungefähr einem Dezimeter bis etwa 2 Meter, wobei das letztgenannte Maß nur selten erreicht wurde. Der Durchschnitt lag unter einem Meter. An einen Vergleich mit den Riesenflugsauriern der Oberkreide, die nach jüngsten Funden 15 m spannten, ist dabei natürlich nicht zu denken.
Der Flug erfordert hohen Kräfteverschleiß und damit schnelle Energiezufuhr. Ein geregelter Energiehaushalt wird durch Warmblütigkeit erreicht. Besitz von Haaren ist ein Beweis von Warmblütigkeit. Einige Reste von Solnhofener Flugsauriern sind so gut erhalten, daß man tatsächlich ein Haarkleid auf ihren Flughäuten feststellen konnte.
Aufgrund der erhaltenen Merkmale darf für die Flugsaurier eine ähnliche Lebensweise angenommen werden, wie sie heute die Möven führen. Man fand denn auch Fische in ihrem Mageninhalt.
Man unterscheidet zwei Unterordnungen: Um *Rhamphorhynchus* (Taf. 10) gruppieren sich die primitiveren Rhamphorhynchoidea. Sie haben kräftige große Schädel mit starken Zähnen und Hornüberzügen an den Schnauzenspitzen. Ihre Mittelhandknochen sind kurz. Auffällig ist der lange, rutenförmige Schwanz, der an seinem Ende ein kleines vertikales Steuersegel in Rautenform trägt. Die Verstärkung des Schwanzes besteht aus langen, elastischen Fortsätzen der Wirbel, die sich mit denen der Nachbarwirbel zu Bündeln zusammenschließen. Früher hatte man geglaubt, dies seien verknöcherte Sehnen.
Außer *Rhamphorhynchus* gehören zu dieser Gruppe noch die Gattungen *Scaphognathus* (= Wannenkiefer) und *Anurognathus* (= Ohneschwanz-Kiefer). *Scaphognathus* hat einen kürzeren Schädel und wenige, weitstehende Zähne. *Anurognathus* besitzt

nur einen Schwanzstummel, einen sehr kurzen fledermausartigen Schädel und stiftförmige Zähne; wegen der kurzen Mittelhandknochen und anderer Merkmale wird er zu den Rhamphorhynchusartigen gestellt.
Wesentlich fortschrittlicher war die zweite Unterordnung der Pterodactyloidea, deren Angehörige sich um *Pterodactylus* (Farbtaf. 6, Fig. 2; Taf. 11, Fig. 1) scharen. Zu ihnen sind auch die Riesenflugsaurier der Kreide zu zählen. Es sind Tiere mit schlanken Schädeln, langen Mittelhandknochen und zu Stummeln reduzierten Schwänzen. Sicher waren sie gewandtere Flieger als die Rhamphorhynchoidea.
Zu *Pterodactylus* gesellen sich noch einige verwandte Gattungen. Das sind *Ctenochasma* (Farbtaf. 6, Fig. 1) mit einem Reusengebiß aus zahlreichen feinen Zähnchen, *Gnathosaurus* (= Kieferechse) und *Germanodactylus* (= deutscher Finger). *Gnathosaurus* ist eine vergröberte Ausgabe von *Ctenochasma:* weniger und kräftigere Zähne und dazu einen knöchernen Scheitelkamm. Einen solchen Kamm besitzt auch *Germanodactylus,* doch ist seine Schnauzenregion viel kürzer und nur vorne mit wenigen Zähnen bestückt.
Flugsaurier sind oft nach Fledermausart dargestellt, mit den Hinterbeinen an einem Ast oder Fels festgekrallt, kopfabwärts hängend. Man hat Schwierigkeiten, sie sich anders als so oder fliegend zu denken. Wer aber einmal im Nachttierhaus eines Zoos gesehen hat, wie geschickt sich Großfledermäuse auf ebenem Boden bewegen, wird nicht zweifeln, daß auch die Flugsaurier dazu in der Lage waren. Sie konnten fliegen, schwimmen, hängen und kriechen.

Augusta, J. & Burian, (1961): Flugsaurier und Urvögel. 105 S., Prag (Artia Verl.). – Lebensbilder!
Wellnhofer, P. (1970): Pterodactyloidea (Pterosauria) der Oberjura-Plattenkalke Süddeutschlands. Abh. Bayer. Akad. Wiss., Math.-naturwiss. Kl., N.F., *141,* 133 S.
– (1975): Die Rhamphorhynchoidea (Pterosauria) der Ober-Jura-Plattenkalke Süddeutschlands. I, Allgemeine Skelettmorphologie; II, Systematische Beschreibung; III, Palökologie und Stammesgeschichte, Literaturverzeichnis. Palaeontographica, *148* A, S. 1–33, 132–186; *149,* S. 1-30.
– (1977): Die Pterosaurier. Naturwissenschaften, *66,* S. 23–29.

▶ **U. St.: Vögel** (Aves), **Ord.: Urvögel** (Archaeopterygiformes)
Archaeopteryx (Ur-Feder), der älteste bekannte Vogel (Farbtaf. 3 [Fig. 2], 4; Taf. 9), nimmt eine Stellung zwischen seinen Kriechtier-Ahnen und den heutigen Vögeln ein. Solche Übergangsglieder oder ‹missing links› zwischen Tierklassen sind in der Paläontologie Fundraritäten ersten Ranges. *Archaeopteryx* war die erste Entdeckung dieser Art überhaupt und machte Objekt und Herkunftsort gleichermaßen berühmt.
Der Bau des ‹Urvogel›-Skeletts ist wenig vogelhaft. Die Schädel-Konstruktion ist primitiv, die Augen waren durch knöcherne Schutzplättchen geschützt und die Kiefer hatten Zähne. Anders als die Vögel besaß der *Archaeopteryx* massive Langknochen, sowie Bauchrippen. Es fehlten die Gabel-Fortsätze an den Rippen. Die Finger an den Flügeln trugen freibewegliche Krallen. Ein primitives Becken und ein langer Schwanz betonten die Echsen-Ähnlichkeit. Sämtliche Merkmale passen besser zu einem kleinen Saurier als auf einen Vogel.
Der Solnhofener Stein hat Strukturen festgehalten, die normalerweise nicht fossil werden, nämlich die Federn. Der erste Vogel war, dürfte man sagen, ein gefiederter Saurier. *Archaeopteryx* gilt als hühnergroßer Verwandter der mächtigen Raubdino-

Erhaltung	Fundort	Aufbewahrungsort	Fundzeit	Erstbeschreibung
Fragment	Riedenburg	Harlem, Teyler Museum	1855	H. v. Meyer, als Flugsaurier 1875; erkannt 1970 durch J. H. Ostrom
Feder (Platte und Gegenplatte)	Solnhofen	a) Berlin, Museum für Naturkunde der Humboldt-Universität b) München, Bayer. Staatssammlung für historische Geologie und Paläontologie	1860	H. v. Meyer 1861
Skelett I	Langenaltheim (Solnhofen)	London, British Museum (Natural History)	1861	H. v. Meyer 1861 (Fundmeldung) R. Owen 1863
Skelett II (Farbtaf. 4)	Eichstätt (Blumenberg)	Berlin, Museum für Naturkunde der Humboldt-Universität	1877	W. Dames 1884
Skelett III	Langenaltheim (Solnhofen)	Solnhofen, Museum d. Solenhofer Aktienvereins am Maxberg	1956	F. Heller 1959
Skelett IV (Farbtaf. 3, Fig. 2; Taf. 9)	Eichstätt (Workerszell)	Eichstätt, Jura-Museum	1951	F. X. Mayr, Vorveröffentlichung 1973 P. Wellnhofer 1974

Tabelle II *Übersicht der bisherigen Funde von Urvogelresten in den Plattenkalken.*

saurier (die Krallenform läßt dies vermuten) und hatte sich noch nicht zu weit von den gemeinsamen Ahnen fortentwickelt. Diese Entwicklung hat aber immerhin eine Anzahl von Jahrmillionen in Anspruch genommen. Bei der Entscheidung ob Reptil oder Vogel waren die Federn ausschlaggebend. Da nur die Vögel Federn besitzen, darf man auch trotz der ursprünglich-kriechtierhaften Eigenschaften des Skeletts das Tier als ‹Urvogel› betrachten.
Die spannende Geschichte der ersten Funde ist so oft beschrieben worden, daß sie hier nicht wiederholt zu werden braucht. Es dauerte ungefähr 100 Jahre bis den ersten Stücken – einer Feder und zwei Skeletten – die nächsten drei Funde folgten. 1956 wurde in einem Stadel unter gelagerten Fossilien das dritte, schlecht erhaltene Skelett entdeckt. Die beiden anderen Überreste des Urvogels lagen kurioserweise bereits in Museen: 1857 wurde von Hermann von Meyer ein Fossil als «Flugsaurier» beschrieben, von jenem Mann, der 1861 über die erste und namengebende *Archaeopteryx*-Feder berichtete. Erst 1970 erkannte John H. Ostrom bei Untersuchungen an Flugsauriern den ‹Fremdkörper› wegen seiner andersartigen Finger, Klauen und der undeutlichen Federabdrücke. Durch die verblüffende Entdeckung angeregt, begann alsbald die Suche in den Museums-Schränken. 1973 konnte dann die Existenz eines weiteren Urvogels bekannt gegeben werden. Auch er hatte sich unerkannt zwei Dekaden in Schubladen und auf Fenstersimsen herumgetrieben (hierzu Tabelle II).
Von allen Funden sind die beiden Eichstätter Skelette am besten und vollständigsten erhalten. Ausgezeichnete Details lassen das Riedenburger Fragment und das Workerszeller Skelett erkennen, denn sogar die Hornscheiden der Krallen sind überliefert. Die Langenaltheimer Exemplare weisen auf mehr oder minder fortgeschrittenen Zerfall hin. Es fragt sich: Wie ist der Unterschied der Erhaltung zu erklären, denn Ähnliches kennen wir auch von den Flugsauriern. Ein Blick auf die paläogeographische Karte zeigt, daß der Eichstätter und Riedenburger Raum näher an der landwärtigen Seite der Lagune lagen, während der Langenaltheimer Raum weiter von den Küsten entfernt war. Die an den Küsten lebenden Urvögel gelangten als Kadaver in das Meer und wurden von landseitigen Winden in die Lagunen hinausgetrieben. Längeres Driften bedingte naturgemäß schlechtere Überlieferung.

Heller, F. (1959): Ein dritter *Archaeopteryx*-Fund aus den Solnhofener Plattenkalken von Langenaltheim/ Mfr. Erlanger geol. Abh., *31*, 25 S.

Ostrom, J.H. (1970): Archaeopteryx: Notice of a ‹New› Specimen. Science, *170*, 3957, S. 537–538.

– (1974): *Archaeopteryx* and the Origin of Flight. Q. Rev. Biol., *49*, S. 27–47.

– (1976): *Archaeopteryx* and the Origin of Birds. Biol. J. Linnean Soc., *8*, S. 91–182.

Peters, D.S. & Gutmann, W.D. (1976): Die Stellung des ‹Urvogels› Archaeopteryx im Ableitungsmodell der Vögel. Natur u. Museum, *106*, 265–275.

Rietschel, S. (1976): Archaeopteryx, Tod und Einbettung. Natur u. Museum, *106*, S. 280–286.

Wellnhofer, P. (1974): Das fünfte Skelettexemplar von *Archaeopteryx*. Palaeontographica, *147*A, S. 169–216.

▶ **U. St.: Säugetiere** (Mammalia)

Bedauerlicherweise ist die Fundbilanz für Säugetiere negativ. Die nächstgelegenen Stellen, die uns Säugerreste geliefert haben, liegen in Schichten des Oberjura und der Unterkreide von Portugal, Spanien und England. Damals waren die Vertreter der höchsten Tierklasse nicht größer als jetzt Mäuse oder Ratten und ernährten sich von

Insekten und anderem Kleingetier. Meistens blieben uns nur die Zähne und Unterkiefer erhalten, die widerstandsfähigsten Teile des Skeletts.
Ein guterhaltenes Säugetier aus den Plattenkalken käme an Bedeutung dem Fund eines Urvogels gleich. Wir würden dadurch in die Lage versetzt, viele noch unbekannte oder bisher unsichere Merkmale über den Bau der Säugetiere aus dem Erdmittelalter aufzuklären.
Die Hoffnung, jemals einen Säuger in den Plattenkalken zu entdecken, ist aber gering. Die Tierchen hatten vielleicht um diese Zeit das ‹Solnhofener Land› noch gar nicht besiedelt (vgl. S. 91).

Krebs, B. (1975): Zur frühen Geschichte der Säugetiere. Natur u. Museum, *105,* S. 147–155.

4. Teil

Von der Entstehung der Solnhofener Plattenkalke

Der weiche Kalkschlamm, aus dem die Solnhofener Plattenkalke hervorgingen, hat uns viele Eindrücke konserviert und überliefert. Aus ihnen läßt sich nicht nur manches über die Beschaffenheit des Schlamms erfahren, sondern wir können auch Schlüsse über den Ort der Bildung daraus ziehen. Nach der Ursache unterscheidet man mehrere Arten von Eindrücken oder ähnlichen Gebilden im Sediment.

Fährten und Spuren als Zeugen von Leben am Lagunenboden?

Nur selten haben Tiere am Lagunenboden Zeichen von Lebensaktivität in Form von Fährten und Spuren hinterlassen. Die Schreitfährten von Krebsen und die Grabspuren von Muscheln oder Schnecken führten in den Tod; denn an ihrem Ende liegen sehr oft die verendeten Tiere (Taf. 48, 54). Der Mangel an Lebensäußerungen, wie das Fehlen von Bodenbewohnern überhaupt, bezeugen uns die unwirtliche «Umwelt» am Grund der Solnhofener Wannen.

Gab es Tiere, die im Schlamm Bauten anlegten?

Viele Muscheln, Würmer und andere Tiere graben im weichen Schlamm, um sich zu schützen, oder sie fressen den Schlamm, um daraus Nahrung zu gewinnen. Die dabei angelegten Bauten sind uns häufig fossil überliefert. Hat man solche Bauten auch in den Plattenkalken gefunden? Man trifft sie in den westlichen Revieren nur in wenigen Schichten und weiter im Osten bei Kelheim gibt es sie nur dort, wo das Gestein Anzeichen von stärkerer Wasserbewegung verrät, also dann, wenn die Durchlüftung besser war. Das war besonders in den riffnahen Wannen der Fall.
Es erstaunt uns nicht, daß die *im* Boden lebenden Tiere weitgehend ausblieben, wenn schon *auf* dem Lagunenboden kein Leben möglich war.

Abel, O. (1930): Fährtenstudien I. Über Schwimmfährten von Fischen und Schildkröten aus dem lithographischen Schiefer Bayerns. Paläobiologica, *3,* S. 371–412, Wien u. Leipzig.
– (1935): Vorzeitliche Lebensspuren. XV u. 644 S., Jena (G. Fischer Verl.).
Barthel, K.W. (1974): *Limulus:* a Living Fossil. Horseshoe Crabs Aid Interpretation of an Upper Jurassic Environment (Solnhofen). Naturwissenschaften, *61,* S. 428–433.
Goldring, R. & Seilacher, A. (1971): Limulid undertracks and their sedimentological implications. N.Jb. Geol. Paläont., Abh., *137,* S. 422–442.

Hemleben, C. (1977): Allochthone und autochthone Sedimentanteile in den Solnhofener Plattenkalken. N. Jb. Geol. Paläont., Mh, *1977*, 257–271.
Janicke, V. (1969): Untersuchungen über den Biotop der Plattenkalke. Mitt. Bayer. Staatssamml. Paläont. hist. Geol., *9*, S. 117–181.
Malz, H. (1964): *Kouphichnium walchi*, die Geschichte einer Fährte und ihres Tieres. Natur u. Museum, S. 81–97.

Marken als wichtige Zeugen

Ein Gegenstand, der passiv auf dem noch weichen Sediment auftrifft, erzeugt einen Eindruck, eine Marke. Nach ihrem Ursprung unterscheiden wir eine ganze Anzahl von Marken.
Da sind einmal die *Schleifmarken.* Sie entstehen zum Beispiel, wenn ein leeres Ammoniten-Gehäuse durch schwache Strömung über den Meeresgrund geschleift wird (Taf. 64, Fig. 2, links vorne). Hat das Sediment, über das das Gehäuse gezogen wird, eine dünnes Häutchen an der Oberfläche gebildet, wird dieses zarte Gebilde zerrissen und randlich mitgenommen: die Ammoniten-Schleifmarke ist beiderseits gefiedert. Die Fiederstrahlen laufen aufeinander zu und zeigen damit die Bewegungsrichtung und zugleich die Strömungsrichtung an.
Roll- und Torkelmarken (Taf. 64) werden durch Ammoniten-Schalen bei stärkeren Strömungen verursacht. Scheibenförmige Ammoniten-Gehäuse, die mit Rippen an den Flanken verziert sind, werden nach Art eines Rades gerollt. Die dabei entstandenen Marken haben Ähnlichkeit mit den Spuren eines Fahrrads, das über feuchten Lehm gefahren wurde. Kugelige Ammoniten-Schalen torkeln in der Strömung über den Meeresboden. Auch hier läßt sich wieder die Strömungsrichtung herausfinden. Rollmarkenfelder auf den Schichtoberflächen gibt es vor allem in den Brüchen um Painten.
Aufsetzmarken entstehen, wenn ein Gegenstand in stehenden Gewässern einfach am Grund aufsetzt. In den Plattenkalken findet man Aufsetzmarken gelegentlich neben den Objekten, die sie verursacht haben, meist Ammoniten-Gehäuse, Schulp-Tintenfische oder tote Krebse. Diese kippten nach dem Aufsetzen um und blieben neben der Marke liegen (vgl. Taf. 64, Fig. 2; Farbtaf. 14, Fig. 2).
Mit etwas mehr Wucht bilden sich statt Aufsetzmarken die *Auftreff- und Einschlagmarken.* So bewirkt etwa ein Geröll, das von der Strömung hüpfend vorangetrieben wird, punktförmige Einschläge im Sediment. Die Einschlagmarken kamen zustande, wenn beispielsweise das Rostrum eines Belemniten (Taf. 49, Fig. 1) mehr oder minder senkrecht in den weichen Schlamm eindrang und dort steckenblieb. Das geschah, wenn sich die Hartteile von einer treibenden Belemniten-Leiche ablösten und absanken. Manche Rostren stießen so stark in den Schlamm, daß sie auch tiefer liegende Schichten noch verformten, wie wir heute durch Schnitte mit der Gesteinssäge überprüfen können. Da die Rostren nicht sehr groß sind und noch dazu mit dem Auftrieb des Wassers zu rechnen ist, mußte der Schlamm sehr weich gewesen sein (vgl. Textabb. 35).
Wir kennen in der Gegenwart Kalkschlamm der 300% Wasser enthält. Aber wie soll sich in solchem Brei eine Marke erhalten haben? Experimente mit diesem Kalk-

schlamm zeigen uns, daß bei ruhigem Wasser sogar Eindrücke von einem Haar bestehen bleiben. Daß die feinsten Marken auch den nachfolgenden, langsamen Wasserverlust der Schlammschicht überstehen, sehen wir an den Solnhofener Plattenkalken. *Schwoimarken und Scharrkreise* gehen auf teilweise verankerte Objekte zurück, die von einer Strömung in Bewegung versetzt wurden. Ein typisches Beispiel aus den Plattenkalken ist auf Taf. 12 abgebildet. Es zeigt eine *Kallimodon*-Echse, die einseitig im Schlamm festsaß und später von einer Strömung in eine andere Lage ‹geschwoit› wurde. Die ursprüngliche Position des Kadavers ist durch seinen Abdruck markiert. Wenn die Strömung schnell ihre Richtung wechselt, ist es durchaus möglich, daß ein Gegenstand rund um seine Verankerung gedreht wird. Mit seinen freien Teilen wird er dann im Sediment Marken erzeugen, die etwa auf einer Kreisbahn um den Ankerpunkt liegen (Taf. 61, Fig. 2), und wir sehen einen Scharrkreis. Eine im Wasser umhergewirbelte Fischleiche erzeugte eine Art Scharrkreis im Solnhofener Kalkschlamm (Taf. 61, Fig. 1). Beim Drehen um den Ankerpunkt wurde zudem der Schlamm aufgerührt und auf die Seite gepreßt, so daß noch ein flacher Wall um den Scharrkreis entstand. Dieses Fundstück vermittelt uns auch Zeugnis für die sehr verschiedenartige Beschaffenheit einzelner Schlammlagen. Die ältere Schicht, auf der die Fischleiche teilweise verankert lag, blieb zwar noch plastisch. Das sagen die von der Schwanzflosse verursachten Marken aus. Doch war diese ältere Lage bereits fester als die jüngere, die bei der Bewegung der Leiche aufgewühlt wurde. Die jüngere Lage hatte noch nicht genügend Zeit gehabt, sich abzubinden. Wir folgern daraus, daß der Wassergehalt des Solnhofener Lagunenschlamms je nach seinem Ablagerungsalter erheblich schwankte und daß entsprechend die Beschaffenheit der Schichtoberflächen zwischen suppig und zähplastisch lag.
Strömungen sind oft so stark, daß sie Sediment vom Meeresboden abschürfen und wegtransportieren. Das Abschürfen geschieht nicht immer gleichmäßig. Dann bilden sich wellenförmige Bodenoberflächen, die wir als *Strömungsmarken* bezeichnen (Taf. 63, Fig. 1). Die Strömung verläuft parallel zu den Bodenwellen. Recht ähnlich sind die *Rippelmarken,* aber hier zieht die Strömung senkrecht zu den Marken (vgl. Skizze zu Taf. 63). Beide Typen sehen wir besonders schön auf einigen Schichtoberflächen des Gungolding-Pfalzpainter Bruchreviers.
Nicht selten glitten von den Wannenrändern Schlammassen in die Wannen hinein (S. 93). Gröbere Partikel in der Gleitmasse, etwa kleine Gerölle, erzeugten dabei Kratzer in der obersten Schicht des Wannenbodens. Wir sehen sie jetzt als *Kratzmarken* im Gestein.

Einige Besonderheiten

Wir wollen noch einige Eigentümlichkeiten anführen, die randlich zum Themenkreis der Fährten und Marken gezählt werden können.
Auf den Halden der Brüche von Gungolding und Pfalzpaint finden sich Platten mit flachen, fünfmarkstückgroßen Vertiefungen (Taf. 62). Diese unregelmäßigen Eindrücke hat man als Einschlag von Hagelkörnern gedeutet. Aber erst kürzlich brachten experimentelle Untersuchungen eine bessere Erklärung: Schlamm, der Wasser ver-

liert, bildet manchmal Blasen an seiner Oberfläche. Streicht während der Blasenbildung ein Wasserstrom über die Oberfläche, dann werden die Blasen abgerissen und Sedimentstückchen werden teils forttransportiert, teils fallen sie in den Blasenkrater zurück.

Die Schichten mit Blasenkratern sind von unregelmäßigen Schlierenflächen begleitet (Taf. 62), die aus den transportierten Sedimentstückchen zu bestehen scheinen.

Mit der Entwässerung des Kalkschlamms haben sicher auch die vielen, kleinen Kalkspatdrusen zu tun, die hin und wieder von fünf oder vier kurzen Strahlen begleitet sind. Anstelle der Drusen waren einst Wasserbläschen im Schlamm, die sich später mit Kristallen von kohlensaurem Kalk (Kalkspat) füllten. Als sich das Sediment schließlich verfestigte, entstanden um die Drusen strahlenförmige Schwundrisse.

Wie Marken sehen die kleinen Kreuze aus, die wir hin und wieder auf den Schichtflächen antreffen. Es sind Abdrücke von Salz- oder Gipskristallen. Weshalb nur Abdrücke? Die Salz- und Gipssubstanz der Kristalle wurde wieder aufgelöst. Damit die Kristalle entstehen konnten, braucht das Sediment nicht unbedingt trockengefallen zu sein. Viel wahrscheinlicher handelt es sich hier um nachträgliche Ausscheidung *im* Sediment, wie sie auch in der Gegenwart vorkommt.

Barthel, K.W. (1964): Zur Entstehung der Solnhofener Plattenkalke (unteres Untertithon). Mitt. Bayer. Staatssamml. Paläont. hist. Geol., *4,* S. 37–69.

– (1966): Concentric marks: current indicators. J. Sed. Petrol. *36,* S. 1156–1152.

– (1970): On the deposition of the Solnhofen lithographic limestone (Lower Tithonian, Bavaria, Germany). N.Jb. Geol. Paläont., Abh., *135,* S. 1–18.

– (1972): The genesis of the Solnhofen lithographic limestone (Lower Tithonian): further data and comments. N.Jb. Geol. Paläont., Mh., *1972,* S. 133–145.

Janicke, V. (1969): Untersuchungen über den Biotop der Solnhofener Plattenkalke. Mitt. Bayer. Staatssamml. Paläont. hist. Geol., *9,* S. 117–181.

Karcz, J., Enos, P. & Langille, P. (1974): Structures Generated in Fluid Stressing of Freshly Deposited Clays Resemble Ichnofossils. Geology, *1974,* S. 289–290.

Mayr, F.X. (1967): Paläobiologie und Stratinomie der Plattenkalke der Altmühlalb. Erlanger geol. Abh., *67,* 40 S.

Schairer, G. (1968): Sedimentstrukturen und Fossileinbettung in untertithonischen Kalken von Kelheim in Bayern. Mitt. Bayer. Staatssamml. Paläont. hist. Geol., *8,* S. 191–304.

Seilacher, A. (1963): Umlagerung und Rolltransport von Cephalopoden-Gehäusen. N.Jb. Geol. Paläont., Mh., *1963,* S. 593–615.

Die Entstehung der Solnhofener Plattenkalke im Für und Wider der Ansichten

Dieses Kapitel faßt im ersten Abschnitt die wichtigsten Ansichten über die Entstehung der Plattenkalke zusammen. Im zweiten Abschnitt besprechen wir das Für und Wider der beiden wichtigsten Denkmodelle.

Ein geschichtlicher Rückblick

Die Plattenkalke sind ein sehr auffälliges Gestein – kein Wunder, daß sie früh Interesse gefunden haben und daß das Rätsel ihrer Entstehung die Forscher reizte. In der Folge

hat sich gar mancher wissenschaftliche Disput an diesem Problem entzündet. Für jede Generation warfen sich neue Fragen auf, die nach dem jeweiligen Stand der Erkenntnisse beantwortet wurden. Auch heute ist der Ideenfluß noch nicht versiegt.
Die Ansichten über die Entstehung der Plattenkalke im Wandel der Zeit, mit einer kurzen Kritik (kursiv) gibt die folgende chronologische Zusammenstellung wieder:

18. Jahrh. Die Plattenkalkentstehung wird im Zusammenhang mit der Sintflut gesehen.

1853 L. Frischmann stellt eine erste Übersicht über die Plattenkalk-Fossilien zusammen. Er betrachtet das Gestein als im Meer entstanden, schließt jedoch Süßwassereinflüsse nicht aus. Die Tiere sind schnell umgekommen und sofort in Ruhe eingebettet worden.

1887 M. Neumayr vermutet, daß festländischer Kalkschlamm von Flüssen in flachen, fast vom Meer abgeschnittenen Buchten abgelagert wurde. – *Die Masse des Plattenkalksediments stammt nicht vom Land.*

1889 C. W. v. Gümbel entdeckt Coccolithen in den Fäulen und betrachtet auch die Flinze als umkristallisierten Coccolithenschlamm.

1891, 1894 C. W. v. Gümbel: Die Plattenkalke entstanden in seichten, eingesenkten und vor Wellengang geschützten Küstenbuchten. Auch flache Strandlagunen, teils mit Süßwasser, teils mit Brackwasser gefüllt, existierten. Episodischer Wasserspiegel-Anstieg erlaubte örtlichen Korallenwuchs. Fährten von ‹Landtieren› deuten auf zeitweilige Trockenlegung oder sehr niedrigen Wasserstand. – *Die Fährten wurden vom Pfeilschwanzkrebs verursacht.*

1904 Joh. Walther erarbeitet eine Analyse der Tierwelt, der Gesteinsausbildung und des Lebensraums. Das Land lag nach seiner Ansicht im Süden. Nördlich davor befand sich ein Barriere-Riff, über das episodisch Wassermassen mit ‹Korallenschlick› getragen wurden. Der Schlamm setzte sich zwischen Riffsenken in der Lagune ab. So entstanden die Flinze. Das Restwasser versickerte durch die porösen Riffgesteine ins Meer zurück. Der Schlamm blieb stets feucht, weil sich der Lagunenboden in der Höhe des Meeresspiegels befand. Fäulen entstanden durch eingewehten Festlandsstaub. – *Das Land lag im Norden. Ein Zurücksickern des Wassers ist nicht möglich, denn der Schlamm dichtet die Öffnungen des Riffkalks ab. Feuchter Lagunenschlamm wäre mit Algen überwachsen worden (vgl. S. 196).*

1909 A. Rothpletz kommt durch Zählung von Flinzen auf eine Bildungsdauer von 500 Jahren. So schnell, meint er, könnten sich 25 m Plattenkalke durch episodische Überflutungen, im Sinn Walther's, nicht gebildet haben. Vom Festland herbeigewehter Kalkstaub deckte die Tierkadaver ein, die bei den Überflutungen zurückblieben. – *Rothpletz berücksichtigte die Feinschichtung nicht. Die Masse des Sediments zeigt keine Hinweise auf festländischen Ursprung.*

1919 J. Schwertschlager schreibt von einer ‹Watten- und Strandseezone› an der Südküste des Mitteldeutschen Landes, die periodisch seicht überflutet wurde. Lokal nimmt er dauernde Wasserbedeckung an. Auch Süßwassereinflüsse sind vorhanden gewesen. Das Sediment und die Tierwelt wurden durch die Überflutungen geliefert. – *Die Plattenkalke enthalten keinerlei Zeugnisse eines Wattenmeeres. Kalkwatten hat es wohl sicher weiter im Norden, in jetzt abgetragenen Gebieten, unmittelbar vor der ehemaligen Küste gegeben (S. 91).*

1933 A. B. Rode vergleicht amerikanische Plattenkalke aus dem Erdaltertum mit Solnhofener Ablagerungen. Er entscheidet sich für eine Ablagerung im Süßwasser.

1922, 1927 O. Abel übernimmt die Ansichten von Rothpletz. Die von den Überflutungen zurückgelassenen Tierkadaver trocknen aus, werden von Dünensand aus Kalk eingedeckt, der bei der nächsten Überflutung zu Schlamm wird. Vermeintliche Landtierspuren passen in dieses Bild. – *Caster entlarvte die Spuren 1940 als Fährten des Pfeilschwanzkrebses. Angewehter Staub lagert sich nicht in so gleichmäßigen Schichten ab, wie sie in den Plattenkalken vorliegen.*

1955 W. Münch vermutet eine Entstehung in ruhigen Becken. Die Abwesenheit von Bodenbewohnern erklärt er mit Vergiftung des Bodenwassers durch Faulstoffe.

1958 A. Hadding macht Bakterien und Algen für die Ausfällung von kohlensaurem Kalk verantwortlich, aus dem Lithographiesteine hervorgingen.

1962 K. Fesefeldt führt den Begriff der ‹Wannen› für die Senken am Lagunenboden ein, in dem das Plattenkalksediment eingelagert ist. Die Ablagerung des Schlamms erfolgte im Flachmeer. Gelegentliches Trockenfallen schließt Fesefeldt nicht aus.

1964-1976 K. W. Barthel, s. S. 197. Zeitweise Faulschlammbildung über den Wannenböden und Übersalzung. Wasser-Schwereschichtung schützt das Sediment vor Stürmen.

1967 J. Th. Groiß beschreibt Foraminiferen aus den Plattenkalken (S. 128). Aufgrund der Einzeller nimmt er nichtübersalzenes Meerwasser in den Lagunen an. – *Da die Analyse nicht Fäulenblatt für Fäulenblatt vorgenommen wurde, erlaubt sie keine gültige Aussage. Viele Foraminiferen vertragen zudem erhöhten Salzgehalt.*

1967 F. X. Mayr geht wieder von episodischen Überflutungen aus, die Sediment und Tierwelt über die Riffbarriere in die Lagune brachten. Die Austrocknung von Tierleichen spielt in seinen Betrachtungen noch eine erhebliche Rolle. – *Die hauptsächlichen Gegenargumente s. S. 196.*

1968 B. v. Freyberg gab eine wertvolle Gesamtübersicht über die verschiedenen Ablagerungs-Bereiche der Plattenkalke in Franken. Die Entstehung sieht er ähnlich wie Fesefeldt.

1971 R. Goldring & A. Seilacher erwägen Sedimenttransport in die Lagune durch Turbidite, untermeerische Schlammströme, die durch abgleitende Sedimente hervorgerufen wurden. Die dickflüssige Trübe setzt sich weit vom Ursprungsort wieder ab. – *Dieser Vorgang trifft für die Wannen um Kelheim zu. Das gleichmäßige Aushalten von Schichten über mehrere Wannen hinweg in den westlichen Bruchrevieren verlangt dort eine andere Erklärung.*

1971 L. M. J. U. van Straaten erklärt die Bildung der Schichten durch Suspensionen. Durch Stürme aufgewühlter Kalkschlamm bildet im Wasser eine Suspension. In Suspension wird der Schlamm verfrachtet und setzt sich andernorts wieder ab. Als Suspension gelangte der Kalkschlamm in die Lagune und bildete nach dem Absetzen einen Flinz. Nach v. Straaten strömten sauerstoffarme Bodenwässer gegen die Küste und verhinderten Leben am Boden. Episodische Stürme trieben sedimentbeladenes Wasser auf die Küste zu. Der dort entstandene Stau erzeugte am Boden langsame Gegenströmungen in Richtung zum Meer. Dabei wurde der Schlamm in den kaskadenartig angeordneten Wannen abgesetzt. – *Die Riffkette bleibt bei dieser Betrachtung unberücksichtigt. Sauerstoffarmes Ozeanwasser konnte deshalb nicht in die Lagune dringen.*

1972 P. H. de Buisonje versucht die Plattenkalkenstehung über die Coccolithen zu erklären. In der Vermehrungsperiode produzierten die Coccolithen Giftstoffe, die die Tierwelt in der Umgebung abtöteten. Da sich bei ähnlichen Vorgängen mit pflanzlichen Einzellern heute das Meer rot färbt, spricht man von Roten Gezeiten (red tides). Die abgestorbenen Coccolithen bilden dann das Sediment. – *Da sich die aus Solnhofen bekannten Coccolithen über ganz Europa verteilt häufig finden, müßte man kontinentweite ‹red tides› annehmen. Außerdem ist das Erscheinen von ‹red tides› über Jahrtausende am gleichen Ort, in der Solnhofener Lagune, unwahrscheinlich.*

1976 H. Keupp spricht von einer periodischen Kalkausfällung als Folge von Süßwasserüberschichtung im Wechsel mit normalsalzigem Meerwasser. – *Es erscheint zweifelhaft, ob auf diese Weise die entsprechende Sedimentmenge geliefert werden kann.*

1977 H. Keupp benutzt in etwa das von mir vorgeschlagene Modell, führt aber die Sedimentanlieferung auf lagenweise Kalkbildung durch Blaugrüne Algen (S. 120) zurück. – *Auch hier erscheint es fraglich, ob dadurch eine genügende Sedimentmenge beigebracht werden konnte. Außerdem müßten die feinen Algenlagen trotz teilweiser Umkristallisierung wenigstens hin und wieder im heutigen Sediment der Flinze erkennbar sein.*

1977 Ch. Hemleben kommt weitgehend zu den gleichen Schlüssen wie ich. Nach ihm entstanden die coccolithenreichen «Fäulen» aus Material, das in Ruhe in der Lagune abgelagert wurde. Er bezeichnet die «Fäulen» als autochthon, d.i. an Ort und Stelle abgelagert. Das Material der «Flinze» wurde hingegen von Stürmen in die Lagune hineingetragen; es ist daher Fremdmaterial, d.i. allochthon. Wie nicht anders zu erwarten, zeigten sich bei seinen Untersuchungen unterschiedliche Bedingungen, die von Schicht zu Schicht und von Wanne zu Wanne variieren.

Ich sollte noch eine ganze Reihe von Wissenschaftlern anführen, die Varianten zu den skizzierten Theorien und Modellen erarbeitet haben. Aus räumlichen Gründen muß ich darauf verzichten. Die betreffenden Arbeiten lassen sich unschwer aus der Literatur entnehmen. Hierzu siehe das Gesamtverzeichnis S. 373.

Ist die Lagune von Solnhofen jemals trockengefallen?

Diese Frage hat die Wissenschaftler sehr beschäftigt, wie sich eben zeigte. Als Argumente für episodisches Trockenliegen der Lagune galten lange der geschilderte Scharrkreis (S. 191, Taf. 61), die Erhaltung der Insekten und eine Reihe anderer Funde, nicht zuletzt die Flugsaurier und die Urvögel.
Ich führe hier einige entscheidende Befunde dafür an, daß die Lagune stets unter Wasser lag.

1. Wir kennen *keine Priele* aus den Plattenkalken. Priele sind Ablaufrinnen, über die bei Ebbe, in unserm Fall beim Leerlaufen der Lagune, das letzte Wasser zum Meer strömt. Priele sind an der Wattenküste der Nordsee gut zu studieren.
2. *Es fehlen Salzablagerungen.* Wäre die Lagune trockengefallen, hätte das Restwasser in den Wannen genügt, eine dicke Salzkruste entstehen zu lassen. Das Salz hätte den Kalkschlamm unübersehbar verändert, selbst wenn es später wieder aufgelöst worden wäre. Stattdessen haben wir nur höchst selten ein paar Abdrücke von Salzkristallen (S. 192).
3. Auch *Algenkrusten gibt es nicht.* Auf austrocknenden Schlammböden bilden sich schnell dicke Algenüberzüge oder -krusten. Hält die Trockenheit weiter an, dann gibt der Schlamm durch Verdunstung Wasser ab und schrumpft. Es entstehen Trockenrisse, die auch den Algenüberzug zerreißen. Dadurch beginnt sich der Überzug am Bruchrand wie ein Blatt Papier aufzurollen (vgl. Vordergrund Textabb. 37). Bedekkung durch neuen Schlamm kann diese Veränderung, auch bei der Verfestigung des Schlamms zu Stein, nicht mehr verbergen. Hätte es Algenkrusten gegeben, müßten wir Anzeichen ihrer Gegenwart in den Plattenkalken finden.
4. *Trockenrisse sind unbekannt.* Wie eben erwähnt, wären beim Trocknen des Schlamms Risse entstanden, die ein Vieleckmuster ergeben hätten. Solche Risse sind in den Plattenkalken nicht nachzuweisen. Es sind zwar Vieleckmuster bekannt, doch sind diese auf andere Ursachen zurückzuführen. Unter bestimmten chemisch-physikalischen Bedingungen ist es nämlich möglich, daß der Schlamm das Wasser aus seinen Poren an das überdeckende Wasser abgibt. Das geschieht entlang von Wülsten auf der Schichtoberfläche, die ein Vieleckmuster erzeugen. Auf den Wülsten liegt eine Anzahl kleiner Kalkspatdrusen, an deren Stelle das Wasser entwichen ist.
   Ein anderer Typ von Vieleckmuster erscheint an der Unterseite von manchen Platten. Aber auch dabei handelt es sich nicht um Trockenrisse, sondern um Gebilde, die unter besonderen Umständen durch die Auflast überlagernder Schichten zustandekamen, solange das Sediment noch plastisch war.

5. Obwohl genug Hinweise auf die Nähe von Land vorliegen, sind *keine Fährten von Landtieren* in den Plattenkalken zu entdecken. Ihr Fehlen ist das entscheidende Kriterium, das dagegen spricht, daß die Lagune jemals trockenfiel. Wenn wir auch kaum Fährten großer Saurier erwarten dürfen, gab es doch genug kleine Echsen, Saurier und Vögel, die sich auf den austrocknenden Lagunenschlamm hinausgewagt hätten. In jedem Fall müßten aber die zahlreichen Insekten, die schon von einem dünnen Häutchen trocknen Schlamms getragen worden wären, ihre Fährten hinterlassen haben.

Zu diesen fünf Punkten füge ich noch den Hinweis auf die ausgezeichnete Schichtung der Plattenkalke, die nur unter Wasser entstehen und nur unter Wasser Bestand haben konnte. Man kann oft einzelne Schichten über mehrere Wannen und deren Trennungsschwellen hinweg verfolgen. Das ist der beste Beweis *gegen* unruhige Ablagerungsbedingungen, die man ja bei wiederholtem Trockenfallen der Lagune erwarten müßte (vgl. S. 100).

Nachdem wir somit alle Argumente, die scheinbar für eine Trockenlegung sprechen, diskutiert und abgewogen haben (S. 144, S. 153, S. 362), läßt sich mit Sicherheit sagen, *daß die Solnhofener Lagune ständig unter Wasser gelegen hat.*

Barthel, K. W. (1970): On the deposition of the Solnhofen lithographic limestone (Lower Tithonian, Bavaria, Germany). N. Jb. Geol. Paläont., Abh., *135*, S. 1–18.

Janicke, V. (1969): Untersuchungen über den Biotop der Solnhofener Plattenkalke. Mitt. Bayer. Staatssamml. Paläont. hist. Geol., *9*, S. 117–181.

Jüngst, H. (1934): Zur geologischen Bedeutung der Synärese. Ein Beitrag zur Entwässerung der Kolloide im werdenden Gestein. Geol. Rdsch., *25*, S. 312–325.

Mayr, F. X. (1967): Paläobiologie und Stratinomie der Plattenkalke der Altmühlalb. Erlanger geol. Abh., *67*, 40 S.

Das reiche, weitere Schrifttum ist dem allgemeinen Literaturverzeichnis S. 373 zu entnehmen.

Wie die Solnhofener Plattenkalke entstanden sind

Diese Überschrift mag den Eindruck erwecken, ich wäre bei der Entstehung der süddeutschen Plattenkalke unmittelbar Zeuge gewesen. In Wirklichkeit befinde ich mich natürlich in der Lage eines Prähistorikers, der mit dem Spaten die Überreste einer verschwundenen Kultur ans Tageslicht gebracht hat, einer Kultur, die keine Schrift hinterließ. Auch der Prähistoriker muß aus dem, was ihm die Zeit übrig gelassen hat, etwas Sinnvolles und Vertretbares herauslesen. Ich werde also versuchen, bekannte Tatsachen, Meinungen und Gegenmeinungen mit dem derzeitigen Wissensstand über die Plattenkalke so zu verarbeiten und darzustellen als wäre ich tatsächlich dabeigewesen, damals in der Jurazeit. Im Lauf der Zeit habe ich das Modell stichhaltigen Gegenargumenten anzupassen versucht und brauchbare Vorschläge anderer Wissenschaftler eingearbeitet. Neue Funde und Kritiken werden jederzeit zum Überdenken und Verbessern der bisherigen Ergebnisse anregen.

Wir haben uns mit allen wichtigen Punkten, dem Gestein, der Paläogeographie, der

Stratigraphie und der Paläontologie beschäftigt. Deshalb können wir hier einen sehr gerafften Überblick bieten.

Das Blockbild der Textabb. 47 vergegenwärtigt nochmals die paläogeographische Situation: Im Norden Landflächen oder Inseln, die zur Tithon-Zeit allmählich aus dem Meer hervorgehoben wurden. Südlich davon die Lagune mit ihrem unruhigen Bodenrelief und ganz im Süden als Schutzwall gegen den Tethys-Ozean die Korallenriffe.

Hier nun in 10 Punkten das Wichtigste über die Plattenkalke und ihre Entstehung:

1. Voraussetzung: Meeresgrund mit starkem Relief, erzeugt von Schwammstotzen (S. 92). die während der Oxford- und der Kimmeridge-Zeit in Süddeutschland entstanden. Wassertiefe um 100 m.
2. Mit Beginn des Tithons tauchten nördlich der Altmühl allmählich Inseln oder Landgebiete aus dem Meer empor. Dadurch wurde der Meeresboden gekippt und neigte sich nach Süden. Die Schwammstotzen starben dort ab, wo das Wasser für sie nicht mehr tief genug war (S. 92).
3. Südlich des Landes, in einigem Abstand von der Küste, bildeten sich auf abgestorbenen Stotzen Korallenriffe in einer Tiefe von etwa 5–30 m. Ihr schnelles Wachstum, vor allem im ältesten Tithon, baute eine Barriere auf, so daß sich nördlich der Riffe eine Lagune herausbilden konnte.
4. Abgestorbene Schwammstotzen und zwischen ihnen liegende ‹Wannen› prägten das Relief des Lagunenbodens. Während die küstennahen Stotzen bereits über Wasser ragten und abgetragen wurden, erreichten sie in der tieferen Lagune nur selten die Oberfläche. Die Wannen an der Küste sammelten alles grobe Sediment, das vom Land in die Lagune befördert wurde. Zwischen Küste und eigentlicher Lagune schob sich vermutlich ein breiter Streifen von Kalkschlamm-Watten (S. 91, Textabb. 27). In den tieferen Partien der Lagune setzten sich die Plattenkalke ab.

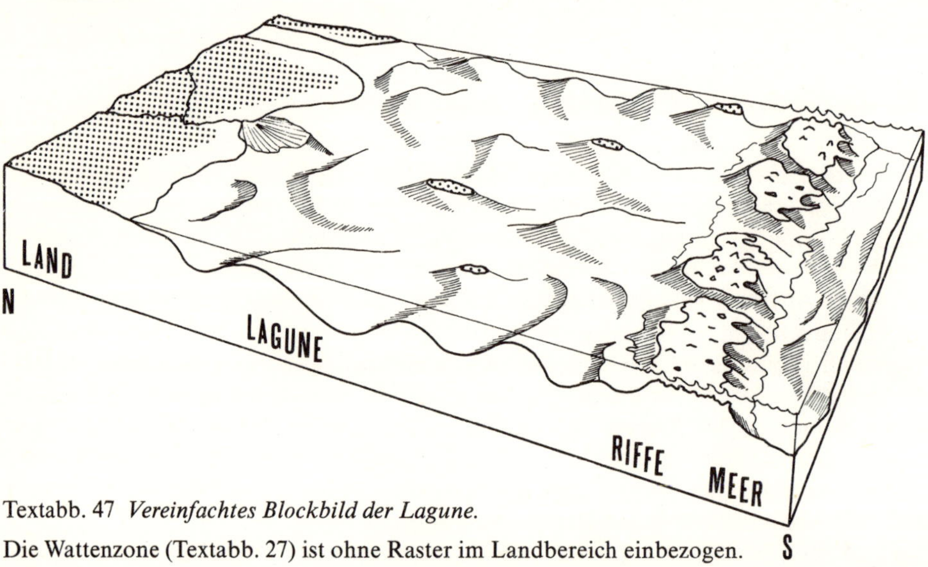

Textabb. 47 *Vereinfachtes Blockbild der Lagune.*

Die Wattenzone (Textabb. 27) ist ohne Raster im Landbereich einbezogen.

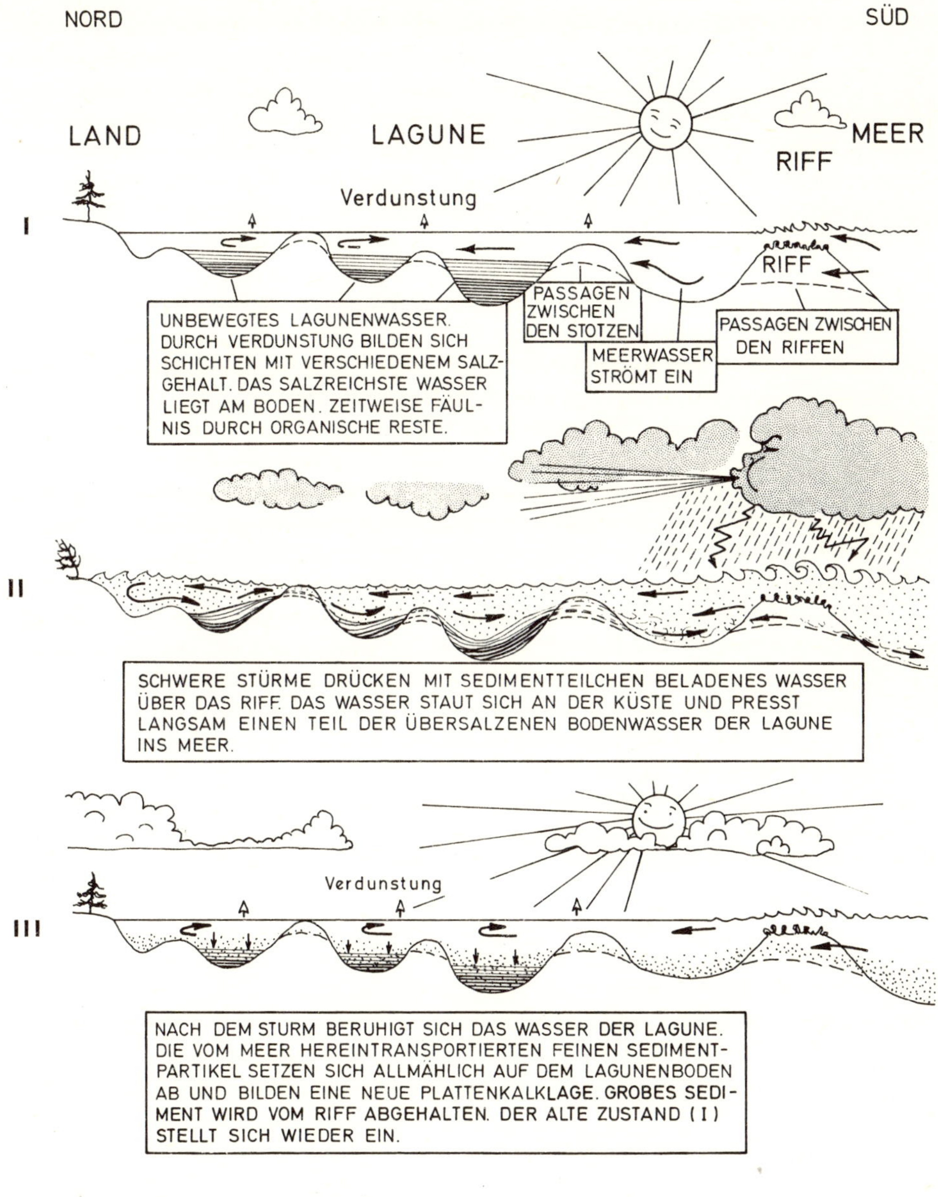

Textabb. 48 *Schematische Darstellung der Plattenkalkentstehung.*

5. Tropisches oder subtropisches Klima (S. 88) bewirkte, trotz Wassernachschub vom Meer, starke Verdunstung. Der Salzgehalt des Lagunenwassers erhöhte sich dadurch.
6. Salzreiches Wasser sank wegen seiner Schwere auf den Lagunenboden. Das Bodenrelief bedingte geringe Wasserbewegung und führte zu Sauerstoffarmut und zeitweiser Vergiftung des Bodenwassers durch Faulstoffe. Leben am Lagunengrund und im Sediment war daher weitgehend ausgeschaltet (S. 89). Diesen Bedingungen ist die vorzügliche Erhaltung der Fossilien zu verdanken.
7. In den Wannen entstanden Salzwasserlagen von verschiedener Dichte, die eine Durchmischung des Wassers bei starkem Wellengang verhinderten. Dies ist der Grund für die ausgezeichnete, ungestörte Schichtung der Plattenkalke und eine weitere wichtige Bedingung für die Überlieferung der Fossilien. Wassertiefe mindestens 20 m, meist wohl 40–80 m (S. 90, Textabb. 48/I).
8. Das Meer lieferte die Hauptmasse des Sediments, etwas Flugstaub wurde vom Land her in die Lagune geweht (S. 74). Die Ablagerung erfolgte unregelmäßig. Flinze sind Schichten, die bei starker Sedimentlieferung in kurzer Zeit gebildet wurden. In Zeiten mit geringerer Materialzufuhr entstanden die dünnen Fäulenlagen (S. 77). Die Fossilien sammelten sich auf den Schichtoberflächen an.
9. Bei Stürmen und Hurrikanen wurde vor und an den Korallenriffen Kalkschlamm aufgewühlt und die schlammbeladenen Wassermassen nach Norden in die Lagune getrieben. An der Küste staute sich das Wasser und ein Teil davon wurde über dem Lagunenboden langsam in Richtung auf die Riffe zurückgepreßt. Das salzreiche Bodenwasser der Wannen wurde bei diesem Vorgang zeitweise mitgerissen. Dauernde Faulstoffbildung und Salzabscheidung war deshalb nicht möglich (S. 90, Textabb. 48/II).
10. Nach dem Abflauen der Stürme setzte sich die Schlammtrübe in der Lagune ab. So entstand eine neue Plattenkalk-Lage (Textabb. 48/III). Nach kurzer Zeit stellte sich wieder der Normalzustand der Lagune ein: Verdunstung, Salzschichtung usw. (Textabb. 48/I).

Ein wichtiger, aber noch nicht genug untersuchter Gesichtspunkt ist möglicherweise der Einfluß des Süßwassers. Während und nach Stürmen (s. Punkt 9, oben) sind sicher erhebliche Süßwasserzuflüsse vom Land in die Lagune gelangt. Oberflächliche Durchmischung mit dem schlammreichen Meerwasser mag Einwirkungen auf die eingeschwemmten Kalkteilchen und auf ihre spätere Verfestigung zu Stein gehabt haben. Dünne Süßwasserschichten schwammen wohl des öfteren nach Regenfällen über den Lagunengewässern in der Nähe der Küste. Ihr Einfluß auf die Plattenkalkbildung dürfte aber nur gering gewesen sein.

Die Literatur hierzu (Barthel 1963–1976, van Straaten und zahlreiche weitere Zitate) findet sich im Gesamtverzeichnis S. 373.

Die Zeiten nach der Ablagerung der Solnhofener Plattenkalke

Was geschah nach der «Solnhofen»-Zeit?

Im Norden hob sich das Land stetig weiter aus dem Meer (vgl. Farbtaf. 1). Die Korallenriffe wurden dadurch nach Süden verdrängt und die Plattenkalk-Bildung kam allmählich zum Erliegen. Ein mächtiges Paket meist bankiger Kalke überlagerte sie. Jüngste Überreste dieser Deckschichten bezeugen, daß zu Anfang des Obertithons die Küste bereits in der Nähe von Neuburg an der Donau lag. Diese Schichten enthalten nämlich außer den charakteristischen Tieren der flachen Küstengewässer eingeschwemmte Süßwasser-Muscheln.
Kurz danach, sicher aber mit Beginn der Kreide-Zeit, hatte das Land die See gänzlich verdrängt. Verwitterung und Abtragung konnten ihr Werk beginnen. Entlang von Rissen, Klüften und Verwerfungen drang das Regenwasser in die Kalke ein, löste sie und erzeugte tiefe Karst-Spalten. Sande und Tone wurden in die Spalten geschwemmt. Diese Spaltenfüllungen bezeichnen wir nach einer Örtlichkeit nahe Regensburg als «Schutzfels-Schichten». Auch in Steinbrüchen bei Kelheim und Regensburg findet man sie gut erschlossen.
Während der älteren Kreide-Zeit (vor etwa 134–100 Mio. Jahren) dauerte die festländische Periode an. Dann flutete erneut von Süden und Südosten das Meer heran. Vom Ries bis Regensburg und bis über Amberg hinaus bedeckte es in der frühen Oberkreide-Zeit (Cenoman-Turon) für 5–10 Mio. Jahre die Fränkische Alb (Textabb. 49). Sandsteine, Mergel, kieselige Gesteine und sandige Kalke sind die hauptsächlichen Sedimente. Sie überlagern bei Regensburg und in der Oberpfalz mit erheblicher Mächtigkeit die Kalke des Jura. Im Westen bei Solnhofen dagegen hat die Abtragung nur wenige, meist verkieselte Reste davon auf den Alb-Hochflächen und in Karst-Hohlräumen übrig gelassen. In der Umgebung von Neuburg an der Donau werden solche kieselsäurereichen Gesteine als «Neuburger Weiß» abgebaut, um sie als Füll- und Poliermittel zu nutzen.
Nach dem kurzen Vorstoß des Meeres in der Oberkreide-Zeit blieb die Alb bis heute landfest. Kräftige Abtragung und Verkarstung, vorwiegend in der Tertiär-Zeit, schufen die heutige Landschaft. Verwitterungslehme bildeten sich über den Jura-Kalken. Bäche und kleine Flüsse brachten Sandschüttungen. Süßwasser-Tümpel entstanden in Senken mit tonigem Untergrund.
In den Kalken des Jura entstanden durch verschieden hohen Grundwasserstand während des Tertiärs mehrere Stockwerke von Karstspalten. Rötliche, braune und grünliche Tone dichteten die Spalten häufig wieder ab. Manchmal wurden Knochen und Zähne von Säugetieren miteingebettet. Dank ihrer Hilfe gelingt es oft, die Zeit der Verfüllung einer Spalte festzulegen.
Noch ein zweites Mal nahte die See. Vor den sich emporwölbenden Alpen hatte sich das Land gesenkt. Das Meer erfüllte die Senke von der Schweiz bis Wien, drang jedoch nicht mehr auf die Alb vor. Die Küste lag südlich der Donau (Textabb. 50). Das war vor 18–20 Mio. Jahren. Dieses Meeresbecken nahm auch weiterhin den Abtragungsschutt der Alpen und der Fränkischen Alb auf.
Die späte Torton-Zeit (vor 16 Mio. Jahren) ist in der südwestlichen Frankenalb durch

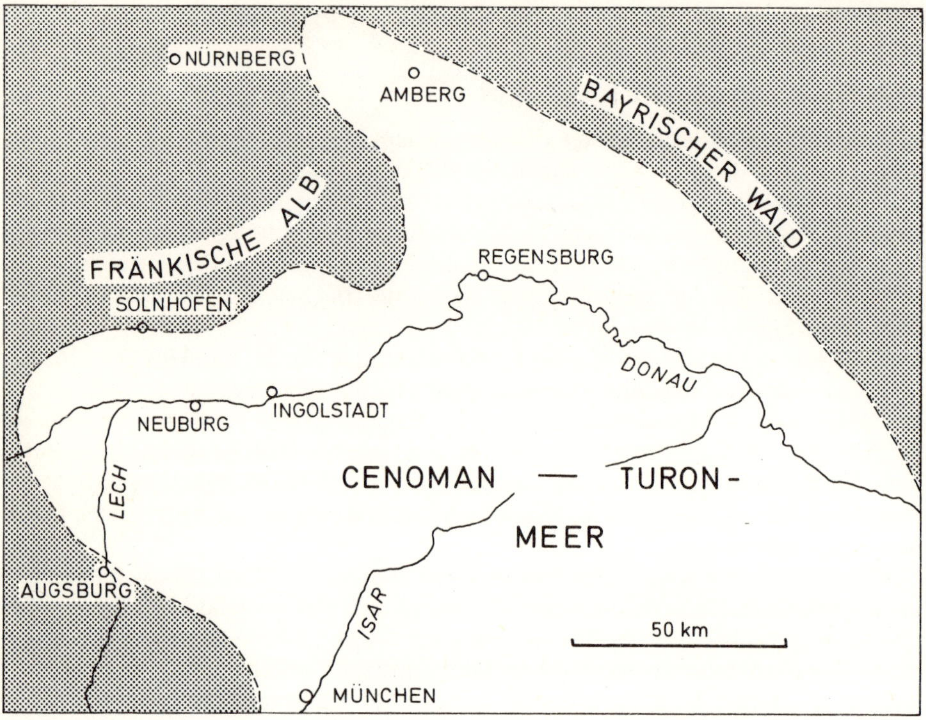

Textabb. 49 *Das Meer zur Cenoman-Turon-Zeit (Obere Kreide) im östlichen Bayern.* Nach F. Oschmann 1958.

die Ries-Katastrophe markiert. Ein Meteoriten-Einschlag, so unser gegenwärtiges Wissen, sprengte in der Nähe des heutigen Nördlingen einen Trichter von 22 Kilometern Durchmesser aus. Immense Schuttmassen wurden ausgeschleudert und bedecken noch heute weite Flächen. Selbst in der Umgebung von Solnhofen liegen noch Trümmer. Der Ries-Schutt umfaßt Gesteine von der Trias-Zeit bis in die ältere Torton-Zeit, sowie Granite und Gneise des Paläozoikums.
Das Ende der Tertiär-Zeit brachte allgemeine Abkühlung des Klimas. Die folgenden Eiszeiten trugen erheblich zur Verwitterung der Alboberfläche bei. Tiefgründiger Frost im Wechsel mit Auftauen arbeiteten die obersten Boden-Lagen durch und führten zu Bodenfließen. An günstigen Stellen wehten die kalten Winde den fruchtbaren Lößstaub an, aus dem sich durch Verwitterung Lehme bildeten.
In den Eichstätter Steinbrüchen, am Blumenberg und bei Wintershof ist die tiefgründige Verwitterung der Plattenkalke und die Verfüllung entstandener Spalten durch Lehme und Tone verschiedenen Alters eindrucksvoll sichtbar. Bei Wintershof sind in einigen Spalten zahlreiche Säugetierreste der Burdigal-Zeit (vor 25 Mio. Jahren) und der Eiszeit entdeckt worden.
Anhebung der Alb hatte in der Tertiär-Zeit ein südlich gerichtetes Flußsystem entste-

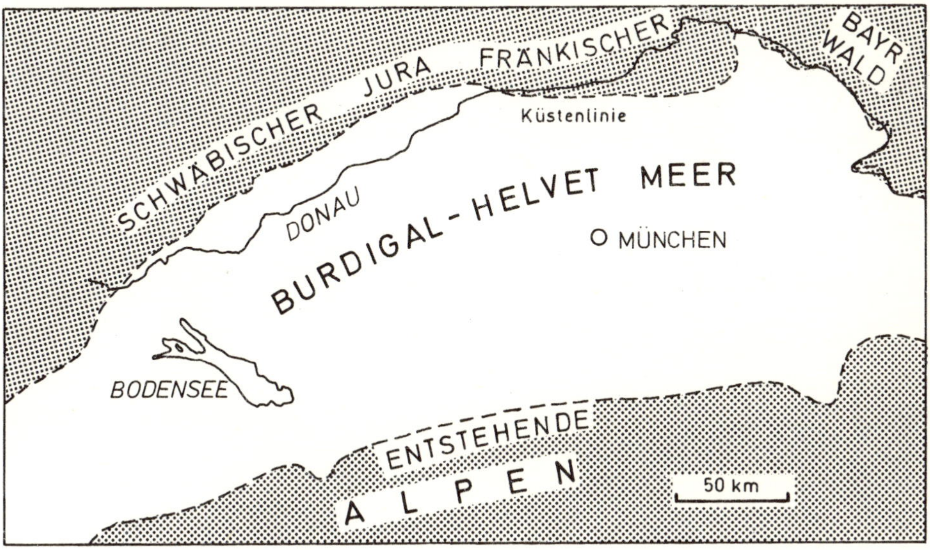

Textabb. 50 *Das Meer der Burdigal-Helvet-Zeit in Süddeutschland.* Nach K. Lemcke 1973.

hen lassen. Die Flüsse schnitten sich tief in die Jura-Kalke des Albplateaus ein, am mächtigsten die Altmühl. Der Altmühl-Lauf zwischen Dollnstein und Kelheim diente bis zur vorletzten Eiszeit auch der Ur-Donau als Bett. Bald besiedelte der Mensch die Täler. Alte Karsthöhlen an den Talhängen boten Schutz und die Talauen Jagdgründe. Das Gebiet der Altmühl ist bekannt für viele Funde prähistorischer Gerätschaften.

Andres, G. (1951): Die Landschaftsentwicklung der südlichen Frankenalb im Gebiet Hofstetten – Gaimersheim – Wettstetten, nördlich von Ingolstadt. Geologica Bavarica, *7,* 57 S.

Barthel, K. W. (1964): Das Ries und sein Werden. Band 1: Eine geologische Skizze. Rieser Schriften, *3,* 55 S., Öttingen.

– (1965): Das Ries und sein Werden. Band 2: Die Gesteine und Versteinerungen des Rieses. Rieser Schriften, *4,* 107 S., Öttingen.

– (1969): Die obertithonische, regressive Flachwasser-Phase der Neuburger Folge in Bayern. Bayer. Akad. Wiss., Math.-naturw. Kl., N. F., *142,* 174 S.

Dehm, R. (1961): Über neue tertiäre Spaltenfüllungen des süddeutschen Jura- und Muschelkalk-Gebietes. – Mitt. Bayer. Staatssamml. Paläont. hist. Geol., *1,* S. 27–56.

Lemcke, K. (1973): Zur nachpermischen Geschichte des nördlichen Alpenvorlandes. Geologica Bavarica, *69,* S. 5–48.

Oschmann, F. (1958): Erläuterungen zur geologischen Karte von Bayern 1:25000. Blatt Nr. 7038 Bad Abbach, 184 S., München (Bayer. Geol. Landesamt).

Das Ries (herausgeg. Bayer. Geol. Landesamt 1969): Das Ries. Geologie, Geophysik und Genese eines Kraters. Geologica Bavarica, *61,* 478 S., München.

Schnitzer, W. A. (1956): Die Landschaftsentwicklung der südlichen Frankenalb im Gebiet von Denkendorf–Kösching, nördlich von Ingolstadt. Geologica Bavarica, *28.*

Wagner, G. (1923): Aus der Geschichte der Altmühl. Nürnberg (Spindler Verl.).

5. Teil

Farbtafeln

Anmerkungen zu den Tafeln, Erklärung der Abkürzungen

Die Figurenerklärungen zu den Tafeln sind nach folgendem Schema angelegt:

1. Überschrift, die bei Fossilien aus dem wissenschaftlichen Gattungsnamen besteht. Die deutsche Bedeutung ist in Klammern beigefügt.
2. Erklärender Text, z. T. begleitet durch Skizzen oder Lebensbilder.
3. Wissenschaftlicher Gattungs- und Artname sowie der Name des Erstbeschreibers dieser Art. Es schließen an: der Fundort, Angaben über die Originalgröße und den Aufbewahrungsort mit Katalognummer des Stücks.
   Soweit die Aufnahmen nicht vom Verfasser genommen wurden, sind die Photographen oder Vermittler der Bilder genannt.

Folgende Abkürzungen werden für Aufbewahrungsorte von Originalen zu den Tafeln verwendet:

BSPHGM	= Bayerische Staatssammlung für Paläontologie und historische Geologie, München.
IGPTUB	= Institut für Geologie und Paläontologie der Technischen Universität Berlin.
JME	= Jura-Museum Eichstätt.
MSAV	= Museum des Solenhofer Aktienvereins, Maxberg bei Solnhofen.
NMSF	= Naturmuseum Senckenberg, Frankfurt/M.
PAMNHUB	= Paläontologische Abteilung des Museums für Naturkunde der Humboldt-Universität Berlin.

Die Geographie zur Zeit der Plattenkalkbildung

Die Kartenskizze zeigt ein Gesichtsfeld, das der Schrägaufnahme einer Satellitenkamera entspricht; deshalb ist die Übersicht verzerrt dargestellt. Die Position des Satelliten ist etwa über den Südalpen anzunehmen und das Objektiv der Kamera wäre gegen Nordwesten gerichtet. Was würde wohl die Weltraumperspektive vom gleichen Punkt aus in der Jurazeit, vor 140 Millionen Jahren, gezeigt haben? Nun, die damalige Verteilung von Land und Meer bot mit einiger Wahrscheinlichkeit einen Anblick wie unser Farbbild.
Ein solches Bild muß allerdings mühsam wie ein Mosaik zusammengetragen werden (vgl. S. 94). Naturgemäß bleibt vieles ungeklärt und viele Lücken müssen über indirekte Hinweise geschlossen werden. Trotz dieser Unzulänglichkeiten ist es reizvoll und nützlich, paläogeographische Rekonstruktionen zu versuchen.
Betrachten wir jetzt das Farbbild. Ausgedehnte Bereiche der Bildfläche werden vom Blau des Meeres eingenommen. Es bedeckt den heutigen Raum der bayerisch-schwäbischen Hochfläche und weite Teile der Alpen. Der Bereich der Alpen ist durch eine Kette von Atollen und Inseln rechts unten angedeutet. Sie ragen aus dem Ur-Mittelmeer, der Tethys, hervor. Links, im Westen, bildet das Hochgebiet von Schwarzwald und dem Rheinischen Schiefergebirge die größte Landfläche, vermutlich getrennt durch eine schmale Meeresstraße. An ihrem südöstlichen Rand trugen Flüsse tonigen Schlamm ins schwäbische Zementmergel-Meer.
Rechts im Bild, im Osten, erstreckt sich eine Inselkette, als Ausläufer des Böhmischen Landes. Diesem Landgebiet war im Süden die Plattenkalk-Lagune vorgelagert. Sie erscheint als unregelmäßiges Muster. Hier kamen die Solnhofener Plattenkalke zur Ablagerung. Die Grenze der Lagune zum offenen Meer ist durch den südlichen Wellensaum dort markiert, wo sich die Wogen an den Korallenriffen brechen. Auf dem Meeresboden vor den Korallenriffen bildeten Schwammstotzen ein unregelmäßiges Relief, das aus der Tiefe hervorschimmert.

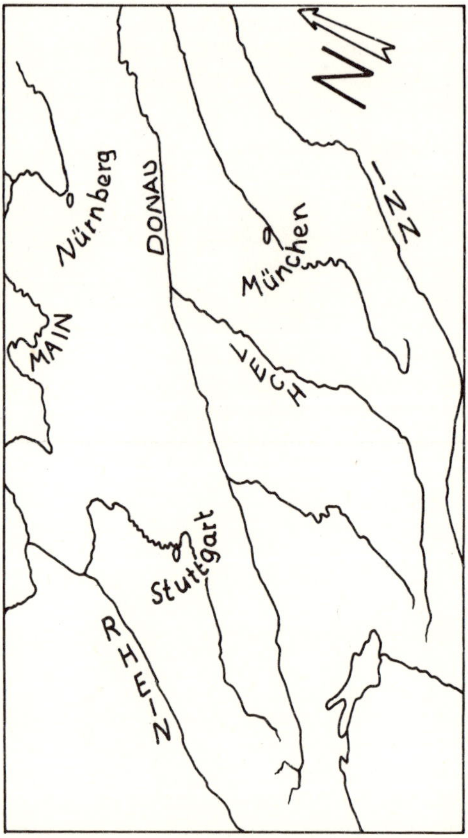

Himmelsrichtungen, Bildausschnitt sowie Grad der Verzerrung von Skizze und Farbtafel sind gleich.

Farbtafel 2

Fig. 1 Schwammstotzen als Unterlage der Plattenkalke

Seit der Oxford-Zeit (S. 85) war der Meeresboden dort, wo sich jetzt die Schwäbisch-Fränkische Alb erstreckt, an vielen Stellen von Schwämmen bewachsen. Zwischen den Schwämmen sammelte sich bevorzugt schlammiges Sediment, und dies wurde außerdem noch durch Algen gebunden. An Orten mit Schwammwachstum bildeten sich dadurch Erhöhungen über dem Meeresgrund, die wieder bevorzugt von Schwämmen besiedelt wurden. So entstanden mit der Zeit richtige Schwammhügel oder Schwammstotzen.
Während der Kimmeridge-Zeit (S. 85) nahm das Schwammwachstum zu, an dem besonders Schwämme mit kieseligem und kalkigem Skelett (vgl. Taf. 56 u. Abb.) Anteil hatten. Der Höhepunkt wurde an der Wende Kimmeridge/Tithon-Zeit erreicht. Schwammstotzen überragten den Meeresboden oft über 100 m.
Zwischen den Stotzen lagen tiefe, wannenartige Senken. Als mit Beginn der Tithon-Zeit andere Umweltbedingungen eintraten (vgl. Textabb. 28), erlosch im Norden das Schwammwachstum und im Süden siedelten Korallen auf den höheren Partien der Stotzen. Dazwischen entstand die Solnhofener Lagune (Skizze) und das Plattenkalksediment setzte sich danach in den Wannen zwischen den abgestorbenen Stotzen des Lagunenbereichs ab.
Unser Bild zeigt Schwammstotzen der mittleren Kimmeridge-Zeit am Altmühlhang zwischen Solnhofen und Dollnstein.

Fig. 2 Plattenkalkbruch

Das Eichstätter Bruchrevier ist bekannt durch sein dünnplattiges Material. Die Brüche sind dort wenig tief und das Gestein ist nur für Wand- und Bodenplatten brauchbar, nicht aber für die Lithographie.
Manche Schichten im Eichstätter Abbaugebiet sind ungemein reich an *Saccocoma,* der kleinen freischwimmenden Seelilie (Taf. 30, 31), und schönen Dendriten (Taf. 63, Fig. 2), die besonders um Wintershof zu finden sind.
Die Ansicht eines Bruches nahe Wintershof vermittelt uns auch die Abbauweise: Eine begrenzte Fläche, ein Stock, wird jeweils bis auf ein bestimmtes Niveau abgetragen und ein Teil davon wird überdacht, damit auch bei schlechtem Wetter die Arbeiten fortgeführt werden können.

1

2

Fig. 1 Plattenkalk-Schichtpaket

Aus einiger Entfernung sehen (Farbtafel 2, Fig. 2) die einzelnen Schichten des Eichstätter Bruchreviers ziemlich dick aus. Tritt man jedoch näher, so entpuppen sich die vermeintlichen Schichten als Pakete vieler dünner Plattenkalk-Lagen. Die Schichtung entsteht dadurch, daß das Meer manchmal kalkreichere, manchmal kalkärmere Lagen ablagerte. Sichtbar wird die Schichtung, weil kalkärmere (weichere) Gesteine leichter verwittern.
Wie diese Ablagerungsschwankungen zustande kamen, ist noch nicht befriedigend geklärt. Vermutlich überlagern sich mehrere Vorgänge, wovon einer die jährlichen Schwankungen der Kalklieferung durch das Meer im Süden gewesen sein könnte. Ein anderer hängt möglicherweise mit periodischen Anhebungen des Landes im Norden zusammen, während denen mehr toniges Material in die Lagune gelangte und zugleich weniger Kalk anfiel.

(Schichtstoß in einem Bruch nahe Wintershof bei Eichstätt; als Größenmaßstab dient ein 10-Pfennig-Stück, das in eine Schichtfuge in der oberen Bildhälfte geklemmt ist.)

Fig. 2 Kopf des *Archaeopteryx* (Ur-Feder)

Neue Untersuchungen haben ergeben, daß die Skelettmerkmale der Urvögel wenig vogelhafte Züge aufweisen. Vielmehr bestehen starke Anklänge zu bestimmten Sauriern (Theropoda). Dennoch ist man beim Anblick des Schädels geneigt, Tendenzen zum Vogelhaften zu sehen. Zu solchem Eindruck trägt vor allem die entwickelte Stirnregion bei. Schon ein zweiter Blick erfaßt die bezahnten Kiefer. Kein lebender Vogel hat Zähne! Auch ein Kranz von Knochenplättchen, der den Augapfel umrahmt, ist urtümlich-reptilhaft.
Von allen *Archaeopteryx*-Exemplaren hat dieser jüngste Fund den besterhaltenen Schädel geliefert. Nach dem Aufbewahrungsort wird er als ‹Eichstätter Exemplar› bezeichnet. Eine Abbildung des vollständigen Fossils befindet sich auf Taf. 9.

(*Archaeopteryx lithographica* H. v. Meyer; «Eichstätter Exemplar»; Workerszell bei Eichstätt; Schädellänge 39 mm; JME)

1

2

Farbtafel 5

Fig. 1, 2 *Compsognathus* (die zierliche Kinnbacke)

Seit fast 300 Jahren werden aus den Plattenkalken Fossilien gesammelt und seit mehr als der Hälfte dieser Zeit sind wertvolle Stücke in Sammlungen aufbewahrt. Dennoch ist *Compsognathus,* vor über hundert Jahren gefunden, bei all der Menge des angefallenen Materials ein Unikum geblieben. Unikum, nur durch ein Individuum bekannt, und zugleich ein Rekordinhaber: *Compsognathus* ist der kleinste aller Dinosaurier, jener Ungetüme, die manchmal bis zu 26 Meter lang und nahezu 80 Tonnen schwer wurden!
Die beiden natürlichen Gruppen dieser ‹Schreckens-Echsen› sind nach den charakteristischen Beckenkonstruktionen in ‹Echsenbecken› (Saurischia) und ‹Vogelbecken› (Ornithischia) unterteilt. *Compsognathus* hat, von der Seite gesehen, dreistrahlig angeordnete Beckenknochen (Textabb. 17 a) und wird deshalb den Saurischiern zugezählt.
Das Tierchen war etwa 60 Zentimeter lang. Es bewegte sich vorwiegend auf den Hinterbeinen (Skizze). Um das nach vorne verlagerte Gewicht des Körpers auszugleichen, hatte es einen langen Balanceschwanz. Die Arme waren durch die Aufrichtung des Körpers beim Schreiten zum Greifen frei geworden. Drei krallenbewehrte Finger dienten zum Schnappen und Halten der Beute. Stärker ausgebildet waren die Beine; die ursprüngliche Fünfzahl der Zehen ist noch zu erkennen. Der Schädel war leicht und stabil gebaut (Fig. 2). In den Kiefern saßen einfache, leicht gebogene Zähne zum Fassen und Schlingen der Nahrung.
Was mag *Compsognathus* gefressen haben? Darüber gibt das Skelett Auskunft. Hinter den Rippen liegen nämlich in der Bauchhöhle die Reste eines kleineren Tieres (Skizze). Man hatte ehemals an ein Embryo von *Compsognathus* gedacht. Es stellte sich jedoch heraus, daß es sich um ein verschlungenes, junges Landkrokodil (Farbtaf. 7, Fig. 1) handelte.
Auch Spuren hat man *Compsognathus* zugeschrieben; diese wurden jedoch schließlich als Fährten des Pfeilschwanz-Krebses *Limulus* (Taf. 47) erkannt.

(Compsognathus longipes A. Wagner, Jachenhausen bei Kelheim; Entfernung Kiefergelenk[Quadrat-Bein]/Schnauzenspitze 73 mm; BSPHGM AS I 563)

1

2

Farbtafel 4

Archaeopteryx (Ur-Feder)

Zweifellos hat *Archaeopteryx* wegen seiner stammesgeschichtlichen Bedeutung von allen Fossilien am meisten zur Berühmtheit der Solnhofener Plattenkalke beigetragen. Vor allem die ersten drei Funde erregten in der Wissenschaft großes Aufsehen: eine Feder, das Londoner und das Berliner Exemplar (S. 185).
Das Berliner Exemplar ist immer noch am eindrucksvollsten, auch wenn man die späteren Funde mit einbezieht. Neben dem fast vollständigen Skelett hat sich das Federkleid als Abdruck ausgezeichnet im Gestein erhalten.
Aus Anatomie und Anordnung der Befiederung hat man geschlossen, daß *Archaeopteryx* ein höchst unvollkommener Flieger war, und einige vermuten sogar, daß er niemals richtig flog. Die hohen Beine und der lange, der Balance dienende Knochenschwanz sprechen dafür, daß *Archaeopteryx* zumindest Lauftiere als Vorfahren hatte. An den vorderen Gliedmaßen waren drei Finger noch frei beweglich und sie dienten sicherlich zum Greifen und Hangeln. Die Vögel der Gegenwart haben den Balanceschwanz zu einem Steiß verkürzt und die drei noch vorhandenen Finger sind miteinander verwachsen, um, statt zu greifen, zusätzlichen Schwungfedern Halt zu geben. Wie andere Merkmale von *Archaeopteryx* zu werten sind und sonstiges Wissenswertes über Urvögel ist auf S. 183 oder in den Texten zu Farbtafel 3, Fig. 2 und Taf. 9 nachzulesen.
Als das erste, 1861 geborgene Skelett des Urvogels nach London verkauft worden war, bemühte man sich, die zweite, 1871 gefundene *Archaeopteryx*-Platte im Land zu behalten. Nur der Hilfe des Industriellen Werner von Siemens ist es zu verdanken, daß dies gelang. Er streckte 20000 Goldmark vor, um dem Berliner Museum den Ankauf zu ermöglichen.

(Archaeopteryx lithographica H. v. Meyer; «Berliner Exemplar»; Blumenberg bei Eichstätt; Schädellänge 52 mm; PAMNHUB MB 1880/81.4598, Gegenplatte 4599)

Farbtafel 5

Fig. 1, 2 *Compsognathus* (die zierliche Kinnbacke)

Seit fast 300 Jahren werden aus den Plattenkalken Fossilien gesammelt und seit mehr als der Hälfte dieser Zeit sind wertvolle Stücke in Sammlungen aufbewahrt. Dennoch ist *Compsognathus*, vor über hundert Jahren gefunden, bei all der Menge des angefallenen Materials ein Unikum geblieben. Unikum, nur durch ein Individuum bekannt, und zugleich ein Rekordinhaber: *Compsognathus* ist der kleinste aller Dinosaurier, jener Ungetüme, die manchmal bis zu 26 Meter lang und nahezu 80 Tonnen schwer wurden!
Die beiden natürlichen Gruppen dieser ‹Schreckens-Echsen› sind nach den charakteristischen Beckenkonstruktionen in ‹Echsenbecken› (Saurischia) und ‹Vogelbecken› (Ornithischia) unterteilt. *Compsognathus* hat, von der Seite gesehen, dreistrahlig angeordnete Beckenknochen (Textabb. 17 a) und wird deshalb den Saurischiern zugezählt.
Das Tierchen war etwa 60 Zentimeter lang. Es bewegte sich vorwiegend auf den Hinterbeinen (Skizze). Um das nach vorne verlagerte Gewicht des Körpers auszugleichen, hatte es einen langen Balanceschwanz. Die Arme waren durch die Aufrichtung des Körpers beim Schreiten zum Greifen frei geworden. Drei krallenbewehrte Finger dienten zum Schnappen und Halten der Beute. Stärker ausgebildet waren die Beine; die ursprüngliche Fünfzahl der Zehen ist noch zu erkennen. Der Schädel war leicht und stabil gebaut (Fig. 2). In den Kiefern saßen einfache, leicht gebogene Zähne zum Fassen und Schlingen der Nahrung.
Was mag *Compsognathus* gefressen haben? Darüber gibt das Skelett Auskunft. Hinter den Rippen liegen nämlich in der Bauchhöhle die Reste eines kleineren Tieres (Skizze). Man hatte ehemals an ein Embryo von *Compsognathus* gedacht. Es stellte sich jedoch heraus, daß es sich um ein verschlungenes, junges Landkrokodil (Farbtaf. 7, Fig. 1) handelte.
Auch Spuren hat man *Compsognathus* zugeschrieben; diese wurden jedoch schließlich als Fährten des Pfeilschwanz-Krebses *Limulus* (Taf. 47) erkannt.

(*Compsognathus longipes* A. Wagner, Jachenhausen bei Kelheim; Entfernung Kiefergelenk[Quadrat-Bein]/Schnauzenspitze 73 mm; BSPHGM AS I 563)

1

2

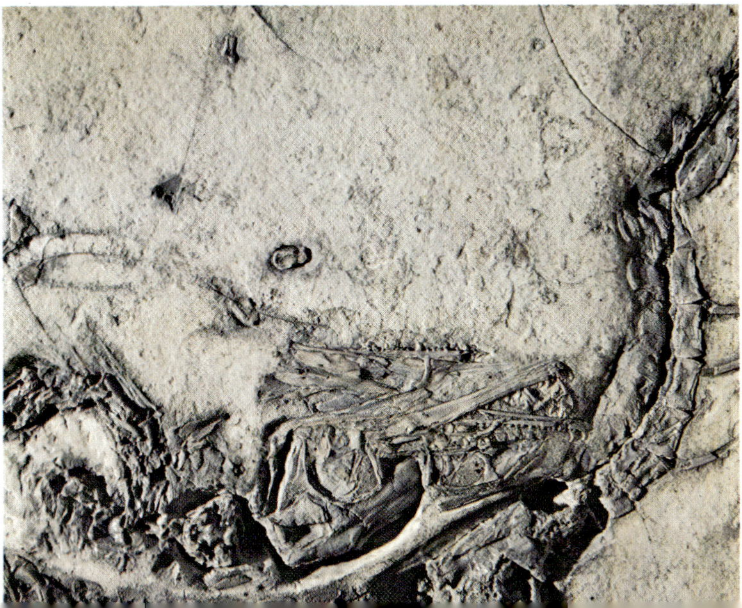

Farbtafel 6

Fig. 1 *Ctenochasma* (Kammrachen)

Der einzige komplette Fund dieser Gattung ist hier wiedergegeben. Im allgemeinen Bau ist *Ctenochasma* kaum von *Pterodactylus* (Fig. 2) zu unterscheiden. Es ist wie dieser ein Kurzschwanz-Flugsaurier. Deutlich verschieden davon ist jedoch die lange mit vielen feinen Zähnchen besetzte Schnauze. Dieses Kamm- oder Reusengebiß diente sicherlich dazu, Kleingetier aus dem Wasser zu ‹seihen› oder Insekten zu fangen.
Das Reusengebiß tritt in der Rekonstruktionsskizze des Schädels deutlich hervor.

(*Ctenochasma gracile*
Oppel, Wintershof;
Schädellänge 104 mm;
BSPHGM 1935 I 24)

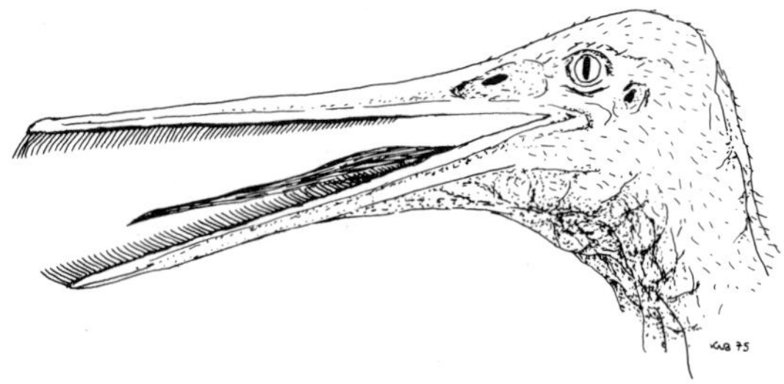

Fig. 2 *Pterodactylus* (Flugfinger)

Die Flugsaurier der Gruppe um *Pterodactylus* sind fortschrittliche Typen. Von den primitiven, langschwänzigen *Rhamphorhynchus* lassen sie sich durch den fast gänzlichen Verlust des Schwanzes, kurze kegelförmige oder lange zarte Zähne, sowie lange Mittelhandknochen leicht unterscheiden.
Verwandte von *Pterodactylus* waren jene riesigen Flugsaurier, die am Ende der Kreidezeit lebten. Jüngste Funde stammen von Tieren mit Spannweiten von wenigstens 15 Metern.
Dies Exemplar ist das Urstück auf dem die Gattung *Pterodactylus* begründet wurde. Früh durch G. Cuvier (1769–1832) als Flugechse erkannt, deutete es später der Arzt und Naturforscher Sömmerring als Vogel. Nach einem wissenschaftlichen Streit wurde Cuviers Ansicht bestätigt. Von Cuvier, dem Begründer der vergleichenden Anatomie, stammt der Gattungsname *Pterodactylus.*
Untenstehende Skizze zeigt ein Tier im Flug.

(*Pterodactylus antiquus* [Soemmerring], Eichstätt [nach dem Gestein wohl eher aus Zandt oder Kelheim]; Schädellänge 108 mm, BSPHGM AS I 739)

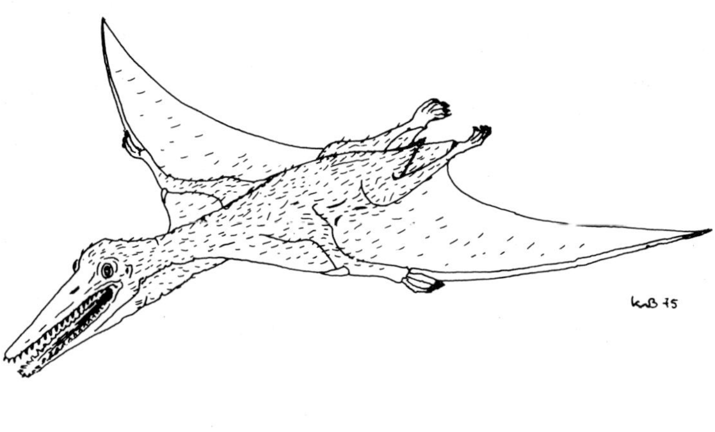

1

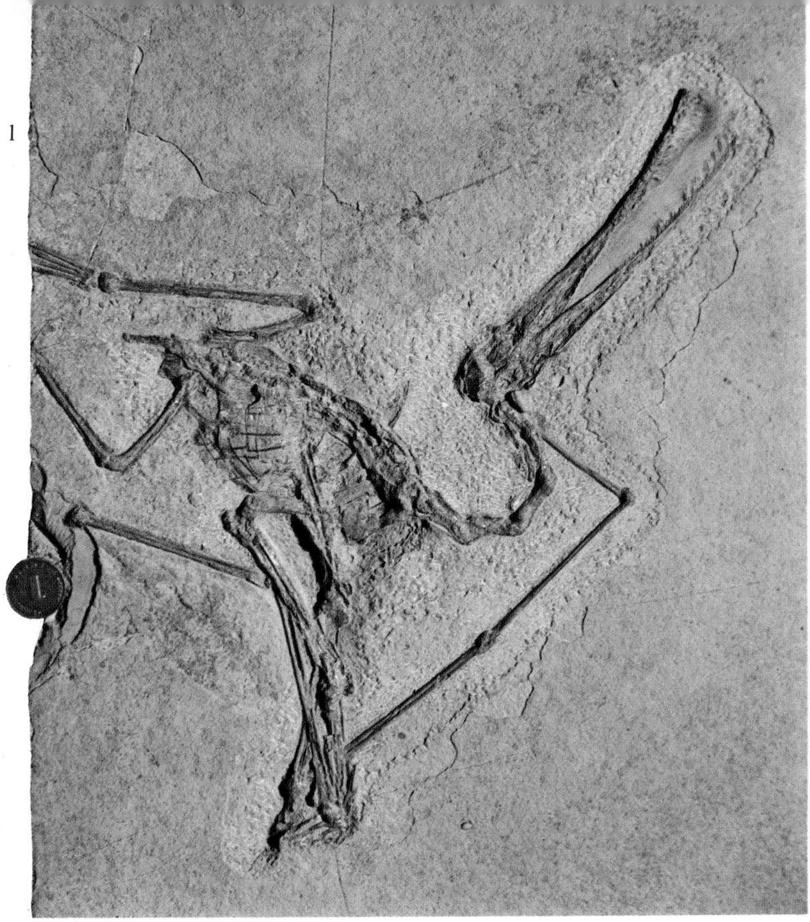

2

Farbtafel 7

Fig. 1 *Alligatorellus* (Alligatorchen)

Wie alle Landtiere ist dieses Kleinkrokodil in den Solnhofener Plattenkalken nur durch wenige Funde vertreten. Es ist erstaunlich gut erhalten. Auffällig sind die kurze Schnauze und die verhältnismäßig langen Beine. Die langen Gliedmaßen deuten darauf hin, daß sich das Tier auf dem Land gewandt bewegen konnte und wohl nicht im Wasser nach Beute jagte.
Der Kadaver wurde vermutlich während der Regenzeit von Bächen oder kleinen Flüssen in die Lagune transportiert.

(*Alligatorellus beaumonti* Gervais, Eichstätt; Länge 305 mm; BSPHGM 1937 I 26)

Fig. 2 *Eichstaettisaurus* (Eichstätt-Echse)

Die Schuppen-Echsen (Lepidosauria) sind bei all ihrer Seltenheit doch die am meisten verbreiteten vierfüßigen Landtiere der Plattenkalke. Sie sind von geringer Größe und werden in zwei Ordnungen untergebracht. Dies sind die ‹Schnabelköpfe› (Rhynchocephalia, vgl. Taf. 12) und die ‹Beschuppten› (Squamata). Auch die Squamaten bestehen wieder aus zwei Gruppen, den Eidechsen (Lacertilia) und den Schlangen (Ophidia). Schlangen hat es zur Jura-Zeit noch nicht gegeben. Sie entwickelten sich erst später aus den Eidechsen.
Lacertilier und Rhynchocephalen hatten gemeinsame Vorfahren. Deren Knochenschädel wies hinter dem Auge zwei Schläfenöffnungen auf. Während die Rhynchocephalen diesen ursprünglichen Zustand beibehielten (Skizze a), öffnete sich bei den Eidechsen die tiefere Schläfenöffnung durch Verlust der unteren Knochenspange (Skizze b).
Eichstaettisaurus ist eine Eidechse. Aufgrund seiner etwas plumpen Gestalt und einiger Schädelmerkmale darf man *Eichstaettisaurus* als Verwandten der heutigen Skinks (Scincomorpha) betrachten. Es sind dies Eidechsen, die überwiegend am Boden leben und im Sand oder Moder wühlen.
Obgleich unser *Eichstaettisaurus* als besterhaltene Eidechse der Plattenkalke gilt, ist er nicht vollkommen. Es fehlt ein Teil des Schwanzes. Ein schemenhafter Abdruck beweist, daß er kurz war, wie bei manchen der heutigen Skinks. Die Skelettreste des Schwanzendes sind offenbar mit der Gegenplatte verbunden gewesen.
Der Lebensraum von *Eichstaettisaurus* lag kaum in unmittelbarer Küstennähe, denn sonst wären Funde nicht so selten. Selbst die wenigen Rhynchocephalen sind gegenüber den Eidechsen verhältnismäßig häufig.

(*Eichstaettisaurus schroederi* (Broili), Wintershof bei Eichstätt; Schädellänge 19 mm; BSPHGM 1937 I 1)

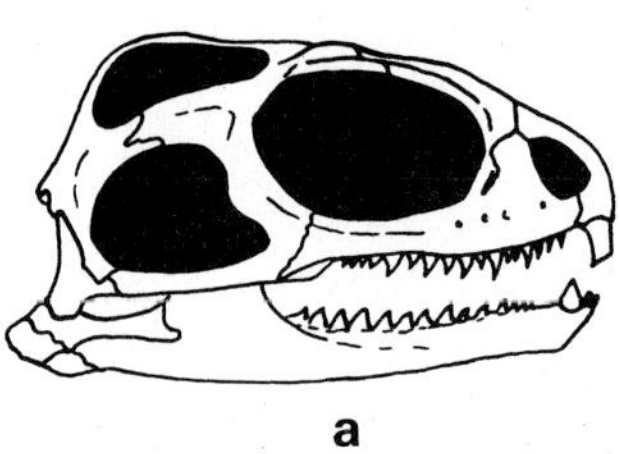

a

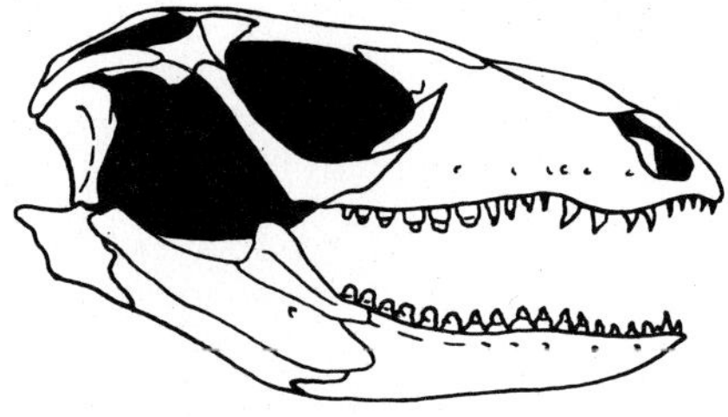

b

1

2

Farbtafel 8

Fig. 1 *Macropterygius* (Lang-Flosser)

Stromlinienförmiger Körper, zu Flossen umgestaltete Gliedmaßen, lange Schnauze mit zahlreichen Zähnen und große Augen geben die Tiere als räuberische Hochseeschwimmer zu erkennen. Obwohl ihre Ahnen an Land lebten, waren sie selbst dazu nicht mehr fähig. Die ererbte Lungenatmung stellte sie vor das Problem, ihren Nachwuchs sozusagen ‹über Wasser› zu halten. Aus Funden von Holzmaden (Württ.) wissen wir, daß die Fischsaurier-Weibchen des Unterjura lebendige Junge zur Welt brachten. Das geschah, wie bei den Walen heute, indem das Junge mit dem Schwanz zuerst ins Wasser geboren wurde und so unmittelbar zum ersten Atemzug an die Wasseroberfläche emporsteigen konnte. Bei einer Geburt kopfvoran würde das Jungtier ertrinken, bevor der Rest des Körpers die Mutter verlassen hätte. Manche der tragenden Weibchen hatten bis zu einem Dutzend Embryonen im Leib.
Die Ichthyosaurier-Wirbelsäule ist im Schwanzbereich auffällig abwärts geknickt. Man glaubte ursprünglich an einen Knick nach dem Tod, bis man schließlich Individuen mit erhaltenem Hautumriß in die Hände bekam. Am Umriß ist festzustellen, daß der untere Lappen der Schwanz-Flosse von Natur aus stärker ausgeprägt war. Die paddelartigen Extremitäten hatten mehr die Aufgabe der Stabilisierung und kaum die Funktion von Rudern.
So häufig Ichthyosaurier in den Brüchen von Holzmaden angetroffen werden, so selten sind sie in den Solnhofener Plattenkalken. Das abgebildete Exemplar wurde als zerfallende Leiche in die Lagune eingedriftet. Schwanz und Hintergliedmaßen waren bereits abgefallen. Weitere Skeletteile wurden beim Auftreffen am Boden zerstreut oder danach durch Strömungen bewegt. Die Skizze vermittelt das Lebensbild eines Ichthyosauriers.

(*Ichthyosaurus [Macropterygius] posthumus* [Wagner], jugendliches Exemplar, Solnhofen; größter Durchmesser des Auges 83 mm; BSPHGM 1954 I 508)

Fig. 2 *Pleurosaurus* (Flanken-Echse)

Echte Schlangen gab es zur Jura-Zeit noch nicht. *Pleurosaurus* hat jedoch deren langgestreckten Körperbau vorweggenommen. Trotz der Verlängerung des Körpers war *Pleurosaurus* noch nicht so fortgeschritten wie unsere Schlangen, weil er noch kleine und wenig spezialisierte Gliedmaßen besaß. Damit konnten sich die Pleurosaurier, wenn auch ungeschickt, auf dem Land fortbewegen. Im Wasser, ihrem eigentlichen Lebensraum, dienten die Beine wohl der Stabilisierung.
Welche Kriterien führen zur Behauptung, daß es sich bei *Pleurosaurus* um ein Wassertier handelt? Schlängelnde Landreptilien haben einen rundlichen Schwanz, der sehr zum seitlichen Stemmen geeignet ist. Der Schwanz von *Pleurosaurus* war jedoch seitlich zusammengedrückt und hoch, also zum Schlängeln an Land völlig ungeeignet. Bei Fortbewegung im Wasser konnte ein Schwanz dieses Typs das Tier dagegen kraftvoll vorantreiben (Skizze).
Ein weiteres Merkmal für Tiere, die im Wasser leben, – Fische beiseite gelassen – sind nach hinten-oben verschobene Nasenöffnungen. Diese Lage erleichtert das Atmen, weil der Kopf dazu kaum über die Wasserfläche emporgehoben werden braucht.
Ob nun die Pleurosaurier im Meer oder in Flüssen und Seen zuhause waren, ist schwierig zu entscheiden. Da sie in den Plattenkalken oft dort gefunden werden, wo Holzreste gehäuft auftreten, besteht der Verdacht, Pleurosaurier seien im Süßwasser heimisch gewesen.

(*Pleurosaurus goldfussi* H. v. Meyer, Sappenfeld bei Eichstätt; Länge 1520 mm; BSPHGM 1925 I 18)

1

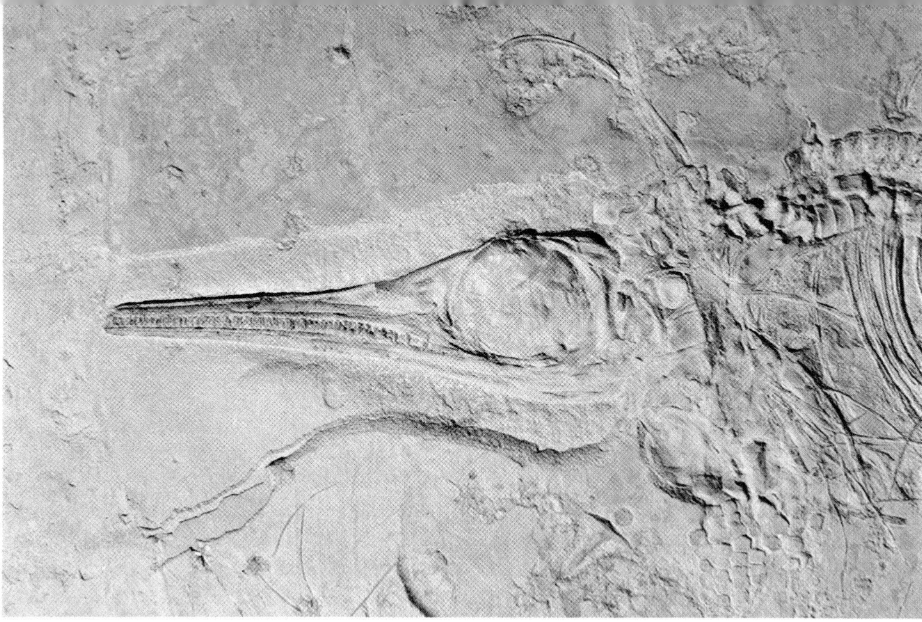

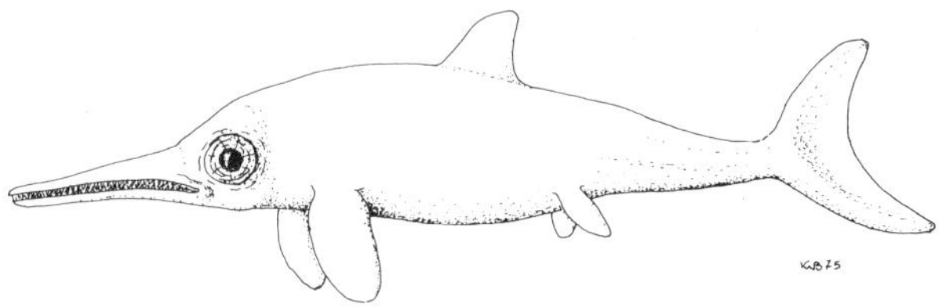

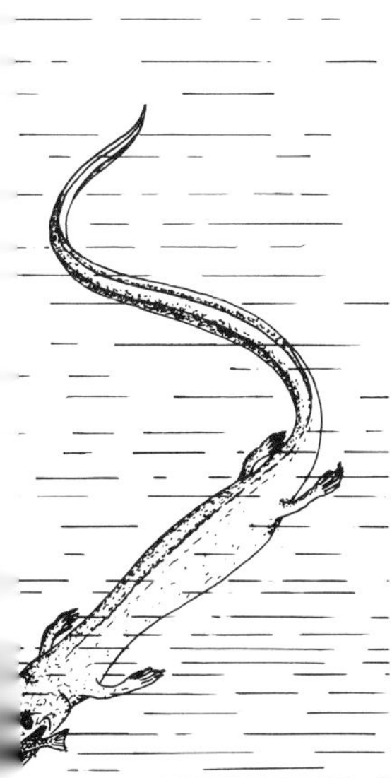

2

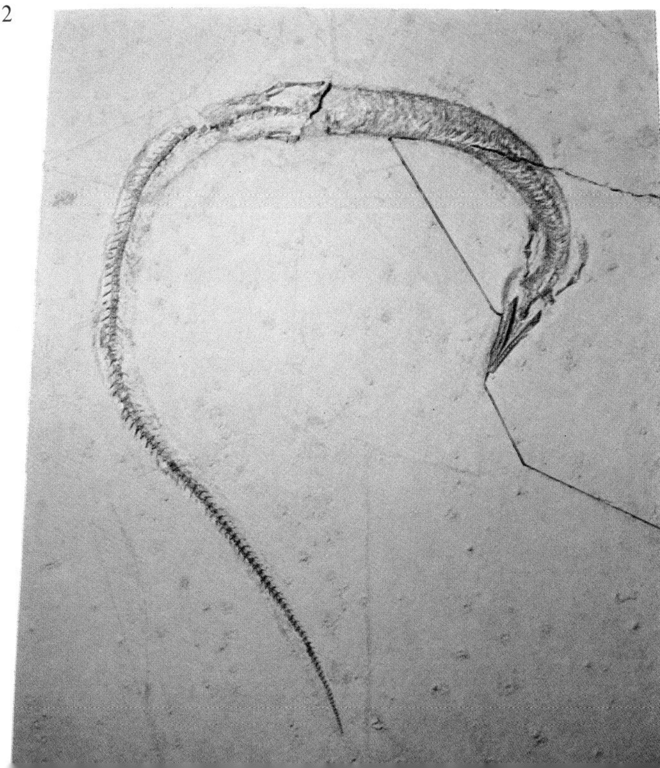

Farbtafel 9

Eurysternum (breite Brust)

Schildkröten sind die primitivsten lebenden Kriechtiere. Ihr Knochenschädel hat nicht die Schläfendurchbrüche moderner Reptilien. Die eigentümlichen Tiere sind das Ergebnis einer ganz speziellen Entwicklung. Sie haben sich einen mächtigen Panzer zugelegt, der überwiegend aus verbreiterten Rippen und Knochen des Schultergürtels besteht. Der Panzer ist zusätzlich von Hornschilden bedeckt. Bei Schildkröten, die sich im Wasser aufhalten, wird oft der massive Schutz zur Erleichterung teilweise abgebaut, indem fensterartige Durchbrüche angelegt werden. Die Gliedmaßen sind recht plump und die Fortbewegung entsprechend ungelenk. Wer allerdings beim Tauchen in den warmen Meeren eine Suppenschildkröte (Skizze a) eilig durchs Wasser gleiten sieht, wird überrascht sein über die eleganten Bewegungen der Tiere. Dabei können Suppenschildkröten ein Gewicht von mehreren hundert Kilogramm erreichen! Die Körper von Wasserschildkröten sind abgeflacht, die Gliedmaßen entweder zu Flossen umgestaltet, oder führen zumindest zwischen Fingern und Zehen Schwimmhäute.
Der Panzer von *Eurysternum* ist nach Art der Meeresschildkröten durchbrochen (Skizze b). Die Vordergliedmaßen sind kräftig, die Finger kurz und nicht zu Flossen umgestaltet. *Eurysternum* war danach kein richtiger Hochseeschwimmer und wird sich in Küstennähe, vielleicht sogar zeitweise im Süßwasser aufgehalten haben. Die Schildkröten der Plattenkalke (neben *Eurysternum* noch drei Gattungen) erreichten nur mäßige Größen, kaum einen halben Meter. Aber hier mag gelten, was bei vielen anderen Tiergruppen festzustellen war, daß nämlich vorwiegend Jungtiere in die Lagune gelangten. Schildkröten des Süßwassers erreichen andererseits auch nicht die Dimensionen der marinen Formen.

(*Eurysternum wagleri* H. v. Meyer, Kelheim; Länge des Schädels 66 mm; BSPHGM AS I 818)

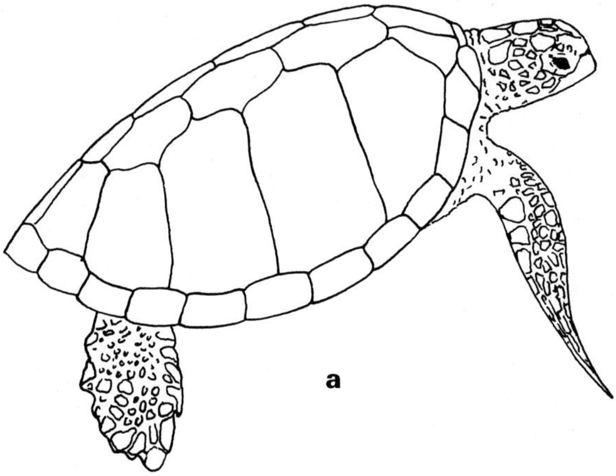

a

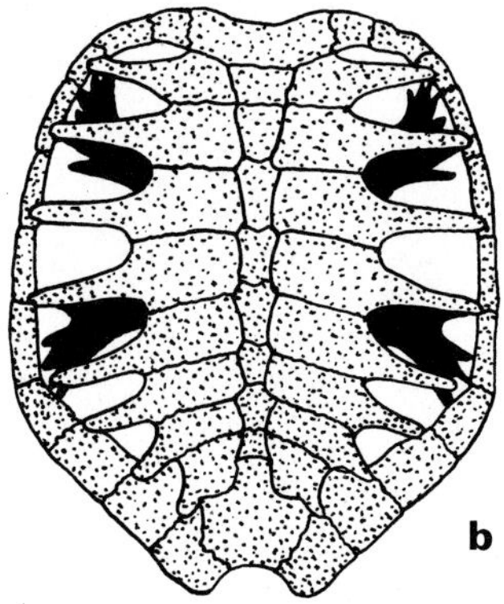

b

Farbtafel 10

Fig. 1 *Coccoderma* (Körner-Haut)

Jeder Flossenstrahl und selbst winzige Knochen sind mit dieser *Coccoderma* fossil geworden. Sogar die schwach verkalkte Schwimmblase ist noch als bräunlicher Schatten im Vorderkörper leicht zu erkennen. Ein dichtes Kleid von Schuppen mit körniger Oberfläche (Name!) bedeckte den Körper des Fischs. Die quastenartigen Flossen an Rücken, Bauch und Schwanzende sind nicht zu übersehen. Nach ihnen heißen alle Fische dieses Flossentyps Quastenflosser (Crossopterygier). Es sind urtümliche, räuberische Formen, die bis heute nur noch mit einer einzigen bekannten Art überlebt haben.
Häufiger als *Coccoderma* ist der Quastenflosser *Holophagus* (Taf. 13), der aber selbst schon zu den Solnhofener Raritäten zählt.
Für weitere interessante Einzelheiten über die Quastenflosser sei auf den Text zu Taf. 13 verwiesen.

(Coccoderma nudum Reis, Kelheim; Länge über alles 188 mm; BSPHGM 1887 VI 501)

Fig. 2 *Pachythrissops* (der dicke Fischgestaltige)

Pachythrissops ist ein Vertreter der höheren Knochenfische (Teleostei). Seine Anatomie zeigt gegenüber *Leptolepis* (Taf. 14, 15) fortschrittliche Züge.
Von *Leptolepis* unterscheidet *Pachythrissops* die gedrungene Körperform, die tief gegabelte Schwanzflosse und der kräftige Schädel.
Bestimmte Knochen am Kopf und langgestreckte Schuppen vor den paarigen Flossen sind moderne Merkmale. Durch sie offenbart sich die Tendenz zum nächsthöheren Entwicklungsniveau, den Heringsartigen (Clupeomorpha).
Das weit aufgerissene Maul deutet auf den Erstickungstod des Fischs in sauerstoffarmen Gewässern.
Erhaltung und die warmen, rötlichen Farben des Fischkörpers im Kontrast zum hellen Gestein erwecken den Eindruck der Lebendigkeit. Es ist ohne Zweifel einer der schönsten Fischfunde aus den Plattenkalken.
Pachythrissops ist erheblich seltener als die Knochenfische *Leptolepis, Thrissops* (Taf. 14, 15) und *Anaethalion.*

(Pachythrissops propterus [Wagner], Painten bei Kelheim; Länge über alles 385 mm; BSPHGM 1964 XXIII 154)

1

2

Farbtafel 11

Gyrodus (Rund-Zahn)

Gyrodus und die verwandten «Dickzähner» (Pycnodontia) der Gattungen *Gyronchus* (s. a. Taf. 24, Fig. 1), *Mesturus* und *Proscinetes* mögen in den Korallenriffen des Jura-Meeres die gleichen Funktionen erfüllt haben, wie heute die Papageien-Fische (Scaridae). Ihre meißelförmigen Schneidezähne waren imstande, Stücke von Korallen-Stöcken und Algenkrusten abzubrechen. Die weitere Arbeit übernahmen Batterien von rundlichen Mahlzähnen (Taf. 24, Fig. 2). Die unverdaulichen Kalkanteile der Nahrung wanderten durch den Darm und wurden ausgeschieden. Bei den Papageien-Fischen ist die Bedeutung dieser Ernährungsweise für die Sedimentbildung bekannt. Für die fossilen Dickzähner darf sie vermutet werden. Für sie ist allerdings auch eine andere Möglichkeit des Nahrungserwerbs denkbar, die Jagd auf Schalentiere am Meeresboden. In jedem Fall kam die hohe, scheibenförmige Gestalt der Fische solchen Freßgewohnheiten sehr entgegen, weil eine gewisse Rotation um den Körpermittelpunkt die Fische in günstige Positionen zur Futteraufnahme bringen konnte.

Gyrodus erreichte von allen Solnhofener Dickzähnern die bedeutendsten Körperdimensionen; dennoch sind kleine Exemplare, wie das abgebildete, weitaus häufiger in die Lagune geraten, als erwachsene. Dies ist ein Phänomen, das auch auf andere Tiergruppen zutrifft.

Ein Gebiß von *Gyrodus* ist auf Taf. 24, Fig. 2 abgebildet; im Text zu Tafel 24 finden sich weitere Angaben zum Körperbau dieser Fische. Die nebenstehende Skizze zeigt die Körperumrisse verschiedener Pycnodontier (a *Gyronchus*, b *Gyrodus*, c *Proscinetes).*

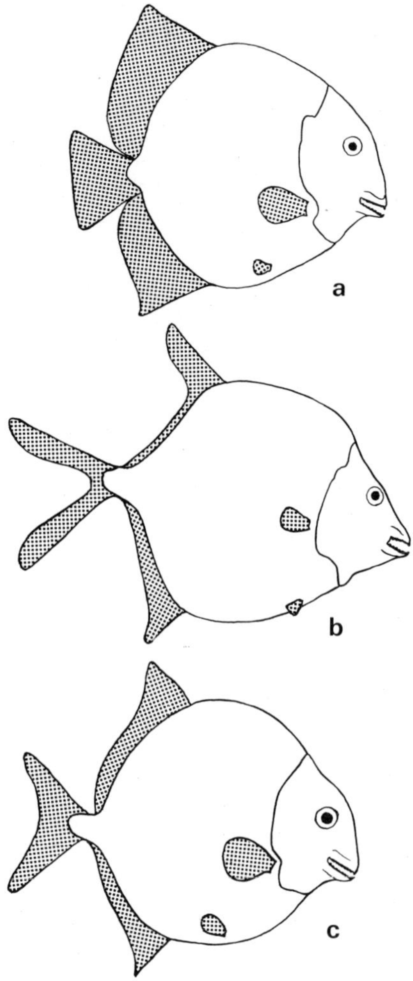

(Gyrodus hexagonus [Blainville], Workerszell bei Eichstätt; Distanz Schnauzen-Spitze/Basis Schwanz-Gabelung 121 mm; JME)

Palaeoscyllium (Alt-Hundshai)

Dieser kleine Knorpelfisch (Chondrichthyes) gehört zur Familie der Katzenhaie (Scyllorhinidae). Als harmlose Gesellen von kaum einem Meter Länge bevölkern sie heute weite Teile des Weltmeeres, besonders flachere Regionen wie die Nordsee. Sie ernähren sich von Hartschalern des Meeresbodens: Muscheln, Schnecken, Krebsen.
Katzenhaie sind fortschrittlich, denn ihre Rückenflossen haben die stützenden Dornen primitiverer Formen aufgegeben. Mit anderen Hai-Familien sind sie in der Unterordnung der Hundshaiartigen (Galeoidea) zusammengeschlossen, zu der auch die gefährlichen Großhaie unserer Tage gehören.
Unser Fossil hat die typische, schlanke Gestalt der Katzenhaie. Die unpaaren Flossen sind deutlich abgesetzt. Von den paarigen Flossen ist wegen der schrägen Einbettung nur jeweils die dem Beschauer zugewandte Brust- oder Beckenflosse sichtbar. Eine Spitze der zweiten Brustflosse ragt etwas über dem Kopf hervor. Sehr markant tritt die Wirbelsäule hervor, in deren einzelne Wirbel viel Kalk eingelagert wurde. Nicht mehr zu erkennen sind die Kiemenschlitze. Das linke Auge hebt sich einigermaßen vom Schädel ab, während das rechte, nur schwer sichtbar, an den Schädeloberrand verschoben ist.
Der Gattungsname ist etwas irreführend, weil die echten Hundshaie Angehörige einer anderen Familie sind.

(Palaeoscyllium formosum Wagner, Solnhofen; Länge 313 mm; BSPHGM AS I 589)

Farbtafel 13

Lithaster (Stein-Stern)

Keinem Strandwanderer entgehen bei seinen Spaziergängen an der Küste die Seesterne (Asteroidea). Er findet sie ausgetrocknet im Sand oder lebend im flachen Wasser. Im allgemeinen sind Seesterne Räuber, die zumeist auf Muscheln und Krebse Jagd machen. Hat ein Seestern eine Muschel gefunden, umfaßt er sie und versucht die Schalen auseinander zu zerren. Gelingt das, so stülpt er einen Teil seines Magens ins Innere der Schalen, wo Verdauungssekrete das Fleisch der Muschel verflüssigen, so daß es dann eingesaugt werden kann.
Seesterne kriechen langsam, mit Hilfe eines wassergefüllten Gefäßsystems, das die zahlreichen Tubenfüßchen an der Unterseite der Tiere bewegt. Saugnäpfe an den Enden der Füßchen dienen zum Haften und damit vermögen Seesterne auch die Muschelschalen zu öffnen.
Als Stachelhäuter (Echinodermata) sind die Seesterne mit den Schlangensternen (Ophiuroidea) nahe, mit den Seeigeln (Echinoidea) und Seelilien (Crinoidea) ferner verwandt. Stachelhäuter scheiden ein Innenskelett von mehr oder minder gegeneinander beweglichen Elementen aus kohlensaurem Kalk ab.
Seesterne und Schlangensterne (Farbtaf. 14 u. Taf. 31) bilden die natürliche Einheit der Sterntiere (Asterozoa). Sie unterscheiden sich durch den Bau der Arme und des Körpers. Ein Schnitt durch den Arm von Seesternen verdeutlicht ein Einwärtsbiegen von Kalkelementen an der Unterseite (Skizze a). Einen Schritt weiter sind die Schlangensterne gegangen. Bei ihnen sind diese Elemente gänzlich in die Mitte des Armes gewandert (Skizze b) und verwuchsen zu einer Art Wirbel mit Gelenkenden, die schlangenförmiges, seitliches Bewegen der Arme begünstigen.
Lithaster ist aus verhältnismäßig groben Elementen zusammengesetzt. Dies fällt besonders an den schlanken Armen auf. Das Prachtstück ist einer der wenigen jemals in den Plattenkalken gefundenen Asteroideen. Da Seesterne nach dem Tod sehr schnell zerfallen, muß er entweder in getrocknetem Zustand von einem Strand aus in die Lagune geschwemmt worden sein oder ein heftiger Sturm hat ihn aus seinem Lebensraum dorthin getragen.

(*Lithaster jurassicus* [Zittel], Böhmfeld südöstlich Eichstätt; größte Entfernung der Armspitzen 140 mm; BSPHGM 1847 I 502; Foto: W. Suter, Naturhistorisches Museum Basel)

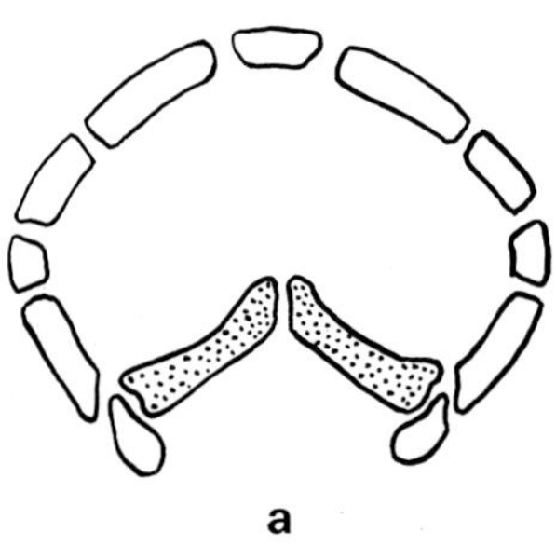

a

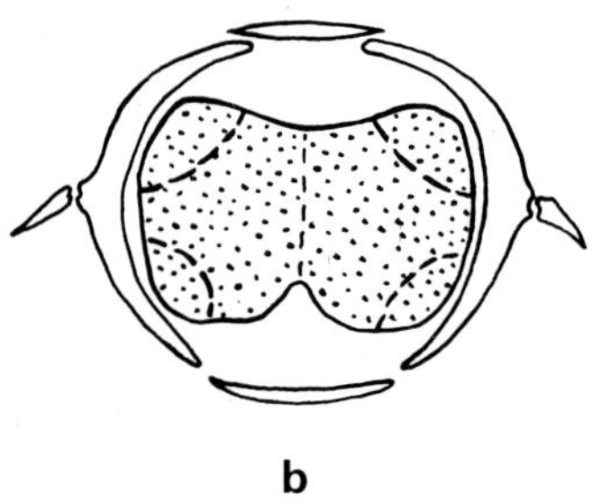

b

Farbtafel 14

Fig. 1 *Ophiopsammus* (Strand-Schlange)

Wie *Geocoma* (Taf. 32) in Zandt, so erscheint *Ophiopsammus* gelegentlich in großer Zahl. Oft liegen mehrere Exemplare auf einer Platte. Weil keinerlei Kriechspuren in der Nähe der Tiere überliefert sind, müssen wir annehmen, daß die Schlangensterne tot in die Lagune gelangten. Schlangensterne (Ophiuroidea) unterscheiden sich von den gemeinen Seesternen (Asteroidea) durch schlanke Arme, die deutlich von einer Körperscheibe abgesetzt sind. Die Ophiuren erhielten ihren Namen von den schlangenhaften Bewegungen ihrer Arme (vgl. Skizze b zu Farbtafel 13). Viele Schlangensterne leben heutzutage im Schlamm vergraben oder unter Steinen verborgen, während andere in der bunten Welt der Riffe herumstreifen. *Ophiopsammus* hat wohl überwiegend im Schlamm verborgen gelebt. Stürme, die den Schlamm aufwühlten, haben die Tiere mitgerissen und mit ihm in die Bereiche hinter dem Riff geschwemmt.
Ophiopsammus unterscheidet sich von *Geocoma* durch die größere Körperscheibe und die längeren Stacheln an den Armen.
Die rötlichen Säume um die Tiere wurden durch Ablagerung von Eisenoxiden hervorgerufen.

(*Ophiopsammus kelheimensis* [Boehm], Weltenburg bei Kelheim; BSPHGM 1965 XXIII 42)

Fig. 2 *Plesioteuthis* (Langschulp-Tintenfisch)

Die schlanken Tintenfische mit den zarten Schulpen (s. Taf. 50, Fig. 1) werden in den Plattenkalken recht oft angetroffen. Vom Jungtier mit einer Länge von wenigen Zentimetern bis zur erwachsenen *Plesioteuthis* sind alle Stadien der Entwicklung unter den Funden vertreten.
Aus der Rekonstruktionsskizze ist die Lage des Schulps und die Stellung der Stabilisierungsflossen am Hinterende des Körpers zu ersehen. Auch die beiden langen Fangarme, die eingezogen werden können, sind hier dargestellt. An den Fossilien sind nur die acht kürzeren Tentakel zu erkennen. In besonders interessanter Weise ist die Anzahl dieser mit Saugnäpfen versehenen Tentakel auf unserer Platte dokumentiert. Die kopfabwärts treibende Leiche setzte mit ihrem Tentakelkranz am Boden auf, hinterließ dabei einen sternförmigen Abdruck und kippte schließlich neben die Aufsetzmarke. Das Fleisch wurde teilweise in phosphatische Substanz umgewandelt und ist beiderseits des schwertschmalen Schulps erhalten. Ein knopfartiges Gebilde in der Körpermitte ist der Tintenbeutel, der verschiedentlich noch getrocknete Tinte enthalten kann. Scheinbar durch den Beutel verläuft der Darmstrang.
Die starke Muskulatur der sogenannten Mantelhöhle hat sich beim Tod zusammengezogen und ist als unregelmäßige Querstreifung unterhalb des Schulps fossil geworden. Am Grund der blütenförmig gespreizten Tentakel ist auch die Lage der Kiefer und des Mundes deutlich erkennbar. Lediglich die beiden Stabilisierungsflossen treten wegen der seitlichen Lage des Individuums kaum in Erscheinung. Der Gattungsname aus dem Griechischen setzt sich zusammen aus den Worten ‹teuthis› = Tintenfisch und ‹pleision› = langes Gerüst, wobei letzteres als ‹langer Schulp› zu übersetzen ist.

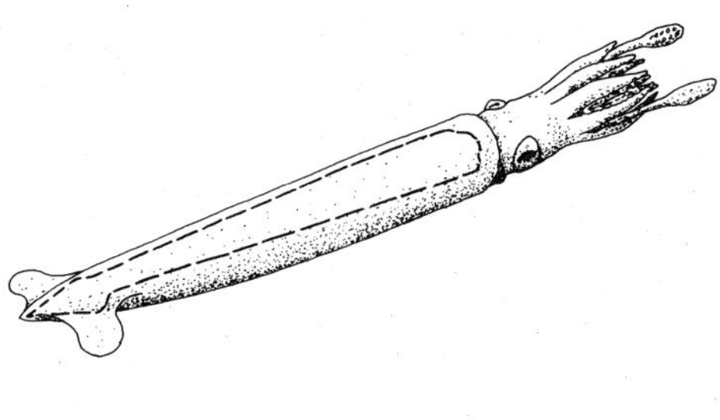

(*Plesioteuthis prisca* Rüppell, Blumenberg bei Eichstätt; erhaltene Länge des Tieres 256 mm; BSPHGM 1959 I 395).

1

1 cm

2

Farbtafel 15

Fig. 1 *Libellulium* (kleine Wasserwaage)

Gut erhaltene Libellen gehören mit zu den hübschesten Solnhofener Versteinerungen. Besonders wenn ihr Flügelgeäder wie an unserem Stück durch Eisenoxide noch hervorgehoben ist, ist ihr Anblick ein ästhetischer Genuß.
Da es in den Plattenkalken eine ganze Anzahl von Libellen-Gattungen gibt, müssen sich auf dem Land nördlich der Lagune kleine Seen oder Bäche befunden haben, in denen sich die im Süßwasser gedeihenden Libellen-Larven aufhielten. Obwohl Libellenfunde nicht allzu selten vorkommen, sind ihre Larven noch unbekannt. Vielleicht hatte der Wind die erwachsenen Tiere verweht. In einiger Entfernung von ihrem ursprünglichen Standort wurden sie über der Lagune ein Opfer der Erschöpfung.
Libellulium hat mächtige Flügel, die sich leicht von den schmäleren der *Stenophlebia* (Taf. 35, Fig. 1) und den ungemein zartaderigen, nach hinten gefalteten Schwingen der *Anisophlebia* (Taf. 35, Fig. 2) abheben. Zur Unterscheidung der einzelnen Arten zieht der Spezialist Einzelheiten des Flügelgeäders heran.

(Libellulium longilatum [Germar]; der oftmals noch in Gebrauch befindliche Gattungsname «*Cymatophlebia*» (Wellenäderchen) wurde zum älteren Namen *Libellulium* gehörig erkannt und wird daher nicht mehr benötigt; Eichstätt; größte Spannweite 138 mm; BSPHGM AS VI 36)

Fig. 2 *Chresmoda* (die Seherin)

Dieser Name ist sicherlich auf das vorwärtsgerichtete Beinpaar von *Chresmoda* gemünzt, ausgestreckt wie die Arme einer die Zukunft kündenden Seherin.
Chresmoda ist eine Angehörige der kleinen Ordnung Geflechtflügler (Cheleutoptera). Körperform und lange Beine sind bestimmten lebenden Wanzen, den Wasserläufern, sehr ähnlich. Beide sind der Lebensweise an der Wasseroberfläche angepaßt.
Ob *Chresmoda* auf Bächen oder auf der Lagunenoberfläche einherglitt, ist nicht gewiß. Denn auch unter den heutigen Wasserläufern gibt es Hochsee-Formen, und *Chresmoda* könnte durchaus diesen Lebensraum erobert haben.

(Chresmoda obscura Germar, Eichstätt; Körperlänge 49 mm; JME)

1

2

Farbtafel 16

Fig. 1 Ein Problemstück – Teil eines See-Fächers?

Auch die Solnhofener Plattenkalke bescheren dem Sammler allenthalben ‹Problematika›. Wie die Zeichnung einer untergehenden Sonne wirkt das abgebildete, eigentümliche Fossil. Von einem schmalen halbkreisförmigen Band zweigen einseitig strahlenartige Fortsätze ab.
Tier oder Pflanze? Soweit Substanz erhalten ist, scheint sie aus Horn oder ähnlichem Material bestanden zu haben. Das spricht gegen die pflanzliche Natur. Aber welches Tier könnte ein so ungewöhnliches Gerüst besessen haben? Es gibt unter den zeitlebens am Meeresboden festgehefteten Tieren eine Gruppe, deren Kolonien hornige Skelette ausscheiden. Das sind die korallenverwandten Seefächer oder Gorgonien. Sie sind besonders in den warmen Meeren zuhause. Dort wiegen sie sich im Wasserschwall und tragen viel zur zauberhaften Kulisse von Korallenriffen bei. Um die hornige Achse einer Gorgonien-Kolonie legen sich Weichteile mit den Polypen, die ihrerseits noch durch winzige Kalkkörperchen (Skizze c) abgestützt sind. Die letzteren geraten nach dem Tod der Tiere ins Sediment, wo sie erhalten bleiben können, während die hornigen Achsen höchst selten fossil werden. Neben den bekannten, fächerförmigen Gorgonien (Skizze a–c) gibt es heute auch noch Wuchsformen, von denen unser Fossil ein Teilstück darstellen könnte (Skizze d). Es mag sich also bei dem Fragment aus den Plattenkalken um den Teil einer Gorgonie handeln.
In der ‹Sonnenscheibe› erkennt man einen kleinen Krebs der Gattung *Hefriga* (= Meerjungfrau der nord. Mythologie). Vielleicht ist das Vorkommen von Krebs und Gorgonie (?) nicht zufällig. Gorgonien dienen vielen Meeresbewohnern als Wirte.

(Teil einer Gorgonie [?], Solnhofen; MSAV)

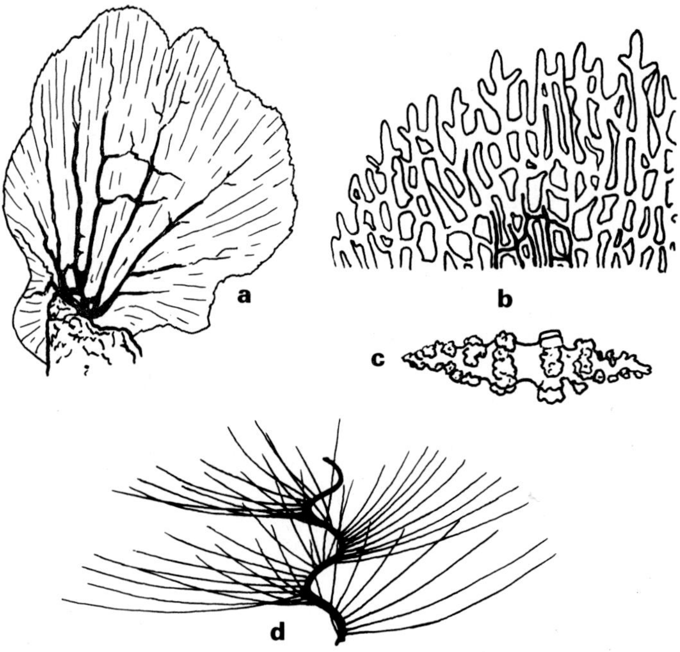

Fig. 2 Seite 240

1

2

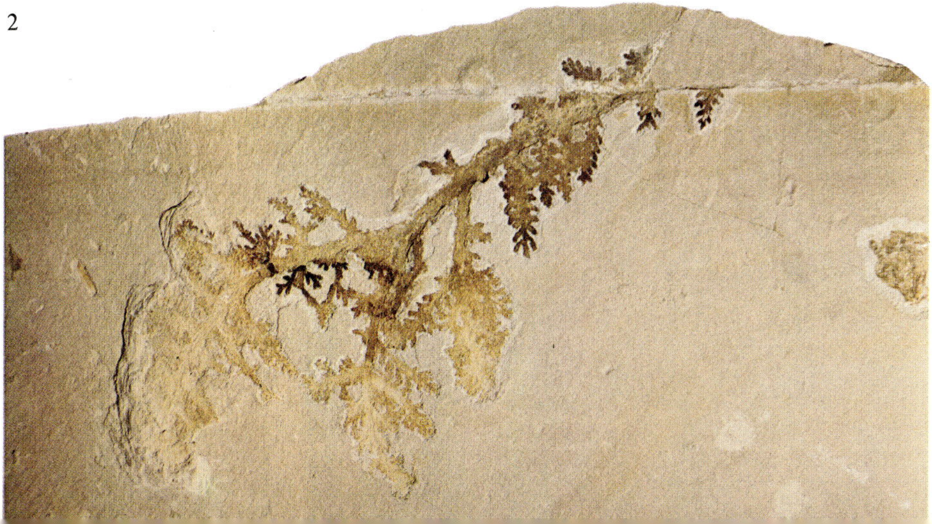

Fig. 2 *Palaeocyparis* (Alt-Zypresse)

Die Pflanzenwelt des Erdmittelalters (Mesozoikum) wird von den Nacktsamern beherrscht. Sie, die Gymnospermen, haben sich erst richtig an das Leben an Land und mit wenig Feuchtigkeit angepaßt. Uns sind davon heute die Nadelbäume Fichte, Tanne, Kiefer und Zypresse geläufig.
Obwohl Landpflanzen in den bayerischen Plattenkalken nicht so massenhaft auftreten, wie in manchen Schichten der französischen Vorkommen, gibt es Bruchreviere, wo sie ziemlich häufig sind. Es sind dies Daiting im Westen und die Kelheimer Umgebung im Osten. An beiden Orten wird die Menge der Funde von zwei Gattungen gestellt: *Palaeocyparis* und *Brachyphyllum* (= Kurz-Blatt). *Palaeocyparis* besitzt an den äußeren Enden seiner Zweige deutlich alternierende Blattanordnung (Skizze a). Von *Brachyphyllum* (Skizze b u. Textabb. 37), dessen rautenförmige Blättchen in schrägen Reihen stehen, weiß man aufgrund des Feinbaus, daß die Pflanze zu den ‹Zimmertannen› oder Araukarien (Araucariaceae) gehört. Araukarien sind jetzt nur noch in Südamerika und im Indoaustralischen Gebiet verbreitet.
Jüngste Untersuchungen am besser erforschten *Brachyphyllum* ergaben, daß die Gattung der Trockenheit angepaßt war. Aus der Konstruktion des Stengels muß auf strauchartigen Wuchs geschlossen werden. Zudem zeigt der Innenbau Züge, die man bei heutigen salztoleranten Pflanzen feststellt. *Brachyphyllum* besiedelte deshalb wohl Küstenstriche unterhalb des Höchstwasserstandes. Auf Textabb. 37 ist die Rekonstruktion eines solchen Küstensaums zu sehen.
Palaeocyparis hat man anatomisch noch nicht so genau bearbeitet. Es wird jedoch angenommen, auch diese Gattung hätte unter den gleichen Bedingungen gelebt, wie *Brachyphyllum.* Möglicherweise müssen beide Gattungen vereint werden.
Baumartige Nadelhölzer waren die Araukarien selbst. Sie hatten ihren Standort weiter im Landesinneren. Wohl deshalb liegen aus den bayerischen Plattenkalken nur Zapfenschuppen (Skizze c) vor. Vielleicht darf die gleichfalls seltene Gattung *Athrotaxites* (Skizze d, Zapfen) auch den Araukarien zugerechnet werden.
Unser Farbbild zeigt den Abdruck eines ziemlich großen *Palaeocyparis*-Zweigs von Daiting. Die schöne Färbung des Wedels verdankt ihren Ursprung eisenreichen Lösungen. Alle ursprüngliche Pflanzensubstanz ging verloren.

(Palaeocyparis princeps Saporta; Mörnsheimer Schichten der Solnhofen Formation, also jünger als die eigentlichen Plattenkalke; Daiting; Länge 490 mm; BSPHGM 1964 XXII 149)

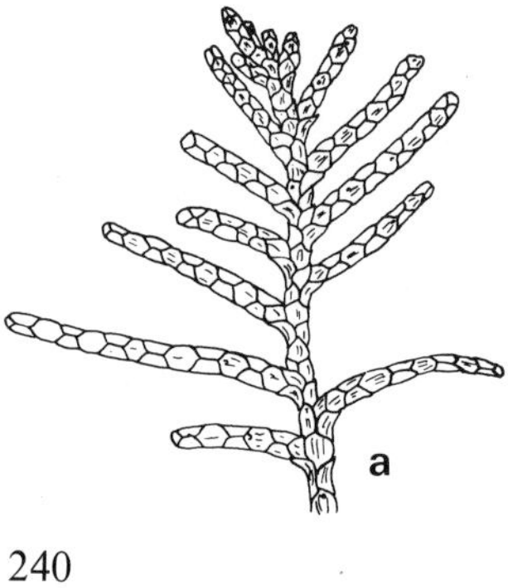
a

b

c

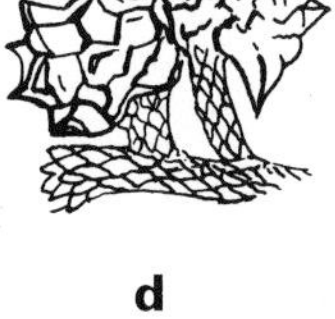
d

Tafeln

Anmerkungen zu den Tafeln, Erklärung der Abkürzungen

Die Figurenerklärungen zu den Tafeln sind nach folgendem Schema angelegt:

1. Überschrift, die bei Fossilien aus dem wissenschaftlichen Gattungsnamen besteht. Die deutsche Bedeutung ist in Klammern beigefügt.
2. Erklärender Text, z. T. begleitet durch Skizzen oder Lebensbilder.
3. Wissenschaftlicher Gattungs- und Artname sowie der Name des Erstbeschreibers dieser Art. Es schließen an: der Fundort, Angaben über die Originalgröße und den Aufbewahrungsort mit Katalognummer des Stücks.
   Soweit die Aufnahmen nicht vom Verfasser genommen wurden, sind die Photographen oder Vermittler der Bilder genannt.

Folgende Abkürzungen werden für Aufbewahrungsorte von Originalen zu den Tafeln verwendet:

BSPHGM	= Bayerische Staatssammlung für Paläontologie und historische Geologie, München.
IGPTUB	= Institut für Geologie und Paläontologie der Technischen Universität Berlin.
JME	= Jura-Museum Eichstätt.
MSAV	= Museum des Solenhofer Aktienvereins, Maxberg bei Solnhofen.
NMSF	= Naturmuseum Senckenberg, Frankfurt/M.
PAMNHUB	= Paläontologische Abteilung des Museums für Naturkunde der Humboldt-Universität Berlin.

Tafel 1

Fig. 1 Brechen der Platten

Solnhofener Plattenkalk ist ein empfindliches, leicht brechendes Gestein. Er muß deshalb in Handarbeit gewonnen werden. Hilfsmittel sind Brecheisen, Picke, Schaufel, Meißel und Hammer. Glücklicherweise ist die Schichtenfolge durch senkrechte Klüfte in ‹Stöcke› zerlegt, und nach dieser natürlichen Einteilung baut man die Plattenkalke ab.
Jede einzelne Schicht oder auch dünne Plattenpakete werden mit der Picke abgehebelt. Danach trennt der Arbeiter ‹Flinze› und ‹Fäulen› (unser Bild). Die festen Flinze sind für die weitere Verarbeitung bestimmt, Fäulen hingegen, die aus dünnblätterigem oder tonreichem Material bestehen, sind unbrauchbar und kommen auf die Halde. Der Abraum ist erheblich, er macht mehr als 50% des gebrochenen Gesteins aus.

Fig. 2 Zurichten der Platten

Auf die rohe Platte wird mit einer Schablone die gewünschte Größe aufgezeichnet. Eine Spezialzange dient dem Zurecht«zwicken» (Bild). Dies Verfahren läßt sich selbstverständlich nur bei geringer Plattendicke anwenden.
Zum Zu«hacken» stärkerer Flinze benutzen die Brucharbeiter besondere Hämmer, die an langen, elastischen Stielen befestigt sind.
Das Knirschen der Zwickzangen und das Klingen der Hackhämmer am Stein vernehmen wir lange bevor wir den Steinbruch betreten! Die Stapel formatisierter Platten kommen zur weiteren Bearbeitung in die Schleiferei. Dort werden sie seitlich, teilweise auch an der Oberfläche geschliffen und zum Versand hergerichtet.

1

2

Tafel 2

Solnhofener Plattenkalk im römischen Bauwesen.

Während der ersten nachchristlichen Jahrhunderte pflegten die römischen Besatzungstruppen in Deutschland viele ihrer heimatlichen Gewohnheiten. Für ihr körperliches Wohl legten sie Badeanlagen nach bewährtem Vorbild an. Sie bevorzugten Wechselbäder nach Art der Sauna. Unsere Tafel zeigt Überreste eines Lauwasser-Beckens (‹tepidarium›). Es wurde beim befestigten Lager Iciniacum, nahe Theilenhofen im Landkreis Weißenburg (Mittelfranken), ausgegraben.
Bei der Errichtung dieser Bäder kamen den römischen Baumeistern die Plattenkalke zur Auskleidung der Wasserbecken sehr zustatten.

(Maßstab im Vordergrund: 1 m; Negativ zur Verfügung gestellt vom Bayer. Landesamt für Denkmalspflege, Abt. Vor- und Frühgeschichte, Nürnberg, übermittelt durch Herrn Dr. F.-R. Herrmann vom Landesamt für Denkmalspflege Hessen. Die Reste des Tepidariums sind im Museum des Solenhofer Aktienvereins am Maxberg bei Solnhofen in Fundlage wieder aufgestellt.)

Tafel 3

Urteil des Paris

Halbrelief, aus dem Solnhofener Stein gearbeitet. Der Künstler Doman Hering war Sohn des bekannten süddeutschen Bildhauers Loy Hering. Die Komposition wurde von einem Holzschnitt Lucas Cranachs d. Ä. aus dem Jahr 1508 übernommen. Das Werk entstand als Allegorie auf die Verlobung Ottheinrichs von der Pfalz mit Susanna von Bayern (18. 10. 1529): Ottheinrich als Paris, Susanna als Aphrodite, der Brautvater Herzog Albrecht von Bayern als vermittelnder Hermes.

(Größe 220 × 197 mm; Stiftung. Preuß. Kulturbes., Staatl. Museen, Skulpturenabteilung, Berlin, Inv. Nr. 1959. Copyright bei dieser Stiftung. Bildvermittlung und Information durch Dr. Ch. Theuerkauff.)

Tafel 4

Fig. 1 Lithographieplatten

Diese Platten sind an ihrer Oberfläche hochpoliert, seitlich aber nur fein zugeschlagen und gestockt. Mit Fettstiften und Lithographen-Tusche wird die Zeichnung spiegelbildlich im Strich (links und rechts im Bild) oder flächenhaft (Mitte) aufgetragen. Vor dem Druck wird der Stein mit Wasser genetzt; er nimmt dann nur an den von Stift oder Tusche gezeichneten Stellen die Druckerschwärze an. Wird die Vorlage nicht mehr gebraucht, wird die Platte abgeschliffen und neu poliert. Für mehrfarbige Drucke verwendet man pro Farbe eine Platte.

Heute sind die schweren, oft bis quadratmetergroßen Platten durch Plastikfolien ersetzt, die, wenngleich sie nicht die Qualität der Lithographieplatten erreichen, für industrielle Zwecke genügen. Für besondere Arbeiten sind die Steine immer noch unentbehrlich. – In Fig. 1 ist rechts die Porträtzeichnung des Erfinders der Lithographie, Aloys Senefelder (1771–1834) enthalten, die Skizze zeigt Senefelders Lithographiepresse.

(Kleine lithographische Platten aus den Brüchen am Maxberg; ca. 300 × 250 mm; Museum des Solenhofer Aktienvereins am Maxberg bei Solnhofen. Dort wird die Lithographie gelegentlich den Besuchern vorgeführt.)

Fig. 2 Lithographie eines Ammoniten

Im 19. Jahrhundert wurden nahezu alle großen Werke über naturwissenschaftliche Themen mit lithographierten Abbildungen ausgestattet; so auch viele Arbeiten über die Tier- und Pflanzenwelt der Solnhofener Plattenkalke. Hier ist ein Beispiel aus einer Veröffentlichung des berühmten Stratigraphen Albert Oppel (1831–1865) «Über jurassische Cephalopoden», erschienen 1863 in den «Palaeontologischen Mittheilungen aus dem Museum des koenigl. Bayer. Staates», wiedergegeben. Die Zeichnung bringt den Strich des Stiftes (oben links) deutlich zum Ausdruck.

Der dargestellte Ammonit wird *Hybonoticeras hybonotum* (Oppel) genannt und ist das Leitfossil der Solnhofen-Formation (vgl. Taf. 52). Ursprünglich hieß er «*Ammonites autharis* Oppel».

1

2

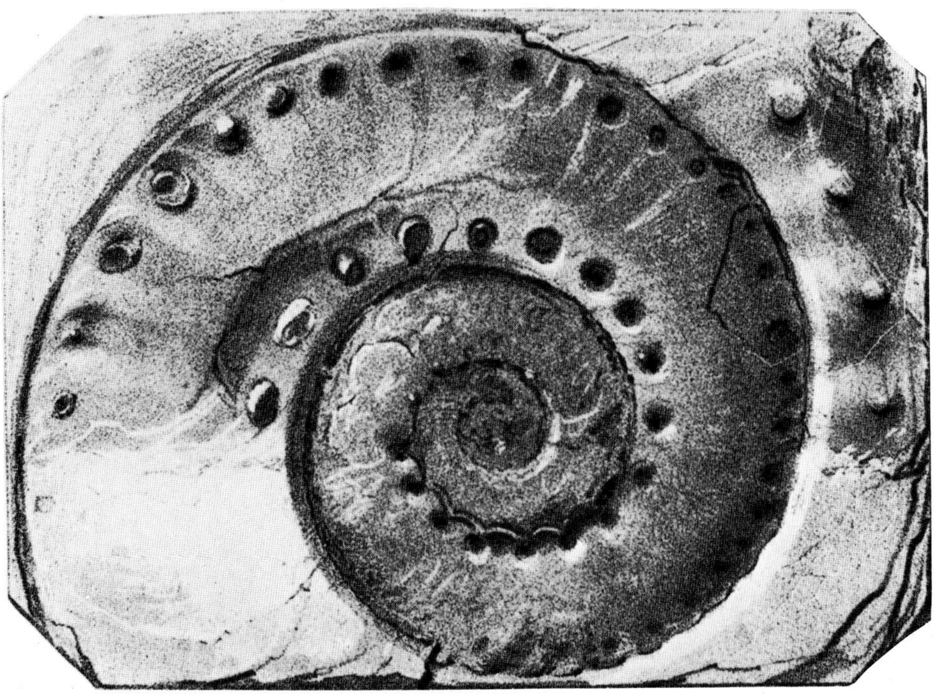

Tafel 5

Fig. 1 Plattenkalkdächer

Leider haben moderne Dachziegel, Abdeckungen aus Blech oder aus Asbestzement die alten, landschaftsverwachsenen Plattenkalkdächer weitgehend verdrängt. Es ist nicht einfach, heute noch jene fast südländisch anmutenden, flachen Dächer zu finden, die unter der Auflast einer nahezu halbmeterdicken Plattenlage ächzen.
Aus Moosen, Flechten und Hauswurz hat sich eine richtige «Dachflora» entwickelt.
Wir unterscheiden zwei Typen des mit Plattenkalk gedeckten Daches. Beim ‹Legschiefer›-Dach (s. Skizze nach C. Eberle) werden unbehauene Flinze von etwa 10 mm Stärke benutzt. Da die Platten sich gegenseitig unregelmäßig überlappen, ergibt sich bei völliger Abdichtung auf dem Dach eine Plattenlage von ungefähr 100 mm. Die Platten sind nicht befestigt, und deshalb muß die Dachschräge gering gehalten werden.
Legschiefer-Abdeckung ist uralt.

Das ‹Zwicktaschen›-Dach (Bild) besteht aus Platten, die nach Biberschwanzart zugerichtet sind. Zwicktaschen wurden erst Anfang des 19. Jahrhunderts eingeführt. Zwei regelmäßig übergreifende Lagen reichen für die Abdichtung. Die Befestigung durch Stifte erlaubt steilere Dachkonstruktionen.

Fig. 2 Riffkorallen und
Fig. 3 Riffschutt

Die Solnhofener Lagune (siehe Textabb. 47 u. Farbtaf. 1) war gegen das offene Meer durch Korallenriffe geschützt. Korallen, einfache Hohltiere (Coelenterata), haben die Fähigkeit, kalkige Skelette auszuscheiden. Sie und andere kalkabscheidende Tiere und Pflanzen lassen Riffe entstehen. Heute ist das Große Barriere Riff vor Australien das mächtigste. Riffkorallen brauchen warmes Wasser, Licht und dauernden Zustrom von Nahrung und Sauerstoff. Die Meere des Tropengürtels erfüllen diese Bedingungen. Auch die Korallen der Vorzeit waren davon abhängig.
Das Riff wächst meerwärts am schnellsten, weil hier das nahrungsreiche Frischwasser anbrandet. Die Wucht der Wellen ist aber gerade in diesem Bereich so stark, daß stetiger Kampf zwischen Aufbau und Zerstörung herrscht. Zu Füßen eines Riffs sammeln sich deshalb große Schuttfächer aus zertrümmertem Material.

Als Beispiel aus den Korallenriffen der Jurazeit zeigen unsere Bilder einen vielästigen Korallenstock *(Thecosmilia costata* Fromentel) und Riffschutt, der überwiegend aus Muschelresten und Stachelhäuter-Bruchstücken besteht (nat. Größe). Beide wurden im großen Steinbruch bei Saal, nahe Kelheim, aufgesammelt (IGPTUB).

1

2

3

Tafel 6

Raster-Elektronenmikroskop-(REM)-Aufnahmen von Plattenkalk-Oberflächen

Fig. 1 Coccolithen (Körnersteine)

Wir sehen hier eine Ansammlung von Coccolithen auf einer Schichtoberfläche. Diese winzigen, kalkigen Skelettelemente pflanzlicher Einzeller (s. S. 122 und Textabb. 7h) sind auch in den jetzigen Ozeanen überaus häufig.
Nebenstehende Skizze zeigt eine Coccosphaere mit allen zu ihr gehörigen Coccolithen, darunter die Auf- und Seitenansicht eines einzelnen Coccolithen sowie einen sternförmigen Coccolithen der Tertiärzeit, um die Vielgestaltigkeit der Skelett-Teilchen zu demonstrieren. Alles ca. 6000fach vergrößert.

(*Watznaueria communis* Reinhardt, Blumenberg bei Eichstätt; 5000fach vergrößert; Probe Blb 1a, IGPTUB. Aufnahme mit einem REM der Deutschen Forschungsgemeinschaft)

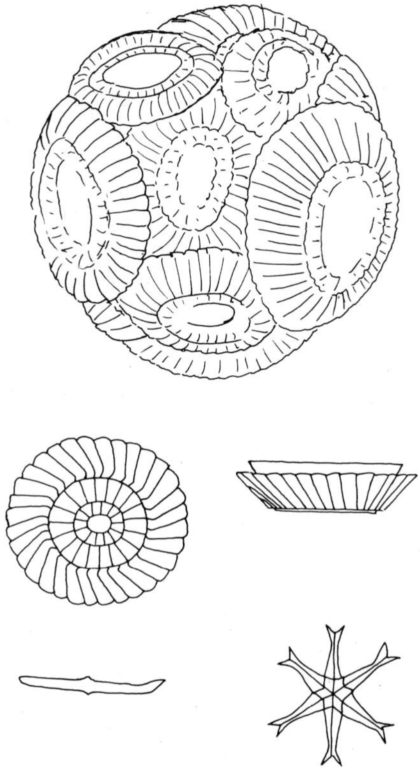

Fig. 2–4

Strukturbilder von Solnhofener Plattenkalken verschiedener Bruchreviere.

Fig. 2

Dichter, blaugrauer Plattenkalk vom Maxberg bei Solnhofen. Dieses Gestein liefert die besten Lithographiesteine.

Fig. 3

Gleichmäßig grober Plattenkalk. Dünner Flinz aus dem Bruchrevier Gungolding-Pfalzpaint.

Fig. 4

Grobluckiger Plattenkalk. Dünnflinz aus dem Bruch von Zandt. Die schnurartigen Gebilde sind Reste gesteinszerstörender Pilze.

(Fig. 2–4: 2000fach vergrößert; Proben Mx 1a, Gg 1a, Zdt 1a, IGPTUB. Aufnahmen mit einem REM der Deutschen Forschungsgemeinschaft)

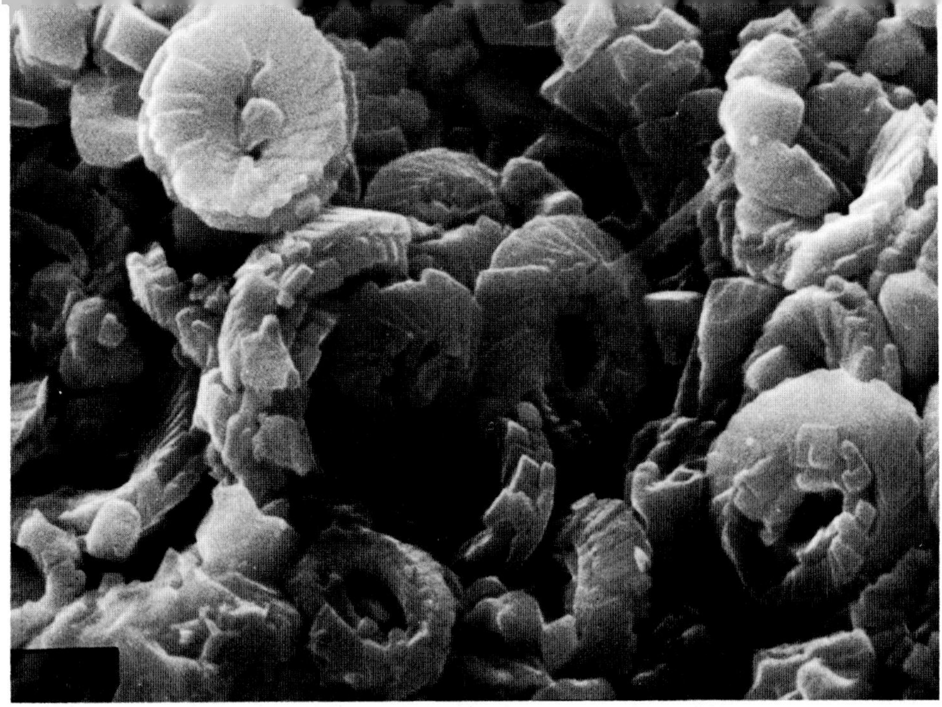
1

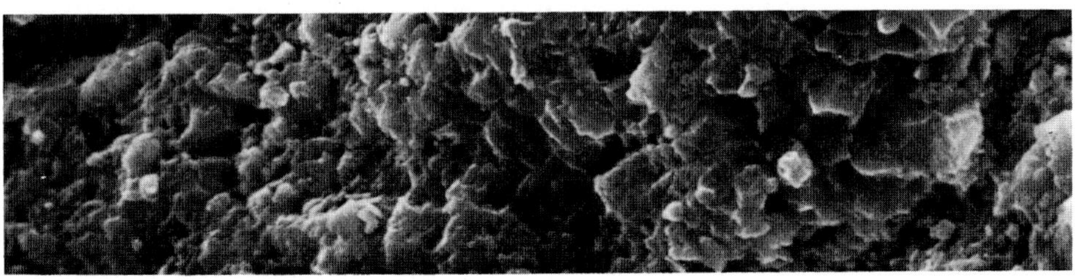
2

3

4

Fig. 1 *Cycadopteris* (Sagopalmen-Farn; griech. ‹cycas› = Sagopalme)

Der Blattrest dieses Samenfarnes ist auf den ersten Blick von Blättern eines echten Farnes kaum zu unterscheiden. Samenfarne sind im Aussehen echten Farnen sehr ähnlich, jedoch sind ihre Samenanlagen fortschrittlicher gebaut und sie entsprechen im Entwicklungsstand den Nacktsamern (S. 24).
Am Ende der Unterkreide starben die Samenfarne aus. – *Cycadopteris* lebte in recht trockenem Klima. Die Blattoberhaut war zum Schutz vor starker Verdunstung verdickt. – Bisher sind Funde echter Farne aus den Plattenkalken unbekannt. Ob deren Fehlen auf schlechterer Erhaltungsfähigkeit oder auf klimatischen Ursachen beruht, ist nicht gewiß.

(Cycadopteris jurensis [Kurr] Schenk, Kelheim; Länge 142 mm; BSPHGM AS I 816 b)

Fig. 2 ? *Ginkgo*

Obwohl die *Ginkgo*-Bäume Blätter tragen (Textabb. 12f), stehen sie als Nacktsamer den Nadelbäumen näher als den Laubbäumen. Während der Jurazeit waren Ginkgos weit verbreitet. Als ‹lebende Fossilien› gedeihen sie in Ostasien. In den milderen Regionen Europas ist der *Ginkgo* zum beliebten Zierbaum geworden. In den Plattenkalken sind Funde von *Ginkgo*-Gewächsen Ausnahmen. Das beste Material ging im 2. Weltkrieg verloren. Unser Exemplar zeigt zwar die typische Form eines Ginkgos, doch fehlen Feinstrukturen des Blattbaus. Daher ist die Verwechslung mit bestimmten Algen möglich.
Nach K. Mägdefrau wäre die bessere Schreibweise *Ginkyo.* ‹Gin kyo› bedeutet im chinesischen ‹Silberaprikose›.

(? *Ginkgo flabellatus* [Unger], Solnhofen; Blattlänge 36 mm; BSPHGM AS V 39)

Fig. 3 *Zamites* (versteinerte *Zamia; Zamia* = lebende Cycadeen-Gattung)

Palmartige Fiederblätter sind typisch für Cycadeen und Bennettiteen (S. 124). Beide Pflanzengruppen sind Parallelentwicklungen innerhalb der Nacktsamer. Während die Bennettiteen ausstarben, leben heute in den Tropen noch etwa 90 Arten von Cycadeen.
Zamites gehört zu den Bennettiteen. In den bayerischen Bruchrevieren werden die Wedel sehr spärlich angetroffen.
Auf manchen Schichtflächen der Plattenkalke des Französischen Jura sind sie hingegen sehr zahlreich. *Zamites* deutet auf überwiegend trocken-warmes Klima.
Eine sinnvolle Übersetzung des Namens *Zamia* (= Verlust, Schaden; latiniertes Griechisch [?]; Eigenname [?]) konnte ich nicht finden.

(Zamites feneonis Brongniart, Bad Abbach bei Kelheim; Stiellänge 91 mm; BSPHGM 1972 VI 12)

1

2

3

Tafel 8

Sphenozamites (versteinerte Keilblatt-*Zamia)*

Nur schemenhaft zeichnet sich der Bennettiteen-Wedel (vgl. Taf. 7) vom Gestein ab. Deutlich genug ist dennoch der keilförmige Umriß der einzelnen Fiederblätter zu sehen. Über den Vergleich mit besser erhaltenem Material aus dem Französischen Jura ist die Bestimmung einwandfrei möglich.
Dieses *Sphenozamites*-Exemplar ist wohl bisher das einzige, das aus den bayerischen Plattenkalken geborgen wurde.

(Sphenozamites latifolius [Brongniart] Saporta, Eichstätt; Länge 192 mm; BSPHGM AS I 815 a)

Tafel 11

Fig. 1

Isolierter Flügel von *Rhamphorhynchus* mit erhaltener Flughaut. Links der Oberarmknochen mit breitem Schulteransatz. Im Winkel dazu Elle und Speiche. Deren Fortsetzung bilden die kurzen Mittelhandknochen. Sie tragen schwache Greiffinger, von denen zwei links sichtbar sind, und den starken Flugfinger.

(*Rhamphorhynchus muensteri* [Goldfuß], Wintershof bei Eichstätt; Länge des Flugfingers 384 mm; BSPHGM AS I 771)

Fig. 2

Im Gegensatz zu *Rhamphorhynchus* zeigt dies Skelett von *Pterodactylus* deutlich die erheblich verlängerten Mittelhandknochen. Klar sind auch die drei jeweils davon abstehenden Greiffinger und die zurückgelegten Flugfinger abgesetzt.

(*Pterodactylus kochi* [Wagner], Eichstätt; Schädellänge 83 mm; BSPHGM 1937 I 18)

1

2

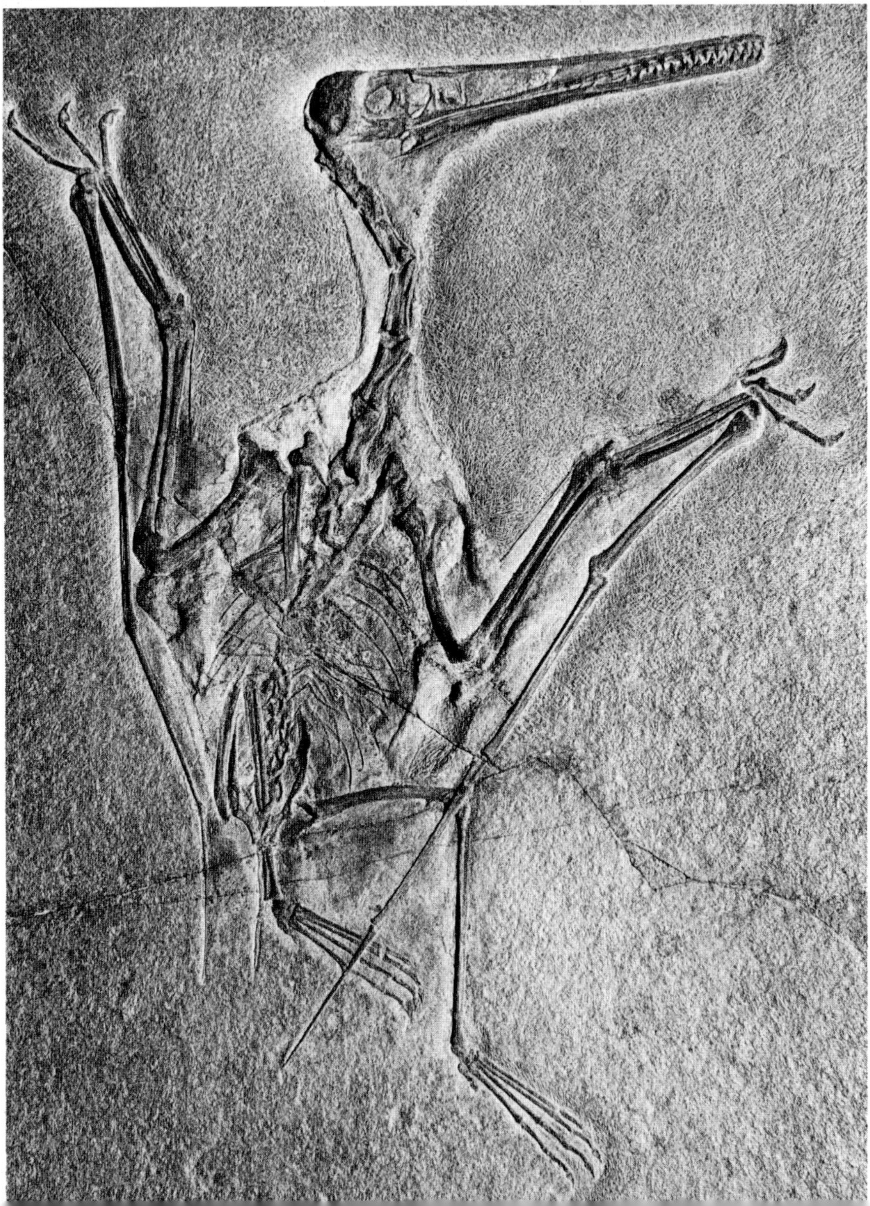

Tafel 12

Kallimodon (Schönzahn)

Kallimodon ist eine Brückenechse. Brückenechsenverwandte waren im frühen Erdmittelalter recht zahlreich. Gegenwärtig lebt nur noch eine geschützte Art in Neuseeland (s. Skizze; Länge ca. 600 mm).
Brückenechsen sind Schnabelköpfer (Rhynchocephalia) und gehören zur Überordnung der Schuppenechsen (Lepidosauria). Sie sind ausgezeichnet durch ihren hakenartig herabgezogenen Oberkiefer und zwei Schläfenöffnungen am Knochenschädel (vgl. Skizze zu Farbtaf. 7). Der undeutliche Abdruck des Tieres neben dem Skelett läßt einen Todeskampf vermuten. Dagegen sprechen aber folgende Anzeichen: Der Körper hat sich nur einmal seitlich eingedrückt und nur ein Beinpaar steckt tief im ehemaligen Schlamm. Es führen keinerlei Spuren vom oder zum Kadaver. Ein Todeskampf hätte zahlreiche Spuren hinterlassen müssen. Wir dürfen daher annehmen, daß das Reptil als Leiche seitlich auf dem Lagunenschlamm niederging, mit den linken Beinen tief einsank und verankert wurde. Eine schwache Strömung hat später den Leichnam in die endgültige Lage gekippt. Der Seemann bezeichnet diesen Vorgang als ‹schwoien›.

(*Kallimodon pulchellus* [Zittel], Painten bei Kelheim; Länge 175 mm; BSPHGM 1887 VI 2)

Tafel 13

Holophagus (Gänzlich-Fresser)

Coccoderma (Farbtaf. 10) und *Holophagus* sind Quastenflosser (Crossopterygii). Namengebend ist der quastenartige Bau der Flossen. Typisch ist auch die weder auf- noch abwärts gebogene Schwanzwirbelsäule. Das Schwanzende ist ebenfalls mit einer kleinen Quaste versehen.
Eine frühe Gruppe der Quastenflosser war hauptsächlich im Süßwasser heimisch und entwickelt sich im späten Devon zu ersten Landtieren. Abgesehen von diesem Erfolg erreichte sie nur noch wenig und starb im späten Erdaltertum aus.
Die Hohlstachler (Coelacanthini), ein anderer Zweig der Quastenflosser, bewohnten das Meer. Eine Gattung, *Latimeria* (S. 52, Textabb. 15 h), lebt heute noch in Tiefen von 400 m bei den Komoren-Inseln. Man glaubte, die Hohlstachler seien am Ende der Kreidezeit verschwunden, bis in den dreißiger Jahren unseres Jahrhunderts einige lebende Exemplare durch Fischer in die Hände von Wissenschaftlern gerieten. Den Eingeborenen waren solche Fische seit langem bekannt. Beim Reparieren ihrer Fahrradschläuche benutzen sie die groben Schuppen zum Aufrauhen des Gummis.
Holophagus ist ein Hohlstachler und besitzt die raspelartigen Schuppen der Gruppe. Auf unserm Bild ist die Rauhigkeit gut zu erkennen. Die Quastenflosser der Plattenkalke sind klein gegenüber *Latimeria,* die 1,5 m Länge erreicht.

(*Holophagus* sp., Art nicht bestimmt, möglicherweise neu; ehemalige Bezeichnung *Undina* [Undine, ein Wassergeist]; Birkhof bei Eichstätt; Länge 397 mm; BSPHGM 1960 I 27)

Tafel 14

Leptolepis (Zartschuppe)

Gelegentlich liegen auf den Schichtflächen der Bruchreviere von Solnhofen und Eichstätt zahlreiche kleine Fische.
Manchmal sind sie paarweise angeordnet, und man hat früher geglaubt, sie hätten beim Liebesspiel den Tod gefunden.
Durch Experimente fand man, daß hin- und herbewegtes (oszillierendes) Wasser Fischkörper in entsprechender Weise einsteuern kann.
Leptolepis gehört zur primitivsten Gruppe der höheren Knochenfische (Teleostei). Bei dieser Gattung ist die schuppenbedeckende Schmelz-Schicht praktisch abgebaut und es existieren nur noch die reinen Knochen-Schuppen. Auch die Körper der Wirbel sind völlig verknöchert. Die Vorfahren der Knochenfische werden unter der Verwandtschaft von *Pholidophorus* (Taf. 16) vermutet. Erste *Leptolepis*-Arten erscheinen bereits im unteren Jura (Lias).

(Leptolepis sprattiformis Agassiz, Eichstätt; nat. Größe; BSPHGM AS I 819)

Tafel 15

Fig. 1 *Thrissops* (der Fischgestaltige)

Dieser elegante Fisch ist im Verhältnis zu *Leptolepis* seltener zu finden. Die schönsten Exemplare lieferten die östlichen Bruchreviere (Zandt, Kelheim).
Thrissops und *Leptolepis* sind altertümliche Teleostier (höhere Knochenfische). Ihre Wirbelsäule ist schon in der Jugend vollkommen verknöchert (vgl. Text z. Taf. 14).
Bei *Thrissops* fällt die tiefgegabelte Schwanzflosse auf. Weitere Unterschiede zu *Leptolepis* sind unten angegeben.

(*Thrissops formosus* Agassiz, Kelheim; Länge über alles 452 mm; BSPHGM AS VII 175)

Fig. 2 *Leptolepis* (Zartschuppe)

Zwei Arten dieser Gattung stellen das Gros der Solnhofener Fische. Die eine von beiden gleicht in Gestalt und Größe einem kleinen Hering, die andere einer Sprotte (Taf. 14).
Die hier abgebildete größere Form ist leicht zu verwechseln mit einigen *Thrissops*-Arten und *Anaethalion* (hier nicht behandelt).
Thrissops (s. oben) trägt die Rückenflosse jedoch am hinteren Drittel des Körpers und der Kopf von *Anaethalion* ist im Verhältnis zur Länge des Tieres massiger als bei *Leptolepis.*

(*Leptolepis dubia* Blainville, Schernfeld bei Eichstätt; Länge über alles 207 mm; BSPHGM 1964 XXIII 160)

1

2

Tafel 16

Pholidophorus (Panzerschuppen-Träger)

Pholidophorus und seine Verwandten bilden eine fortschrittliche Ordnung unter den altertümlichen Fischen mit Schmelzschuppen. Aus einer Seitenlinie des Stammbaums der *Pholidophorus*-Artigen entwickelten sich etwa gegen Ende der Trias die höheren Knochenfische. Dies geschah durch Umgestaltungen im Bereich des Schädels, der Wirbelsäule und der Schuppen. Der dicke Schmelzüberzug auf den Schuppen ihrer Ahnen ging allmählich verloren.
Aus den Plattenkalken geborgene *Pholidophorus*-Arten sind normale Nachfahren der Hauptlinie. Sie haben den schweren Schuppenpanzer noch nicht völlig aufgegeben und starben in der Kreidezeit aus.

(Pholidophorus macrocephalus Agassiz, Eichstätt; Länge über alles 325 mm; BSPHGM 1929 I 25)

Tafel 17

Aspidorhynchus (Schildschnabel)

Er ist ein Angehöriger der «Ganzknocher» (Holostei), die die moderneren Formen der Schmelzschupper umfassen. Gegenüber dem nahe verwandten *Belonostomus* (Taf. 18, Fig. 1) erreichte *Aspidorhynchus* eine erhebliche Größe, er war plumper gebaut und besaß eine stumpfere, kürzere Schnauze. Für die Brucharbeiter ist *Aspidorhynchus* der «Schnabelfisch».
Wir sehen in diesem Fundstück das Beispiel einer zerfallenden Fischleiche. Der Zerfall beginnt am Kopf (s. Skizze) und erfaßt dann den Körper. Strömungen haben bereits einzelne Schuppen verschleppt. In der Umgebung des Schwanzes sind Eindrücke auf der Platte überliefert. Sie hängen mit dem Knick der Wirbelsäule vor der Schwanzregion zusammen: Der Kadaver hatte bereits einige Zeit auf dem Grund gelegen und zu faulen begonnen. Der Hinterleib jedoch, der nicht völlig auf dem Boden festgeklebt war, wurde von Strömungen erfaßt, geknickt und fast im Kreis bewegt. Dabei entstanden die Eindrücke. Der ganze Vorgang stellt den Beginn der Entstehung eines Scharrkreises dar (Taf. 61).

(Aspidorhynchus acutirostris Blainville, Langenaltheim; Entfernung Kiemen-Deckplatte/Schwanz-Spitze 865 mm; BSPHGM 1959 I 71)

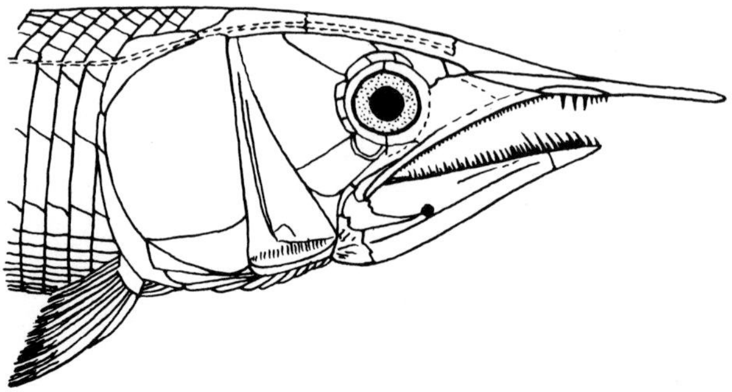

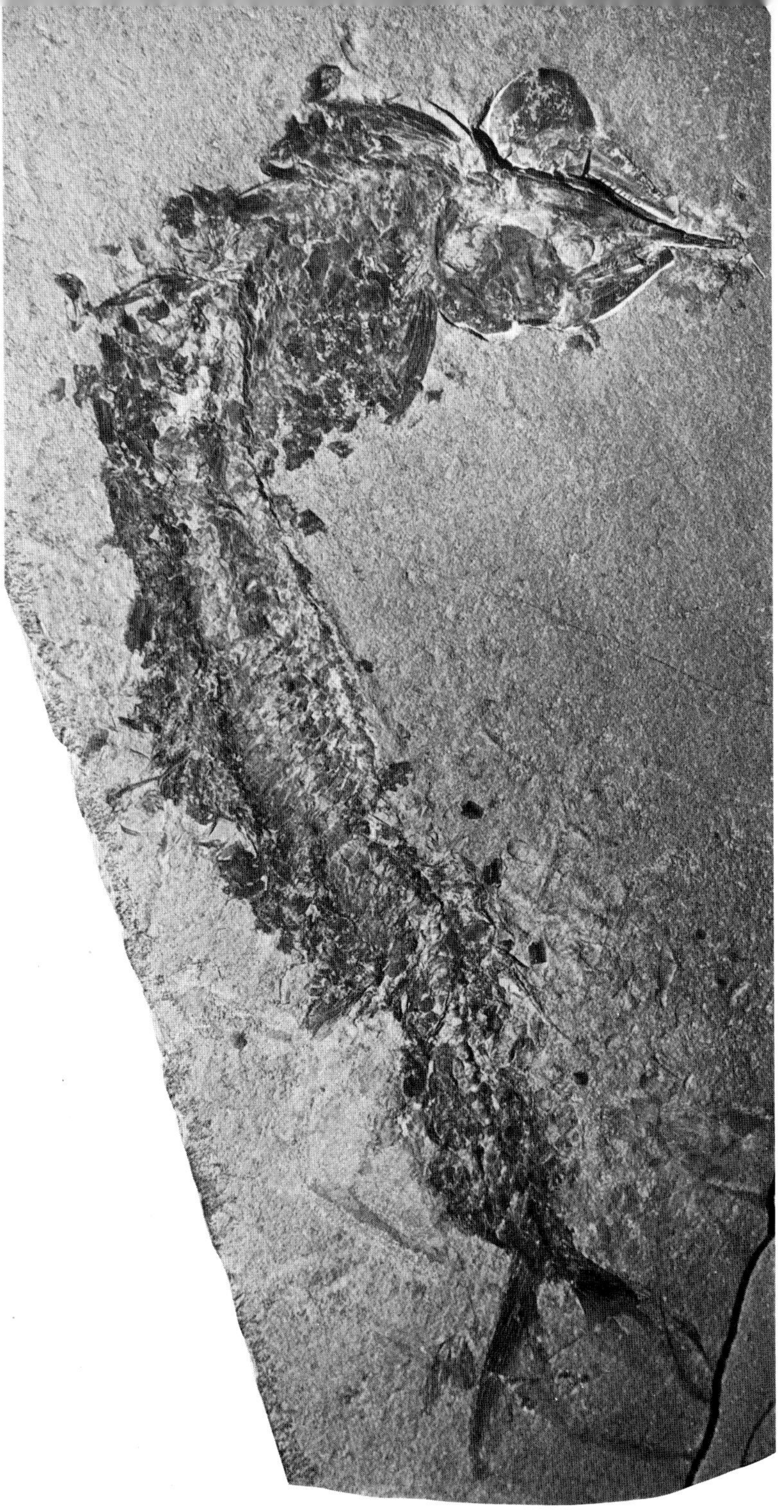

Tafel 18

Fig. 1 *Belonostomus* (Nadelmaul)

Dieser elegante, langgestreckte Fisch ist auf der Flanke mit großen seitlichen Schuppen versehen. Die Bauch- und Rückenschuppen sind kleiner. Die nadelscharfe Schnauze hat beim wissenschaftlichen Namen Pate gestanden.
Der Schuppenpanzer von Tieren der Fischfamilie, der *Belonostomus* angehört, ist sehr fest gefügt. Nach dem Tod fallen oft Kopf und Schwanz von der Leiche ab und man findet dann isolierte «Schuppenschläuche».
Belonostomus wird zu den «Ganzknochern» (Holostei) gezählt. Bei weitem die schönsten Versteinerungen dieser nicht sehr großen Gattung stammen aus den Gegenden um Zandt und Kelheim.
Die dunkler gefärbten Bögen über dem Fisch entstanden durch phasenartig auf den Schichtflächen vordringende Eisenlösungen.

(*Belonostomus muensteri* Agassiz, Zandt; Länge 345 mm; BSPHGM 1957 I 339)

Fig. 2 *Pleuropholis* (Seiten-Panzerschuppe)

Ein leichter Panzer mit auffällig hohen Flankenschuppen umschließt den kleinen Fischkörper. Die Art der Schuppen ihrer Schmelzbedeckung lassen *Pleuropholis* urtümlich erscheinen. Dennoch ist sie aus der gleichen Ordnung der «Ganzknocher» (Holostei), zu der man auch *Pholidophorus* (Taf. 16) rechnet. Die *Pholidophorus*-Artigen gelten als Wurzel, aus der sich die höheren Knochenfische entwickelten. Die verwandtschaftlichen Beziehungen werden speziell im Bau des Schädels offenbar.
Gestalt und Größe von *Pleuropholis* entsprechen etwa einem Hering, dessen Lebensraum sie vielleicht innehatten, bis sie allmählich von den höhern Knochenfischen verdrängt wurden. In Schwärmen kam *Pleuropholis* nicht in die Lagune, denn auf ihre Überreste stößt man nur vereinzelt.
Das Bild zeigt einen zerfallenden Kadaver, dessen Schuppen durch leichte Strömung aus dem Verband gelöst sind; die Skizze stellt eine *Pleuropholis*-Rekonstruktion nach P. de Saint-Seine dar.

(*Pleuropholis laevissima* Agassiz, Fundortangabe Eichstätt, nach dem Gestein wahrscheinlicher Kelheim; Länge über alles 125 mm; BSPHGM AS VII 270, Copyright bei dieser Sammlung. Aufnahme M. Dreßler)

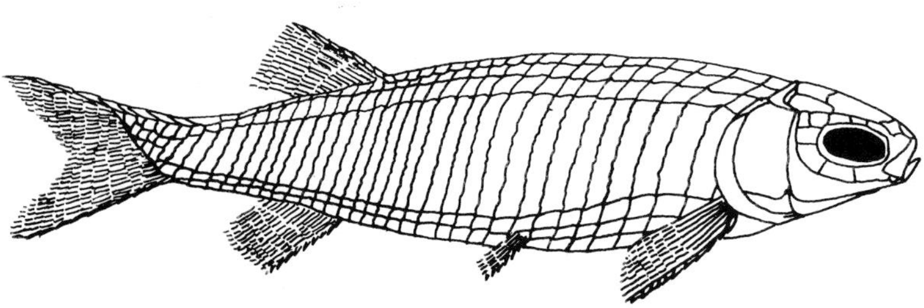

1

2

Macrosemius (Langfahne)

Die Rückenflosse, die wie eine lange Fahne wirkt, macht diesen Fisch unverkennbar. Nur die nahestehende Gattung *Notagogus* könnte damit verwechselt werden, hat aber diese Flosse zweigeteilt. *Macrosemius* ist eine der selteneren Gattungen unter den ‹Ganzknochern› (Holostei). Sie mag im Bereich der Riffe (vgl. Seite 93) gelebt haben und gelangte deshalb kaum in die Lagune.

(*Macrosemius rostratus* Agassiz, Solnhofen; Länge über alles 254 mm; BSPHGM 1904 I 18)

Tafel 20

Die beiden auf dieser Tafel wiedergegebenen Fische gehören der gleichen Familie an wie *Macrosemius* (Taf. 19). Entsprechend sind sie durch eine markante Rückenflosse kenntlich.

Fig. 1 *Histionotus* (Segelrücken)

Wie ein Paar Segel wirken die zwei mächtigen Rückenflossen auf dem kleinen Körper. Auch die Schwanzflosse ist überdimensioniert. Der Körper verliert sich fast unter seinen Flossen. Fische dieser Gestalt trifft man heute im Bereich von Korallenriffen. Es liegt deshalb nahe, sich auch *Histionotus* in solcher Umwelt vorzustellen. Das würde auch die Spärlichkeit der Gattung in den Lagunenablagerungen verständlich machen.
Histionotus hat eine unvollkommen verknöcherte Wirbelsäule, eine Eigenschaft, die bei den meisten Fischen der ‹Ganzknocher› (Holostei) ausgeprägt ist.

(*Histionotus oberndorferi* Wagner, Blumenberg bei Eichstätt; Länge über alles 138 mm; Museum Fr. Berger, Harthof bei Eichstätt)

Fig. 2 *Propterus* (Vorsegel; übertragen aus ‹pteron› = Flügel)

Die augenfällige, hohe Rückenflosse macht den kleinen und seltenen Fisch leicht erkennbar. Nahe Verwandtschaft zu *Histionotus* offenbart sich auf den ersten Blick. Sicher war die Lebensweise dieser Gattungen nicht sehr verschieden.

(*Propterus microstomus* Agassiz, Schernfeld bei Eichstätt; Länge über alles 95 mm; BSPHGM 1964 XXIII 143, Copyright bei dieser Sammlung. Aufnahme M. Dreßler)

1

2

Fig. 1 *Urocles* (Berühmt-Schwanz)

Sehr treffend heißen die Tiere dieser Gattung im Brucharbeiter-Jargon ‹Besenfische›. Ihre Schwanzflosse ist in der Tat einem Besen recht ähnlich.
Die Körperproportionen von *Urocles* sprechen für einen sehr aktiven Fisch. Seine räuberische Lebensart bezeugen die Überreste kleinerer Fische in der Speiseröhre mancher Funde.
Ein lebender Nachfahre aus dem Kreis um *Urocles* ist *Amia*, der Schlammfisch des östlichen Nordamerika. *Amia*, von ähnlichem Aussehen wie *Urocles*, lebt im Süßwasser. Vielleicht konnten auch die Verwandten der Jurazeit schon die Flüsse aufsuchen, obwohl sie sich vermutlich vorwiegend im Meer aufhielten.
Die *Amia*-Artigen (Amioidei) bilden eine wichtige Unterordnung der ‹Ganzknocher› (Holostei). Ihr gehören u. a. *Histionotus, Propterus, Macrosemius, Ionoscopus* und *Caturus* an (Taf. 19, 20, 22, 23).
Die kleine *Urocles*-Art unseres Bildes wird vornehmlich *in* den dicken ‹Flinzen› des Solnhofener Gebietes angetroffen. Da die Plattenkalk-Fossilien normalerweise *auf* der Schichtfläche eingebettet worden sind, scheint hier ein Sonderfall vorzuliegen. In Wirklichkeit bestehen die dicken ‹Flinze› aus mehreren sehr fest miteinander verbundenen dünneren Lagen. Friert im Winter ein solcher ‹Flinz›, ergeben sich an den Stellen der Fossil-Einschlüsse Spannungen. Das Gestein reißt dort bevorzugt mit rauhem Bruch, ohne der Schichtung zu folgen (Textabb. 33).

(*Urocles elegantissimus* [Wagner], Solnhofen; Länge über alles 136 mm; BSPHGM 1886 V 2)

Fig. 2 *Caturus* (der Schnelle, wörtlich «der mit günstigem Wind Eilende»)

Der wendige Raubfisch war mit einem beachtlichen Gebiß ausgestattet. Ein dichtes, ebenmäßiges Schuppen-Kleid läßt durchgepaust die Strukturen der Wirbelsäule erkennen. Der Jungfisch – um einen solchen handelt es sich bei dem abgebildeten Exemplar – hatte noch knorpelige Wirbelkörper, die nicht erhaltungsfähig waren. Ein leeres Band, flankiert von den verknöcherten oberen und unteren Wirbelbögen, ist daher alles, was wir von der Wirbelsäule feststellen können. An der Bauchseite ist der Darm des Fisches schnurartig erhaben sichtbar. Der phosphatreiche Darminhalt hat sich besser erhalten als das Körpergewebe. – Vgl. Tafel 23.

(*Caturus furcatus* Agassiz, Schernfeld bei Eichstätt; Länge über alles 165 mm; BSPHGM 1964 XXIII 159)

1

2

Ionoscopus (besser *Oenoscopus,* der Vorausgesagte)

Die Züge des Schädelbaues und die Ausbildung der Wirbel dieses ‹Ganzknochers› (Holostei) weisen bereits stark in die Richtung der höheren Knochenfische (Teleostei). Altertümliche Merkmale, z. B. das nach oben gebogene Ende der Wirbelsäule und Schmelzreste auf den Schuppen, verbinden *Ionoscopus* mit Fischen wie *Caturus* (Taf. 21, 23) und *Urocles* (Taf. 21). In seiner behäbigen Gestalt erinnert *Ionoscopus* an die Karpfenartigen unserer Gewässer. Diese Ähnlichkeit hat sich auch im Namen der hier abgebildeten Art niedergeschlagen: *cyprinoides* d. i. «der wie ein Karpfen Aussehende». Möglicherweise war es der Gattung *Ionoscopus* auch damals schon gelungen, ins Süßwasser vorzudringen.
Ionoscopus ist die ältere Schreibart des Namens. Nach den Regeln der Namengebung kann sie jedoch nicht durch die bessere Bezeichnung *Oenoscopus* ersetzt werden.

(*Ionoscopus cyprinoides* Wagner, Solnhofen; Länge über alles 435 mm; BSPHGM 1903 I 64)

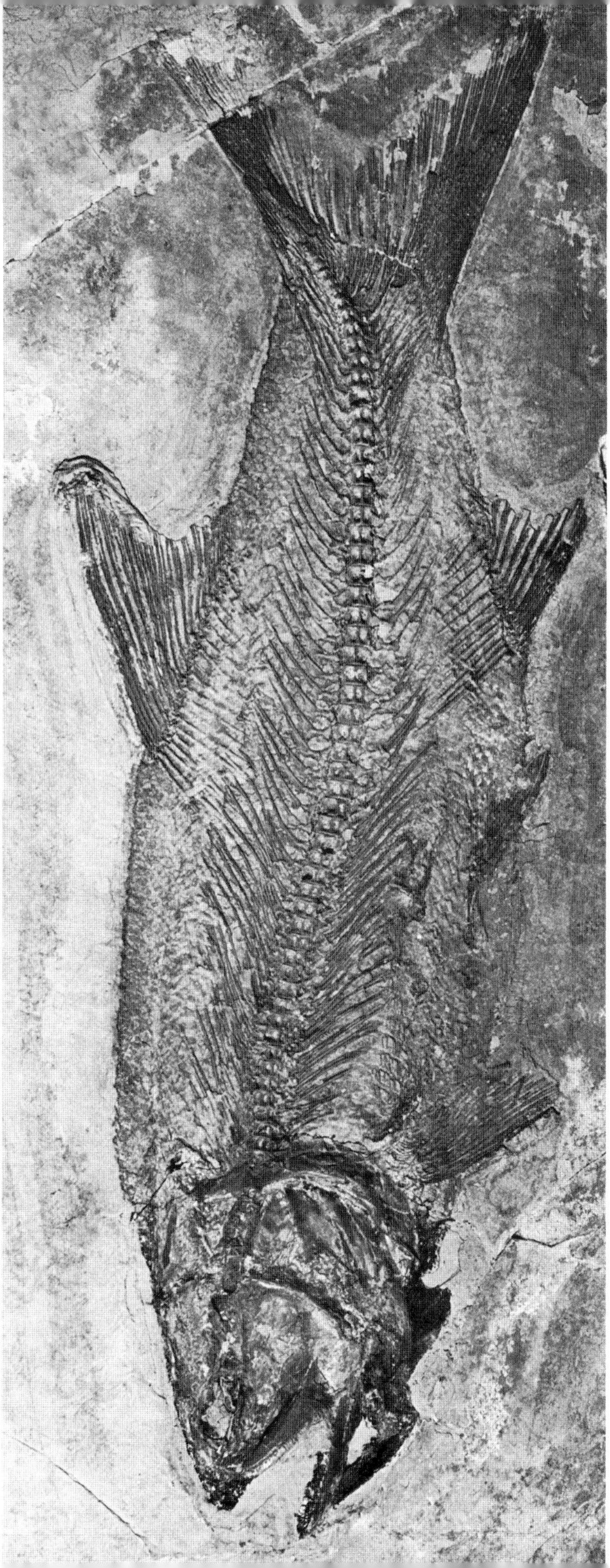

Tafel 23

Caturus (der Schnelle)

Die starke Bezahnung weicht von typischen *Caturus* (Taf. 21) ab. Man kann solche Formen in einer Untergattung *Strobilodus* (Kreisel-Zahn) zusammenfassen.
Der torpedoförmige Umriß verrät den ausgezeichneten Schwimmer. Eine nicht minder deutliche Sprache sprechen die Zähne, und es besteht kein Zweifel über die Art der Nahrung. So sind denn auch *Caturus*-Exemplare überliefert, in deren Maul noch ein kleiner Beutefisch steckt. *Caturus* ist nach den höheren Knochenfischen der Gattung *Leptolepis* (Taf. 14, 15) unter den Fischfossilien der Plattenkalke wohl am häufigsten vertreten. Es könnte durchaus sein, daß *Caturus* den *Leptolepis*-Schwärmen folgte und dann wie diese in der Lagune umkam.
Bemerkenswert ist die vollkommenere Verknöcherung der Wirbelsäule dieses älteren Individuums (vgl. das jugendliche Exemplar der Taf. 21).

(Caturus [Strobilodus] bellicianus Thiollière, Zandt; Länge über alles 354 mm; BSPHGM 1960 VIII 50)

Tafel 24

Fig. 1 *Gyronchus* (Rundungs-Träger)

Die Steinbrucharbeiter nennen diesen Fischtyp «Kugelfisch» oder «Mondfisch» wegen seiner rundlichen Gestalt. Nur der Vorderkörper trägt noch große Schuppen, die aber zum Teil in Spangen aufgelöst sind. Das Gebiß besteht aus kleinen rundlichen oder ovalen Pflasterzähnchen und zugeschärften Schneidezähnen.
Der hohe, seitlich zusammengedrückte Körper ist ähnlich geformt wie der vieler heutiger Korallenfische. Diesen entsprechend, mag *Gyronchus* an Korallen geknabbert oder die Schalen von Weichtieren gebrochen haben.
Gyronchus ist nur ein kleiner Repräsentant der «Dickzähner»-Ordnung (Pycnodontia). Die Gattung *Gyrodus* (Rundzahn) erreichte fast einen Meter Länge. ‹Mondfische› sind Spezialisten innerhalb der Unterklasse der Ganzknocher (Holostei), deren Wirbel zum Teil noch nicht verknöchert waren (s. Bild: es sind keine Wirbel erhalten!).

(Gyronchus macropterus [Wagner] – frühere Gattungsbezeichnung: *Mesodon,* Blumenberg bei Eichstätt; Länge über alles 162 mm; BSPHGM 1939 I 19))

Fig. 2 *Gyrodus* (Rundzahn)

Als naher Verwandter von *Gyronchus* hat *Gyrodus* gleichfalls ein Pflasterzahn-Gebiß. *Gyrodus* (Taf. 63, Fig. 2, Farbtaf. 11) kann erhebliche Größe erreichen: Die mächtigsten Exemplare sind bis 1 Meter lang. Unser Bild zeigt die Zahnbatterien des Unterkiefers und einen ca. 4mal vergrößerten Einzelzahn.

(Gyrodus circularis Agassiz, Solnhofen oder weitere Umgebung; etwa natürliche Größe; BSPHGM 1972 XX 137)

1

2

Lepidotes (Schuppenspender)

Fische mit dicken, schmelzbedeckten Schuppen sind heute fast ausgestorben. Nur der Alligator-Hecht Floridas *(Lepisosteus)* trägt noch einen ähnlich festen Panzer wie *Lepidotes. Lepidotes* und seine engere Verwandtschaft waren während der Jurazeit weit verbreitet. Man findet sie jedoch nur selten gut erhalten; häufiger liegen die Schuppen und die halbkugeligen Zähne vor. Von diesen Zähnen besaß *Lepidotes* ein ganzes Pflaster, das zum Zerknacken hartschaliger Nahrung, wie Muscheln und Schnecken, diente.
Die Plattenkalke sind arm an *Lepidotes*-Funden. Die Tiere lebten sicher nicht in der Lagune und nur zufällig gingen solche Riesen, wie der abgebildete, dort zugrunde oder wurden als Leichen eingedriftet.
Um die Vorstellung der Dimensionen zu erleichtern, ist eine Einzelschuppe von *Lepidotes* in natürlicher Größe über der entsprechenden Körperregion wiedergegeben.
Die Begleitskizze bringt das Schema eines Unterkiefer-Gebisses, sowie einen Zahn in natürlicher Größe (nach K. A. Zittel).

(Lepidotes maximus Wagner, Langenaltheim; 2050 mm; NMSF P 2886; Copyright bei diesem Museum. – *Lepidotes*-Schuppe, tieferer Oberjura, Baden; IGPTUB. Photo B. Kleeberg)

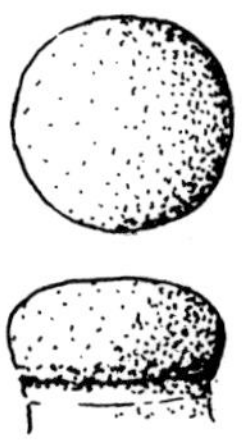

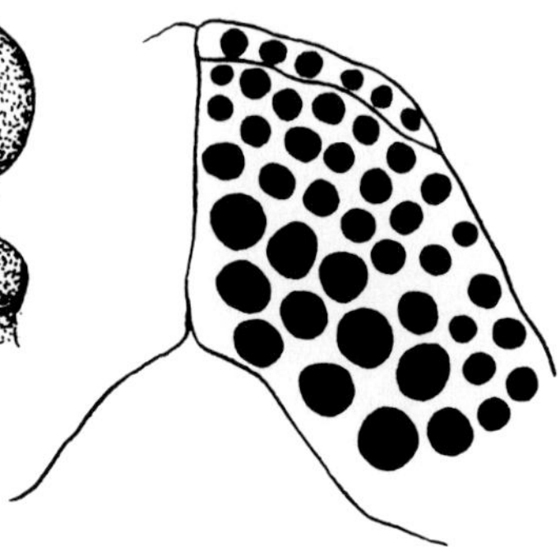

Tafel 26

Pseudorhina (Scheinraspel, griech. rhine oder rhina = Raspel, wegen der rauhen Haut)

Betrachtet man die breite, flache Gestalt dieses Fisches, so denkt man unwillkürlich an einen Rochen. *Pseudorhina* war hingegen ein Hai, der sich dem Bodenleben angepaßt hatte.
Von den Rochen unterscheidet er sich durch die seitliche Lage der Kiemenschlitze und die Lage des Mauls an der Spitze des Kopfes. Außerdem sind die Brustflossen nach vorwärts nicht mit den Seiten des Kopfes verschmolzen.
Pseudorhina ist offenbar auf einer Entwicklungsstufe stehengeblieben, die zwischen den Haiahnen und den spezialisierten Rochen liegt.
Nahestehend, doch einer anderen Familie zugehörig, ist *Protospinax* (Taf. 27). Diese Gattung trägt Stacheln vor den Rückenflossen.
Pseudorhina und *Protospinax* sind Knorpelfische (Chondrichthyes). Ihr Skelett besteht aus Knorpelsubstanz, die nur selten stärker verknöchert. Kalkeinlagerungen im Knorpel spielen bei der Erhaltung eine wichtige Rolle.

(Pseudorhina alifera [Münster], früher «*Squatina*», Eichstätt, Länge über alles 463 mm, BSPHGM AS VII 4)

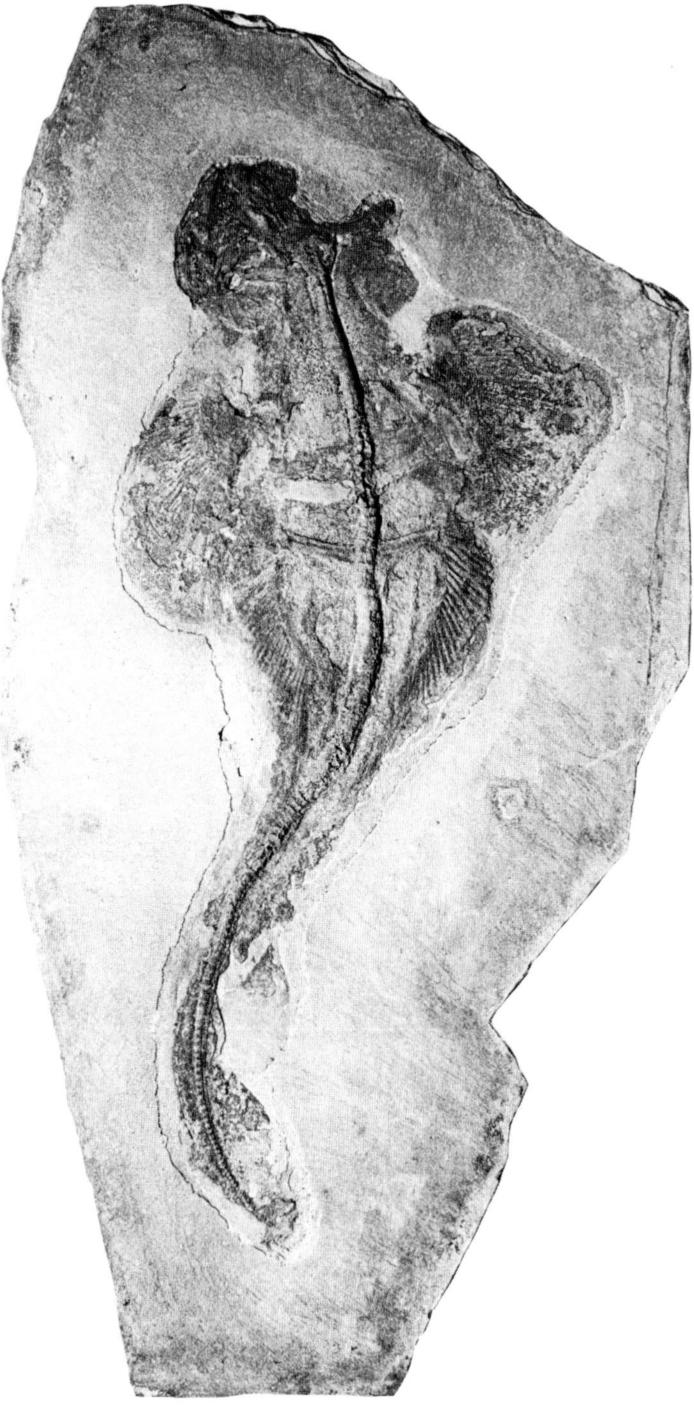

Tafel 27

Protospinax (Erstdorn)

Als früher Vertreter der Dornhaie führt *Protospinax* Rückendornen (Bildmitte). Ob die Dornen mit Gift-Drüsen verbunden waren wie bei einigen heutigen Dornhaien, ist nicht genau zu sagen.
Der etwas abgeflachte Körper mit breiten Flossen ist zum Umherstreifen auf dem Meeresgrund geeignet. *Protospinax* ist darin aber noch weniger spezialisiert als *Pseudorhina* (Taf. 26). Was die Kiemenspalten betrifft, so ist *Protospinax* ein Mittelding zwischen Haien und Rochen, sie liegen nämlich seitlich unten. Das Maul befand sich an der Kopfunterseite. Die Kiefer sind mit zahlreichen, kleinen Zähnchen besetzt, die eine Art Raspel-Gebiß bilden.
Manche Bearbeiter stellen *Protospinax* zur Gattung *Belemnobatis* und damit zu den Haien. Die untenstehende Skizze gibt eine Vorstellung vom lebenden Tier.

(*Protospinax annectens* Woodward, Eichstätt; Länge über alles 1425 mm; BSPHGM 1963 I 19, Copyright bei dieser Sammlung. Aufnahme M. Dreßler)

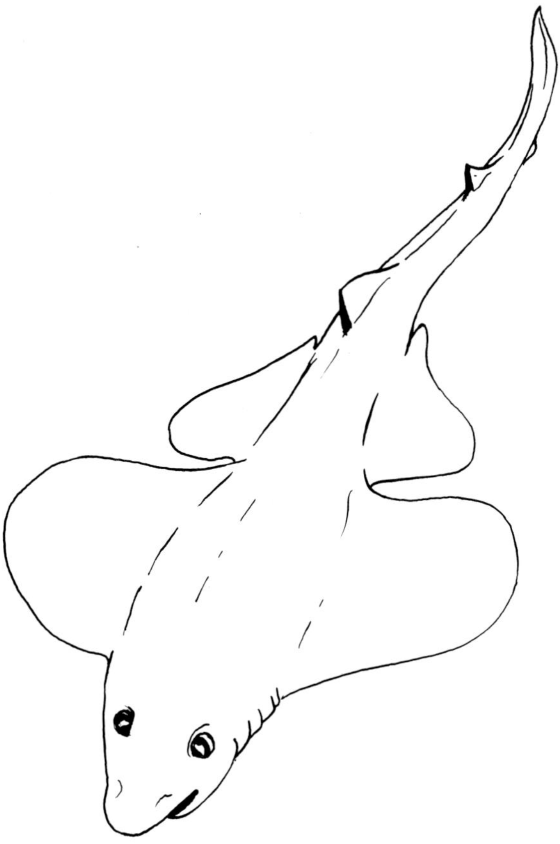

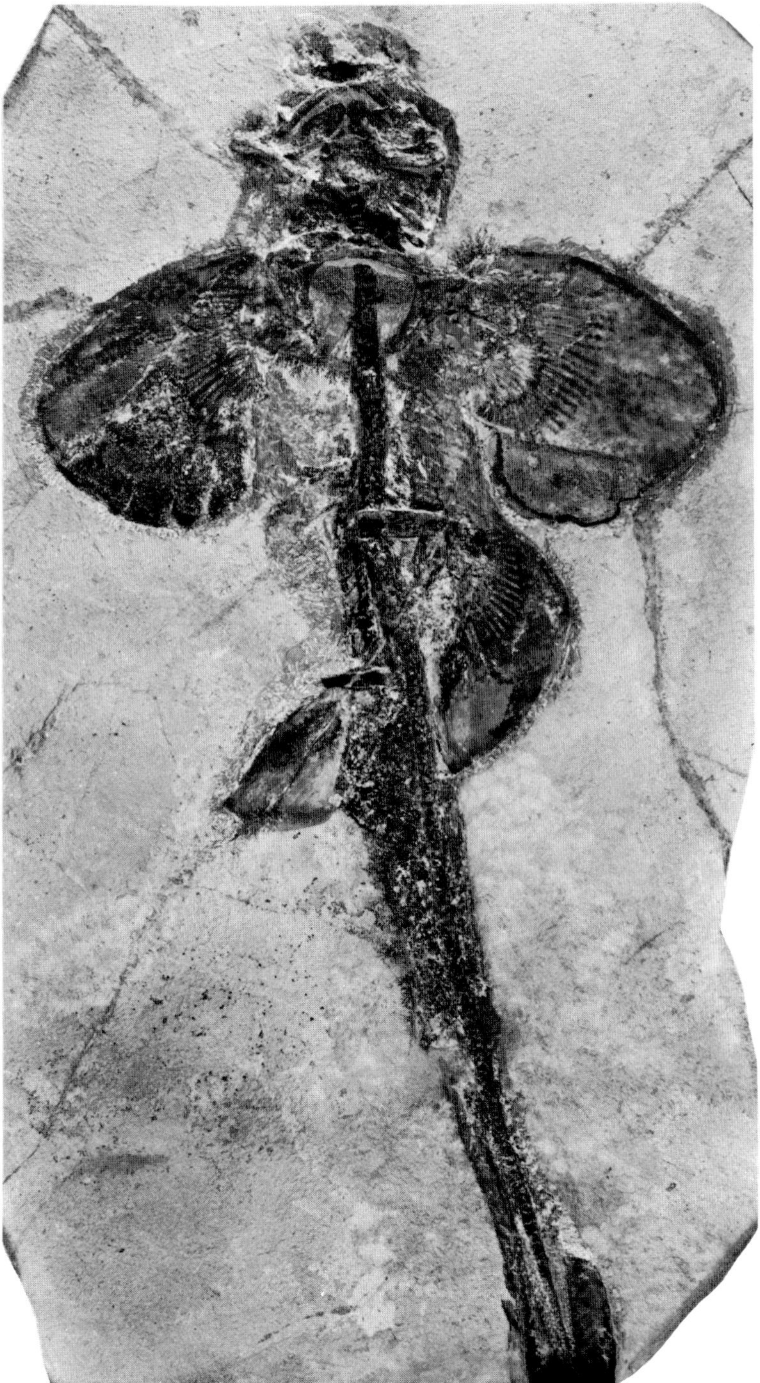

Fig. 1 *Ischyodus* (Starkzahn)

Ischyodus zählt zu den Chimären oder Seekatzen. Weil bei diesen Knorpelfischen (Chondrichthyes) Schädel und Oberkiefer fest miteinander verwachsen sind, hat man sie in der Unterklasse ‹Ganzköpfler› (Holocephali) zusammengefaßt. Ihnen stehen die Hai-Artigen (Elasmobranchii) gegenüber, deren Oberkiefer mit dem Schädel gelenkig verbunden ist.
Ischyodus hat die eigentümliche Gestalt fast aller Meerkatzen: Einen übergroßen Kopf, der vorwärts steil abfällt, und im Nacken einen starken Dorn zur Stützung der vorderen Rückenflosse. Vom Kopf aus verschmälert sich der Körper zum spitz auslaufenden, beiderseits flossengesäumten Schwanzende. Am Rücken ist die zweite Flosse langgestreckt und niedrig. Brust- und Beckenflossen sind groß. Männchen tragen an den Beckenflossen stabförmige Fortsätze als Haftorgane bei der Paarung. Die vier Kiemenpaare sind, anders als bei den Haien und Rochen, durch einen gemeinsamen Hautlappen geschützt. Zwei Paare großer Kau-Platten im Oberkiefer, ein Paar im Unterkiefer bestücken das Maul. Sie dienen dazu, harte Schalen zu zerbrechen. Heutige Chimären sind Allesfresser, bevorzugen aber Schalentiere, wie Muscheln und Schnecken. Ihre Nahrung nehmen die Tiere also weitgehend vom Meeresgrund auf.
Plattenkalk-Chimären sind Jahrhundertfunde.

(Ischyodus quenstedti Wagner, Eichstätt; Länge 1550 mm; BSPHGM 1954 I 366. Copyright bei dieser Sammlung. Aufnahme M. Dreßler)

Fig. 2 *Aellopos* (der Windschnelle; Aellopos war eine der Harpyien der griechischen Mythologie)

Die «Geigen-Rochen» haben die völlige Abplattung der fortschrittlicheren unter den Rochen (Batoidea) noch nicht erreicht. Ihr Körper ist noch recht hai-artig, torpedoförmig, flacht aber bereits sehr zu den Flossen ab. Brust- und Beckenflossen sind zwar schon sehr verbreitert, Rükken- und Schwanzflossen aber noch wohl entwickelt. Da die Brustflossen in die Seiten des Kopfes übergehen und Maul und Kiemen an der Unterseite gelegen sind, ist *Aellopos* ein echter Rochen. Die Körperform ist mit Saiteninstrumenten, z. B. Geige oder Banjo, vergleichbar und davon leitet sich der volkstümliche Namen dieser Knorpelfische ab.
Die beginnende Verflachung des Körpers ist eine Folge des Nahrungserwerbs am Meeresboden. Zumeist leben die Geigenrochen von Hartschalern und kleinen Krebsen, die sie mit Batterien von kleinen Zähnchen zermahlen.
Unser Exemplar ist ein männliches Tier, kenntlich durch die stabförmigen Anhänge der Bekkenflossen.

(Aellopos bugesiacus [Thiollière], Langenaltheim; Breite über die Brustflossen 620 mm, BSPGHM AS I 506. Copyright bei dieser Sammlung. Aufnahme M. Dreßler)

1

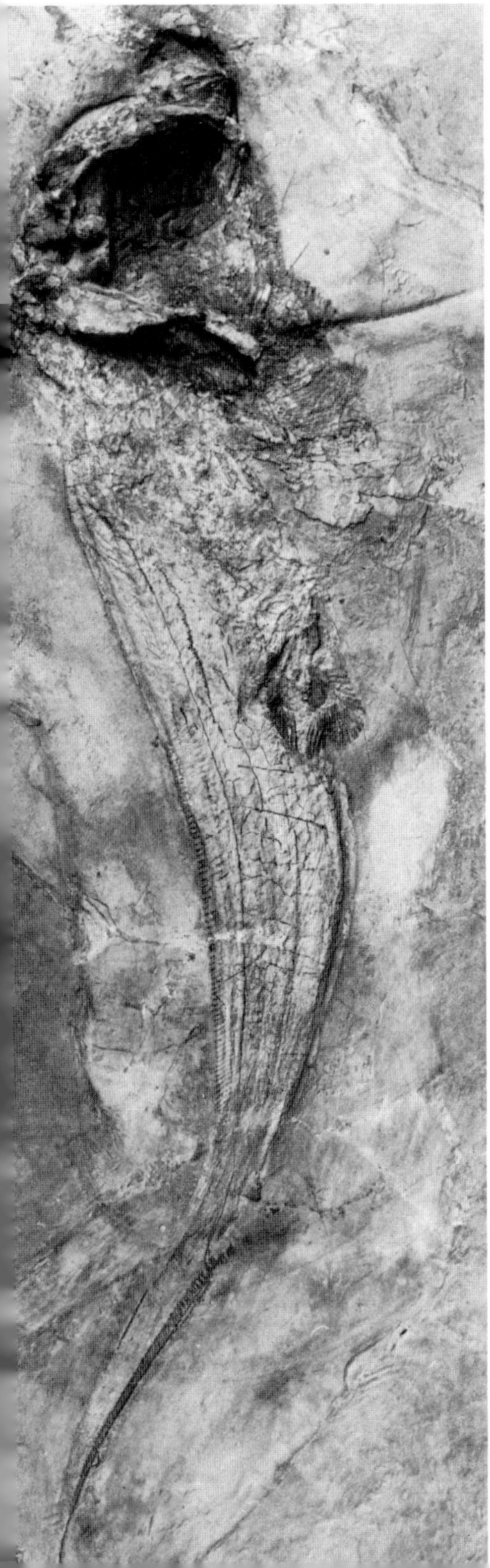

2

Tafel 29

Saccocoma (Haarsack)

Die pflanzenartigen Seelilien sind in den heutigen Meeren auf größere Tiefen beschränkt. Mit ihren Stielen sind sie am Boden festgeheftet (vgl. Skizze zu Taf. 30, Fig. 1). In früheren Zeiten der Erdgeschichte bildeten sie auch in der Flachsee ganze Wälder.

Einige Seelilien haben jedoch im erwachsenen Zustand ihre festsitzende Lebensweise aufgegeben. Nur im frühen Jugendstadium bilden sie den Stiel aus. Später bewegen sie sich frei im Ozean umher. *Saccocoma* ist eine solche freischwimmende Seelilie gewesen. Ihr blasen- oder säckchenartiger Kelch ist aus einem Filigran von Kalkbälkchen aufgebaut (Taf. 30, Fig. 2). Die zarten, zu fünf Paaren angeordneten Arme tragen an einer Seite haarartige Fortsätze. Das ganze Tier ist zum Schweben im Ozean konstruiert.

Saccocoma ist das einzige Fossil, das in den Revieren um Solnhofen und besonders um Eichstätt in Massen auftritt. Die Saccocomen liegen in bestimmten Schichten, die von den Bucharbeitern als «knopfete Lagen» bezeichnet werden, weil die Kelche wie Knöpfe von der Platte abstechen. Winzige, junge Saccocomen bedecken teilweise ganze Schichtflächen.

Saccocomen-Reste sind in den *Lumbricaria* (Taf. 60, Fig. 2) benannten Kotschnüren enthalten. Es konnte kürzlich wahrscheinlich gemacht werden, daß diese Schnüre von Tintenfischen stammen, die also auf die Saccocomen Jagd machten. Sehr gut erhaltene Exemplare von *Saccocoma* sind seltener. Meist wurden nämlich die Skeletteile stark umkristallisiert. Nach guten Stücken wurde von O. Jaekel eine Rekonstruktion vorgenommen (siehe Skizze unten).

(*Saccocoma pectinata* Goldfuß, Schernfeld bei Eichstätt; etwa ⅔ natürl. Größe; PAMNHUB 1924. 12. 1)

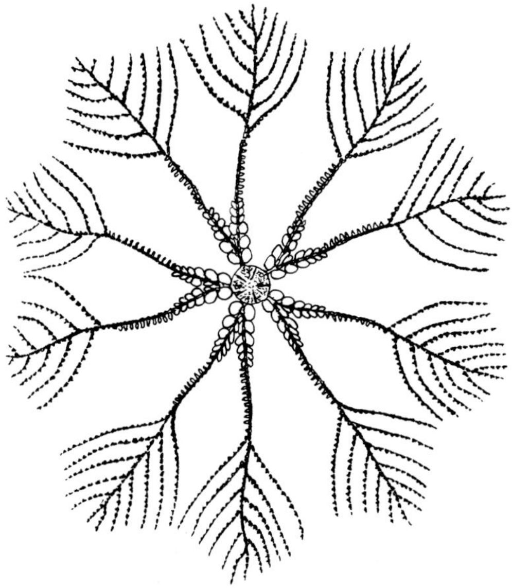

Fig. 1 *Pterocoma*

Die Ähnlichkeit dieses Stachelhäuters mit gewissen Schlangenseesternen ist groß. *Pterocoma* ist jedoch eine freischwimmende Seelilie wie *Saccocoma* (Taf. 29). In der Jugend durchlief *Pterocoma* ein reguläres Seelilienstadium: Die Larve bildet nach dem Festsetzen einen Stiel aus, der den Kelch trug (die Skizze zeigt den lebenden verwandten *Antedon,* ca. 8 × vergrößert). Später erst löste sich der Kelch vom Stiel und blieb freibeweglich. Lange Fortsätze an den Armen sind kennzeichnend für die Seelilien. Sie dienen dem Nahrungsfang und der Schwimmfähigkeit und haben allen *Pterocoma*-Verwandten die Bezeichnung ‹Haarsterne› eingebracht. An der Kelchbasis sitzen kurze Fortsätze, die dem Tier erlauben, sich an Objekten festzuhalten. *Pterocoma* wird nicht häufig gefunden. Die meisten Exemplare hat bisher der Bruch von Zandt geliefert.

(Pterocoma pennata [Goldfuß], Zandt; größte Entfernung zwischen den Armen 100 mm; Präparation, Photo und Sammlung Kapitän G. Brassel, Flensburg-Mürwik)

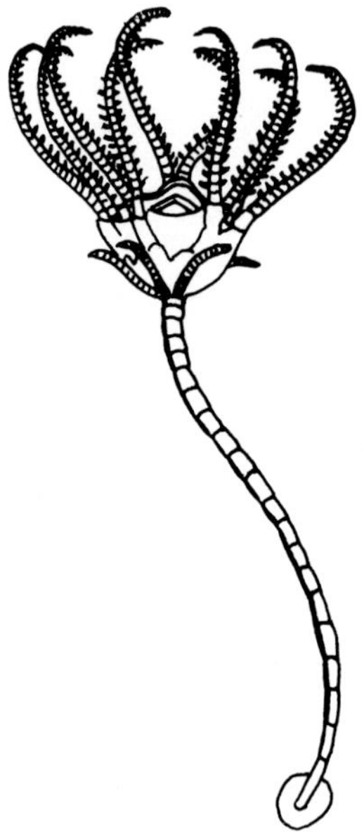

Fig. 2 Haarstern am Großen Barriere Riff Australiens

Die Tiere sind dort sehr artenreich. Ihre Farben spielen vom dunklen Rot über Gelb und Grün bis zum Blauviolett. Manche sind zweifarbig. Bevorzugter Lebensraum sind die oberen Wasserschichten.
Im Photo links eine Weichkoralle. Der Haarstern sitzt auf der Steinkoralle *Porites.*

(Comatulida indet., Gattung und Art unbestimmt; Heron Island Region, Great Barrier Reef; Armlänge ca. 150 mm; Aufnahme Dr. J. H. Schröder)

1

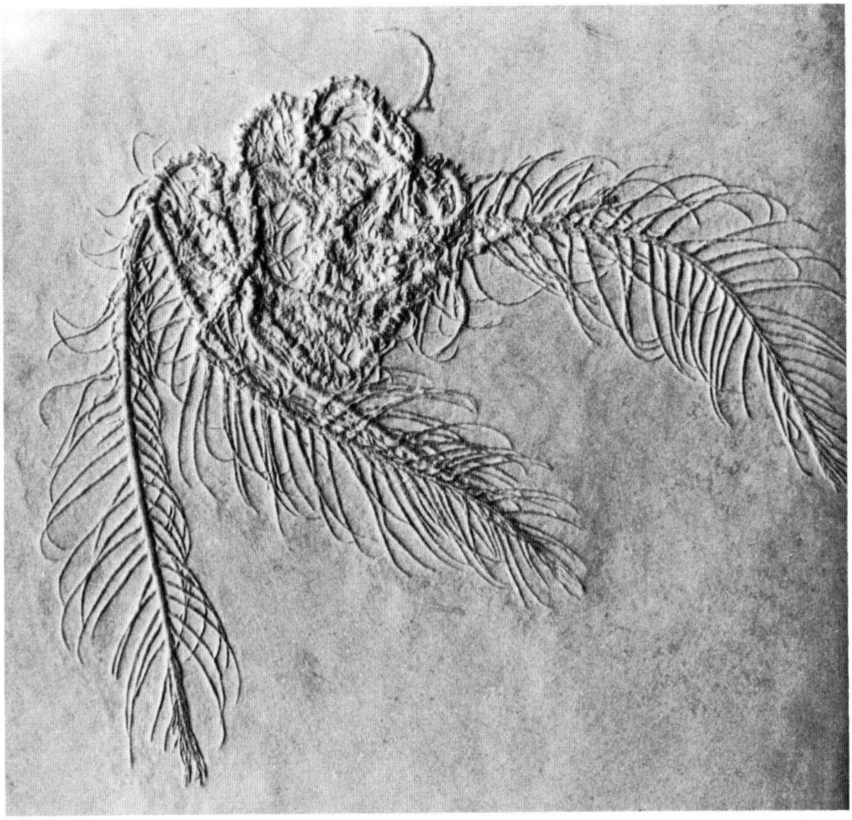

2

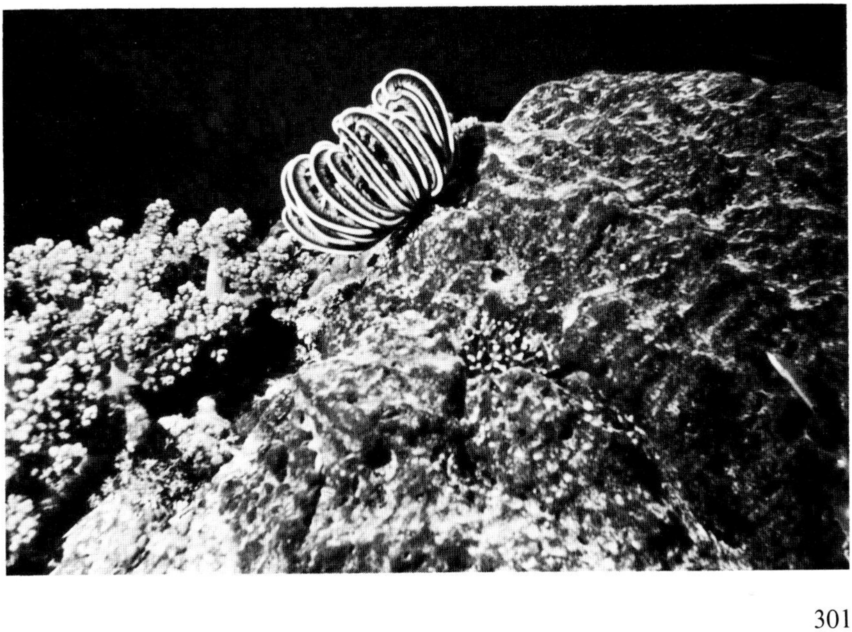

Tafel 31

Fig. 1 *Pedina* (die Abgeflachte)

An diesem großen Seeigel ist vom Bau der Schale fast nichts zu sehen, so dicht ist er mit feinen, kurzen Stacheln bedeckt. In der Mitte springt als markanter Kegel der Kauapparat hervor. Dieser Apparat wird nach seinem Aussehen als «Laterne» bezeichnet. Die Laterne befindet sich an der Unterseite und hat sich hier bei der Verformung des Gehäuses als stabilster Teil aus dem Mund hervorgepreßt.
Pedina-artige Seeigel trifft man heute in offeneren Bereichen von Riffen und auf den Flächen zwischen einzelnen Rifflecken (s. a. Text zu Taf. 32, Fig. 1).
Das Schema eines stachellosen Gehäuses, ein Stachel und die Laterne (Seitenansicht) sind in der Skizze dargestellt.

(*Pedina lithographica* Dames, Brüche über Gungolding-Pfalzpaint; größter Durchmesser 109 mm; BSPHGM 1920 I 1)

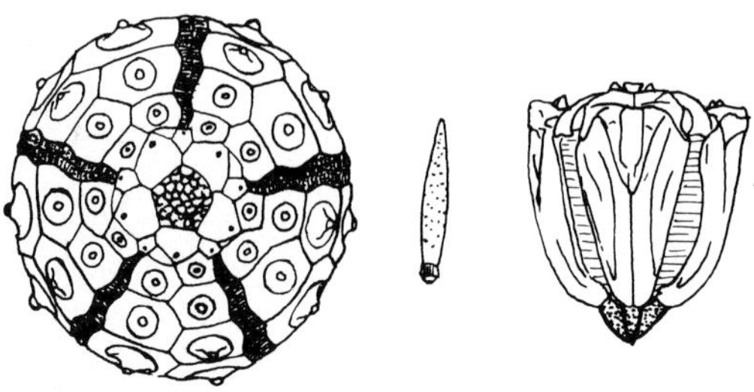

Fig. 2–4

Teilaufnahmen von *Saccocoma* (s. Taf. 29) mit dem Raster-Elektronenmikroskop.

Fig. 2

Netzartiges Stützskelett des ‹Kelches›, 125fach vergrößert.

Fig. 3

Einige Armglieder, 40fach vergrößert.

Fig. 4

Teil eines Armgliedes, das beträchtlich umkristallisiert ist (unten). Die winzigen Ringe im Zentrum des Bildes sind Coccolithen (Taf. 6, Fig. 1 und S. 252). 400fach vergrößert.

(Fig. 2–4, *Saccocoma pectinata* Goldfuß, Blumenberg bei Eichstätt; IGPTUB. Aufnahme mit einem REM der Deutschen Forschungsgemeinschaft)

1

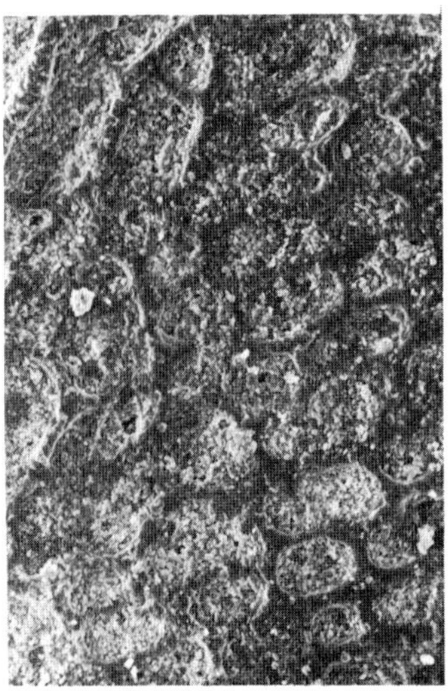

2

3

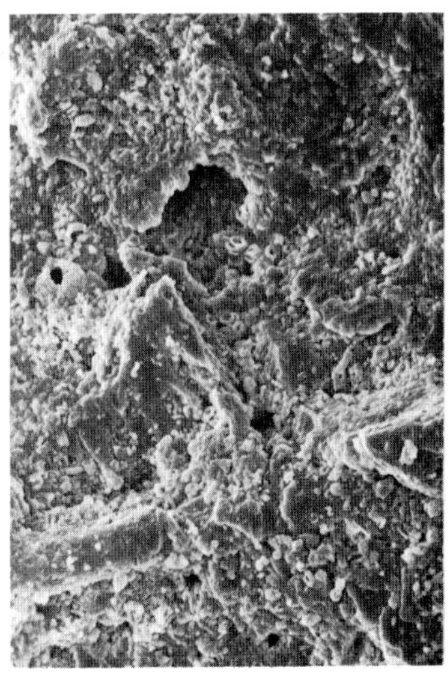

4

Fig. 1 *Tetragramma* (Vier-Schrift)

Plattenkalk-Seeigel sind ausgesprochene Raritäten. Die Mehrzahl der Stücke wurde aus den riffnahen Bereichen der östlichen Reviere um Gungolding-Pfalzpaint und Kelheim geborgen. Einige Seeigel (Echinoidea) halten sich teils in Höhlungen und zwischen Blockschutt in Bereichen des bewegten Wassers, teils in ruhigeren, flacheren Gewässern auf, andere graben im Sediment. Der Lebensraum des Riffs bietet den Seeigeln besonders vielfältige Möglichkeiten. Die steigende Anzahl der Funde mit Annäherung ans Riff ist daher nicht verwunderlich.
Tote Seeigel verlieren schnell ihre Stacheln (s. Skizze zu Taf. 31), die durch Strömungen bald vom Gehäuse getrennt und an anderen Orten fossilisiert werden. Aus den Plattenkalken liegen uns jedoch weitgehend noch stachelbewehrte Gehäuse vor. Dies bedeutet, daß die Seeigel nicht sehr weit transportiert worden sein können, was im Einklang mit der Tatsache steht, daß sie vor allem in riffnahen Bereichen vorkommen. Sicherlich haben wir es mit schwachen oder schlecht verankerten Tieren zu tun, die durch Stürme losgerissen in das fremde Milieu der Lagune getragen wurden.
Ein dichter Kranz fester, spitzer Stacheln umhüllt das Gehäuse des abgebildeten Stücks. Die Gelenke für die Stacheln (Stachelwarzen) sind dort sichtbar, wo Stachel fehlen. Kaum auszumachen sind die Porenreihen (siehe Skizze zu Taf. 31), durch welche die ‹Röhrenfüßchen› durch die Schale austraten. Auch das zentrale Scheitelfeld ist schlecht erhalten. Gerade solche Merkmale sind bei Seeigeln zur Bestimmung der Gattung und Art von Bedeutung.

(*Tetragramma* sp., Art nicht näher bestimmt; Fundortangabe «Solnhofen», nach dem Gestein wahrscheinlich Kelheim; Gehäusedurchmesser 50 mm; BSPHGM 1878 VI 8)

Fig. 2 *Geocoma* (Erdhaar)

Im Gegensatz zu den Seeigeln ist der Schlangenstern *Geocoma* sehr zahlreich. Sein Vorkommen ist allerdings auf die Umgebung von Zandt beschränkt.
Schlangensterne (Ophiuroidea) unterscheiden sich durch ihre Zentralscheibe und die schlanken Arme von den anderen Seesternen (Asteroidea). In Bewegung wirken die Ophiuren-Arme schlangenartig.
Die *Geocoma* sind tot auf den Lagunenboden gelangt, denn es fehlen jegliche Bewegungsspuren in ihrer Nähe.

(*Geocoma carinata* Goldfuß, Zandt; Distanz zwischen den entferntesten Armspitzen 58 mm; BSPHGM AS I 555)

1

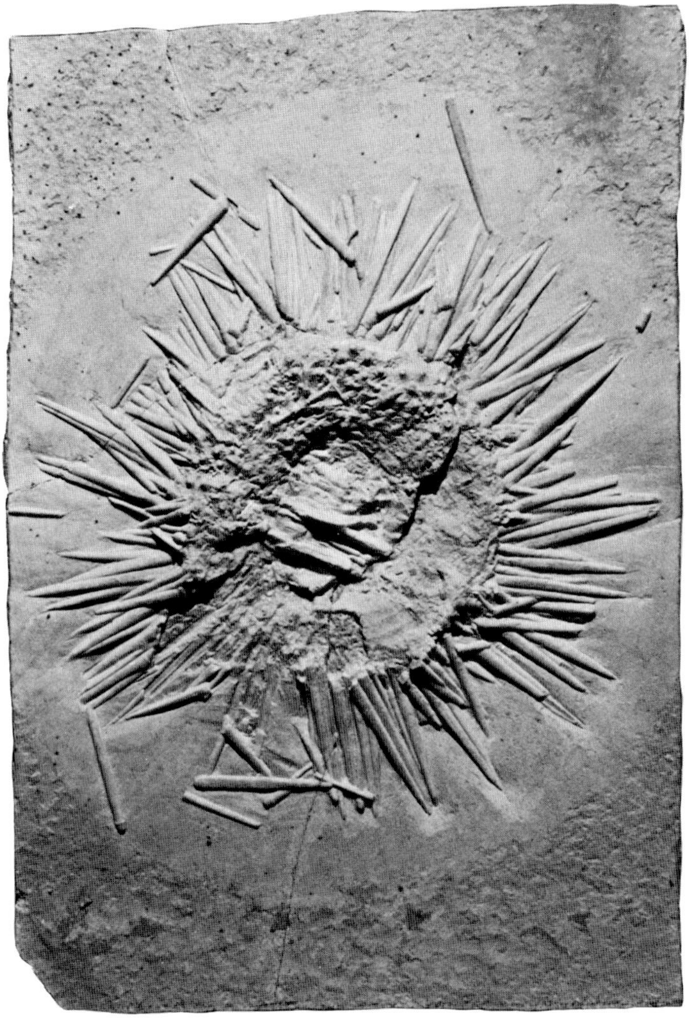

2

Tafel 33

Kalligramma (Schönzeichnung)

Dieses ist das größte Insekt aus dem Oberjura und besitzt das Aussehen eines Schmetterlings, gehört aber zur Ordnung der Netzflügler. Unter den lebenden Kerbtieren sind als bekannteste Angehörige dieser Ordnung die Florfliegen und Ameisenjungfern zu nennen. Wie ihre Larven vertilgen sie Blattläuse und Ameisen. Die Lebensweise der heutigen Verwandten darf jedoch nicht direkt auf *Kalligramma* übertragen werden, da das Fossil erheblich von den lebenden Netzflüglern abweicht.
Kalligramma ist ein ausgezeichnetes Beispiel für die Erhaltung feinster Einzelheiten. Die toten Insekten erreichten trotz ihrer allgemein zarten Konstruktion den Lagunenboden und wurden dort konserviert. Da am Lagunengrund keinerlei räuberische Bodenbewohner zu existieren vermochten, blieben die Insektenleichen weiterhin unzerstört und konnten überliefert werden.
Zum Bild: einer der Vorderflügel ist nicht erhalten.

(*Kalligramma haeckeli* J. Walther, Solnhofen; größte Spannweite 252 mm; BSPHGM 1902 I 6)

Tafel 34

Fig. 1 *Archegetes* («Fürst» der Netzflügler)

Archegetes ist wie *Kalligramma* ein Verwandter der Florfliegen. Die zurückgefalteten Flügel geben kaum etwas vom Körper zu erkennen. Nur Teile des Vorderkörpers sind sichtbar. Der Kopf ist entweder im Gestein verborgen oder verloren gegangen.

(Archegetes neuropterorum Handlirsch, Eichstätt; größte Breite 77 mm; BSPHGM 1901 I 15)

Fig. 2 *Pseudosirex* (Schein-*Sirex)*

Die Ordnung der Hautflügler umfaßt Ameisen, Bienen und Wespen. *Pseudosirex* wird den heute lebenden Holzwespen zugerechnet. Holzwespenweibchen bohren mit ihrem Legstachel in abgestorbene Bäume, um Eier darin abzulegen. Die Larven ernähren sich von Holz und die Puppen finden darin Schutz. Möglicherweise haben die Formen des Jura ähnliche Gewohnheiten besessen.
Das hier gezeigte Exemplar liegt mit dem Rücken zur Unterseite der Schicht. Die Beine sind deshalb nicht sichtbar. Verlorengegangen sind auch die langen Fühler, während das Geäder der Vorderflügel gut erhalten blieb.
Der Körper erscheint tief in den Schlamm eingesunken. Da wir jedoch auf die Unterseite der Platte blicken, muß er in Wirklichkeit angehoben worden sein. Dies geschah nach der Einbettung des Insekts (vgl. S. 110). *Sirex* ist die lebende Riesenholzwespe. Dieser Name ist vielleicht vom griechischen ‹seirios› = glänzend abzuleiten.

(Pseudosirex schroeteri [Germar], Solnhofen; nat. Größe; IGPTUB. Aufnahme B. Kleeberg)

1

2

Tafel 35

Fig. 1 *Stenophlebia* (Eng-Äderchen)

Stenophlebia ist eine der vielen Libellen, die in nahezu perfekter Erhaltung überliefert wurden. Sie zeichnet sich durch die schlanken Flügel aus. Das breite Hinterleibsende führt keine Legapparaturen; es handelt sich somit um ein Männchen. Die Larve von *Stenophlebia* entwickelte sich, wie die aller Libellen, im Süßwasser.

(Stenophlebia latreillei [Germar], Eichstätt; Körperlänge 83 mm; BSPHGM 1870 VII 35)

Fig. 2 *Anisophlebia* (Ungleich-Äderchen)

Während die meisten Libellen mit ausgebreiteten Flügeln eingebettet wurden, sind sie bei *Anisophlebia* und der nahestehenden *Isophlebia* nach hinten gefaltet. Das ungemein zarte Flügelgeäder ist charakteristisch.

(Anisophlebia helle [Hagen], Solnhofen; Körperlänge 92 mm; BSPHGM AS I 804)

1

2

Tafel 36

Fig. 1 *Mesonepa* (Mittel-Wasser-Skorpion)

Diese Wasserwanze (vergl. *Mesobelostomum)* ist ausgezeichnet durch eine Atemröhre am Hinterleib und die starken Zangen zum Ergreifen der Beute. Die Atemröhre ist an unserem Stück nicht sichtbar, weil sie entweder zurückgezogen wurde oder verloren ging.

(Mesonepa primordialis [Germar], Fundortangabe Solnhofen, eher jedoch Eichstätt; doppelte nat. Größe; BSPHGM AS VI 9)

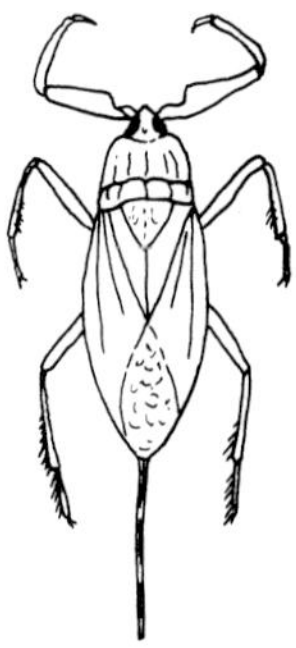

Nepa,
Wasserskorpion
der Gegenwart

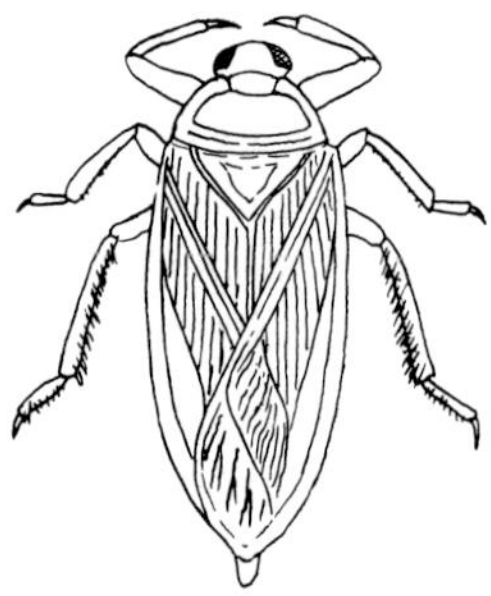

Mesobelostomum
(Rekonstruktion)

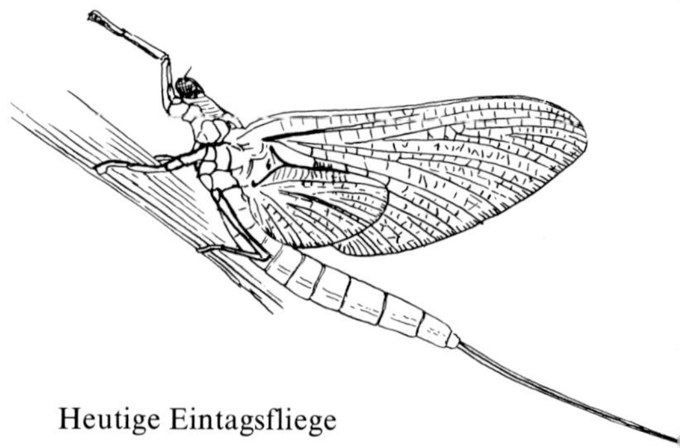

Heutige Eintagsfliege

Fig. 2 *Mesobelostomum* (Mittel-Spießmaul)

Die Wanzen oder Verschiedenflügler (Heteroptera) haben ihren auffälligsten Vertreter in *Mesobelostomum.*
Wasserwanzen leben von jungen Fischen und anderem Kleingetier. Von Zeit zu Zeit steigen sie an die Wasseroberfläche, um Luft zu schöpfen. Sie sind außerdem geschickte Flieger. Ähnlich wie *Mesobelostomum* sehen die heutigen amerikanischen Riesenwasserwanzen (über 100 mm!) aus. Die Rekonstruktion (Skizze) wurde nach einer Vorlage von A. Handlirsch gezeichnet.

(Mesobelostomum deperditum [Germar], Eichstätt; nat. Größe; BSPHGM AS I 538 a)

Fig. 3 *Hexagenites* (versteinerte Sechs-Gebärerin)

Mit den Eintagsfliegen (Ephemeroptera) lernen wir eine weitere vom Süßwasser abhängige Insektenordnung aus den Plattenkalken kennen. Wie die heutigen Nachkommen besitzen sie lange Schwanzfäden. Die geflügelten, geschlechtsreifen Tiere leben nur Stunden oder einige Tage zur Begattung und Eiablage. Den längsten Abschnitt ihres Lebens, über 99%, verbringt ein Individuum als schwimmende und pflanzenfressende Larve im Wasser.
Die Ableitung des Namens *Hexagenites* aus dem Griechischen ist nicht eindeutig und mag mit der Größe der ausgestoßenen Eipakete heutiger Formen in Verbindung stehen.

(Hexagenites cellulosus Hagen, Eichstätt; Länge über alles 52,5 mm; BSPHGM AS I 808)

1

2

3

Tafel 37

Pycnophlebia (Derb-Äderchen)

Die Geradflügler (Orthoptera) sind durch verschiedene Heuschrecken vertreten. *Pycnophlebia* ist die größte davon. Anzahl und Größe der Heuschrecken lassen vermuten, daß in den Landgebieten hinter der Lagune warmes, überwiegend trockenes Klima herrschte.
Pycnophlebia ist fast immer seitlich eingebettet und nie sehr gut erhalten. Dennoch zeigen die langen Sprungbeine, die Flügel, der große Kopf und die langen Fühler eindeutig die Kennzeichen der Heuschrecken. Unser Stück ist ein Männchen, da ihm die lange Legscheide der Weibchen fehlt.

(Pycnophlebia robusta Zeuner, Fundortangabe Solnhofen, wahrscheinlicher Eichstätt; Länge über Körper und Flügel 121 mm; BSPHGM 1852 a 247)

Fig. 1 *Sphaerodemopsis* (die Kugelgestaltige)

Der Name deutet auf den Vergleich mit der lebenden Wasserwanze *Sphaerodema* (Kugelgestalt). Tatsächlich wurde *Sphaerodemopsis* zunächst als solche betrachtet, dann stellte man sie wegen der Flügeldecken zu den Käfern. Heute glaubt man wieder, die erste Ansicht sei richtiger gewesen.
Dies zeigt die Problematik des Bestimmens fossiler Insekten: Nicht immer sind, wie beispielsweise bei den Libellen, Flügelgeäder oder anderweitige wichtige Merkmale erhalten, weil sie durch den Fossilisationsprozeß verloren gingen.
Die rundliche Gestalt des Hinterleibs erinnert sehr an bestimmte Wasserwanzen. Eigenartig und fremd für Käfer ist die Längskerbe auf den Flügeldecken und deren Kürze.

(*Sphaerodemopsis jurassica* [Oppenheim], Eichstätt; doppelte natürl. Größe; BSPHGM AS V 20)

Fig. 2 *Cerambycinus* (der zu den Holzböcken gehörige)

Dies ist einer der zahlreichen Käfer (Coleoptera) aus den Plattenkalken. Auch hier erschwert der Erhaltungszustand die Zuordnung. Es handelt sich zwar eindeutig um einen Käfer, aber es ist keineswegs sicher, in welcher Familie dieser Ordnung das Fossil unterzubringen ist. Er gehört entweder zu den Cerambycidae, den Holzböcken, oder zu den Chrysomelidae, den Blattkäfern.
Auffallend sind der fast rechteckige Vorderkörper, der relativ kurze Hinterleib mit den gekörnten Flügeldecken und die Eindrücke der langen Beine.

(*Cerambycinus dubius* Germar, Fundortangabe Solnhofen, wohl Eichstätt, Körperlänge 21,5 mm; BSPHGM AS VII 354)

Fig. 3 *Lithoblatta* (Stein-Schabe)

Die Schaben, kosmopolitisches Ungeziefer, sind eine uralte Ordnung. Vor 300 Mio. Jahren bevölkerten sie bereits die Steinkohlensümpfe. Kein Wunder also, daß die Schaben auch zur Jurazeit die Landgebiete nahe der Solnhofener Lagune unsicher machten. Gelegentlich wurden sie zusammen mit anderen Insekten durch meerwärtige Winde in die Lagune geweht oder gelangten in Bächen dorthin, nachdem sie ertrunken waren.
Unser Bild zeigt auf den ausgebreiteten Flügeln das typische Adernmuster der Schaben.

(*Lithoblatta lithophila* [Germar], Eichstätt; Flügelspannweite 35,5 mm; BSPHGM AS V 33)

1

2

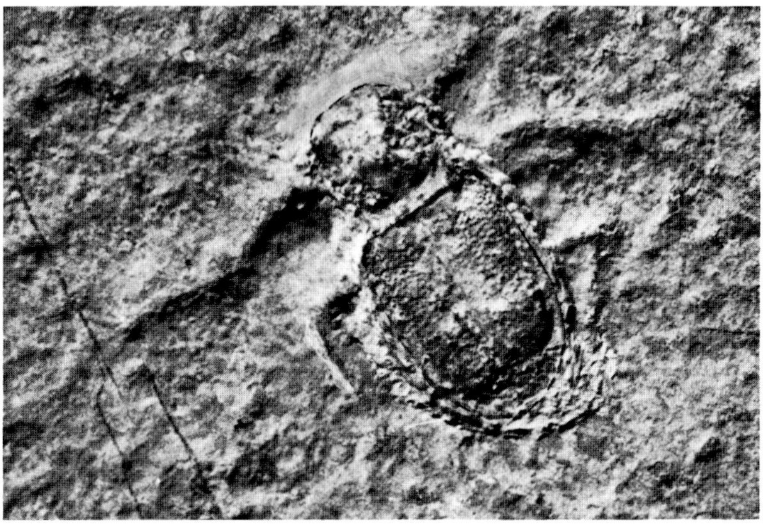

3

Tafel 39

Fig. 1 *Aeger* (Gott des Weltmeeres der nordischen Mythologie)

Auffallend an dieser eleganten Garnelen-Gattung sind die kammartig geborsteten vorderen Beinpaare.
Schwimmkrebse (Natantia = Garnelen) gehören nicht zu den seltenen Fossilien, jedoch sind so vollkommene Stücke, wie das abgebildete, Ausnahmen.

(Aeger tipularius Schlotheim, Eichstätt; Länge des «Schnabels» 31 mm; Privatbesitz)

Fig. 2, 3 *Archaeolepas* (Ur-Fels)

Der festsitzende und gepanzerte Rankenfüßler-Krebs ist ein Verwandter der lebenden ‹Entenmuscheln› *(Lepas).* Entenmuscheln haften an treibenden Gegenständen, wie etwa Holzstükken, und werden damit auf den Ozeanen umhergetrieben.
Archaeolepas-Funde sind selten. Immerhin ist aus den Plattenkalken sogar eine Kolonie davon bekannt geworden (Fig. 3), die mitsamt ihrem Floß, einer Ammoniten-Schale, auf den Grund der Lagune geriet.
Die feinen Panzerplättchen des Stiels und die groben des Körpers sind in Fig. 2 deutlich erkennbar. Dieses Tier wurde von seiner Unterlage losgerissen.
Der Gattungsname leitet sich von den glatten, großen Panzerplatten ab: lepas (griech.) = kahler Fels und archaios = uralt.
Die Skizze bringt zum Vergleich eine Gruppe lebender Entenmuscheln in natürlicher Größe auf einem Stück Treibholz.

(Archaeolepas redtenbacheri [Oppel], beide Kelheim; beide jeweils 2fach vergrößert; BSPHGM AS I 806 u. 807)

1

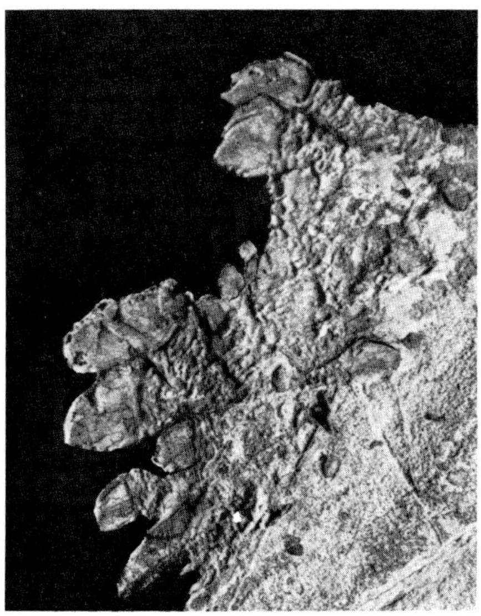

2

3

Tafel 40

Antrimpos (Antrimp = Meeresgott der Wenden)

Wie die nahe verwandte, jetzt besonders in den wärmeren Meeren lebende Geißel-Garnele *Penaeus* ist *Antrimpos* im süddeutschen Jurameer sehr häufig gewesen. In den Plattenkalken ist er wohl der am meisten angetroffene Krebs. Charakteristisch ist das lange dritte Gliedmaßenpaar.

(*Antrimpos speciosus* Münster, Solnhofen; nat. Größe; IGPTUB. Aufnahme B. Kleeberg)

Tafel 41

Mecochirus (Langhänder)

Dieser leicht erkennbare Krebs hat von den Steinbrucharbeitern den Namen «Schnorgackel» erhalten.
Neben *Antrimpos* (Taf. 40) ist *Mecochirus* der am meisten gefundene Krebs. Man rechnet ihn zu den bodenbewohnenden Panzerkrebsen (Reptantia), wogegen *Antrimpos* zu den Schwimmkrebsen oder Garnelen (Natantia) zählt.
Mecochirus haben sicher nicht in der Lagune gelebt. Sie wurden wie viele andere Tiere eingeschwemmt. Neben *Limulus* (Taf. 47, 48) sind *Mecochirus*-Individuen die einzigen Lebewesen, die gelegentlich Fährten hinterließen.
Das sehr verlängerte vorderste Beinpaar diente *Mecochirus* zum Beutefang; es ist stärker verkalkt als der Rest des Körpers. Daher ist der Körper empfindlicher und schutzbedürftiger. Man darf daraus schließen, daß der Leib durch Eingraben (vgl. *Magila,* Taf. 46, Fig. 1) oder Verstekken in Hohlräumen geschützt war. Nur die beiden ‹Hände› und die Antennen ragten dann aus dem Unterschlupf hervor. *Mecochirus* dürfte in oder zwischen den Riffen am meerwärtigen Rand der Lagune gelebt haben.

(Mecochirus longimanatus [Schlotheim], Eichstätt; Länge 198,5 mm; PAMNHUB 1974. 17. 1)

Mecochirus-Fährte

Wegen der Unwirtlichkeit der Gewässer am Lagunengrund war Leben dort nicht möglich. Nur Tiere, die härtesten Bedingungen angepaßt waren, waren imstande, wenn auch nur kurze Zeit, in solchem Milieu zu existieren. *Limulus* (Taf. 47, 48) und *Mecochirus* hatten noch genug Kraft, sich eine Strecke zu bewegen, um dann in ihren Fährten zu verenden.
Der Krebs auf unserer Platte bewegte sich rückwärts. Von lebenden bodenbewohnenden Krebsen (vgl. Text zu Taf. 43, Fig. 2) weiß man aber, daß sie gewöhnlich vorwärts schreiten. Unter normalen Umständen hätte das sicher auch für unseren *Mecochirus* gegolten. Da er offenbar stark erschöpft war, zog er es vor, das schwere vorderste Beinpaar hinter sich herzuziehen.
Die in der Skizze vereinfacht wiedergegebene Rekonstruktion von Mecochirus stammt aus der Beschreibung der Solnhofener Krebse von Alfred Oppel.

(Mecochirus longimanatus [Schlotheim], Solnhofen; Länge des Tieres 150 mm; MSAV, Maxberg bei Solnhofen)

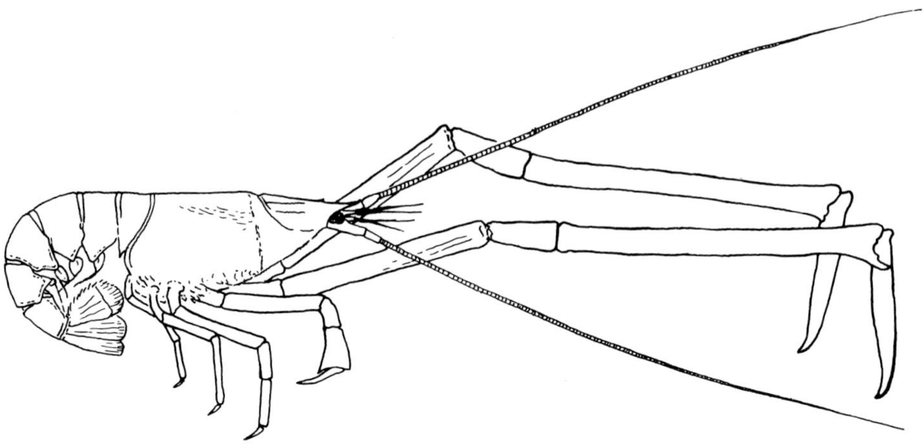

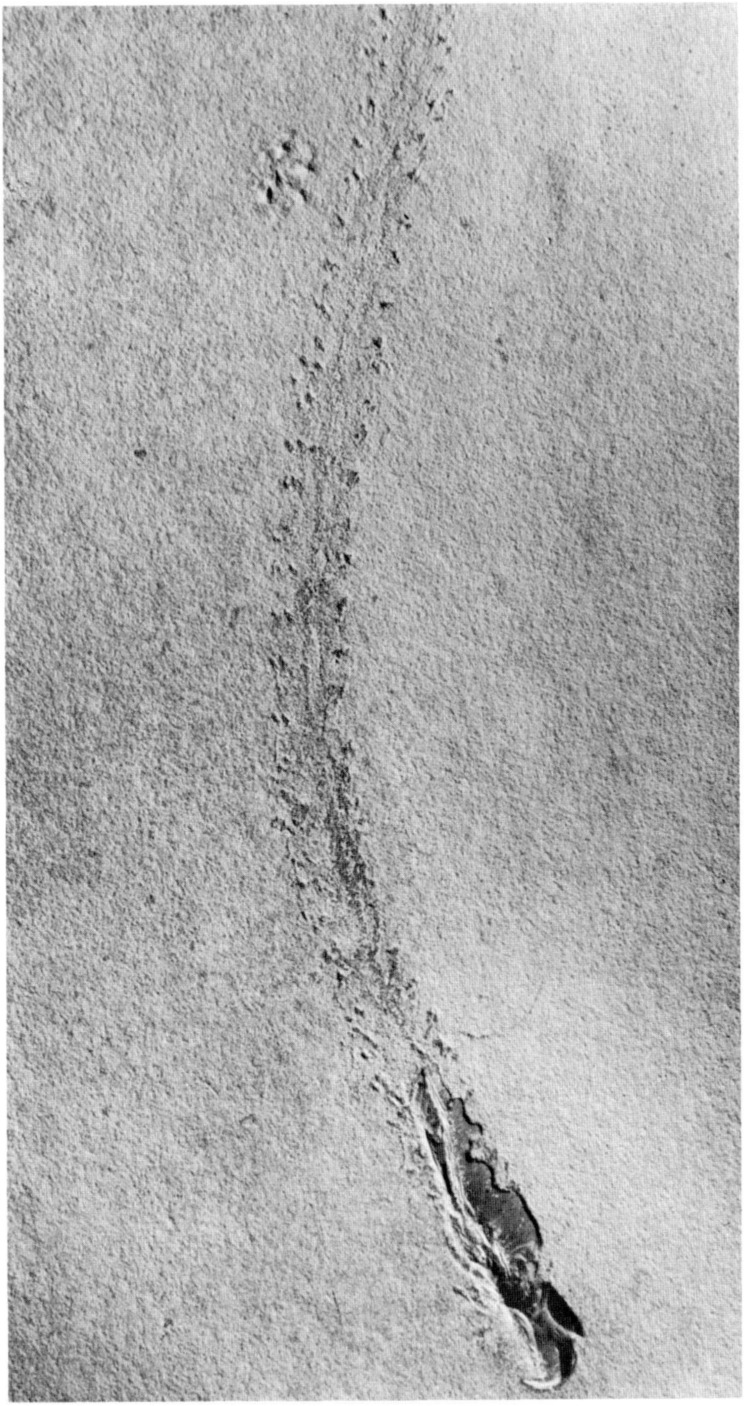

Tafel 43

Fig. 1 *Cancrinos* (Krebs der griechischen Mythologie, den Hera gegen Herakles sandte)

Der wuchtige, pustulierte Vorderleib wird von fast zu stämmigen Beinen getragen. Der Hinterleib wirkt als Anhängsel. Weitaus am merkwürdigsten aber sind die Antennenkolben: Von einem typischen Krebs erwarten wir solche Sinnesorgane in Form zarter, peitschenartiger Fortsätze. – Da das erste Beinpaar nicht mit einer kräftigen Schere ausgerüstet ist, hält man ihn für einen Vegetarier. Beim Herumstöbern in Algendickichten wären Kolbenantennen zudem vorteilhafter als lange Fühler. Heute sind die abgeflachten Bären-Krebse (Scyllaridae) mit schaufelartigen Antennenkolben versehen. Ihr Lebensraum ist Felsgrund und Riff. Über die besondere Funktion der Kolben gibt es nur Vermutungen.

(Cancrinos claviger Münster, Blumenberg bei Eichstätt; größte Distanz Spitze der oberen Antenne/Hinterleibsrundung 209 mm; Museum Fr. Berger, Harthof bei Eichstätt)

Fig. 2 *Eryma* (die Schutzwehr)

Der kleine Reptantier (Panzerkrebs, Unterordnung der Zehnfüßer) ist im Aussehen unserem Flußkrebs ähnlich. Neue Untersuchungen über *Eryma* ergaben, daß wahrscheinlich die Hälfte der Plattenkalkexemplare nur Häutungsreste sind und daß überwiegend jugendliche Krebse gefunden werden. Exuvien (Häutungsreste) unterscheiden sich von den Krebsen selbst durch stark eingeschlagenen Hinterleib, aufgeplatzten Rücken des Brustpanzers, sowie seitliche Einbettungslage. Unser Stück war demnach keine Exuvie.
Eryma lebte im freien, tieferen Wasser nahe der Küste. Sie bevorzugte offenbar weichen Boden, in den sie sich teilweise eingraben konnte. Die Nahrung bestand wohl aus Aas und Kleingetier.

(Eryma modestiformis [Schlotheim], Blumenberg bei Eichstätt; Ende linke Schere bis Körperhinterende 65 mm; BSPHGM 1960 I 169)

Fig. 3 *Sculda* (Zukunftsnorne der nordischen Mythologie)

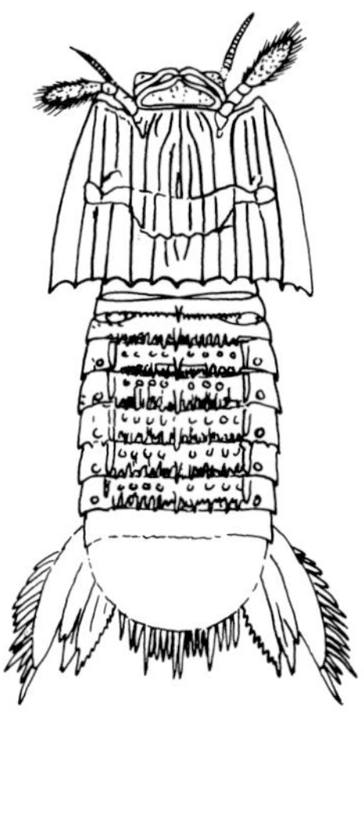

Dieses seltsame Wesen ist ein Heuschrecken-Krebs (Stomatopida). Grobe, leistenartige Verzierungen bedecken den Vorderkörper und Raspelzähnchen die Hinterleibsringe. Fang- und Schreitbeine sind bis auf ein vergrößertes Paar Schwimmbeine unsichtbar. Dieses Paar erscheint umso prominenter, weil das Ende des Hinterleibs nur durch einige Stacheln angedeutet ist (s. die Rekonstruktion in der Skizze). – Heuschrecken-Krebse ergreifen ihre Beute mit den Fangbeinen aus dem Versteck heraus. Als Unterschlupf dienen ihnen natürliche Höhlungen, die im Korallenriff besonders häufig sind. Einige Arten graben sich den Bau selbst.
Sculda ist sehr klein, die größten lebenden Heuschrecken-Krebse erreichen dagegen Längen von über 300 mm.

(Sculda spinosa Kunth, Fundortangabe Solnhofen, wahrscheinlicher Kelheim; Länge über alles 32 mm; BSPHGM AS I 812)

1

3

2

Tafel 44

Fig. 1 *Cycleryon* (der rundlich Bewehrte)

Ein solider, kreisförmiger Kopf-Brust-Panzer mit Pusteln auf dem Rücken schützt den Vorderkörper. Nur die Scherenglieder des ersten, die Endglieder des letzten Beinpaares und die kurzen Antennen ragen darunter hervor. Um die Unterseite kennenzulernen, müssen wir uns Taf. 45 zuwenden. *Cycleryon* hatte eine abgeflachte Gestalt, die für das Leben am Meeresboden günstig war. Wir nehmen an, daß dieser Krebs ein aktiver Räuber nach Art der heutigen Krabben war. Wegen der verhältnismäßig schwachen Scheren kamen für ihn dünnschalige Weichtiere, anderes Kleingetier oder Aas als Nahrung in Frage.
Cycleryon wird nicht oft gefunden.

(Cycleryon propinquus [Schlotheim], Solnhofen; Länge über alles 118 mm; MSAV)

Fig. 2 *Palinurina* (Einschlag-Schwanz; eigentl. entgegengestellter Schwanz)

Hätte *Palinurina* nicht die kräftigen, langen Antennen, möchte man bei ihrem Anblick meinen, das Tier gehöre zu den Spinnen. Allein die fünf Gliedmaßenpaare geben *Palinurina* als Zehnfüßer-Krebs (Decapoden) zu erkennen. Der feingranulierte, gedrungene Vorderkörper geht vorne in die breiten Antennenansätze über. Der Schwanz ist eingerollt.
Palinurina-Larven hatte man lange für ein anderes Tier gehalten und unter dem Namen ‹*Phalagites priscus* Münster› beschrieben (s. die ähnliche *Palpipes*-Larve, Taf. 46, Fig. 2).
Die kleine *Palinurina* dürfte in Spalten und Klüften des Korallenriffs gehaust haben. Unter der Solnhofener Fauna ist sie wohl deshalb einigermaßen zahlreich, weil sie bei schwerer See leichter aus ihrem Unterschlupf gerissen und in die Lagune geschwemmt werden konnte.

(Palinurina longipes Münster, Eichstätt; Länge über alles 92 mm; BSPHGM AS VI 35)

1

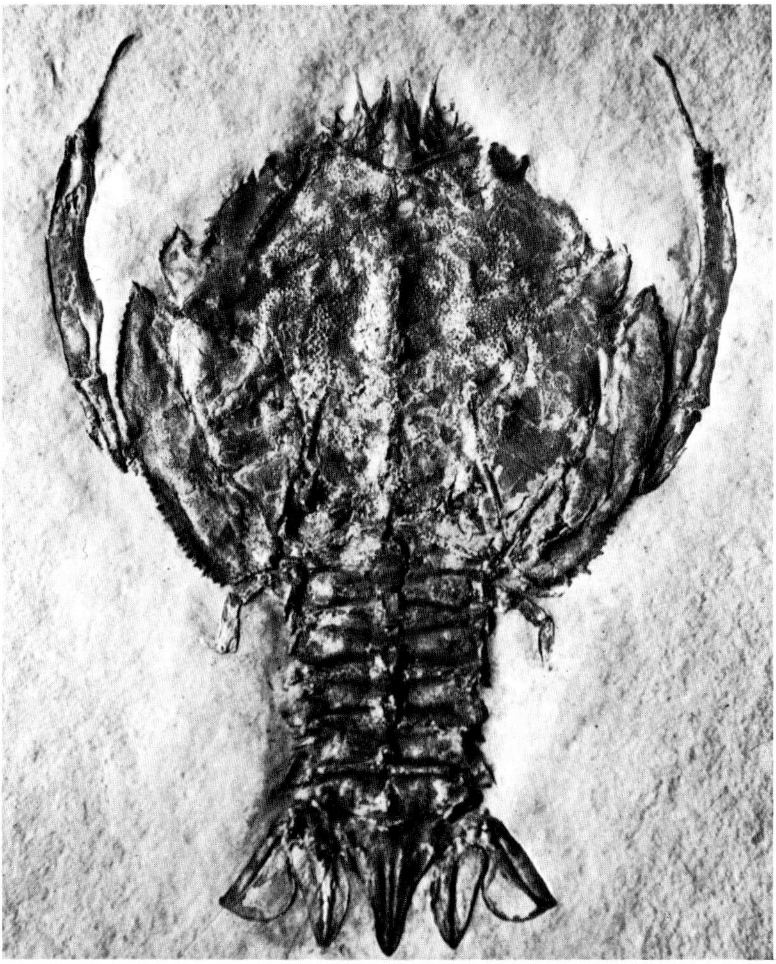

2

Tafel 45

Cycleryon (der rundlich Bewehrte)

Prachtvoll erhalten ist die Unterseite dieses *Cycleryon:* Antennen, Kauwerkzeuge und Schreitbeine liegen ausgebreitet vor uns, als ob sich der Krebs auf einem Präparierbrett befinde. Das Bild gibt preis, was uns auf Taf. 44, Fig. 1 verborgen blieb. Wohlentwickelte Beine sorgten für geschwinde Fortbewegung, die dem räuberischen Krebs unentbehrlich war.
Links oben im Bild vermerkt ein aufgeklebter Streifen «Leuchtenberg'sche Sammlung». Das alte Etikett bringt etwas Historie zum Leben. Eugen Beauharnais, Stiefsohn Napoleons I., war Herzog von Leuchtenberg. Als Fürst von Eichstätt schuf er das dortige Naturalienkabinett. Nach dem Tod des Herzogs ließen seine Frau, eine Tochter des Königs Max I. von Bayern, und ihre Söhne die Sammlung weiterführen. Nach 1852, mit Erlöschen der Linie Leuchtenberg, überführte man den Hauptteil des Kabinetts nach München. Nur wenige Stücke des Kabinetts überstanden in dieser Stadt den Zweiten Weltkrieg.

(Cycleryon propinquus [Schlotheim], Eichstätt; Länge über alles 157 mm; BSPHGM AS V 31)

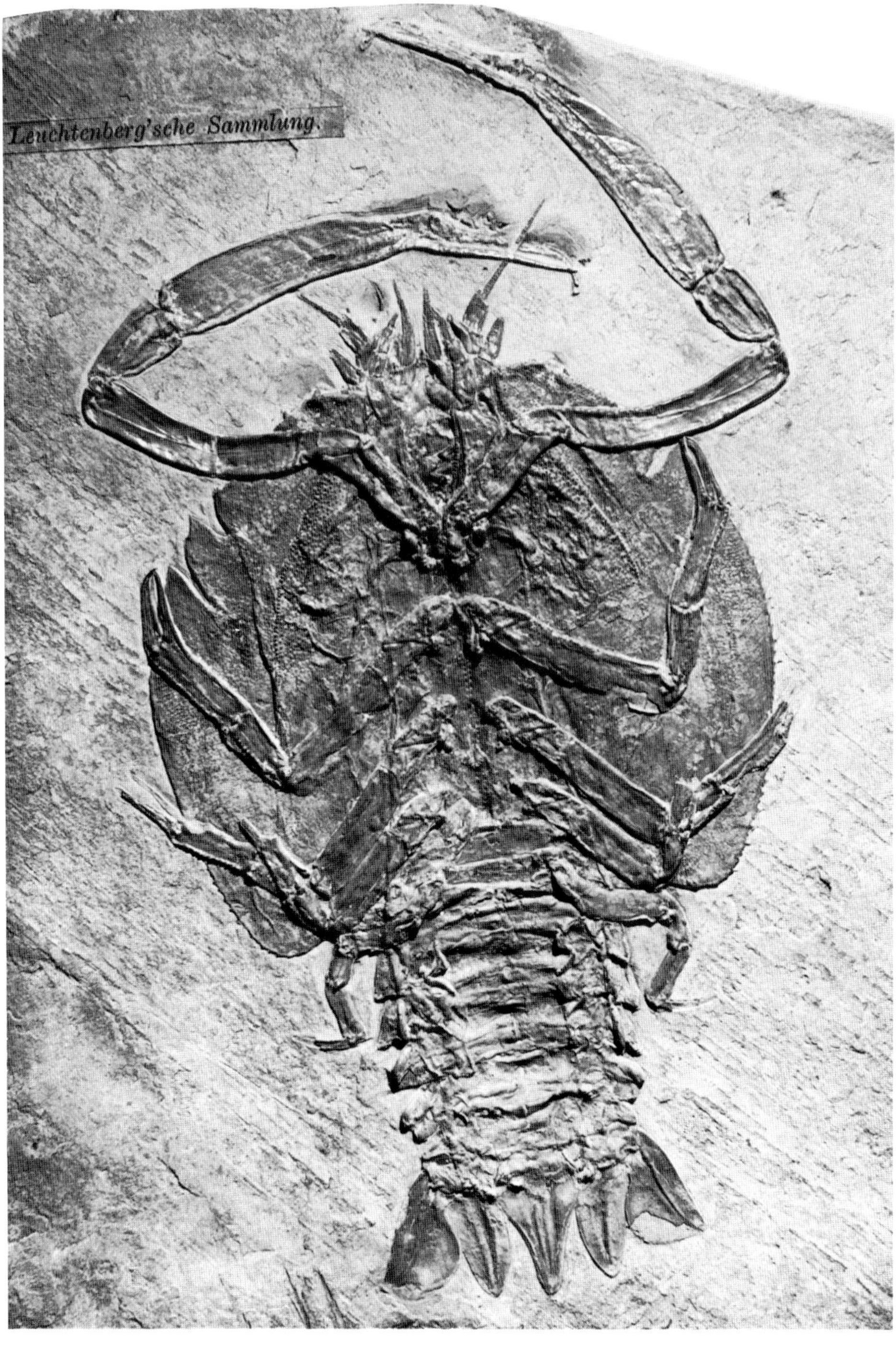
Leuchtenberg'sche Sammlung

Fig. 1 *Magila* (Zorngöttin der nordischen Mythologie)

Zornig könnte man gelegentlich werden, wenn man *Magila* findet. Man sieht oft nur schemenhaft einen kleinen Zehnfüßer-Krebs auf der Platte. Lediglich die beiden unverhältnismäßig breiten Scheren heben sich etwas deutlicher ab. Ist man jedoch mit der Lebensweise der heutigen Verwandten vertraut, wird der Erhaltungszustand klar. *Magila* war ein grabender Krebs (vgl. Skizze links unten). Beim Leben im ‹Untergrund› ist ein dicker, verkalkter Panzer überflüssig. Ausgenommen sind die Scheren, denn sie sind als Grabschaufeln besonders beansprucht. Je weniger aber die einzelnen Panzerpartien Kalk enthalten, umso schlechter sind sie erhalten. Deshalb sind an unserm Krebs die Scheren am besten überliefert. Die Tiere haben Gangsysteme angelegt. Um einen Begriff davon zu geben, zeigt unsere Skizze (nach E. A. Shinn) das Baulabyrinth der *Callianassa* (= schöne Herrscherin) unserer heutigen Meere. Einfachere Bauten hat man auch in Gesteinen der Jurazeit gefunden.
Magila ist verhältnismäßig selten. Die Mehrzahl der Stücke ist auf leicht transportable Häutungsreste zurückzuführen.

(*Magila latimana* Münster, Schernfeld bei Eichstätt; Länge über alles 28 mm; BSPHGM 1964 XXIII 163)

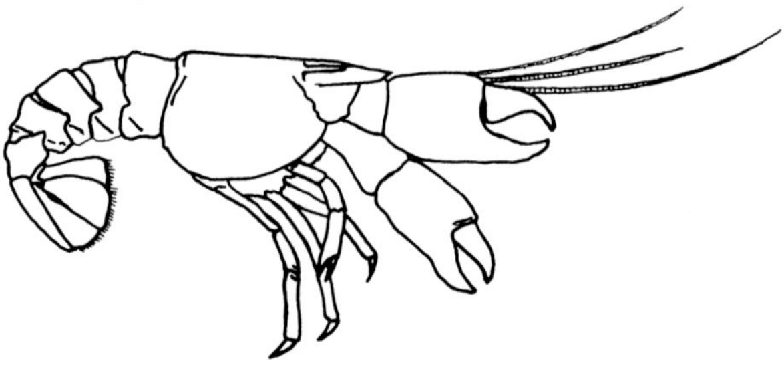

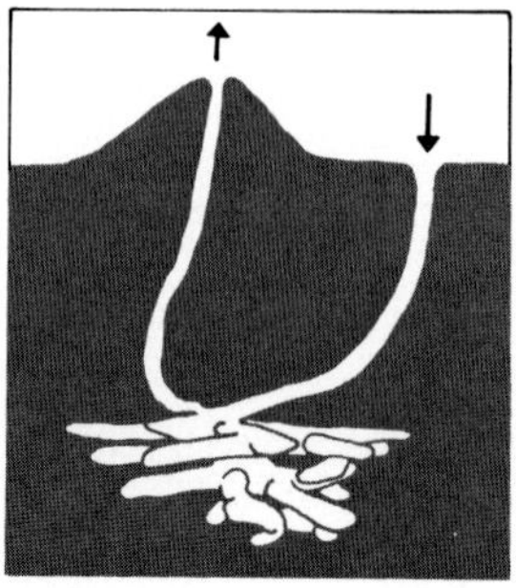

Fig. 2 *Palpipes* (Tast-Fuß; eigentlich Streichel-Fuß)

Man hat früher geglaubt, der nicht seltene *Palpipes* sei ein Pantopode, ein Angehöriger von marinen Spinnentieren (Arachnida). Vergleiche mit verschiedenen Häutungsstadien lebender Krebse ergaben, daß auch *Palpipes* das jugendliche Häutungskleid eines Zehnfüßers (Decapoda) ist (nebenstehende Skizze zeigt eine lebende Phyllosoma-Larve nach H. Polz).

(*Palpipes cursor* Roth, Form B von H. Polz, Schernfeld bei Eichstätt; Distanz zwischen den entferntesten Beinspitzen 45 mm; BSPHGM 1964 XXIII 126)

Fig. 3 *Glyphaea* (die Gravierte)

Glyphaea, ein Panzerkrebs (Reptantia), besitzt einen sehr charakteristisch verzierten Kopf-Brust-Panzer: Pustelreihen vorne, gleichmäßige Granulierung hinten. Auch die wohlentwikkelten ersten Gliedmaßen sind körnig-rauh. Der erste, große Schreitfuß besitzt keine Schere, sondern eine bewegliche Kralle. *Glyphaea* lebte grabend im Sediment.

(*Glyphaea pseudoscyllarus* [Schlotheim], Solnhofen; Länge über alles 111 mm. PAMNHUB)

1

2

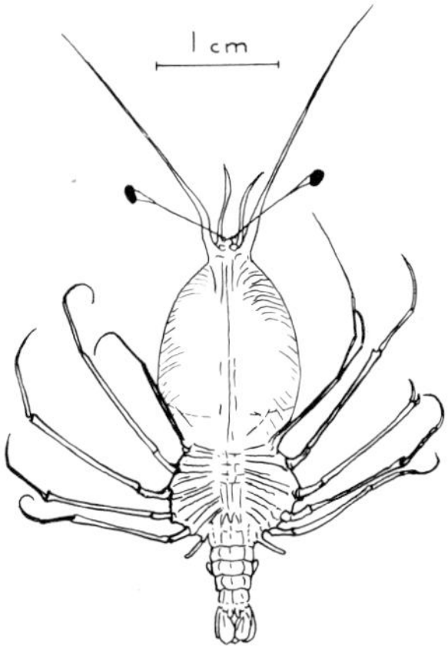

3

Fig. 1, 2 *Limulus* (der Schielende)

Pfeilschwanzkrebse (Xiphosura) sind eine sehr altertümliche Ordnung, die bis ins Kambrium zurückreicht. Seit dem Devon (vor etwa 360 Mio. Jahren) hat sich ihre äußere Form nur wenig geändert.
Ein *Limulus* aus den Plattenkalken kann von den lebenden Verwandten höchstens im Rang einer Untergattung, *Mesolimulus,* unterschieden werden. Der Krebs besteht aus dem großen Kopfschild, keilförmigem Hinterleib mit Seitenstacheln und dem Schwanzstachel. Die Beine sind unter dem Kopfschild verborgen (vgl. Taf. 48 Einsatz).
In den Plattenkalken finden sich fast nur junge Tiere, die sich offenbar in die Lagune verirrten. Von ausgewachsenem *Limulus* (bis fast 800 mm lang bei fast 400 mm Kopfschildbreite) ist bisher nur eine Fährte und der Rest eines Hinterleibs mit Schwanzstachel registriert worden.
Limulus ist sehr widerstandsfähig. Er verträgt Temperaturschwankungen von 0–40° C und Salzgehalte von 0–50%. So ist es kein Wunder, daß unter den extrem ungünstigen Bedingungen in den Gewässern über dem Lagunenboden *Limulus* das einzige Lebewesen war, das längere Fährten hinterlassen konnte. Die spiralige Fährte, an deren Ende unser *Limulus* liegengeblieben ist, beweist, daß das Tier in den sauerstofflosen Gewässern allmählich die Orientierung verloren hatte. Auch Muscheln und Schnecken (Taf. 54) haben in den Plattenkalksedimenten unregelmäßig kreisförmige oder spiralige Spuren gezogen. Wie ein im Wald Umherirrender stets im Kreis marschiert, so wird dieses Phänomen auch in der Tierwelt wirksam. Ich konnte Teichmuscheln beobachten, die sich bei verschlechternden Umweltbedingungen in 8-artigen Schlingen fortbewegten!
Da der abgebildete *Limulus* in der Lage war, bis zuletzt eine ‹Schwimm-Schreit›-Fährte zu hinterlassen, muß sein Ende sehr schnell gekommen sein. Sonst wäre ein anderer Fährtentyp entstanden (vgl. Taf. 48).

(Limulus [Mesolimulus] walchi Desmarest, Maxberg bei Solnhofen; Kopfschildbreite 92 mm; MSAV)

1

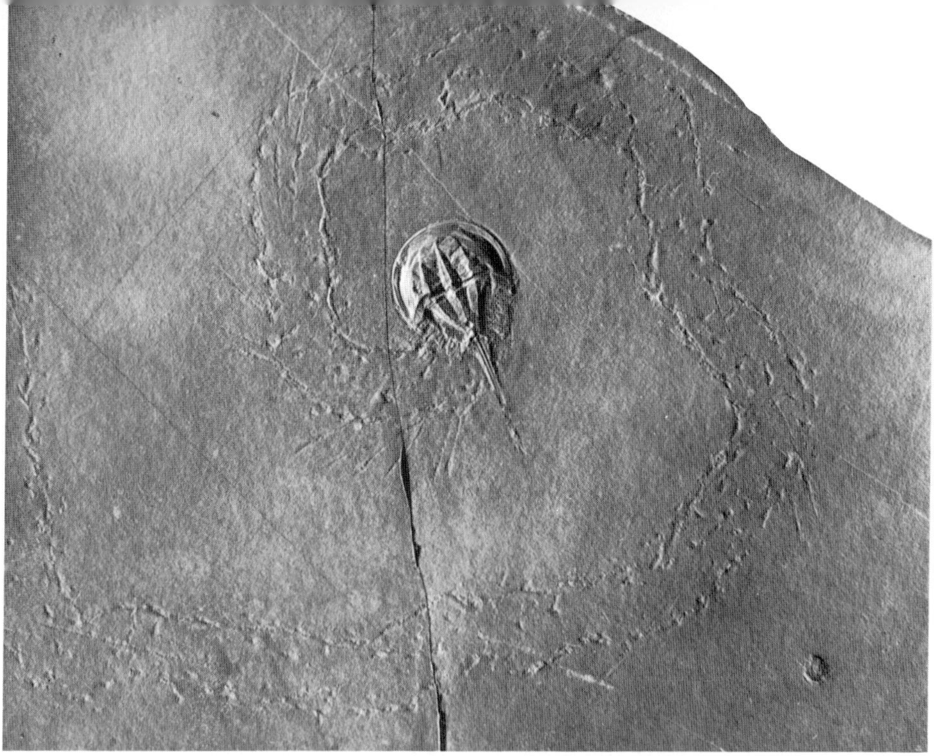

2

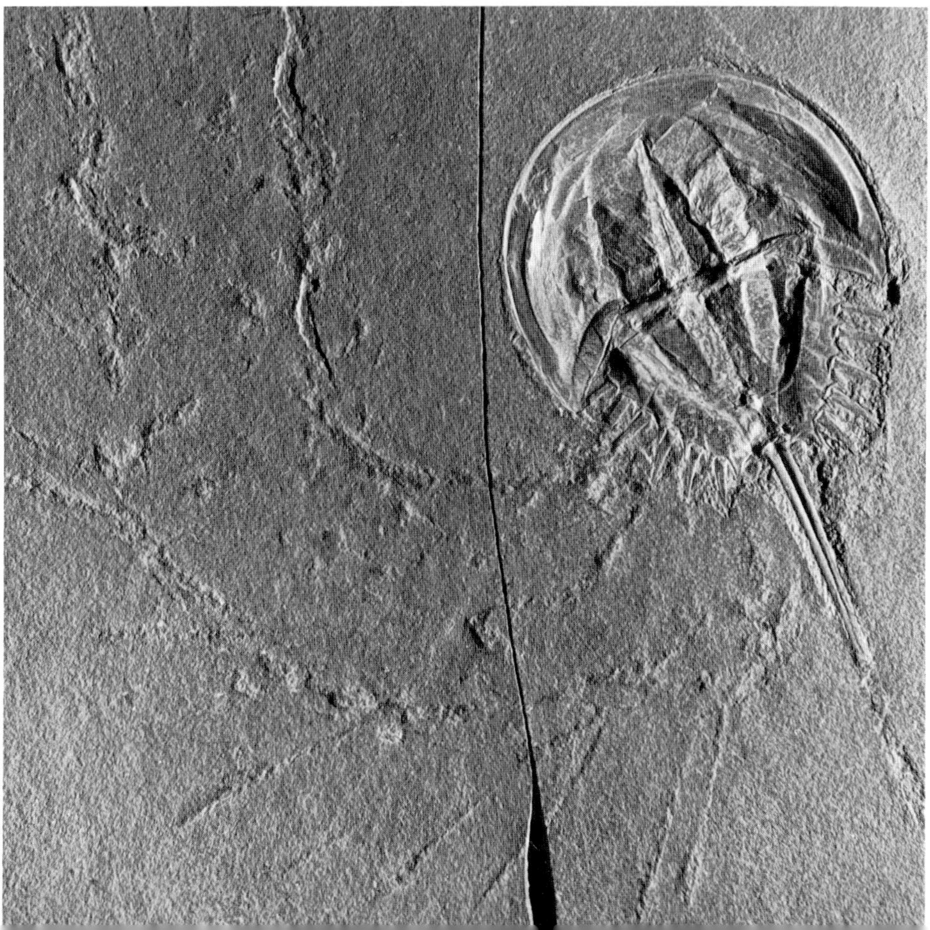

Limulus-Fährte

Unter dem Wasser zeigen normale Fährten von *Limulus* die Abdrücke des Kopfschildes nicht. Demnach könnte es sich hier um eine Fährte handeln, die außerhalb des Wassers auf feuchtem Schlamm angelegt wurde. Man würde dann jedoch aus anatomischen Gründen nur Abdrücke des Kopfschildvorderrandes sowie seiner hinteren Spitzen sehen. Fast durchweg sind auf unserer Platte Eindrücke der ganzen Unterseite bis zum Mund und zur Kiemenabdeckung erhalten. Der Schwanzstachel hinterließ tiefe Furchen. Wir erkennen die Fährte eines völlig erschöpften *Limulus,* der sich selbst mit Hilfe des Auftriebs kaum noch vom Boden abheben konnte. Lediglich mit dem Stachel vermochte er sich noch etwas freizumachen und vorwärtszuschieben. Der sehr weiche Schlamm ließ das Tier immer wieder voll einsinken. Sehr weicher Schlamm bewahrt gute Abdrücke nur unter Wasser.
Im Einsatz unten links ist die Unterseite eines *Limulus* der Gegenwart gezeigt. Die Beine liegen unter dem Kopfschild, im Hinterkörper, trapezförmig eingesenkt, die Kiemen und ihre Abdeckung.
Bevor man die *Limulus*-Fährten von Solnhofen zu deuten wußte, hat man ihnen den Namen *Kouphichnium* (= flüchtige Fährte) gegeben. Nach den Regeln der Namengebung müßte «*Kouphichnium*» als älterer Name den Begriff «*Mesolimulus*» ersetzen. Wir folgen diesen Regeln hier nicht, weil *Kouphichnium* dem Nichtspezialisten keine Hinweise auf das Tier gibt. Eine von verschiedenen Möglichkeiten der Erhaltung und Einbettung ist in der Skizze dargestellt (aus K. W. Barthel, Naturwissenschaften Bd 61, 1974).

(*Limulus [Mesolimulus] walchi* Desmarest, Solnhofen; Spurbreite am Oberrand des Bildes 105 mm; MSAV. – Einsatz: Häutungskleid von *Limulus polyphemus* [Linné], Florida; Länge 141 mm; Privatsammlung)

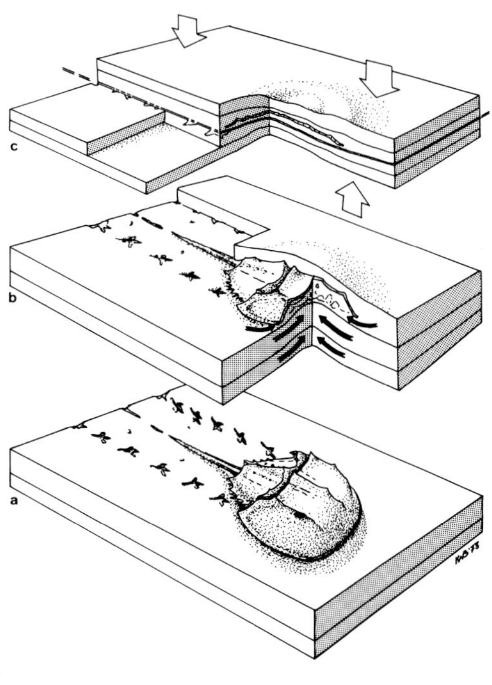

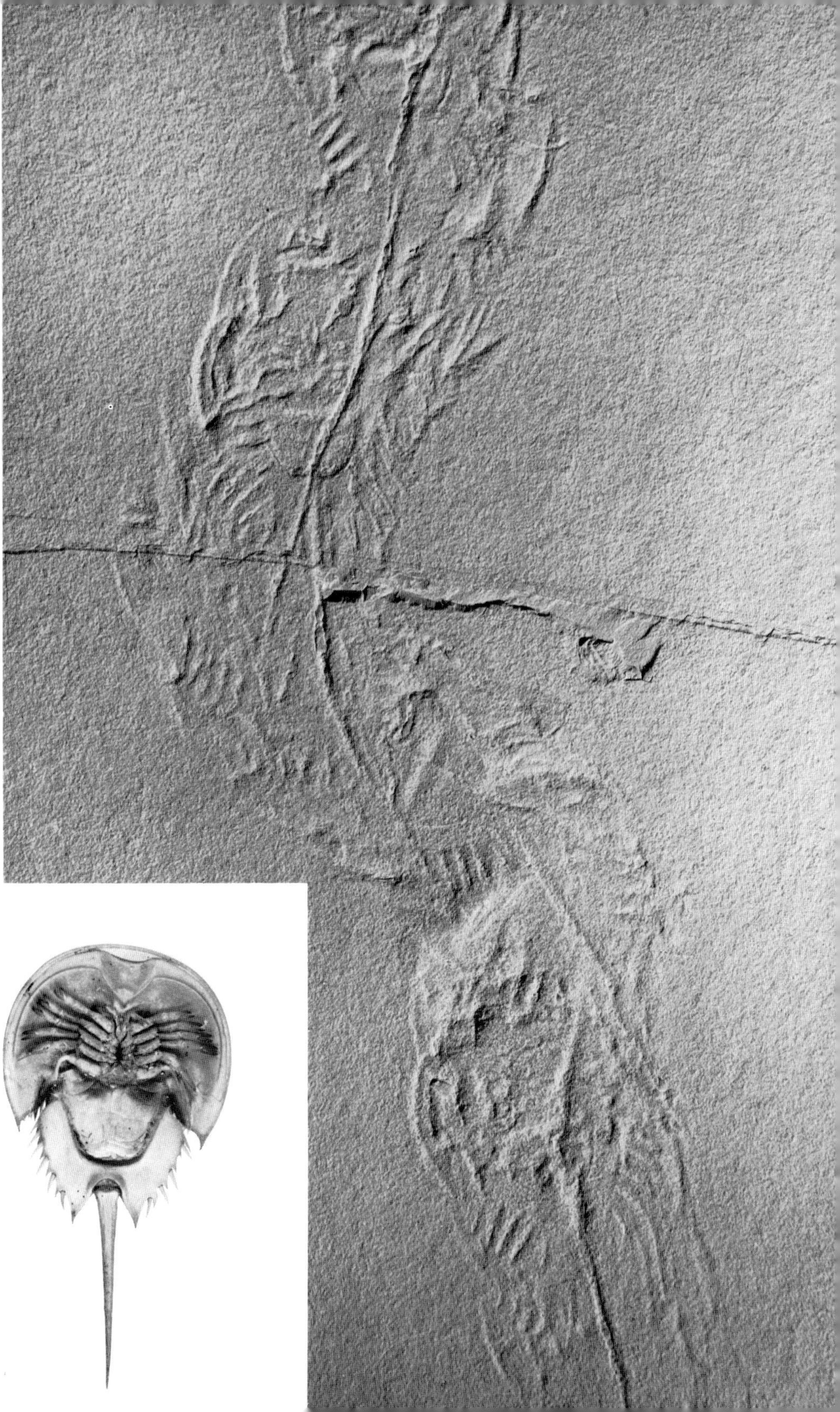

Fig. 1, 2 *Hibolithes* (Stachel-Stein) und *Acanthoteuthis* (Dorn-Tintenfisch)

Belemniten, im Volksmund Donnerkeile oder Teufelsfinger genannt, sind Reste ausgestorbener Tintenfische. Sie stellen nur den Teil des Tieres dar, der aus kohlensaurem Kalk besteht. Im Leben war der «Belemnit» von Weichteilen umgeben. Zusammen mit anderen, wenig erhaltungsfähigen Organen, dem Luftkammerkegel und einer Art Schulp (s. Taf. 50, Fig. 1), bildete er das Stützskelett des Tintenfisches. Dieses Stützskelett ist in die Rekonstruktionsskizze hineingezeichnet. Fig. 1 zeigt den Belemniten mit dem Luftkammerkegel und Andeutungen des schuhlöffelförmigen Schulps, der seine Überlieferung nur den besonderen Bedingungen bei der Bildung der Plattenkalke verdankt.
Man hat vermutet, daß *Acanthoteuthis*-Tiere (Fig. 2) die Weichteile zu den *Hibolithes*-Spitzen waren. Aber erst in jüngster Zeit hat man in den berühmten Lias-Schiefern von Holzmaden Funde von kompletten Belemnitentieren gemacht. Sie bestätigten die Vermutung. Aber damit ist das Problem trotzdem nicht ganz gelöst: Wir müssen damit rechnen, daß es in den Plattenkalken mehrere Belemniten-Gattungen gab. Immerhin sind wir berechtigt, aufgrund der wahrscheinlichen Zusammengehörigkeit von *Hibolithes* und *Acanthoteuthis* den Versuch einer Rekonstruktion zu wagen (siehe Skizze, die Lage des Belemniten und des Schulps sind im Weichkörper besonders hervorgehoben). Belemnitentiere schwammen rückwärts wie alle Tintenfische: Die Spitze diente wohl als Wasserteiler.
Die gegitterte Vertiefung im *Acanthoteuthis*-Körper auf Fig. 2 ist der Hohlraum des Tintenbeutels. Bei manchen Fundstücken enthält er noch pulverisierte Sepiatinte.

(Hibolithes hastatus (Blainville), Solnhofen; nat. Größe; *Acanthoteuthis speciosa* Münster, Eichstätt; Gesamtlänge 395 mm; beide BSPHGM AS VII 498 u. 1894 I 1)

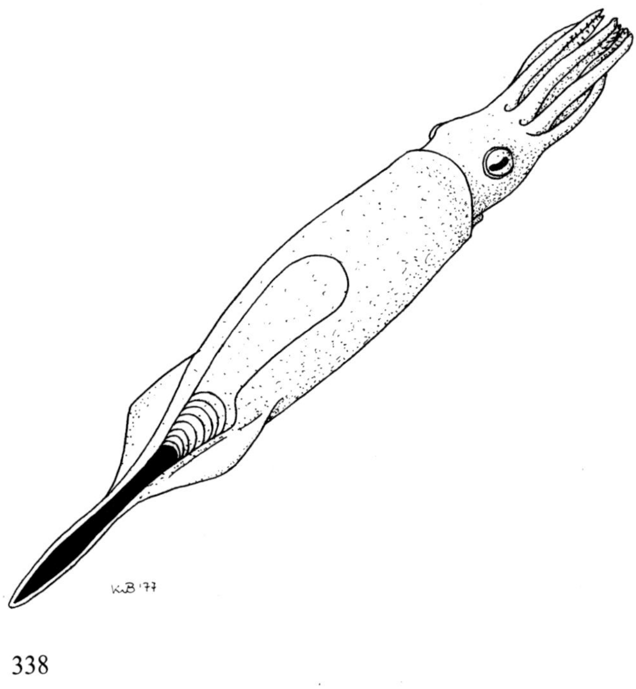

1

2

Taf. 50

Fig. 1 *Trachyteuthis* (Rauh-Tintenfisch)

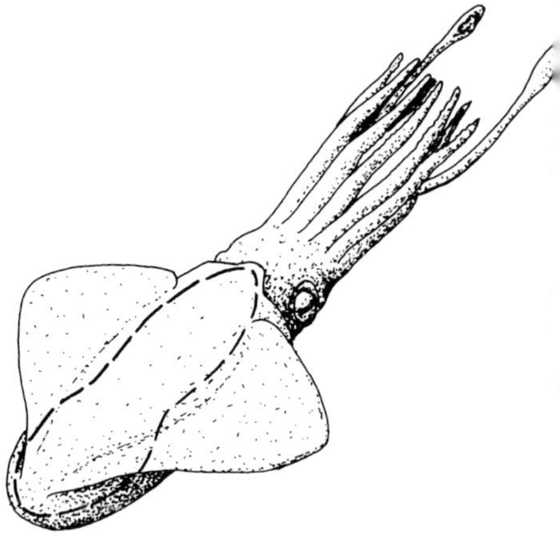

Uns liegt hier nur das verkalkte Stützskelett eines Tintenfisches vor. Es entspricht dem sogenannten ‹Fischbein› des lebenden *Sepia*-Tintenfischs, das wir Vögeln oft zum Schärfen des Schnabels geben.
Die Rekonstruktion (Skizze) veranschaulicht die Lage des ‹Schulps› bei *Trachyteuthis.*
Der Schulp löste sich aus der faulenden, an der Wasseroberfläche treibenden Tintenfischleiche. Beim Auftreffen auf dem Lagunengrund blieb er seitlich im Kalkschlamm stecken und wurde dann durch eine leichte Strömung in die endgültige Einbettungslage gebracht.

(*Trachyteuthis hastiformis* Rüppell, Solnhofen; Länge des Schulps 310 mm; BSPHGM 1973 VII 60)

Fig. 2 ‹*Onychites*› (versteinerte Kralle)

Die Fangarme des Belemniten-Tiers *Acanthoteuthis* (Taf. 49) waren mit zahlreichen kleinen Häkchen besetzt. Tintenfischhäkchen sind umgestaltete und verhornte Teile von Saugnäpfen. Viele lebende Tintenfische sind auch mit solchen Haken ausgerüstet, darunter der bis 18 m lange Riesentintenfisch *Architeuthis.* Aus der Größe des abgebildeten Hakens ist zu schließen, daß sich ähnliche Riesentintenfische in den Meeren des Oberjura aufgehalten haben.

(‹*Onychites*› ist nur eine Formbezeichnung, kein echter Gattungsname; Kelheim; Länge 62 mm (1½ nat. Größe); BSPHGM AS XIX 4. Copyright bei dieser Sammlung. Aufnahme M. Dreßler)

Fig. 3 *Glochiceras* (Spitz-Horn)

Dieser Ammonit ist ein Leitfossil für den jüngeren Abschnitt der Solnhofen Formation, der sich aus den oberen Solnhofener Plattenkalken und den darüberliegenden Mörnsheimer Schichten zusammensetzt. In den Plattenkalken sind die Ammoniten naturgemäß meist verdrückt, während sie in den Mörnsheimer Schichten oft sehr gut erhalten vorkommen, weil Teile des Gesteins vor der Kompaktion verkieselt wurden.
Für *Glochiceras* sind die aus Knötchen und Sichelrippen bestehende Schalenskulptur und die ohrartigen Mündungsfortsätze (wiss. Name!) wichtige Kennzeichen. Manche Wissenschaftler glauben, *Glochiceras*-Schalen gehörten männlichen Tieren und *Taramelliceras prolithographicum* (Taf. 53) wären die zugehörigen Weibchen. Andere Paläontologen lehnen diese Ansicht ab.

(*Glochiceras lithographicum* [Oppel], Mörnsheimer Schichten, Mörnsheim; größter Durchmesser 46,5 mm; BSPHGM 1959 XI 50)

1

3

2

Fig. 1 *Subplanites* (die Beinahe-Scheibe)

Ammoniten der Perisphinctes-Familie haben als Grundtyp der Gehäuseverzierung Rippen, die nach außen hin gabeln. Die Spaltung erfolgt entweder durch einfache Gabelung in zwei Äste oder durch mehrfaches Teilen. Vielfältige Varianten dieser Skulptur machen die Bestimmung von Gattung und Art auch für den Fachmann nicht unbedingt zur reinen Freude. *Subplanites* hat überwiegend einfach gegabelte Rippen. Erst gegen die Mündung teilen sich die Flankenrippen in drei bis vier Äste. Erwachsene *Subplanites* tragen an der Mündung ohrartige Fortsätze (vgl. Taf. 50, Fig. 3). Da diese an unserem Exemplar nicht sichtbar sind, muß es sich um das Gehäuse eines jugendlichen Tieres handeln.
In den inneren Windungen ähnelt *Subplanites* der Gattung *Lithacoceras* (Stein-Horn), bei der sich schon am Jugendgehäuse Rippenbündel zu entwickeln beginnen. Ausgewachsene *Lithacoceras* werden erheblich größer als *Subplanites,* sind ohne Mündungsfortsätze und die Wohnkammer ist mit groben Wülsten beringt.
Das Deckelpaar («Aptychen») der Perisphincten-Wohnkammern trägt an der Außenseite eine eigentümliche Körnung, die zusammen mit dem inneren Bau in den Namen dafür eingegangen ist: «*Granulaptychus*», der Ungeschichtet-Körnige.
Subplanites-Gehäuse sind in den Plattenkalken recht zahlreich, üblicherweise aber verdrückt.

(*Subplanites* sp. mit «*Granulaptychus*», Art unbestimmt, Eichstätt; größter Durchmesser 94,5 mm; kBSPHGM 1964 XXIII 162K7

Fig. 2 *Neochetoceras* (Neu-Rinnen-Horn)

Im Namen wird die vermutete Verwandtschaft mit *Ochetoceras* aus älteren Oberjuraschichten angedeutet. *Ochetoceras* ist durch eine deutliche Rinne auf der Gehäuseflanke ausgezeichnet.
Neochetoceras-Schalen sind schlanke Scheiben. Die äußere Gehäusewindung umfaßt die inneren fast vollständig. Auf unserem Bild ist dies durch die Verdrückung nicht mehr zu sehen. Dagegen ist die Sipho-Röhre (s. Text zu Taf. 52, Skizze) gut zu erkennen. Der Sipho endet mit Beginn der Wohnkammer (rechts unten), in der sich die Weichteile befanden. Die nebenstehende Skizze zeigt den Schnitt durch ein unverdrücktes Gehäuse.
Neochetoceras sind bis auf eine schwache Sichelberippung fast glatt. Wie alle seine Verwandten hat *Neochetoceras* Deckel mit lamellenartiger Außenseite, die «*Lamellaptychus*» heißen.
In den oberen Plattenkalken gehört *Neochetoceras* zu den häufigsten Fossilien und gilt als Leitfossil für die Solnhofen Formation.

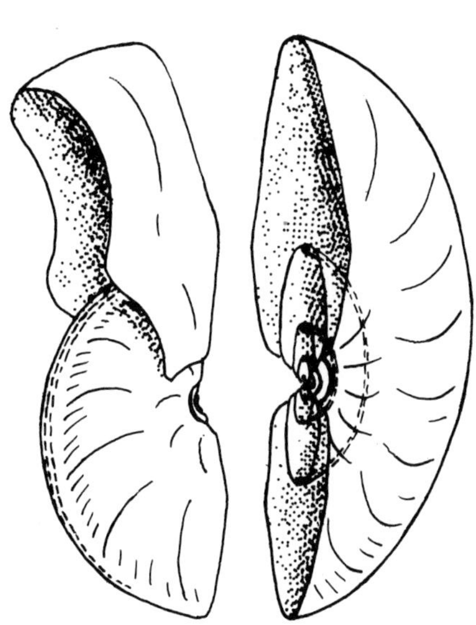

(*Neochetoceras steraspis* [Oppel], Solnhofen; größter Durchmesser 138 mm; MSAV)

1

2

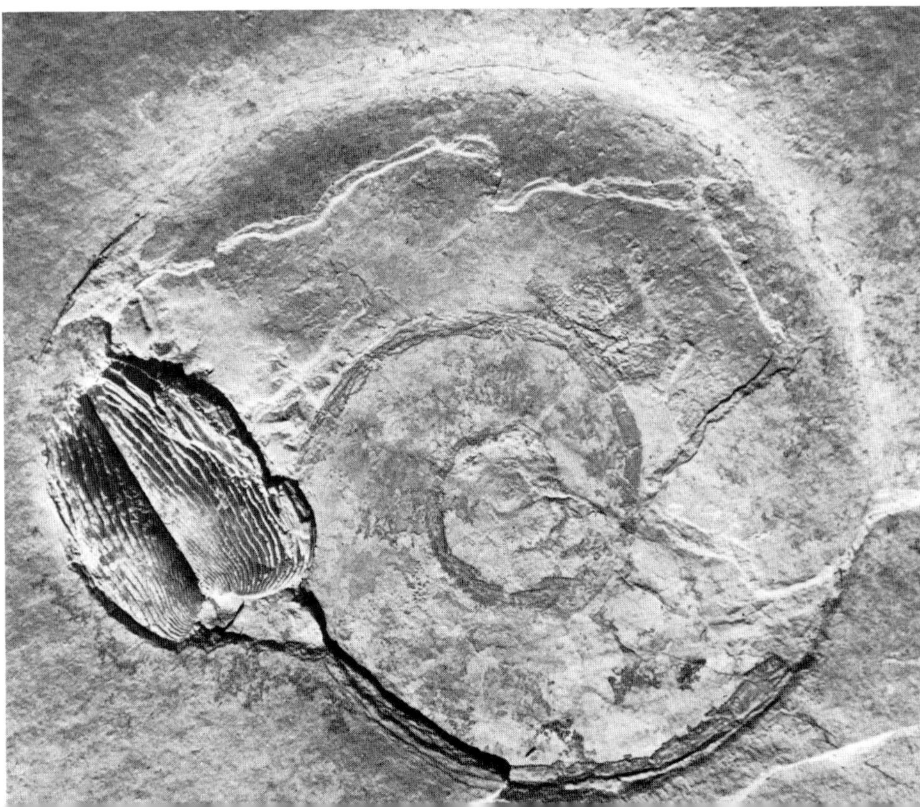

Hybonoticeras (Rückenhöcker-Horn)

Es gibt bessere Fundstücke von *Hybonoticeras* als das abgebildete, aber kaum eines, das die Mündungsdeckel und den Bewuchs von Austern dazu zeigt. Von den charakteristischen Kennzeichen für Hybonoticeraten sind immerhin die weite Spirale und, stellenweise, die inneren und äußeren Flankendornen sowie die verbindenden Rippen ausgeprägt (vgl. auch Taf. 4, Fig. 2). Die nicht sichtbare Außenseite der Schale wird von einer Furche geteilt, die von kleinen Höckern flankiert ist (s. Skizze).
Das Deckelpaar, oder die «Aptychen», präsentiert uns die Innenseiten. Wegen der feinpunktiert-glatten Außenseite hat man diesen Aptychen-Typ als «*Laevaptychus*» (der Ungeschichtet-Glatte) bezeichnet.
Die Art *hybonotum* der Gattung *Hybonoticeras* ist das Leitfossil für die Solnhofen-Formation (s. S. 101f.).
Austernbewuchs auf Plattenkalk-Ammoniten kommt nur gelegentlich vor. Schalen lebender und abgestorbener Ammoniten dienten Austernlarven als Unterlage. Anordnung der Austern auf den Schalen und beidseitiger Bewuchs weisen darauf hin, daß Plattenkalk-Ammoniten noch zu Lebzeiten von den Muscheln besiedelt worden sind. Aus deren Größe können wir schätzen, wie lange der Wirt seine Last herumgetragen haben mag. In unserem Fall war das mindestens ein halbes Jahr. – Ein sehr gut erhaltenes, unbewachsenes Exemplar von *Hybonoticeras* hat Leich (1968, Taf. zu S. 46) wiedergegeben.

An dieser Stelle und mit Hilfe der *Hybonoticeras*-Skizze gehen wir etwas näher auf die Ammoniten ein. Ihren Namen leiten sie vom Widdergehörn ab, das als Symbol des ägyptischen Gottes Ammon galt, und ähnlich diesem Gehörn sind die meisten Ammonitenschalen zusammengerollt. Wir wissen außer einigen Details nur wenig über die Tiere, die in diesen Schalen lebten, denn eindeutige Reste der Weichteile sind immer noch unbekannt. Das Gehäuse ist organisiert wie das des einzigen lebenden Tintenfischs mit äußerlicher Schale, des *Nautilus*. Es besteht aus der Wohnkammer (1) und den Luftkammern (2). Die Wohnkammer ist durch eine Röhre, den Sipho (3), mit allen Luftkammern verbunden, damit der Gas/Wasser-Austausch geregelt werden kann. Auf diese Weise kann das Steigen und Sinken erreicht werden. Die Ammoniten des jüngeren Jura besaßen ein kalkiges Aptychen-Paar (4) zum Verschließen der Wohnkammer. Auch als Kauwerkzeuge, als Unterkiefer, werden die Aptychen gedeutet; sie sollten Widerlager für den hornigen Schnabel (5) sein. Zum Zerreiben der Nahrung diente eine Raspel aus hornigen Zähnchen (6). Über Magen (7) und Darm (8) gelangte der Nahrungsbrei zum After. Der Kot wurde über den Kiemenraum (9) ausgestoßen. Im Kiemenraum befanden sich vermutlich vier Kiemen (10). Das Atemwasser drang durch eine Öffnung (Pfeil) in den Kiemenraum ein, während der Ausstoß über den rohrartigen ‹Trichter› (11, Pfeil) erfolgte. Der kräftige Wasserstrom aus dem Trichter erzeugte den Rückstoß, der die Fortbewegung ermöglichte. Die Beute wurde wohl mit Fangarmen (12) ergriffen. Hochentwickelte Augen (13) sind dabei nützlich gewesen.

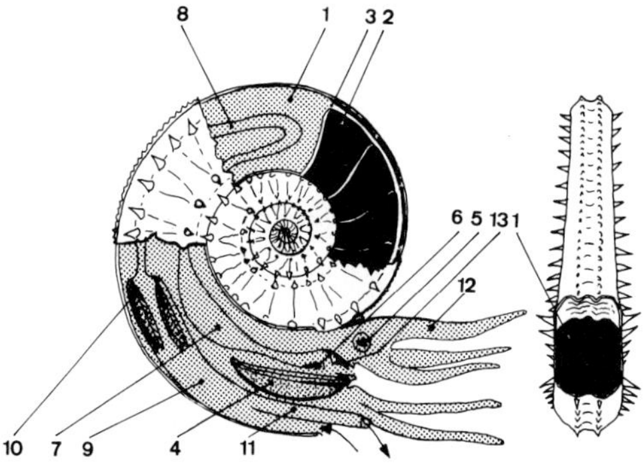

In unserer Rekonstruktion ist das Aptychen-Paar als Teil des Kauapparates dargestellt. Es ist dabei schwer vorstellbar, wie die Aptychen auch als Verschluß funktionieren konnten. Perfekt mit Aptychen verschlossene Ammonitenschalen beweisen diese Funktion eindeutig. Eine Rekonstruktion, nach der die Aptychen nur als Deckel wirksam waren, ist als Skizze zu Taf. 53 nach O. H. Schindewolf ausgeführt, in Analogie zum *Nautilus.*

(*Hybonoticeras hybonotum* [Oppel], Solnhofen [? Eichstätt]; größter Durchmesser 147 mm; BSPHGM AS I 566)

Tafel 53

Taramelliceras (Taramelli-Horn)

In den oberen Plattenkalken sind Ammonitengehäuse stellenweise recht häufig. In der Mehrzahl handelt es sich um *Neochetoceras* (Taf. 51, Fig. 2), *Glochiceras* (Taf. 50, Fig. 3) und *Taramelliceras.* Leider sind die meisten Schalen im Verlauf der Gesteinsbildung sehr verdrückt worden. In den Mörnsheimer Schichten, die über den Plattenkalken folgen, sind sie örtlich schön erhalten (vgl. Text z. Taf. 50, Fig. 3).
Taramelliceras ist durch eine hohe Windungsspirale und das Fehlen von Mündungsfortsätzen von *Glochiceras* zu unterscheiden. Die Schalenverzierung ist ansonst bei beiden sehr ähnlich. *Taramelliceras* wird viel größer als *Glochiceras* und wird von manchen Ammonitenkennern als Weibchen zu *Glochiceras* gedeutet.
Sowohl *Taramelliceras* als auch *Glochiceras* gelten mit den hier genannten Arten als Leitfossil für den jüngeren Abschnitt der Solnhofen Formation. In der Skizze ist der Versuch gemacht, das Ammonitentier zu rekonstruieren, ein anderer Rekonstruktionsversuch befindet sich bei Taf. 52.

(*Taramelliceras prolithographicum* [Fontannes], Mörnsheimer Schichten, Mörnsheim; etwa ⅔ natürlicher Größe; BSPHGM 1959 XI 48)

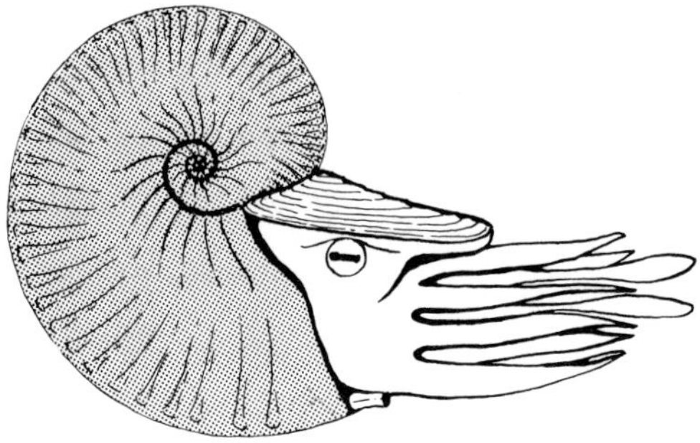

Fig. 1–3 *Solemya* (Röhrenmuschel) mit Kriechspur

Auf dem unwirtlichen Lagunenboden haben sich nur sehr selten Tiere so lange am Leben erhalten, daß sie Spuren hinterlassen konnten.
Fig. 1 und 2 geben solche Ausnahmen wieder. In beiden Fällen handelt es sich um die Muschel *Solemya*, die heute in U-förmigen Bauten im Schlamm lebt. Sie bevorzugt, je nach Art, Tiefen bis hinab gegen 200 m.
Wie die beiden Muscheln in die Solnhofener Lagune gerieten, ist nur zu vermuten. Wahrscheinlich wurden sie durch einen schweren Sturm aus dem Boden ausgespült und mit den Wassermassen in die Lagune verfrachtet. Mit der Scharnierseite nach unten gewandt, sanken beide auf den Meeresgrund. Normalerweise würden sich die Muscheln gedreht und eingegraben haben. Der lebensfeindliche Schlamm erlaubte dies jedoch nicht. So quälten sich die Tiere in ungewohnter Position noch eine Weile entlang der Schlammoberfläche, bevor sie verendeten und die Schalen zu klaffen begannen. Längere Spuren verlaufen unregelmäßig kreisförmig oder spiralig (s. Leich 1968, Taf. zu S. 58).
Fig. 3 ist die Photographie eines vergrößerten Abdrucks des Exemplars von Fig. 2 und verdeutlicht die Schalenverzierung.
Solemya gehört zu den wenigen Muscheln, deren vordere Schalenhälften länger sind als die hinteren.

(*Solemya* sp., Art nicht näher bestimmt; beide Stücke von Eichstätt; Fig. 1 Abguß [eines im Krieg zerstörten Originals der BSPHGM], Muschel 10 mm lang; Fig. 2 Muschel 12 mm lang; beide JME)

Fig. 4, 5 *Rissoa* (Risso-Schnecke) mit Kriechspuren

Was oben für die Muscheln geschildert wurde, gilt auch für die Schnecken. Die wenigen Funde bestehen jeweils aus einer Anzahl kleiner Schnecken, die auf einer Fläche von ein paar Quadratdezimetern Spuren hinterließen. Sie sind offenbar mit Algen driftend an Ort und Stelle gelangt. Rissoen weiden bevorzugt an Algen.
Infolge der mangelhaften Erhaltung ist die Bestimmung nicht einfach und ‹*Rissoa*› als Gattung im weitesten Sinn aufzufassen. Die Gehäuse stimmen gut mit solchen lebender Rissoen überein. Bei dem Individium in Fig. 5 ging die Mündung der Schnecke durch die Sackung des Sediments zu Bruch.

(*Rissoa* sp., Art unbestimmbar, Brüche über Gungolding-Pfalzpaint; Fig. 4, größte Schnecke Bildmitte links 7 mm; Fig. 5 5 mm lang, JME)

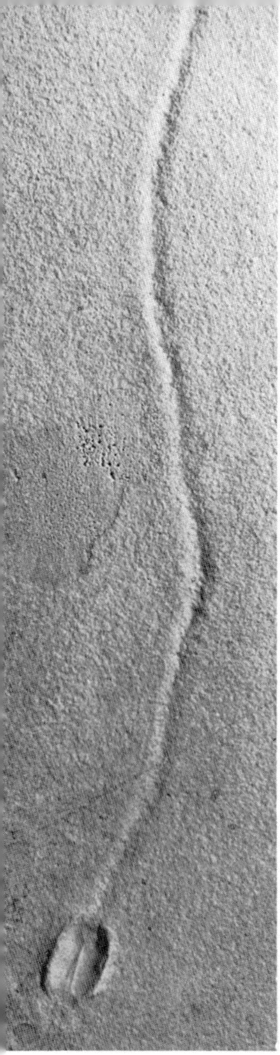

4 △

3

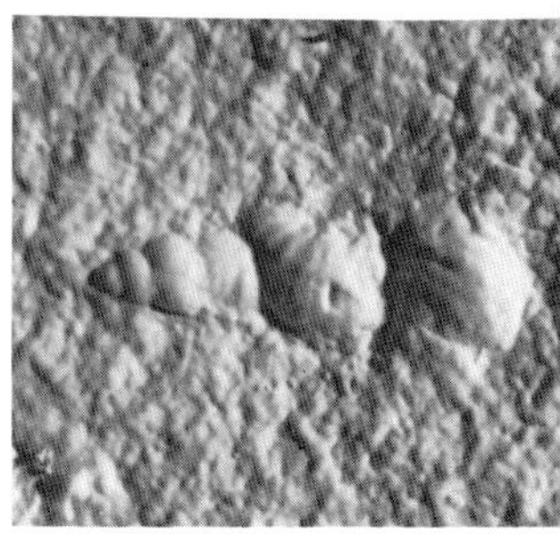

5

Tafel 55

Fig. 1 *Rhizostomites* (versteinerter Wurzelmund)

Schwerelos wie ein Ballon in der Luft schweben die Quallen durch die Meere. Faszinierend, wie sich ein Wurzelmund *(Rhizostoma,* s. Skizze) durch das Wasser pumpt! Auf den Strand geworfen, bleibt von diesem hübschen Wesen nur noch ein Gallerte-Fladen, den die Sonne zu einem papierdünnen Häutchen einschrumpfen läßt. Weil die Tiere zu 98 % aus Wasser bestehen und keinerlei Skelett besitzen, brauchen sie das nasse Element als Stütze.
Umso erstaunlicher bleibt uns daher die wundervolle Erhaltung von Quallen im Plattenkalk. Der prächtige *Rhizostomites* (Abbildung) bietet seine Oberseite dar. Am Rand sind die Ansätze der kurzen Fangarme, in der Mitte die Keimdrüsen abgedrückt. Kreisförmige Muskelrunzeln haben sich auf den äußeren Partien des Schirms erhalten. Stark verkrampfte Exemplare haben zickzackförmige Muskelrunzeln und deshalb unnötigerweise den Namen «*Myogramma*» bekommen. Experimente mit abgetöteten Quallen demonstrieren, daß die Tiere nicht an den Strand geworfen und getrocknet, sondern unter Wasser eingebettet wurden.
Quallen sind Hohltiere (Coelenterata). Der zarte Körper umgreift einen Hohlraum, dessen einzige Öffnung als Mund und After zugleich dient. Pulsierendes Füllen und Entleeren des Hohlraums ermöglichen die Fortbewegung. Die meisten Quallen lähmen ihre Beute durch ein Gift, das in den Nesselkapseln der Fangfäden des Schirmrandes enthalten ist. Andere, so *Rhizostoma,* leben von winzigem Kleingetier und haben dazu keine langen Fangfäden nötig.

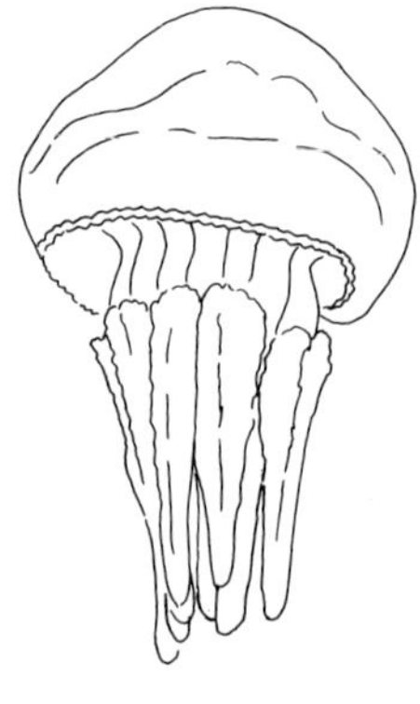

(Rhizostomites admirandus Haeckel, Brüche über Gungolding-Pfalzpaint. Größter Durchmesser 320 mm; BSPHGM 1875 XIV 55)

Fig. 2 *Ctenoscolex* (Kamm-Wurm)

Kaum eine Gruppe fossiler Tiere hat weniger Zeugen in den Plattenkalken hinterlassen als die Würmer. Von ihnen sind wieder nur die Ringelwürmer (Annelida) mit Sicherheit nachzuweisen.
Marine Ringelwürmer bevölkern die Meere in beträchtlicher Zahl. Jeder ihrer Körperabschnitte trägt ein Paar stummelartiger Fortsätze, die mit Borstenbündeln und Kiemen versehen sind. Mit grazilem Schlängeln bewegen sich diese Vielborster (Polychaeta). Tags leben sie im Schutz von Steinen und Algen am Boden, nachts jagen sie schwimmend nach Beute. Andere legen vielgestaltige Bauten im Sediment an.
Ctenoscolex unterscheidet sich von den normalen Vielborstern durch das Fehlen ausgeprägter Borstenträger. *Eunicites,* ein weiterer Plattenkalk-Polychaet, zeigt die Borstenträger deutlich und besser erhalten als den Rest des Körpers. *Eunicites* jedoch besitzt nur oberflächliche Ähnlichkeit mit dem lebenden Paolowurm *(Eunice).* Wir nehmen an, daß *Ctenoscolex* den Paolowürmern nahestand, deren Borsten reduziert sind. Deshalb sind sie auch bei *Ctenoscolex* wohl nicht erhalten.

(Ctenoscolex procerus Ehlers, Zandt; längste meßbare Distanz 71 mm; BSPHGM AS V 26 a)

1

2

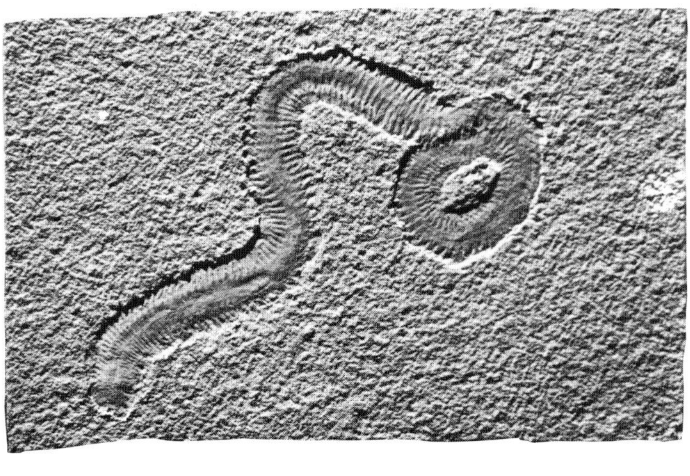

Tafel 56

Tremadictyon (Schlitz-Netz)

Schwämme gelangten kaum in den riff-fernen Lagunenraum. Nur in den riffnahen Wannen werden sie hin und wieder angetroffen. Der Situation gemäß besteht das Sediment dort aus gröberen Bestandteilen, die das Riff geliefert hat (im Bild oben Mitte).
Die Kelchgestalt entspricht der Funktion des Schwamms, der mit einer breiten Wurzel einer Unterlage aufsitzt. Das mit Nahrung, Kleinstlebewesen, beladene Wasser wird durch die Schlitze und Poren der Außenwand angesaugt (vgl. das Schema). In den Kanälen des Schwammkörpers wird die Nahrung aufgenommen, Unbrauchbares wieder abgegeben und durch den Innentrichter ausgestoßen.
Schwämme haben wichtigen Anteil an der Riffgemeinschaft. Durch Auffangen von Schlamm zwischen den einzelnen Schwammindividuen sind sie in der Lage, selbst riffartige Strukturen zu erzeugen (vgl. Farbtafel 2, Fig. 1).
Tremadictyon ist ein Kieselschwamm (Hyalospongea), d. h. sein Stützskelett besteht aus kieseligen, miteinander verwachsenen und verfilzten Nadeln. Heute leben Kieselschwämme nur noch in größeren Meerestiefen. Zur Jurazeit besiedelten die Kieselschwämme in großer Fülle auch flachere Teile der See.

(*Tremadictyon sp.*, Art unbestimmt, Kapfelberg bei Kelheim; größte Diagonalstrecke 144 mm; BSPHGM 1975 I 109)

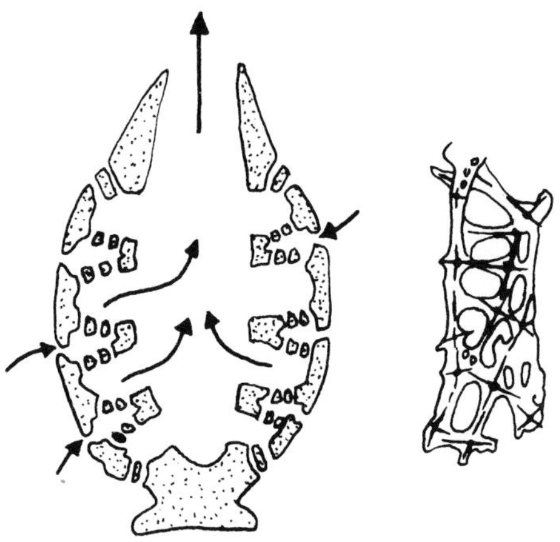

Tafel 57

Tang als Transportmittel

Flache Bereiche des Meeres sind die Heimat vieler Tange. Diese Algen haben sich mit wurzelartigen Gebilden am Grund festgeheftet und wiegen ihre breiten Fächer im Wasserstrom. Stürme reißen Tange häufig mitsamt Stücken ihrer Unterlage los. Der erhebliche Auftrieb der großflächigen Pflanzen vermag dann anhaftende Felsstücke oder Gerölle wie mit einem Ballon weithin zu transportieren. Beide können so in eine völlig fremde Umwelt gelangen.
Fig. 1 zeigt ein Beispiel aus dem Oberen Jura. Ein Tang hat mit seinen Haftorganen einen kleinen Gesteinsbrocken in die Solnhofener Lagune verfrachtet. Von den Korallenriffen, die südlich der Lagune bestanden, ist gleiches Gestein bekannt. Es ist heute in Steinbrüchen bei Neuburg a. d. Donau und bei Saal zu studieren. Der Tang ist also wohl von dort nach Norden getragen worden.
Als Gegenstück aus unseren Tagen ist auf Fig. 2 ein mehr als 2 m langer *Laminaria*-Tang, der auf einem Geröll festsitzt, gezeigt.

(*Phyllothallus latifrons* Rothpletz, Langenaltheim; Entfernung Tangspitze/Unterrand Gesteinsstück 266 mm; JME)

1

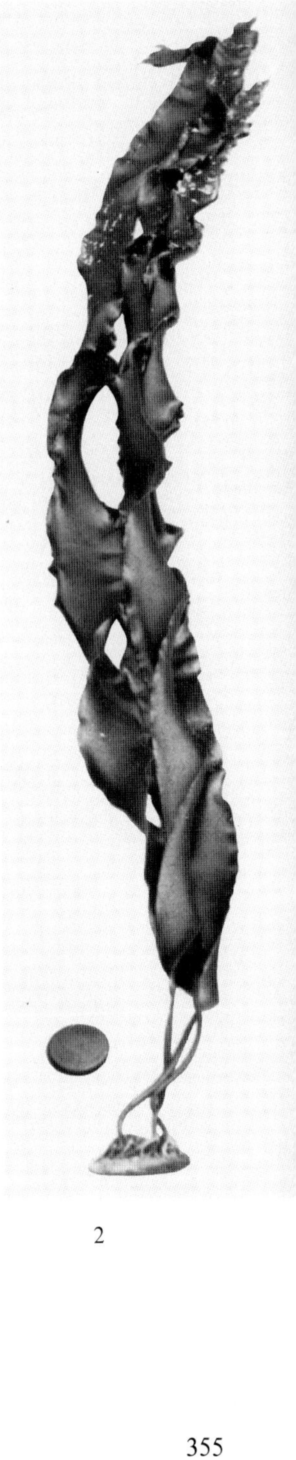

2

Tang als Floß

Tange dienten freischwimmenden Larven von Austern zum Festheften. Nach dem Ansetzen bildeten die Larven Schalen aus (Fig. 2) und drifteten in der See mit dem Tang als Floß (Fig. 1, 3). Als die Austern so stark herangewachsen waren, daß sie die Tragfähigkeit des Tanges erheblich gemindert hatten, sanken Floß und Besatzung auf den Meeresboden.
Es darf angenommen werden, daß die Besiedlung mit Austern erst während des Driftens erfolgte. Aus der Größe der Muscheln ist auf die Dauer der Drift seit dem Austernbefall zu schließen.
Die Transportfunktion driftender Gegenstände, von Tangen, Holz oder leeren Ammonitengehäusen u. a. erklärt das Vorkommen vieler festsitzender Lebewesen in der Lagune. Einmal von ihrem Floß herabgefallen (Fig. 3 rechts unten), stellen sie auf dem unbelebten Lagunenboden einen Fremdkörper dar, ebenso wie ein abgesunkenes Floß selbst.
Fig. 1 zeigt eine blätterige Schichtoberfläche, wie sie für die dünnlagigen, tonreicheren Fäulen charakteristisch ist.

(Fig. 1, 2: *Phyllothallus latifrons* Rothpletz, Haunsfeld bei Mörnsheim; nat. Größe, Einsatz: doppelte nat. Größe; BSPHGM 1975 I 132 Aufn. B. Kleeberg. Fig. 3 wie Fig. 1, 2, Solnhofen; größte Erstreckung des Tanges 185 mm, PAMNHUB)

1

2

3

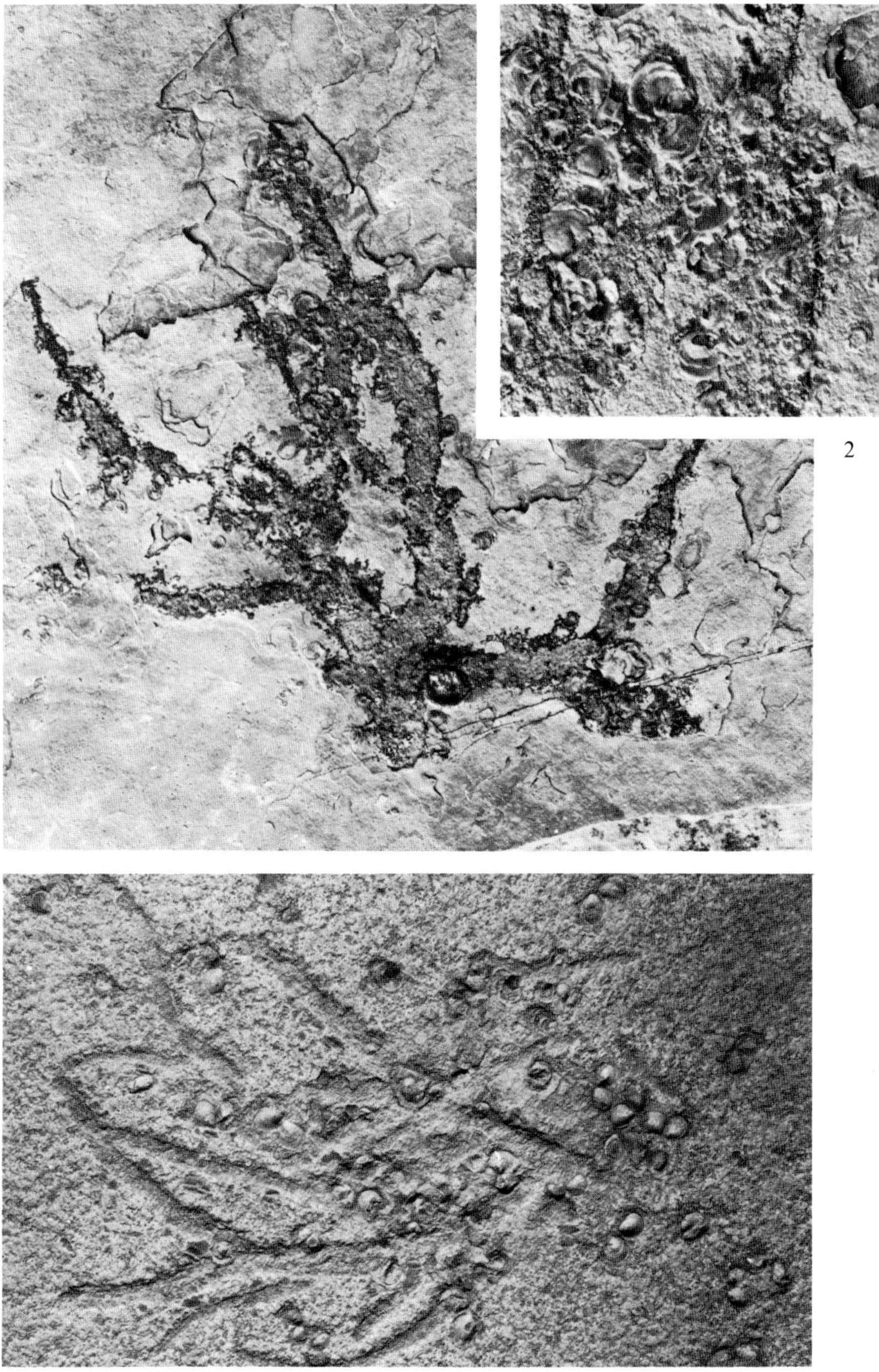

Tafel 59

Gefressener *Caturus*

Hier hat den Jäger das Schicksal des Gejagten ereilt.
Der wie ein Rollmops zusammengebogene *Caturus* hatte zu Lebzeiten immerhin eine Länge von 500 mm. Alle Skeletteile sind noch im Verband. Es war daher ein Räuber von beträchtlicher Größe, der diesen Fisch als Ganzes schlucken konnte.
Dafür kämen einmal Fische von erheblichen Dimensionen in Frage, sodann die Hochseekrokodile *Geosaurus* und *Steneosaurus,* dazu Ichthyosaurier und Plesiosaurier. Krokodile sind wohl auszuschließen, weil ihre Magensteine das Skelett zerrieben hätten. Blieben Ichthyosaurier, Plesiosaurier und Großfische. Dem *Lepidotes* (Taf. 25) schreibt man ausgespiene Ballen aus zerknackten Weichtierschalen zu. Auch Haie schlingen ganze Beutetiere und würgen oftmals Unverdauliches aus. Inwieweit die genannten Saurier dies zuwege brachten, ist unbekannt.
Durch den Schlund ausgebrachte unverdauliche Nahrungsreste sind als ‹Speiballen› anzusprechen.
Enthält die Solnhofener Fauna außer Wirbeltieren noch Raubzeug, das imstande gewesen wäre, unseren *Caturus* zu verschlingen? Erinnern wir uns an den großen Tintenfisch-Haken auf Taf. 50. Riesentintenfische sind bekannt dafür, daß sie nach Fischen jagen, jedoch zerkleinern sie ihre Nahrung.
Nach allem erscheint ein Hai noch am wahrscheinlichsten als Vertilger des *Caturus.*

(Caturus [Strobilodus] sp., Blumenberg bei Eichstätt; größter Durchmesser 157 mm; BSPHGM 1964 XXIII 111)

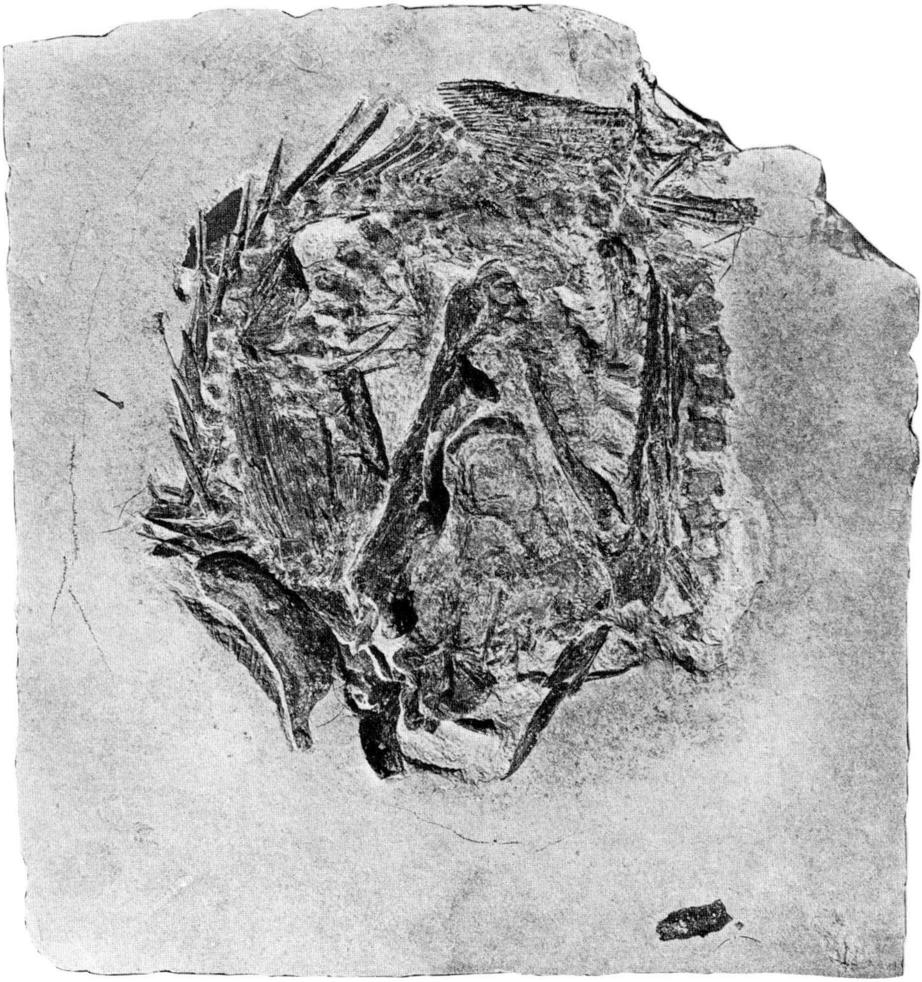

Tafel 60

Fig. 1 Kotschnur eines Hais

Kotschnüre von wenigen Zentimetern Länge findet man allenthalben in den Plattenkalken. Sie stammen überwiegend von Fischen. Diese Aussage ist möglich, weil man sie auch im Zusammenhang mit den Tieren nachgewiesen hat. Bei der Fossilisierung ist die ursprüngliche Substanz in Kalkphosphat umgewandelt worden.
Größere Kotschnüre sind schwerer zu deuten, denn sie könnten auch von anderen Wirbeltieren stammen. Ein gewisses Indiz bietet die spiralige Anordnung im dickeren Teil der Schnur. Die Schnur muß deshalb von einem Tier mit Spirallamellen im Enddarm abgesondert worden sein. Neben einigen primitiven höheren Fischen sind besonders die Haie mit Spirallamellen ausgestattet. Wir dürfen deshalb mit einiger Wahrscheinlichkeit annehmen, daß wir in der abgebildeten Schnur die ‹Hinterlassenschaft› eines Hais vor uns haben. Auch sie ist in phosphatische Substanz umgewandelt worden.

(Hai-Kotschnur, Langenaltheim; größtes direktes Maß 145 mm; Sammlung, Präparation und Photo Kapitän G. Brassel, Flensburg-Mürwik)

Fig. 2 «*Lumbricaria*» (zum Regenwurm Gehörendes)

Lumbricaria ist häufig und in jeder Sammlung anzutreffen. Die Beschaffenheit unterscheidet sie eindeutig von Fischkotschnüren: *Lumbricaria* besteht aus kohlensaurem Kalk. Untersuchungen mit dem REM erwiesen, daß die Oberfläche dicht gedrängt die Reste der freischwimmenden Seelilie *Saccocoma* (Taf. 29) enthält. Die verschlungene Art und Weise der Schnuranordnung macht es sehr wahrscheinlich, daß *Lumbricaria* von Tintenfischen ausgestoßen wurde: Die Häufigkeit von *Lumbricaria* und Tintenfischen in den Plattenkalken zeigt eine gegenseitige Beziehung.
Bisher galt *Lumbricaria* als Kot von Fischen oder Seegurken (Holothurien). Fischkot ist, wie wir oben feststellten, phosphatisch erhalten und nie so verschlungen. Exkremente von Holothurien haben zwar gewisse Ähnlichkeiten, bestehen aber zumeist aus gefressenem Sediment und sind einfacher im Bau.

(«*Lumbricaria*» sp., Art unbestimmt; Schernfeld bei Eichstätt; größtes direktes Maß 102 mm; BSPHGM 1964 XXIII 161)

1

2

Fig. 1, 2 Scharrkreis

Der Anblick dieser Platte (Fig. 1) erinnert an abstrakte Graphik: In der Mitte ein Fischschwanz, dazu ein Haufen Gräten. Umgeben ist das Ganze von einem Kreis länglicher Eindrücke und, noch weiter außen, einem unregelmäßigen, flachen Wall.
Gerade dieser rätselhafte und einzigartige Fund erweist sich aussagekräftig für die Beurteilung der Umweltbedingungen während der Bildung der Plattenkalke.
Eine verhältnismäßig einfache Deutung besagt, daß ein gestrandeter Fisch zappelnd versuchte, das Wasser wiederzugewinnen. Also hätte sich das Wasser damals vom Lagunenboden zurückgezogen und wir hätten einen Zeugen von Trockenlegung vor uns?
Intensivere Betrachtung der Platte läßt jedoch Zweifel an dieser Erklärung wachwerden. Warum ist nur der Schwanz des Fisches gut erhalten, der Vorderkörper hingegen nicht? Warum sind keine Körper-Eindrücke des umherschnellenden Fisches sichtbar, sondern nur solche, die allenfalls auf die Schwanzflosse zurückzuführen sind? Und: wodurch entstand der äußere Wall?
Um dem Problem auf die Spur zu kommen, habe ich Experimente mit Kalkschlamm, wie er sich heute im Meer um Florida und auf den Bahama Banks bildet, durchgeführt. Sie ergaben: Eine noch unverfestigte Schicht von Kalkschlamm überzog eine bereits zähere, ältere Lage. Bewegte man ein einseitig verankertes Objekt in diesem System, so wurde durch diese Bewegung der noch lockere Schlamm nach allen Seiten weggefegt. Das Objekt war in unserm Fall eine verrottende Fischleiche. Ihr stärker verwester Vorderteil klebte an der zähen Unterschicht. Der kaum zerfallene Schwanz stand noch durch einige Gewebestränge mit den anderen Körperresten in Verbindung. Sobald wechselnde Strömung einsetzte, wurde der Schwanz davon erfaßt und um seine Verankerung gewirbelt. Dabei konnten nur die Spitzen der Schwanzflosse einen Kreis kleiner Eindrücke hinterlassen. Zugleich war der lockere Schlamm nach außen gepreßt worden und bildete einen Wall.
Das Prinzip dieses Vorgangs wird bei Wanderungen durch Stranddünen immer wieder vor Augen geführt. Manches Büschel Dünengras ist nämlich von kreisförmigen Marken im Sand umgeben. Windböen bringen die langen Blätter in Schwingungen und lassen sie im Sand «Scharrkreise» bilden (Fig. 2). Scharrkreise entstehen also durch das Zusammenspiel eines verankerten Gegenstandes an der Grenze zweier Medien, hier Luft und Sand. Daß das gleiche Prinzip auch unter Wasser funktioniert, zeigt die Platte. Auch sie ist ein Scharrkreis, der Wasserbedeckung und Strömungen anzeigt.
Das Ergebnis unserer Betrachtung deutet also eher auf dauernde Meeresbedeckung, als auf episodisch trockengelaufenen Strand (vgl. S. 196).

(Scharrkreis, Mühlheim bei Mörnsheim; Entfernung zwischen den beiden Schwanzspitzen 66 mm; JME)

1

2

Tafel 62

Strömungsbeanspruchung

Außer Fossilien haben die Plattenkalke viele ungewöhnliche Erscheinungen konserviert. Die rundlichen, unregelmäßig verteilten Strukturen der abgebildeten Platte finden sich im Gungolding-Pfalzpainter Bruch-Revier.
Sie wurden als Einschläge großer Hagelkörner gedeutet. Voraussetzung für diese Ansicht wäre sehr geringe Wasserbedeckung oder Abwesenheit von Wasser über dem Kalkschlamm gewesen.
Versuche im Strömungskanal, durchgeführt von amerikanischen Wissenschaftlern, weisen auf eine Ursache hin, die mit anderen Befunden übereinstimmt (vgl. Text zu Taf. 63, Fig. 1). Man stellte nämlich fest, daß frisch abgelagerter Tonschlamm Wasser, das zwischen den einzelnen Partikeln gefangen ist, recht schnell wieder abgibt. Dabei treten die Tonpartikel dichter zusammen, der Ton ‹setzt› sich. Durch das entweichende Wasser wölbt sich die Oberfläche des Sedimentes zu kleinen Buckeln empor. Die Buckel werden von der Strömung abgerissen; es entstehen nun Grübchen, die ihrerseits teilweise von nachfallendem oder antransportiertem Material gefüllt werden. Transportiertes Material bleibt gelegentlich auch auf der Tonoberfläche liegen und bildet kleine Erhabenheiten.
Da sich Kalkschlamm ähnlich verhält, darf man die geschilderten Vorgänge und ihre Wirkungen auch auf die Plattenkalke übertragen. Auf der Abbildung sind somit durch Strömungs-Beanspruchung hervorgerufene Strukturen wiedergegeben. Das rauhe, bildüberquerende Band war ein Streifen besonders kräftiger Strömung und stärkeren Materialtransports.

(Reduziert auf die Hälfte natürlicher Größe; Bruch im Wald westlich der Straße Gungolding–Hofstetten; BSPHGM 1975 I 130, Aufnahme B. Kleeberg)

Fig. 1 Strömungsbedingte Strukturen

An einigen Stellen des Lagunenbodens, besonders an engen Verbindungen zwischen Wannen, müssen zeitweise beachtliche Strömungen geherrscht haben. Bei Geschwindigkeiten von über 1 Meter pro Sekunde wird sogar der schwer bewegliche, abgesetzte Kalkschlamm ausgeräumt und weggeführt. Da Untergrund und Wasserstrom nicht völlig gleichmäßig sind, entstehen gewellte Furchen und Grate in der Strömungsrichtung (Skizze, oben).
Ähnliche aber regelmäßigere Strukturen sind die Rippelmarken; sie liegen quer zur Richtung der Wasserbewegung.
Strömungsrippeln (Skizze, Mitte) haben steile Luv- und flache Leehänge. Im Luv wird abgetragen, im Lee Sediment abgesetzt. Die Strömungsrichtung ist somit nachträglich zu rekonstruieren. Bei Oszillationsrippeln erfolgt kaum Sedimenttransport (Skizze, unten). Hin- und Herbewegung des Wassers bewirkt gleichseitige Rippelberge.

(Ausräum-Strukturen [engl. ‹scour structures›]; Brüche über Gungolding-Pfalzpaint; nat. Größe; BSPHGM 1975 I 131. Aufnahme B. Kleeberg)

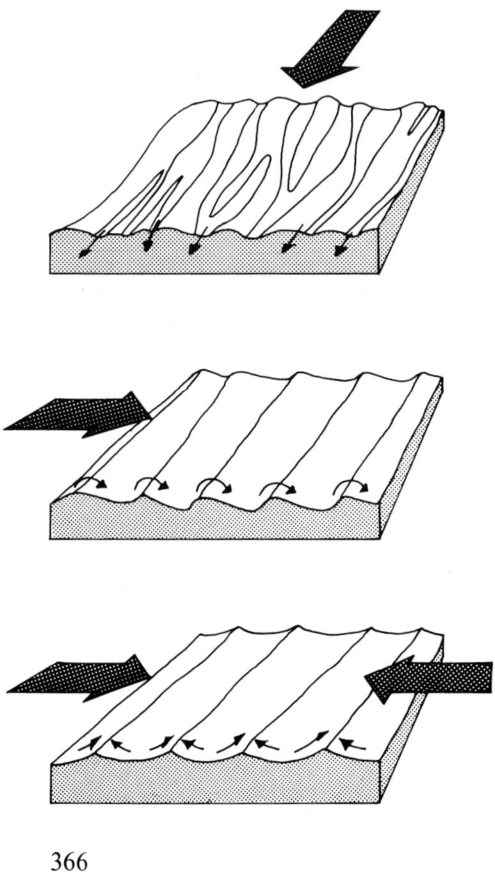

Fig. 2 Dendriten (versteinerte Bäume; dendron, griechisch = Baum)

Dendriten sind häufige Erscheinungen. Es sind schwarze oder bräunliche moos- oder bäumchenartige Zeichnungen auf den Schichtflächen von oft wundervoller Komposition. Mit pflanzlichen Gebilden haben Dendriten jedoch nichts zu tun. Sie entstanden durch Ausfällung von mineralischen Stoffen, die in Wasser gelöst zwischen die Schichten gelangten. Bräunliche Dendriten verdanken ihre Färbung wasserhaltigen Eisenoxiden, die schwarzen Dendriten solchen des Mangans.
Unser Bild zeigt einen kleinen, scheibenförmigen Fisch der Gattung *Gyrodus* (Rundzahn) entlang dessen Kontur Manganlösungen bevorzugt vordringen konnten. Von dort nahmen sie ihren Weg in die Schichtfläche, wo die Ausfällung stattfand. So sieht unser *Gyrodus* scheinbar rings mit ‹Moos› bewachsen aus.
Die schönsten Dendriten finden sich in den Brüchen über Eichstätt, besonders bei Wintershof.

(*Gyrodus* sp., Art nicht näher bestimmt, Eichstätt; größte Breite 59 mm; IGPTUB, Aufnahme B. Kleeberg)

1

2

Fig. 1, 2 Rollmarken von Ammonitenschalen

Nach dem Tod wurde der Körper des Ammonitentieres schnell von seiner Schale getrennt. Die Schale konnte wegen ihres Auftriebs durch das Luftkammersystem (Taf. 52, Skizze) noch eine Weile im Meer treiben, bis die Kammern schließlich über den Verbindungsstrang (Sipho) mit Wasser gefüllt waren. Die Anordnung der Kammern bewirkte, daß das Gehäuse angenähert in Lebensstellung umhertrieb und auf Grund ging. In dieser Position (Fig. 2, ganz links) blieb es meist am Boden, bis es umkippte. Dadurch wurde die Aufsetzmarke sichtbar (Fig. 2, links unten). Hatte nach dem Aufsetzen eine leichte Strömung das Gehäuse von der Seite erfaßt, wurde es geschleppt; parallele Streifen blieben im Sediment zurück (Fig. 2, Mitte und links oben).
Griff die Strömung auf der Schmalseite berippter Gehäuse an, wirkten die Rippen wie die Blätter eines Mühlrades, und die Schalen begannen zu rollen. Die im Sediment hinterlassenen Rollmarken sind periodisch unterbrochen, weil das spiralige Gehäuse an der Mündung einen Sprung macht (Fig. 2, rechts oben).
Rollmarken verlaufen nicht immer gerade, sondern auch in Schwüngen, wenn Gehäuse durch Turbulenzen aus der stabilen Lage gebracht wurden. Fig. 1 zeigt ein fossiles Beispiel gerader und geschwungener Rollmarken, die von Ammoniten der Perisphincten-Gruppe (Taf. 51, Fig. 1) verursacht wurden.
Aufgeblähte Ammoniten-Schalen torkeln über den Meeresgrund. Besitzen sie seitliche Stacheln, wie *Aspidoceras,* bewirken sie Marken, die den Flosseneindrücken einer über den Grund schwimmenden Schildkröte ähnlich sind (Skizze). Sie wurden früher tatsächlich in diesem Sinn mißdeutet.
Rollmarken lassen sich mit gekammerten Schalenmodellen aus Plastik unter Wasser experimentell darstellen.

(Rollmarken von Ammonitengehäusen, Painten; etwa halbe nat. Größe; BSPHGM 1950 XXXV 15. – Fig. 2: Modell mit Abgüssen von Perisphincten auf Tonuntergrund; Aufnahme B. Kleeberg)

1
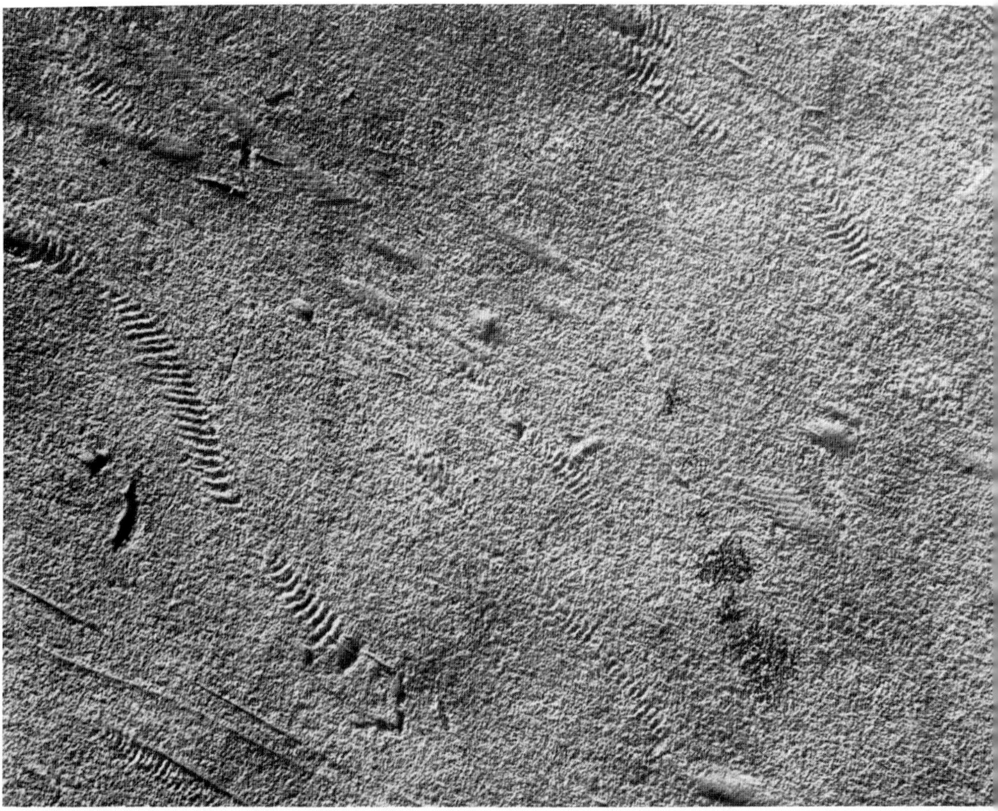

2

Anhang

Allgemeine Literatur

Die enorme Anzahl der Veröffentlichungen über die Plattenkalke und ihre Fossilien erfordert eine gewisse Beschränkung auf das Wesentliche. Ich trenne die Literatur in solche speziellerer Art, die den einzelnen Textabbschnitten jeweils nachgestellt ist, und Arbeiten mehr allgemeineren Inhalts, die anschließend aufgeführt sind. Auf diese Weise war es möglich, den Text von Literaturzitaten freizuhalten und dadurch flüssiger zu gestalten. Die Literaturangaben am Ende der Abschnitte ersparen auch das langwierige Suchen in einem Gesamtverzeichnis.

Diejenigen Autoren, die nur im Anhang der einzelnen Abschnitte aufgeführt sind und hier nicht mehr erscheinen, sind gegebenenfalls mit Hilfe des Autorenregisters ausfindig zu machen.

Sehr vollständige Literaturverzeichnisse bis 1961 bzw. 1973 enthalten die unten zitierten Arbeiten von O. Kuhn. – Viele kleinere Schriften über die Plattenkalke finden sich schließlich noch in den beiden Zeitschriften *Der Aufschluß,* herausgegeben v. Ver. d. Freunde der Mineralogie und Geologie, *1–27,* ab 1950, Heidelberg, und *Geologische Blätter für Nordost-Bayern,* begr. v. B. v. Freyberg, *1–26,* ab 1951, Erlangen.

Schließlich erscheint es nützlich, die wichtigsten *Geologischen Karten* 1:25 000, mit Erläuterungen, gesondert anzuführen. – Eine allgemeine Einführung in die weitere Umgebung kann auch der *Geologischen Karte von Bayern 1:500 000* und den zugehörigen *Erläuterungen* 1964, 344 S., entnommen werden (Herausgeber Bayerisches Geologisches Landesamt München).

Abel, O. (1927): Lebensbilder aus der Tierwelt der Vorzeit. 2. Aufl., 714 S., Jena (G. Fischer Verl.).

Barthel, K. W. (1964): Zur Entstehung der Solnhofener Plattenkalke (unteres Untertithon). Mitt. Bayer. Staatssamml. Paläont. hist. Geol., *4,* S. 37–69.

– (1970): On the deposition of the Solnhofen lithographic limestone (Lower Tithonian, Bavaria, Germany). N. Jb. Geol. Paläont., Abh., *135,* S. 1–18.

– (1972): The genesis of the Solnhofen lithographic limestone (Low. Tithonian): further data and comments. N. Jb. Geol. Paläont., Mh., *1972,* S. 133–145.

– (1976): Coccolithen, Flugstaub und Gehalt an organischen Substanzen in Oberjura-Plattenkalken Bayerns und SE-Frankreichs. Eclogae geol. Helv., *69,* S. 627–639.

Buisonjé, P. H. de (1972): Recurrent Red Tides, a Possible Origin of the Solnhofen Limestone (I/II). Proc. k. nederl. Akad. Wetensch. (B), *75,* S. 152–177.

Fesefeldt, K. (1962): Schichtenfolge und Lagerung des oberen Weißjura zwischen Solnhofen und der Donau (Südliche Frankenalb). Erlanger Geol. Abh., *46,* 80 S.

Frischmann, L. (1853): Versuch einer Zusammenstellung der bis jetzt bekannten Thier- und Pflanzen-Überreste des lithographischen Kalkschiefers in Bayern. 46 S., Programm des bischöfl. Lyceums Eichstätt.

Goldring, R. & Seilacher, A. (1971): Limulid undertracks and their sedimentological implications. N. Jb. Geol. Paläont., Abh., *137*, S. 422–442.
Gümbel, C. W. v. (1889): Kurze Erläuterung zu dem Blatte Ingolstadt (No XV) der geognostischen Karte des Königreichs Bayern. 34 S., Cassel (Th. Fischer Verl.).
– (1891): Geognostische Beschreibung des Königreichs Bayern. Vierte Abtheilung. Geognostische Beschreibung der Fränkischen Alb (Frankenjura) mit dem anstoßenden fränkischen Keupergebiete. 763 S., Kassel (Th. Fischer Verl.).
– (1894): Geologie von Bayern. II. Geologische Beschreibung von Bayern. VIII u. 1184 S., Kassel (Th. Fischer Verl.).
Hadding, A. (1958): Origin of the lithographic limestones. Kungl. Fysiogr. Sällsk. I Lund Förh., *28*, S. 21–32.
Hemleben, C. (1977): Allochthone und autochthone Sedimentanteile in den Solnhofener Plattenkalken. N. Jb. Geol. Paläont., Mh., *1977*, 257–271.
Janicke, V. (1969): Untersuchungen über den Biotop der Solnhofener Plattenkalke. Mitt. Bayer. Staatssamml. Paläont. hist. Geol., *9*, S. 117–181.
Keupp, H. (1976): Der Solnhofener Plattenkalk – Ein neues Modell seiner Entstehung. Natur u. Mensch (Jahresmitt. Naturhist. Ges. Nürnberg), S. 19–36.
– (1977): Der Solnhofener Plattenkalk – Ein Blaugrünalgen-Laminit, Paläont. Z., *51*, S. 102–116.
– (1977): Ultrafazies und Genese der Solnhofener Plattenkalke (Oberer Malm), Südliche Frankenalb. Abh. Naturhist. Ges. Nürnberg, *37*, 128 S.
Krumbeck, L. (1928): Bemerkungen zur Entstehung der Solnhofener Schichten. Cbl. Mineral. etc., *1928*, S. 428–434.
Kuhn, O. (1961): Die Tier- und Pflanzenwelt des Solnhofener Schiefers. Geologica Bavarica, *48*, 68 S.
– (1963, 1966, 1971, 1973): Die Tierwelt des Solnhofener Schiefers. Neue Brehm-Bücherei, *318*, 1. Aufl. 36 S., 2. Aufl. 40 S., 3. Aufl. 119 S., 4. Aufl. 119 S., Wittenberg (Ziemsen Verl.).
Leich, H. (1972): Nach Millionen Jahren ans Licht. 2. Aufl., 180 S., Thun u. München (Ott Verl.).
Malz, H. (1976): Solnhofener Plattenkalk: Eine Welt in Stein. Herausgeb. Dr. Th. Kreß. 106 S., Maxberg b. Solnhofen (Freunde d. Mus. beim Solenhof. Akt. Ver.). – Ein Führer durch das Museum des Solenhofer Aktien-Vereins.
Mayr, F. X. (1967): Paläobiologie und Stratinomie der Plattenkalke der Altmühlalb. Erlanger geol. Abh., *67*,
Münch, W. (1955): Beitrag zu Kenntnis der Solnhofener Plattenkalke. Unveröffentl. Diplom-Arb., Univ. München.
Neumayr, M. (1887): Erdgeschichte. 2. Bd., 880 S., Leipzig (Bibliogr. Inst.).
Rode, A. B. (1933): The geology of lithography. 116 S., Bachelor's Thesis, Princeton Univ., Guyot Hall Library.
Roeck, B. & Wagner, L.: Spuren im Stein – Ein Bildband über Solnhofener Fossilien. – 64 S., Augsburg (Schiessl).
Roll, A. (1940): Bemerkungen zu einer geologischen Karte der südlichen Frankenalb. Z. dtsch. geol. Ges., *92*, S. 205–252.
Rothpletz, A. (1909): Über die Einbettung der Ammoniten in den Solnhofener Schichten. Abh. K. Bayer. Akad. Wiss., II. Kl., *24*, II. Abt., S. 311–337.
Schneid, Th. (1915–1916): Die Geologie der fränkischen Alb zwischen Eichstätt und Neuburg a. D. I Stratigraphischer Teil. Geognost. Jh., *27*, (1914), S. 59–170 u. *28* (1915), S. 1–67.
Schwertschlager, J. (1919): Die lithographischen Plattenkalke des obersten Weißjura in Bayern. 36 S., München (Verl. Natur u. Kultur F. J. Völler).
Straaten, L. M. J. U. van (1971): Origin of Solnhofen limestone. Geol. Mijnbouw, *50*, S. 3–8.
Viohl, G. (1976): Jura-Museum Eichstätt. Loseblätter-Führer (Eichstätt).
Walther, J. (1904): Die Fauna der Solnhofener Plattenkalke, bionomisch betrachtet. Jenaische Denkschr., *11*, E. Haeckel Festschr., S. 133–214.

Wichtige Arbeiten mit geologischen Karten

Bausch, W. M. (1963): Der obere Malm an der unteren Altmühl. Nebst einer Studie über das Riff-Problem. Erlanger geol. Abh., *49*, 38 S.

Edlinger, G. v. (1964): Faziesverhältnisse und Tektonik der Malmtafel nördlich Eichstätt/Mfr. mit feinstratigraphischer und paläogeographischer Bearbeitung der Eichstätter Schiefervorkommen. Erlanger geol. Abh., *56,* 75 S.

– (1966): Zur Geologie des Weißen Jura zwischen Solnhofen und Eichstätt (Mfr.). Erlanger geol. Abh., *61,* 20 S.

Fesefeldt, K. (1962): Schichtenfolge und Lagerung des oberen Weißjura zwischen Solnhofen und der Donau (Südliche Frankenalb). Erlanger geol. Abh., *46,* 80 S.

Freyberg, B. v. (1964): Geologie des Weißen Jura zwischen Eichstätt und Neuburg/Donau (Südliche Frankenalb). Erlanger geol. Abh., *54,* 97 S.

Freyberg, B. v. (1968): Übersicht über den Malm der Altmühl-Alb. Erlanger geol. Abh., *70,* 40 S.

Patzelt, W. J. (1963): Verbreitung, Gliederung und Lagerung des Malm auf den Kartenblättern Kösching und Vohburg (Südliche Frankenalb). Erlanger geol. Abh., *50,* 12 S.

Rutte, E. (1962): Erläuterungen zur Geologischen Karte von Bayern (1:25000. Blatt Nr. 7037 Kelheim. 243 S., München (Bayer. Geol. Landesamt).

Schmidt-Kaler, H. (1968): Erläuterungen zur Geologischen Karte von Bayern 1:25000. Blatt Nr. 7136 Neustadt a. d. Donau. 167 S., München (Bayer. Geol. Landesamt).

Schnitzer, W. A. (1965): Geologie des Weißen Jura auf den Blättern Kipfenberg und Gaimersheim (Südliche Frankenalb). Erlanger geol. Abh., *57,* 45 S.

Streim, W. (1961): Stratigraphie, Fazies und Lagerungsverhältnisse des Malm bei Dietfurt und Hemau (Südliche Frankenalb). Erlanger geol. Abh., *38,* 49 S.

Zeiß, A. (1964): Geologie des Malm auf Gradabteilungsblatt Dollnstein (Südliche Frankenalb). Erlanger geol. Abh., *55,* 43 S.

Autorenregister

Es erleichtert das Auffinden von Literaturzitaten, die sich am Ende der einzelnen Abschnitte befinden. Aufgenommen wurden auch einige bekannte, aber nicht durch Literaturzitate belegte Autoren, sowie die Besitzer großer, privater Plattenkalk-Fossilsammlungen.

Sachregister

Hier sind die wichtigsten Sachbegriffe, Ortsnamen und die wissenschaftlichen Gattungsnamen der Fossilien des Textteiles zusammengefaßt. Um das Register möglichst straff zu gestalten, wurden die einzelnen Begriffe nicht bei jedem Erscheinen, sondern nur an den wichtigsten Stellen angeführt.

Einige wichtige Sammlungen von Plattenkalk-Fossilien

1. Öffentliche Sammlungen
   Bayerische Staatssammlung für Paläontologie und historische Geologie, München.
   Jura-Museum auf der Willibaldsburg in Eichstätt.
   Naturkundemuseum der Humboldt-Universität, Berlin-Ost.
   British Museum of Natural History, London.
   Carnegie Museum of Natural History, Pittsburgh, Pennsylvania, USA.
   Teyler Museum, Haarlem, Niederlande.
2. Private Sammlungen

a) In der Region Solnhofen-Eichstätt:
   Museum Bergér, Harthof bei Eichstätt.
   Museum beim Solenhofer Aktien-Verein am Maxberg bei Solnhofen.
   P. Ernst, Daiting.
   Bürgermeister-Müller-Museum der Gemeinde Solnhofen.
   E. Schöpfel, Obereichstätt.
   E. Schöpfel, Gungolding.
   F. Schwegler, Langenaltheim.

b) Außerhalb des Plattenkalk-Gebietes:
   H. Leich, Bochum (vgl. allgem. Literaturverz.).
   H.-J. Lierl, Hamburg.
   J. Schmidt, Frankfurt/M.

Ein interessanter Wanderweg:
Der Solenhofer Aktien-Verein hat bei seinen Brüchen am Maxberg über Solnhofen einen Wanderweg angelegt, der die Gewinnung von Plattenkalken in schöner Weise demonstriert.